24년 역사를 이룬 LG글로벌챌린저만의 특별한 도전기

세상은 도전하고
볼 일이다

24년 역사를 이룬 LG글로벌챌린저만의 특별한 도전기

세상은 도전하고
볼 일이다

2018년 LG글로벌챌린저 대원들 지음

조선앤북

나의 미래를 단단하게 만드는
현재를 선물합니다

숲과 들에서 사냥한다고 생각해봅시다.

어떤 무기를 택해야 좋을까요? 혹은 어떤 동물을 잡아야 할까요?

누구도 미래를 먼저 살아보지 못하기 때문에 현재의 정보와 경험을 바탕으로 선택을 해야만 합니다. 토끼를 잡을지, 사슴을 잡을지, 호랑이를 잡을지 혹은 활을 쏘아서 잡을지, 덫을 놓을지 사람마다 말하는 정답은 다를 겁니다. 각자가 가장 잘하는 방법을 선택하겠지요. 심지어 같은 선택을 하더라도 선택의 결과가 달라지는 경우도 생깁니다. 토끼를 그물로 잡는 시도는 같더라도 몰입하는 정도가 다르면, 누군가는 사냥에 성공하겠지만 누군가는 사냥에 실패하고 말 것입니다. 우리의 무수한 선택에 몰입의 에너지를 줄 수 있는 것은 많은 정보와 경험을 통한 확신에서 만들어지기 때문입니다.

한정된 시간 속에서 보이지 않는 미래로 나아가려는 여러분들에게 큰 에너지를 줄 수 있는 정보와 경험이 이 책에 담겨 있다고 생각합니다. 두려움을 줄이고 씩씩하게 나아가려는 길에 고마운 선물이 될 것입니다.

2018년 12월
㈜대학내일 대표이사 김영훈

● CONTENTS ○

PART 1

함께 공존하는 우리

PART 2

세상을 변화시키는 콘텐츠

● CONTENTS ○

LG글로벌챌린저란?

젊은 꿈을 실현하는
대학생 해외 탐방
프로그램의 리더

젊은 꿈을 응원하는
파트너

젊은 꿈을 키우는
한결같은 사랑

젊은 꿈을 이루기
위한 터닝 포인트

1995년 〈LG의 고객은 세계입니다〉라는 슬로건 아래, '고객을 위한 가치창조', '인간존중의 경영'이라는 경영 이념과 함께 LG의 세계화 의지를 상징화하는 과정에서 기획됐다. LG글로벌챌린저는 대학(원)생들이 직접 탐방 활동의 주제 및 국가를 선정한다는 점에서 단순한 해외여행이나 견학과는 차별화되어 대학생들이 보다 넓은 세상에서 새로운 가치를 창조할 수 있도록 지원하는 프로그램이다.

LG글로벌챌린저는 2018년까지 794개 팀, 3,033명의 챌린저 대원을 배출했으며, 연평균 21:1의 높은 경쟁률을 기록하고 있다.

전 세계적 금융위기의 불황 속에서도 LG의 젊은 꿈을 키우는 한결같은 사랑의 마음으로 국내 최고의 대학생 해외 탐방 프로그램의 대명사로 나아가고 있다.

세계로 뻗어나가는 LG글로벌챌린저

총 67개국, 943개 도시로 떠나다!

LG글로벌챌린저 프로그램의 가장 큰 장점이자 매력은 자유롭게 탐방지를 선정하여 세계로 떠날 수 있다는 것이다. 여행 위험지로 통제된 곳이 아니라면 세계 어느 곳이든 가서 보고 배울 수 있다. LG글로벌챌린저 대원들은 24기에 이르기까지 총 67개국, 943개 도시를 탐방하였다. 그중에는 겹치는 곳도 있으니 이것까지 감안하면 훨씬 많은 장소를 탐방했다고 할 수 있다.

세계로 떠나고 싶은가? 그리고 그곳에서 쉽게 경험할 수 없는 것을 보고 배우고 싶은가?

정답은 바로 LG글로벌챌린저에 있다.

번호	나라	도시	번호	나라	도시
1	과테말라	과테말라시티 외 2	35	에티오피아	아디스아바바 외 1
2	그리스	아테네 외 2	36	엘살바도르	산살바도르
3	나이지리아	아부자	37	영국	런던 외 83
4	남아프리카공화국	케이프타운 외 2	38	오스트리아	빈 외 7
5	네덜란드	암스트레담 외 35	39	요르단	암만
6	노르웨이	오슬로 외 9	40	우즈베키스탄	타슈켄트 외 2
7	뉴질랜드	웰링턴 외 4	41	이란	테헤란 외 5
8	대만	타이베이	42	이스라엘	예루살렘 외 12
9	덴마크	코펜하겐 외 20	43	이집트	카이로 외 5
10	독일	베를린 외 87	44	이탈리아	로마 외 17
11	라오스	비엔티안 외 1	45	인도	뉴델리 외 5
12	러시아	상트페테르부르크 외 1	46	인도네시아	자카르트
13	르완다	키갈리	47	일본	도쿄 외 54
14	루마니아	피테슈티	48	중국	베이징 외 20
15	말레이시아	쿠알라룸푸르 외 1	49	체코	파라하 외 1
16	멕시코	멕시코시티 외 4	50	칠레	산티아고 외 2
17	모잠비크	베이라 외 1	51	카자흐스탄	아스타나 외 1
18	미국	워싱턴 외 261	52	캐나다	오타와 외 15
19	베네수엘라	카라카스	53	케냐	나이로비 외 1
20	베트남	하노이 외 5	54	코스타리카	산호세 외 10
21	벨기에	브뤼셀 외 8	55	콜롬비아	산타페보고타 외 1
22	브라질	브라질리아 외 6	56	탄자니아	아루샤 외 1
23	스웨덴	스톡홀름 외 16	57	태국	방콕 외 1
24	스위스	베른 외 21	58	터키	이스탄불 외 2
25	스코틀랜드	에든버러 외 2	59	페루	리마 외 1
26	스페인	마드리드 외 14	60	포르투갈	리스본
27	슬로베니아	메틀리카	61	폴란드	바스뱌사 외 1
28	싱가포르	싱가포르	62	프랑스	파리 외 42
29	U. A. E	두바이 외 2	63	핀란드	헬싱키 외 8
30	아르헨티나	부에노스아이레스	64	한국	서울 외 55
31	아이슬란드	레이캬비크	65	헝가리	부다페스트 외 1
32	아일랜드	더블린 외 4	66	호주	시드니 외 10
33	에스토니아	탈린	67	홍콩	홍콩 외 1
34	에콰도르	키토 외 1			

미래를 위해 공부하는 LG글로벌챌린저

미래를 위한 공부를 하다!

LG글로벌챌린저 탐방 주제는 무척 다양하다. 올해는 탐방 분야의 구분 없이 탐구하고 싶은 모든 소재를 열어두고 선발을 진행했다. 매년 시대의 흐름을 반영한 신선한 주제들이 공모되며 탐구 깊이도 깊어지고 있다.

2014년부터는 LG글로벌챌린저 20년을 맞아 국내에 거주하는 외국인 유학생들을 대상으로 한 '글로벌' 분야가 신설됐다. 한국을 넘어 전 세계가 함께하는 명실상부한 'Global' Challenger로 발돋움하게 된 것이다. 글로벌 분야는 국내에 거주하는 외국인 유학생들을 대상으로 하며, 이들에겐 10박 11일간 대한민국의 우수 사례를 탐방할 수 있는 기회가 제공된다.

서울 30개 대학

건국대학교, 경희대학교, 고려대학교, 광운대학교, 국민대학교, 덕성여자대학교, 동국대학교, 명지대학교, 상명(여자)대학교, 서강대학교, 서울과학기술대학교, 서울교육대학교, 서울대학교, 서울시립대학교, 서울여자대학교, 서울예술대학교, 성균관대학교, 성신여자대학교, 세종대학교, 숙명여자대학교, 숭실대학교, 연세대학교, 이화여자대학교, 중앙대학교, 한국예술종합학교, 한국외국어대학교, 한국항공대학교, 한성대학교, 한양대학교, 홍익대학교

경기 12개 대학

가톨릭대학교, 가천대학교, 경기대학교, 경원대학교, 경찰대학교, 단국대학교, 아주대학교, 인천대학교, 인하대학교, 한경대학교, 한국산업기술대학교, 한국항공대학교

강원 4개 대학

강원대학교, 경동대학교, 춘천교육대학교, 한림대학교

경상 17개 대학

경남대학교, 경북대학교, 계명대학교, 금오공과대학교, 대구대학교, 동서대학교, 동아대학교, 부경대학교, 부산대학교, 부산외국어대학교, 영남대학교, 울산과학기술대학교, 울산대학교, 인제대학교, 포항공과대학교, 한국해양대학교, 한동대학교

충청 13개 대학

공주교육대학교, 공주대학교, 배제대학교, 우송대학교, 청운대학교, 청주대학교, 충남대학교, 충북대학교, 카이스트, 한국교원대학교, 한국교통대학교, 한국기술교육대학교, 한국정보통신대학교

전라 4개 대학

원광대학교, 전남대학교, 전북대학교, 조선대학교

전국 80개 대학(원)이 참여하다!

LG글로벌챌린저는 대학생들을 위한 도전이자 하나의 축제이다. 전국의 모든 대학생을 대상으로 하며 2018년 24기까지 총 80개 대학교의 학생들이 참여했다. 대체로 서울, 경기, 경상도에 분포한 대학교의 참여도가 높으나 그 외 지역에서도 참여율이 꾸준히 늘고 있다. LG글로벌챌린저의 기회는 누구에게나 열려있다. 대학생이라면 주저하지 말고 도전해보라. 꿈을 향한 열정과 도전 의식, 노력만 있다면 누구나 LG글로벌챌린저가 될 수 있다.

* 총 80개 대학 중 상명여자대학교와 상명대학교는 통일시킴(1996년도부터 상명여자대학교가 상명대학교로 변경됨)

LG글로벌챌린저의 2018년

모집 & 선발

모집 및 홍보, 캠퍼스 설명회 `3~4월`

LG글로벌챌린저는 매년 온오프라인을 통해 대대적으로 모집 홍보를 진행하고 있다. 새 학기가 되면 톡톡 튀는 포스터와 함께 선배 챌린저들이 직접 경험한 내용을 바탕으로 특별한 Tip을 전하는 패기 넘치는 캠퍼스 설명회를 진행한다. LG글로벌챌린저 지원은 공식홈페이지(www.lgchallengers.com)를 통해 인터넷 접수로 진행하며, 4월 중순에 마감된다.(뜨거운 열정으로 똘똘 뭉친 예비 LG글로벌챌린저라면 4월이 끝나기 전에 인터넷을 통해 접수해야 한다)

서류 심사 및 면접 심사 `5~6월초`

LG글로벌챌린저 서류 심사 및 면접 심사의 핵심은 '어느 팀이 더 참신한 주제로 논리적인 탐방 계획을 세우고 성실히 준비했는가'이다. 공정하고 객관적인 평가를 위해 해당 분야의 전문성을 갖춘 LG임직원뿐 아니라 각 분야의 저명한 교수님들이 심사위원으로 위촉되어 평가를 진행한다. 서류 심사는 탐방 계획서만을 가지고 평가하고, 면접 심사는 팀원 모두가 참석하여 질의 응답을 하는 형태로 진행된다. 모든 심사는 학교명, 팀원의 이름 등이 노출되지 않는 블라인드 테스트로 진행되어 심사의 공정성을 더한다.

발대식 &
탐방 활동

발대식 & 사전 교육 `6월말`

그해에 선발된 챌린저들은 LG직원들의 교육을 전담하는 LG인화원에서 진행되는 발대식을 통해 임명장을 받고, 함께하게 된 140명의 챌린저를 서로 축하하고 응원한다. 이를 시작으로 챌린저들은 글로벌 매너부터 팀워크 강화 등 해외 탐방에 필요한 소양을 갖출 수 있는 Premium Training을 받는다.

해외 및 국내 탐방 `7~8월`

각 팀은 여름방학 기간을 활용해 7월 15일부터 8월 31일 사이에 각자 정한 주제와 계획에 따라 13박 14일 동안(글로벌 분야 10박 11일 한국) 탐방을 떠난다. 탐방에 소요되는 항공권 및 탐방비는 LG에서 전액 지원한다. 챌린저들은 세계 곳곳을 누비며 LG글로벌챌린저로서의 자부심을 느낄 수 있는 경험을 하게 된다. 또한 해외 탐방 기간에는 LG챌린저스 사이트와 SNS 개인페이지 내 인터넷 중계 페이지를 통해 탐방 활동 모습과 에피소드를 생생하게 전한다.

탐방을 위해 그동안 준비했던 모든 것을 쏟아내는 시기이며, 그 안에서 다양한 것을 보고 느낄 수 있다. 단순한 여행이 아니라 탐방 및 인터뷰를 통해 세계 곳곳에서 문화와 사람들을 만남으로써 더욱 시야를 넓힐 수 있도록 해준다. 일정에 따라 틈틈이 관광도 할 수 있으므로 체계적인 계획과 현지 돌발 상황에 대한 순발력이 요구된다. 단, 중간중간에 챌린저들을 위한 미션이 주어지므로 이 또한 수행해야 한다.

탐방 공유회 9월 중순

해외 탐방을 모두 마치고 돌아오면 LG글로벌챌린저 대원들이 모여 서로의 탐방 기록을 공유하는 시간을 갖는다. 이 자리를 통해 각 팀의 탐방 내용, 재미있는 에피소드, 해당 탐방 지역만의 이야기를 공유하고, 성공적으로 탐방을 마치고 돌아온 것에 대해 서로 축하해준다.

보고서 심사 & 시상식

보고서 심사 10월 초

해외 탐방을 마치고 한 달 동안 탐방 보고서를 쓰는 시간이 주어진다. 심혈을 기울여 작성한 탐방 보고서는 공정성과 객관성을 최우선으로 하여 심사를 받게 된다. 1차 심사는 탐방 보고서 내용을 자체로, 2차 심사는 탐방 보고서 PT를 통해 이루어진다.

시상식 11월 초

시상식에서는 1년 동안의 챌린저 활동을 되돌아보는 영상을 상영하고, 결과물에 대한 시상을 통해 성공적인 활동의 마무리를 축하해준다. 대상 1팀, 최우수상 3팀, 우수상 3팀, 특별상 4팀에 대한 시상이 진행되며, 대상 및 최우수상 그리고 우수상을 수상한 7팀에게는 LG글로벌챌린저 최고의 특전이라고 할 수 있는 'LG 입사 자격증 및 인턴 기회'가 주어진다.

단행본 출간 &
홈커밍데이

단행본 출간 & 홈커밍데이 [1월]

LG글로벌챌린저 활동의 마무리! 챌린저들이 탐방을 하면서 보고, 듣고, 느낀 것에 대한 이야기가 책 안에 고스란히 담겨 그다음 해 1월에 출판되며, 그달 OB챌린저까지 모두 모이는 홈커밍데이 파티가 열린다. 한 해가 지났다고 챌린저 활동이 끝나는 것이 아니다. '챌린저 플러스'라는 OB모임에 소속되어 그 후에도 관련 활동에 참여하며 LG글로벌챌린저로서의 명예와 자부심을 이어나간다.

함께 공존하는
우리

성교육,
시뮬레이션 게임으로 소통하다

팀명(학교) 시소 (중앙대학교)
팀원 서지원, 왕준혁, 임건우, 최현준
기간 2018년 8월 5일~2018년 8월 18일
장소 독일, 벨기에, 네덜란드
슈투트가르트 (독일연방 성교육기관 Aktion Jugendschutz Aktuell)
슈투트가르트 (프로파밀리아 Profamilia)
위트레흐트 (루트거스 Rutgers)
위트레흐트 (센스 Sense)
위트레흐트 (파로스 Pharos)

시소 팀이 방문한 유럽의 첫 도시, 독일 프랑크푸르트

청소년 임신, 미혼모, 영아 유기와 같은 사회문제에 대해 들어본 적이 있는가? 생각만 해도 마음 아픈 사건들임에도 최근 이 사건들의 발생률은 점차 증가하는 추세다. 불행 중 다행으로 이런 상황에 대한 사회적 문제의식도 점진적으로 확대돼 평범한 대학생이었던 우리에게도 큰 울림을 줬고, 보다 직접적인 해결 방안을 고민하는 계기를 마련해줬다. 우리는 문제의 원인을 국내에서 진행되고 있는 '청소년 성교육'에서부터 찾고자 했고, 청소년들의 첫 성관계 경험 연령이 남녀 평균 13세임에도 불구하고 피임과 같은 실질적인 교육을 제대로 받지 못했다는 통계를 보고 한 가지 아이디어를 고안하게 됐다. 바로 청소년들이 많이 즐기는 '게임'이라는 요소에 '성교육'을 접목하는 것이다. 청소년 피임 실천율이 절반에 못 미치는 현재 상황에서 이들의 손에 피임이라는 선택지를 쥐여주고자 하며, 이에 대한 구체적인 도움을 얻고자 유럽으로 탐방을 떠나게 됐다.

일부가 아닌 모두를 위한 독일의 성교육

숙소에 들릴 새 없이 처음으로 방문한 곳은 독일연방 성교육 기관(Aktion Jugendschutz Aktuell)이었다. 이곳은 사전 컨택 당시 우리의 행보에 많은 관심을 보여준 기관으로 기대감이 컸다. 동시에 긴장도 바짝 들어 조금은 경직된 발걸음으로 향했고, 그곳에서 여러 번 메일을 주고받았던 질케 그라스만(Silke Grasman) 씨를 만날 수 있었다. 질케 씨는 성교육에 관한 연구를 하며 직접 성교육 프로그램을 제작해 지역 시민을 교육하거나 학교 교사들에게 소개하는 등 독일연방 성교육

기관 내 다양한 업무를 전담하고 있었다.

우리는 질케 씨로부터 유럽 내 성교육 실상과 현장 전문가들의 생각을 들을 수 있었다. 특히 유럽 성교육에 대한 오해를 풀 수 있었다. 한국 성교육은 보수적이고 폐쇄적인데 반해 유럽식 성교육이 소위 개방적일 거라는 이분법적인 사고 체계를 바로잡을 수 있는 시간이었다. 질케 씨는 유럽의 성교육이 모두에게 개방적으로 시행되는 것은 아니라고 했다. 독일을 둘러싼 국경선들이 구획한 물리적 공간 안에는 시간이 흐르면서 다양한 문화권의 사람들이 공존하게 돼, 지금은 다양한 생각의 학생들이 함께 수업받고 있다. 이에 국가에서는 정치, 사회, 종교 등의 이유로 성에 대한 보수적인 가치관을 지닌 문화권의 학생들을 배려해 자신의 가치관과 신념에 어긋나는 교육 내용을 거부할 권리를 준다고 했다.

또한, 교사들은 학생의 문화적 환경을 존중하는 구체적인 제도를 교내 성교육에 적용 중이라고 했다. 학교의 성교육 교사들은 성교육을 시행하기 이전에 학부모들을 만나 교육 내용을 조정하는 워크숍을 진행하며, 성교육 수강을 결정하는 학부모 동의서를 각 가정에 배부한다. 질케 씨는 이러한 시도들이 독일의 성교육이 다문화의 흐름에 대응해 일부가 아닌 모두를 위한 성교육이 되는 데 긍정적인 영향을 끼치고 있다고 말해줬다.

성에 대한 가치관은 자라온 문화권의 영향을 피할 수 없으며, 올바른 성교육의 기준은 개인의 눈높이와 환경에 따라 다르다는 점을 깨닫게 된 시간이었다. 한국의 성교육을 개선하고자 뛰어든 우리 팀은 이 경험으로부터 하나의 열쇠를 전해 받은 기분이 들었다. 그것은 바로 '모두를 위한 성교육'이다. 가치관의 차이는 분명 존재하지만 다른 모습을 인정하는 모두를 위한 교육은 질케 씨를 만난 후 우리의 주된 목표가 됐다.

독일연방 성교육기관과의 인터뷰를 무사히 마치고 찍은 단체 사진

모두가 고민하는 성교육, 무거운 양어깨의 무게

한국에서 벨기에 탐방을 사전 준비하는데 기울였던 노력에 비해, 벨기에 현지에서의 탐방은 제대로 이루어지지 않았다. 3일 차에 접어들었을 때, 우리는 허탈함에 빠졌다. 우리가 계획했던 것이니 누구를 탓할 수도 없는 노릇에 자책하며 브뤼셀의 거리를 거닐고 있었다. 우리의 상황과 대비돼 그날 그곳의 날씨는 너무나도 화창했다. 걷다가 도착한 공원에는 많은 인파가 몰려있었고 우리는 인터뷰할 현지인들을 찾고 있었다. 잔뜩 두리번거리던 중 잔디밭에 돗자리를 펴놓고 마주앉은 두 남녀를 발견했다.

그들은 '성교육'이라는 인터뷰 주제에 관심을 보였다. 질문을 받고 답하는 그들의 표정은 사뭇 진지했다. 인터뷰에 진지하게 임해줬던 이들 덕분에 지쳤던 마음에 위안을 얻었다.

호주 출신의 마리아(Maria) 씨와 이곳 벨기에에서 나고 자란 조리스(Joris) 씨는 우리와 같은 대학생이다. 그들은 어릴 때 받았던 성교육을 돌아보며 아쉬웠던 점들과 개선되길 희망하는 점들을 알려줬다. 이는 인터뷰 당시에 떠올린 것이 아니며 학교에서 성교육을 받은 후 항상 고민해왔던 것들이라고 한다. 과거에 자신들이 받았던 성교육과 우리가 소개한 시뮬레이션 게임 성교육을 비교하면서 더 나은 성교육이란 어떤 것인지에 대해 여러 의견을 제시했다. 시뮬레이션 게임이라는 플랫폼이 지닌 높은 흥미도와 몰입도를 칭찬하는 반면, 콘텐츠 측면에서 양성의 책임을 균형 있게 강조해야 한다는 실질적인 조언도 아끼지 않았다. 무엇보다도 교육 말미에 수업 내용에 대한 피드백을 학생들에게 빠짐없이 제공해 필요한 성 지식이 학생들에게 내재할 수 있어야 한다는, 성교육의 실효성을 보다 강화해야 한다는 주장을 강하게 내세웠다. 우리는 인터뷰를 통해 전공 분야가 아님에도 유럽의 대학생들이 성교육에 관해 높은 문제의식을 지니고 있다는 점에 놀랐다. 그리고 한국의 대학생들도 성교육에 대한 문제의식을 거리낌 없이 공유하고 개선점을 이야기하는 환경이 조성됐으면 좋겠다고 생각했다.

이 두 벨기에 대학생들은 우리가 다루고 있는 주제가 얼마나 주요한 사안인지를 다시금 상기시켜줬다. 인터뷰를 진행함과 동시에 LG글로벌챌린저를 준비

좌) 벨기에 브뤼셀 공원에서 시민 인터뷰를 진행한 지원, 건우
우) 일정을 끝내고 브뤼셀 증권 거래소 앞 광장을 산책하는 팀원들

해온 순간들이 주마등처럼 스쳐지나갔다. 회상은 더 먼 과거로 거슬러 올라가, 성교육을 제대로 하지 못해 발생하는 문제들에 대해 처음으로 문제의식을 가졌던 순간이 떠올랐다. 그리고 그때 느꼈던 감정들이 그장면에 실려 가슴속에 스며들어 왔다. 우연한 만남이었으나 참으로 고마운 일이었다.

🚩 내가 직접 선택하고 배운다, 성교육의 실효성을 높이기 위한 열쇠

루트거스(Rutgers)는 네덜란드의 공공 건강 및 환경부 산하의 성교육 국가 기관이다. 우리는 이곳에서 근무하는 마눅 베르마이렌(Manouk Vermeulen) 씨를 만나기 위해 발걸음을 재촉했다.

루트거스는 성교육 기관 이상의 의미가 있었다. 이 기관은 이미 우리의 주제인 성교육 시뮬레이션 게임을 수년 전부터 개발해 학생들에게 시행해보았기에 실질적인 정보를 구할 수 있는 가장 중요한 기관이었다. 그래서 우리는 사전에 질문지를 작성할 때 더욱 집중했고, 인터뷰할 때에도 어느 때보다 열성적으로

좌) 네덜란드 루트거스에 근무하는 마눅 씨와 대화를 나누는 건우와 지원
우) 성교육 시뮬레이션 게임에 관해 다양한 정보를 들려줬던 마눅 씨와 인터뷰를 마치고

임했다.

마눅 씨의 말에 따르면, 루트거스가 성교육 시뮬레이션 게임을 개발하게 된 주된 계기는 학교 외에도 학생들이 성 지식을 다양한 경로로 습득하기 때문이라고 했다. 부모, 친구 등 비전문가는 왜곡된 성 지식을 말해줄 가능성이 크다는 점을 고려해, 루트거스에서는 언제 어디서든 접근이 쉬운 온라인 웹사이트 게임을 통해 전문적인 성 지식을 제공하고 있다. 일례로 'Can You Fix It'이라는 시뮬레이션 게임은 성에 관련한 선택을 해야 하는 상황들을 다양하게 제시한다. 플레이어는 게임 속 캐릭터들이 어떤 선택을 내려야 할지에 대해 고민한 뒤, 직접 선택지를 골라 상황을 전개해나간다. 플레이어가 선택하자마자 즉각적인 피드백이 점수로 제공되는데, 수치의 높낮이는 4개 이상의 선택지들 사이에서 상대적으로 결정된다. 이처럼 전문적인 성 지식을 특별한 상황 속에서 플레이어의 주도로 학습해나가기에 교실 안에서보다 능동적으로 학생들 자신에게 필요한 성 지식을 체득할 수 있다. 그리고 더 나아가 자신의 선택과 그에 따른 상황을 바라보며 건강한 성생활을 위한 책임감을 함양할 수 있다.

우리는 본 기관에서 운영하는 시뮬레이션 게임의 평균 플레이 시간, 재방문 의사, 평균 플레이 점수 등 데이터베이스를 분석한 핵심적인 정보를 알 수 있었다. 이 정보들은 우리가 추후에 본격적으로 게임을 제작할 때 필요한 것이었기에 기쁨을 감출 수 없었다. 그리고 무엇보다 힘이 됐던 점은 우리가 출국 전 직접 제작한 게임 시나리오에 대해 긍정적인 평가를 받은 것이다. 물론 시나리오를 한국 사정에 맞춰 수정해야 하고 이를 영상으로 구현할 때 생기는 걸림돌을 감수해야 한다. 하지만 이 정도의 시나리오라면 네덜란드에선 바로 도입해도 될 수준이라는 마눅 씨의 코멘트를 들었을 때, 우리의 자신감은 더욱 고취됐고 주제에 대한 확신이 생겼다.

마눅 베르마이렌

Rutgers National Programmes/
Consultant

Q 현재 네덜란드 성교육의 실상은 어떠한가요?

A 네덜란드 성교육은 기본적으로 생애적 교육을 지향합니다. 학교에 입학하기 전, 가정 혹은 유치원에서 자연스럽게 진행됩니다. 이러한 열린 교육은 과거 성에 대해 폐쇄적이었던 네덜란드 사회가 성교육을 동반한 각종 노력에 힘입어 점차 개방적으로 변했기에 가능해졌습니다.

네덜란드 교육부는 성에 관한 시의성 있는 과제들을 담아 하나의 성교육 표준안을 제작합니다. 현재의 청소년들은 다문화 사회를 살아가고 있고, 이에 따라 이들에게 다양한 문화에 대한 감수성을 체득시키는 것이 거국적인 교육 목표로 떠오르고 있습니다. 성교육도 마찬가지로, 성교육 표준안에 성적 다양성에 대한 충분한 이해를 주요한 학습목표로 반영했습니다. 또한, 요즘에는 미디어가 범람해 청소년들의 문화에는 특히 더 큰 영향을 끼치고 있습니다. 이에 청소년들 사이에서는 성을 사고파는 채팅이 성행하고 있고, 성교육 교사들과 전문가들은 새로 불거진 채팅 문제를 해결하는 방안을 고심하고 있습니다.

Q 성교육에 시뮬레이션 게임이라는 플랫폼을 도입하게 된 계기는 무엇입니까?

A 학생들은 성 지식을 교외에서 시간을 보내는 동안 부모·친구 등의 주변인, 그리고 개개인들에게 보편화한 인터넷을 통해 접하기도 합니다. 하지만 이렇게 교외에서 학습한 성 지식은 전문성이 부족한 것들이 많고 심지어 생각을 왜곡시켜 학생들의 성 가치관을 병들게 합니다. 그래서 우리는 올바른 성 지식을 교외에서도 접할 수 있도록 경로를 확장하려 시도했고, 그 결과로 개발된 것이 'Can You Fix It'이라는 성교육 시뮬레이션 게임입니다. 연구에 따르면, 영상물을 보는 주체의 나이가 어릴수록 보고 있는 영상물을 보다 지시적이고 현실적으로 받아들이는 경향이 있다고 합니다. 실제로 학교 등 여러 방면에 적용해보았고, 그 효과가 증명돼 지금도 계속 해당 성교육 시뮬레이션 게임을 이용해 학생들에게 성교육을 하고 있습니다.

센스와 파로스 건물 앞 깃발 근처에서 찰칵

당연한 것은 사실 당연한 것이 아니었다

숙소로 돌아와 문을 열고 들어가니 이 집에 사는 개가 꼬리를 살살 흔들며 우리를 반겼다. 살랑대는 꼬리 뒤편엔 얼굴이 붉게 상기된 호스트가 분노에 찬 눈빛으로 우리를 바라보고 있었다. 서로의 말소리가 닿을 정도로 가까워지자, 곧바로 분노에 찬 음성이 쏟아져나와 우리를 황당하게 만들었다. 정신을 차리고 상황을 파악해보니, 호스트는 우리가 묵는 방바닥이 물에 흥건하게 젖어있어서 화가 나 있었다. 누구나 자신의 집이 그렇게 된다면 못마땅할 것이 당연하다. 하지만 우리는 도대체 왜 방바닥이 젖어있는지를 알 수가 없어 혼란스러웠다. 물길의 근원인 화장실을 들어가 보니 이내 모든 것을 알 수 있었다. 유럽의 화장실은 세면대 밑에 배수구를 갖추고 있지 않다. 이를 미처 파악하지 못하고 평소처럼 이리저리 물을 튀어가며 세수하고 양치질을 했던 탓에 화장실 바닥은 물론, 근처 방바닥까지 물바다를 만들어버렸다. 우리에게는 당연하지만, 이는 사실 당연한 것이 아니었던 것이다.

앞으로 벌어질 사건을 모른 채 멋지게 V를 그리며 숙소로 향하는 시소 팀 그리고 우리를 반갑게 맞아줬던 숙소의 개

팀원 1. **서지원**

"지치지 않는 체력, 시소 팀의 에너자이저"

여행은 항상 새로워서 설렙니다. 이번 탐방에서도 어떤 새로움을 얻을 수 있을지 설렜습니다. 그 설렘에 대한 대답은 사람이었습니다. 친한 친구들과 함께했던 순간들, 특히 2주간의 해외 탐방은 종일 같은 공간에서 동고동락할 수 있었기에 더욱 소중했고 뜻깊었습니다. 인연은 계속 이어지고 LG글로벌챌린저 대원으로서의 소중한 추억도 제 마음속에 이어질 것입니다.

팀원 2. **왕준혁**

"흔들리지 않고 항상 그 자리에 머무는 시소 팀의 기둥"

수개월 간의 긴 여정 동안 쉼 없이 달려왔습니다. 이어지는 할 일을 앞에 두고 서로서로 손발이 돼주었습니다. 국내외를 돌아다니며 쌓인 협동의 경험은 저를 배려하는 인간으로 점차 성장시켜나갔습니다. 저에게 있어 LG글로벌챌린저의 가장 큰 성과는 타인에 대한 존중심과 제 옆의 소중한 동료들입니다.

팀원 3. **임건우**

"논리력으로 이끄는 시소 팀의 이정표"

유럽을 가본 적이 없었습니다. 특별하다고 생각한 적이 없었죠. 하지만 그들이 운영하는 정부 기관이나 교육 기관은 우리나라와 달랐습니다. 그들은 청소년의 성 문제에 대한 명확한 통계 및 근거자료를 가지고 있었습니다. 그 기반에서 출발하는 프로그램은 우리나라의 그것보다 한 단계 차원이 높을 수밖에 없는 것 같습니다.

팀원 4. **최현준**

"넓은 시야로 다른 곳을 볼 수 있는 시소 팀의 통찰자"

LG글로벌챌린저와 함께한 저의 지난 6개월간의 삶은 일상에서 쉽게 마주하기 힘든 도전의 경험들로 가득 찼습니다. 특히 서로 부족한 부분들을 채워주고 힘이 돼준 팀원들 덕분에 함께하는 것의 가치를 깨닫게 됐습니다.

오래 걷기 편한 신발을 신자

1. 롱, 롱, 롱런

LG글로벌챌린저의 여정은 길다. 이 긴 여정을 끝내야만 결실을 볼 수 있으니, 열매를 취하고 자 한다면 끝까지 걸어야 한다. 팀을 지탱하는 팀원들은 매일 나와 함께 걷는 신발과 같다. 어느 한쪽이라도 잘못된다면 과연 제대로 걸을 수 있을지, 느리게나마 끝까지 걸어갈 수 있을 지 그 누구도 장담하지 못한다. 그러니 여정에 본격적으로 뛰어들기 전, 함께 걸을 동료를 고민하고 있다면 그 사람이 나와 같이 끝에 도달할 수 있을지, 내가 그 사람과 같이 끝에 도달할 수 있을지를 우선 고려할 필요가 있다.

2. 소통할수록 푹신해진다

팀의 위기가 커지는 것은 무엇보다 팀원 간의 감정의 골이 깊어지기 때문이다. 오랜 준비 기간을 함께하다 보면 서로에게 불만의 감정이 쌓이기 마련이다. 이를 제때 배출할 창구가 필요하다. 솔직하게 어떤 문제를 가지고 있고 이를 해결하기 위해서 어떤 노력이 필요한지 이야기해보자. 팀 내에 솔직한 소통이 자연스럽다면 팀원들의 감정의 골이 완화되는 기회가 많을 것이다. 빈번한 소통은 팀을 지탱하는 신발들을 보다 푹신하게 만들 수 있다.

미숙아들의 생명줄,
유럽의 모유 은행을 가다

팀명(학교) mamamoU (한성대학교)
팀원 강소리, 김진아, 박관우, 박종대
기간 2018년 7월 23일~2018년 8월 4일
장소 이탈리아, 스웨덴, 영국
　　　토리노 (성 안나 토리노 대학병원 모유 은행 Hospital Sant'Anna Torino The Milk Bank)
　　　스톡홀름 (남부 종합병원 모유 은행 Soedersjukhuset Human Milk Bank)
　　　옥스퍼드 (옥스퍼드 대학병원 모유 은행 Oxford University Hospitals Milk Bank NHS Trust)
　　　웰윈 가든 시티 (하트 모유 은행 Heart Milk Bank)
　　　런던 (노스웨스트 휴먼 모유 은행 Northwest Human Milk Bank)
　　　런던 (스코틀랜드 원 모유 은행 One Milk Bank for Scotland)

스웨덴의 감라스탄으로 가는 다리 위에서

국내에 302g의 초극소 저체중아가 태어나 사회적 이슈가 된 바 있다. 국내에서 가장 작게 태어난 이 아기는 겨우 휴대전화 두 개를 합쳐 든 무게에 불과했다. 이 작고 유약한 아기의 생존에 결정적인 역할을 하는 것은 바로 '모유'다. 모유의 면역 성분과 성장 인자는 여러 발병률을 낮추고 아직 장기가 온전히 자라지 못한 미숙아들에게 가장 빠르게 성장할 수 있는 치료제이기 때문이다. 우리나라는 신생아 10명 기준 1.6명이 미숙아로 태어날 정도로 미숙아 출생 비율이 높은 편이지만, 산모에게 질병이 있거나 약을 복용해야 하는 이유로 아기에게 모유수유를 못하고 있다고 한다. 게다가 모유는 직접 수유할수록 더 많이 분비되는데, 미숙아들은 아직 젖을 빨 힘이 없어 직접 수유를 못하므로 산모의 모유 양이 부족할 가능성도 더 크다.

우리는 국내의 미숙아들이 모유의 혜택을 받는 방안을 찾다 유럽의 의료복지 시스템인 모유 은행*에 대해서 알게 됐다. 수혈이 필요한 사람들을 위해 혈액은행이 있듯 모유를 필요로 하는 미숙아를 위해서는 모유 은행이 큰 역할을 하고 있었다. 작고 힘이 없으며 장기 형성이 완전치 못해 정상적인 발육을 기대할 수 없는 아이들에게 든든한 생명줄이 되는 유럽의 모유 은행을 찾아가는 여정을 지금부터 시작한다.

🚩 너무 빨리 태어난 아기를 위한 여정

한국에서 이탈리아까지 약 12시간, 로마에서 토리노(Torino)까지 약 4시간, 우리는 총 16시간을 달려 첫 방문지인 성 안나 토리노 모유 은행(Sant'Anna Torino The

---

***모유 은행** 모유가 필요한 아기들에게 모유를 공급해주는 곳. 기증자들이 기증 모유를 모유 은행에 건네주면 위생 공정을 거쳐 깨끗하고 안전한 모유를 원하는 수혜자들(주로 미숙아)에게 공급함

Milk Bank)에 도착했다. 이 모유 은행은 토리노 대학병원이 운영하는 기관으로 이탈리아 최대 규모의 모유 은행이다. 기대감으로 한껏 상기된 우리를 반겨준 분은 엔리코 베르티노(Enrico Bertino) 교수님이셨다. 호탕한 웃음을 터뜨리며 악수를 건네는 교수님의 손을 잡으며 우리는 조금씩 안정을 찾을 수 있었다.

성 안나 토리노 모유 은행은 시설 규모도 매우 컸고, 모유 위생 기구들과 상담실, 소독실, 보관실 등 다양한 부서가 유기적으로 연결돼 있었다. 특히 우리에게 강렬한 인상을 남긴 곳은 신생아 집중 치료실이었는데, 그곳에서는 푸른 조명 아래 눈도 뜨지 못한 아기들이 조그만 호흡을 내뱉고 있었다. 아기의 발바닥은 겨우 손가락 두 마디 정도였다. "이 아이는 600g도 채 되지 않아요"라고 교수님께서 푸른 불빛을 가리키며 말씀하셨다. 교수님께서는 이런 아기들을 위해 모유 은행이 존재하는 것이며 아기들은 조금의 문제만 있어도 생사를 오갈 수 있어서 모유 처리 공정을 엄격하게 규정하고 관리해야 한다고 덧붙이셨다.

토리노 대학병원 모유 은행 앞에서 인터뷰이들과 함께

엔리코 베르티노
University of Torino / Head of the Neonatal Intensive Care Unit

❓ 미숙아에게 모유가 필요한 이유는 무엇인가요?

🅰 모유에는 분유가 충분히 포함하지 못하는 여러 영양소가 들어있습니다. 특히 중추신경계 발달에 중요한 콜레스테롤과 DHA가 풍부해 미숙아들의 발육과 성장에 많은 도움이 되며, 각종 면역 물질과 항체를 포함하고 있어 아기의 감염질환 발생을 현저히 줄여줍니다. 미숙아들은 장기 완성도가 사뭇 떨어지는 편입니다. 특히 장 쪽은 매우 예민한 부위로 괴사성 장염*은 미숙아에게 매우 치명적인데 모유수유만으로 예방과 치유를 할 수 있습니다. 조제유만으로는 아기의 발육과 면역을 장담할 수 없는 실정입니다.

❓ 모유 위생 공정은 어떻게 진행되나요?

🅰 먼저 냉동 보관된 기증 모유들을 상온에서 서서히 녹입니다. 이때 직사광선에 노출되지 않도록 해야 하며 7.2도 이하의 온도를 유지해줘야 합니다. 해동 후 3~4명의 모유를 혼합하게 되는데, 이는 각 산모의 모유에 함유된 좋은 영양원들을 서로 보충해주기 위함입니다. 그리고 세균 검사를 진행해 병원성을 가진 균이 조금이라도 검출되면 바로 폐기합니다. 이어 62.5도에서 30분 동안 저온살균 과정을 거칩니다. 고온살균 방법은 시간이 절약되나 소량만 할 수 있어서 대부분의 모유 은행에서는 저온살균을 채택하고 있습니다. 살균 후에 모유는 급속히 냉각시켜 보관하고 무작위로 골라서 세균 검사를 다시 한 번 진행합니다. 그리고 마지막으로 라벨을 붙여 기증자 정보, 공정 날짜를 기록합니다. 이 모든 공정에서 가장 중요한 부분은 위생 관리입니다. 모든 과정에서 직원들은 위생복과 장갑, 모자를 반드시 착용해야 합니다. 그리고 꾸준히 장비들을 점검하고 소독해 위생적인 환경을 유지하는 것 또한 중요합니다.

***괴사성 장염** 생후 1주 이내의 미숙아나 저체중아에게 주로 나타나는 것으로 장 세포가 죽어가는 염증

🚩 체계적인 복지 인프라로 미숙아를 보호하는 건강한 스웨덴 사회

두 번째 방문지인 스웨덴에서 우린 어려움을 맞닥뜨리게 됐다. 공교롭게도 휴가 시즌과 겹쳐서 인터뷰에 응해줄 전문가를 찾기 어려웠다. 스톡홀름 에스오에스 병원(Söddersjukhuset)의 모유 은행(Human Milk Bank)에서 크리스티안 엥엘브렉트손(Christiane Engelbrektsson) 교수님을 만날 수 있었던 것은 행운이나 다름없었다. 크리스티안 교수님 또한 휴가 기간이셨지만 멀리 한국에서 찾아온 우리를 위해 귀한 시간을 내주셨다. 스웨덴 신생아 의학의 리더인 교수님께 스웨덴의 모유 은행 운영 방식과 우리가 제안하는 한국형 모유 은행의 실현 가능성을 여쭤봤다. 교수님께서는 우리의 계획서를 보고 호평을 해주셨다. 하지만 아무리 좋은 시스템이 준비되더라도 사람들의 인식을 개선하는 것이 가장 먼저 해결해야 할 과제라는 조언도 덧붙이셨다. 유럽에서는 이를 위해 국가가 연합

에스오에스 병원에서 운영하는 모유 은행에 대한 설명을 해주시는 스웨덴 신생아 의학의 리더 크리스티안 교수님

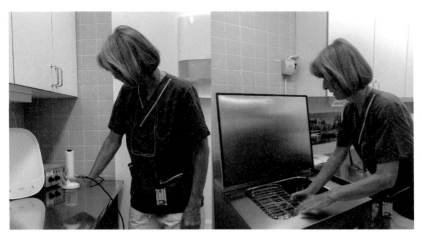

크리스티안 교수님의 모유 처리 공정 시연

해 포럼을 개최하고 전문인들과 비전문인들을 초대해 모유에 대해 다양한 토론
을 한다고 말씀하시며, 이러한 포럼들이 모유 은행의 홍보와 함께 시민들에게
신뢰감을 준다고 설명해주셨다.

스웨덴의 모유 관련 기관을 탐방하면서 크게 느낀 점은 선진국의 힘이 개개
인의 시민의식에서 비롯된다는 점이었다. 우리나라는 아직 모유를 인체 유래
물*로 인정하지 않아 모유 은행의 필요성은 인정하지만 사회제도는 미흡하다.
반면, 스웨덴에선 건강한 아기를 키우기 위한 사회제도에 국민이 모두 동참하
며 아기들의 성장에 깊은 애정을 쏟고 있었다.

우리는 탐방을 마치고 숙소로 돌아와 "아, 이 나라의 아이들과 부모님들은 정
말 행복하겠다"라며 스웨덴의 사회복지 인프라에 관한 이야기를 나누었다. 더불
어 스웨덴처럼 미숙아를 낳은 모든 부모가 안심할 수 있는 나라가 되려면 우리
가 어떤 준비를 해야 하는지에 대한 생각을 하게 됐다. 우리는 그 대안을 모유 은

*인체 유래물 인체로부터 수집하거나 채취한 조직·세포·혈액·체액 등 인체 구성물 또는 이들로부터 분리된 혈청·
혈장·염색체·DNA·RNA·단백질 등을 뜻함

좌) 이탈리아 성 안나 토리노 모유 은행의 모유 냉동 보관에 관해 설명 중이신 파올라 교수님
우) 보관 중인 기증된 모유들

행에서 발견할 수 있었으며 우리가 설립하고자 하는 모유 케어 센터를 조금씩 완성해갔다. 우리가 제안하는 모유 케어 센터는 단순히 기증과 수혜를 넘어 모유수유에 대한 인식을 향상하기 위한 시스템이다. 기증과 수혜의 과정이 아무리 좋다고 하더라도 그 밑받침이 되는 모유수유에 대한 인식이 개선되지 않으면 한국에서 활성화하기 힘들다는 결론을 내렸다. 그래서 모유수유에 대한 인식을 다양한 캠페인과 교육을 통해 개선하고, 우리나라 실정에 맞게 보건소와 국립 대학병원과의 협업을 통해 전국적으로 활성화해야겠다는 생각을 하게 됐다.

바이크를 즐기는 노년층이 나서서 전달하는 영국의 모유 은행

세 번째 방문지인 영국에서는 모유의 운송 수단에 대한 정보를 얻을 수 있었다. 옥스퍼드 대학병원 모유 은행(Oxford University Hospitals Milk Bank NHS Trust)에서는 다소 특이한 방법을 활용해 모유를 산모로부터 수집하고 있었다. 바로 은퇴한 노년층의 자원봉사를 통해 이루어지는 방식이다.

해당 프로그램의 참여자는 은퇴한 후 바이크를 취미로 즐기는 분들이었다. 이들은 바이크 동호회를 만들어 여생을 즐기다가, 바이크도 타면서 보다 뜻깊은 일을 할 수 있지 않을까 모색하던 중 유축한 모유를 병원으로 이송하는 봉사를 하자는 결심을 했다고 한다. 노인분들은 모유를 나르는 일에 대해 굉장히 자부심을 가지고 있다고 한다. 또한, 모유 은행의 기금 마련을 위한 자선 활동을 주최하기 위해 바이크 동호회 사람들이 모여 자선 행사를 여는 등 사회적으로도 활발히 움직이고 있었다. 우리는 이 이야기를 들으면서 우리나라에서도 대두하고 있는 노인문제를 모유 은행과 결합하면 미숙아 문제와 노인문제를 동시에 해결할 수 있지 않을까 하는 생각을 하게 됐다. 또한, 사회의 많은 사람이 모유 은행에 관심을 가지고 자발적으로 나서서 미숙아 문제를 해결하려는 모습을 보고 우리나라 역시 이러한 태도를 함양해야 할 것이라는 생각도 하게 됐다.

EPISODE

크로나의 비밀

스톡홀름에 도착한 우리는 유럽의 미식을 체험해보겠다는 일념 하나로 스웨덴의 전통 음식인 미트볼을 먹기 위해 고급 레스토랑을 찾아갔다. 먹고 싶은 음식을 마음껏, 다양하게 즐기고자 우리는 무려 5개의 메뉴와 디저트 음료까지 주문했다. 맛있게 식사를 하는 동안은 즐거웠지만 카운터에 서는 순간 고민이 되기 시작됐다. 스웨덴은 팁 문화가 없는 편이지만 우리가 찾은 럭셔리 레스토랑은 카드 결제를 하면서 손님에게 주고 싶은 만큼 팁을 입력하게 했다. 총금액 중 끝자리가 7로 끝이 나 일의 자릿수를 없애자는 심산으로 '3크로나'를 입력했다. 그러자 종업원은 "통상 팁의 규모는 식대의 10%"라며 불평했다. 우리는 당황해하며 3크로나를 원으로 환산해보니 겨우 370원을 팁으로 지급한 것이었다. 방문한 국가들의 통화단위가 서로 달라 별생각 없이 지급한 게 화근이었다. 이런 불상사를 겪지 않으려면 타국에 갈 때는 화폐가치, 팁 문화 등을 숙지할 필요가 있다.

팀원 1. **강소리**

"참석률 100%, 완벽한 팀워크"

학기 중에 시작한 LG글로벌챌린저 활동이라 지치고 힘든 순간들이 많았습니다. 하지만 그 시간을 통해 우리 팀이 더욱 단단해질 수 있었던 것 같습니다. 학업과 병행하면서 아무도 빠지지 않고 매일같이 회의한 것이 좋은 결과로 나타난 것 같아 뿌듯합니다. "우리 팀 너무 사랑하고 고맙다."

팀원 2. **김진아**

"팀원들 잘 만난 팀장"

팀장이라는 역할을 맡으면서 많은 것을 배울 수 있었습니다. 이런 기회를 주신 LG글로벌챌린저에 깊은 감사를 드립니다! 그리고 "얘들아! 믿고 잘 따라와 줘서 정말 고마워! 부족한 팀장이었지만 너희들이 나의 부족한 부분을 채워줬어!"

팀원 3. **박관우**

"다음에는 4주간 유럽 여행 고고"

1차 서류 합격부터 면접, 탐방 그리고 보고서까지 정말 많은 행운이 우리를 지켜줬습니다. 그래서 더욱 기억되고 추억이 될 2018년을 갖게 됐습니다. 이런 기회가 또 있을까 하는 안타까움에 탐방 기간이 4주로 늘어났으면 하는 기대를 하고 있었습니다. 물론 그 바람은 이뤄지지 않았지만, 팀원들과 또 한 번의 유럽 여행을 계획하게 됐습니다.

팀원 4. **박종대**

"겁 많던 아이가 확 바뀌었습니다"

LG글로벌챌린저를 하면서 특히 해외 기관과 연락을 하면서 못 해낼 것은 절대 없다는 것을 깨달았습니다. 지레 겁부터 먹고 시도조차 해보지 않던 저를 도전적인 사람으로 바꿔준 LG글로벌챌린저에 감사를 표하고 싶습니다. '세상은 도전하고 볼 일이다!'

끝없는 도전, 끝없는 생각

1. 이거 기발하지 않아? 작년에 기발했지!

기발한 생각들은 자신만 하는 것이 아니다. 작년, 재작년, 그 이전에 같은 주제가 있었는지 확인하는 것은 필수다. 정말 기발하다 판단해서 수많은 자료를 찾아놓았지만, 한순간에 물거품이 돼 그간의 노력을 엎어야 했던 웃지 못할 경험을 수차례 했다. 중복된 주제가 되지 않도록 미리미리 체크하자. 새로운 연구법, 새로운 발명도 좋지만, 한국에서의 취약점을 찾는 것부터 접근하는 것도 좋은 방법이다. 우리는 한국에서 가장 부족하고 가장 필요한 것들이 무엇일까 하는 생각부터 시작했다. 우리나라는 빠른 경제 성장을 이룬 만큼 놓치고 지나친 게 많고, 그만큼 보완할 점이 많은 사회다. 우리가 바라고 살고 싶은 환경이 무엇인지 생각해보는 건 매우 유익하다.

2. 대화는 언제나 정답이다

여가가 목적이 아닌 2주간의 탐방 여행이기에, 서로에게 예민해질 때가 오는 것은 어쩌면 당연한 일이다. 하지만 우리 팀은 이런 과정들을 잘 이겨낼 수 있었는데, 그 해결책이 바로 '대화'였다. 일과가 끝나면 다 같이 모여 우리의 우스꽝스러운 모습이나 좋았던 장소에 대해서 이야기하며 야식과 함께 회포를 풀었다. 2주간 붙어있으니 터놓고 대화하며 서로를 이해해 나갈 시간은 충분히 많지 않은가? 본인뿐만 아니라 팀을 위해, 또 성공적인 탐방을 위해 혼자 담아두지 말고 팀원들과 공유하라고 말해주고 싶다.

한국의 정신 건강 시스템, 안녕하십니까?

팀명(학교) 이너피스 (성균관대학교)
팀원 연응경, 유선민, 이다윤, 차서연
기간 2018년 7월 29일~2018년 8월 11일
장소 영국, 스웨덴, 핀란드
런던 (세인트 앤 병원 Saint Ann's Hospital)
런던 (영국 왕립 정신과 협회 Royal College of Psychiatrist)
스톡홀름 (스웨덴 보건복지부 Public Health Agency of Sweden)
스톡홀름 (스웨덴 사회복지청 The National Board of Health and Welfare)
헬싱키 (핀란드 보건복지 연구소 National Institute of Health and Welfare)
헬싱키 (헬싱키 대학병원 HUS, Helsinki University Hospital)

영국 왕립 정신과 협회 포럼에 초대받은 이너피스. 다음을 기약하며 기념사진을 남기다

우리나라의 문제점들 그리고 개선됐으면 하는 점들에 관해 이야기하다가 나온 주제가 바로 '한국의 정신 건강, 과연 안녕한가?'이다. 친구들과 모여 미래에 관해 이야기하다가도 '헬조선', '탈한국'을 외치는 것이 우리나라가 직면한 현실이라는 생각이 들었다. 한국은 천연자원이 턱없이 부족하다. 이를 대신하기 위해 인적 자원의 양성을 장려한 것이 결과적으로 지금 우리의 경쟁력을 일군 토대임은 인정해야 하지만, 그것이 모두 무엇을 위한 것이었나를 생각해볼 시점이기도 하다. 대입이나 취업 시장 등 경쟁사회의 단면을 보여주는 사회구조, 빈부 격차로 인한 상대적 박탈감을 강요하고 끊임없이 물질적 부를 추구하도록 부추기는 사회 분위기, 그 한가운데서 사람들의 마음은 병들기 시작했고 결국 우리는 자살률 1위라는 불명예스러운 타이틀을 얻게 됐다. 가장 가깝다고 할 수 있는 가족과 친구가 실제로 힘들어하고 정신과 치료까지 받는 상황을 목격하며 한국의 현실을 조금이나마 변화시키고자 탐방을 결심했다. 시작은 단순히 복지로 명성이 높다는 유럽 복지제도에 대한 호기심이었으나, 이내 드러난 한국 복지 시스템과의 격차에 놀라게 됐다. 정신 건강 치료를 바라보는 열린 마인드와 현저하게 낮은 자살률 등에서 배워야 할 점이 많다고 생각했고, 이를 상세하게 알아보기 위해 유럽으로 떠났다.

🚩 영국, 공급자 중심의 서비스를 제공하다

말로만 듣던 영국의 이층 버스는 우리에게 런던에 도착했다는 것을 확 와닿게 해줬다. 이층 버스가 이국적인 도시풍경 위를 누비는 모습, 한국에서는 볼 수 없는 풍경이었다.

첫 단추가 중요하기에 우리는 긴장된 마음을 가지고 세인트 앤 병원(Saint

세인트 앤 병원에서 국민건강보험 시스템에 대한 첫 인터뷰를 마치고 기관 마크 앞에서

Ann's Hospital)으로 향했다. 우리는 그곳에서 한인 의사 선생님을 뵙기로 해 영어에 대한 부담감을 조금 덜 수 있었다. 선생님께서는 상담을 많이 해보신 분이라 그러신지 재미있는 예시와 함께 설명해주셔서 이해가 쏙쏙 됐다. 우선 두 나라의 가장 큰 차이점은 서비스 제공의 기준이라고 하셨다. 즉 수요자 중심으로 서비스를 제공하는 한국과 달리 영국은 공급자 중심이라는 것이다. 지갑을 여는 소비자의 입맛에 맞춘 서비스가 만들어지고 팔려나가는 식이 아니라, 국가에서 사업의 처음부터 끝을 모두 기획하고 운영하기 때문에 정책상의 일관성이 보장될 수 있는 구조였다. 선생님께서는 또한, 의료 환경의 지피(GP, General Practitioner)라고 하는 영국의 주치의 문화를 짚어주셨다. 영국은 가정마다 전담 의사가 있고, 국가 중심의 국민건강보험(NHS, National Health Service)으로 운영하기 때문에 우리와는 본질적으로 환경이 다를 수밖에 없겠다는 생각이 들었다. 영국의 보건 의료 제도인 NHS는 종합적 보건 의료 서비스로 전 국민에게 무료로, 무차별로 제공된다고 한다. 환자는 건강의 이상을 느끼면 1차 진료소부터

방문해 일반의(GP), 즉 가족 주치의를 만나게 된다. GP의 진단에 따라 환자는 1차 진료소에서 처방을 받을 수도 있고, 상위 진료소로 보내질 수도 있다. 따라서 위급한 상황이 아니라면 환자가 대학병원에 해당하는 3차 진료소를 가기 위해서는 1차와 2차 진료소의 승인이 있어야 한다.

그다음으로 향한 곳은 영국 왕립 정신과 협회(Royal College of Psychiatrists)였다. 이곳은 영국의 정신과 전문의 대부분이 가입된 곳으로, 정신과 전문의 자격 기준을 관리하고 그 향상을 도모하는 것을 주된 업무로 하는 기관이다. 첫 영어 인터뷰를 하는 곳이라는 굉장히 떨리는 마음을 가지고 인터뷰 장소로 향했다. 정신과 전문의이자 전문의 자격시험 관리부 MRCPsych(Member of the Royal College of Psychiatrists)의 심사위원장으로 활동 중인 이안 홀(Ian Hall) 선생님께서는 영국에서 정신과 의사가 되는 과정에 관해 설명해주셨다. 단순히 시험을 보는 것이 아니라 상담 진행 모습을 바탕으로 평가해 자격증을 발급하는 시스템이 인상적이었다. 자격시험은 롤 플레이 형식으로 진행되는데, 응시자가 의사의 입장이 되어 환자를 연기하는 배우들과 10분 내외의 상담을 진행하는 내용이나 과정을 바탕으로 자격 충족 여부를 판단하는 방식이다.

영국은 정보가 많아 탐방 욕심이 생긴 나라다. 일정을 정말 빽빽이 세워 탐방 초반임에도 힘들고 지치기도 했지만, 그만큼 많은 것을 보고 느낄 수 있었다. 의료 서비스는 그 방점이 수요자에게 있느냐, 공급자에게 있느냐에 따라 프로세스가 전혀 달라지는데, 전자가 한국의 경우 후자가 영국의 경우라는 것을 이해했으며 확연한 차이를 실감할 수 있었다. 영국의 시스템은 국민 전체를 고려하는 방식이란 점에서 복지국가의 진면모를 보여주는 듯했다.

스웨덴, 세분된 시스템과 환자 커뮤니티 조성으로 정신 건강의 기반을 다지다

복지국가, 살기 좋은 나라 1위라는 타이틀을 가진 스웨덴은 국민의 정신 건강과 치료를 위해 어떤 노력을 하는지 궁금했다. 스웨덴 보건복지부(Public Health Agency of Sweden)에서는 스웨덴에서 효과적으로 운영되고 있는 자살 예방 프로그램과 기관에서 발행하는 정신 건강 관련 책자에 관한 이야기를 들을 수 있었다. 보건복지부는 정신 건강 서비스에 대한 국민적 인식 개선을 위해 A4 원 페이지 홍보법을 활용해 간결한 정보지를 제작해 배포하고 있었다. 그리고 자살 예방 프로그램 시행령을 통해 정신 질환 치료 서비스와 자살 예방 프로그램을 융합해 담당 기관들이 긴밀히 협조하고 있었다. 가장 인상적이었던 부분은 같은 질환을 앓는 사람들 사이에 커뮤니티가 조성되도록 장려해 교류를 통한 치유가 가능하도록 한 점이다.

스웨덴 사회복지청(The National Board of Health and Welfare)에서는 정신의학 전문의이면서 동시에 보건복지부의 지식 기반 건강 복지 정책부서에서 의학 전문

좌) 스웨덴 보건복지부에서 열심히 인터뷰 중인 우리의 모습
우) 스웨덴 사회복지청의 이바 진스버그 선생님과 함께

가로 활동하고 계시는 위바 인스베리(Yiva Ginsberg) 선생님을 만나 뵐 수 있었는데, 현재 스웨덴의 세분된 정신 건강 서비스 제공 방식, 스웨덴 사회복지청의 운영 방식을 설명해주셨다. 스웨덴은 정신 건강 서비스의 제공을 3가지, 즉 국가적, 지방적, 지역적 차원으로 나누어 각각 자치적으로 운영하고 있었다. 서비스 비용은 원천적으로 시의회와 지방의 세금으로 충당하며, 추가 예산을 마련하기 위해 회사와 제휴를 맺어 지원을 받기도 했다. 그 밖에 서비스 개선 및 치료법이나 기술 개발 등의 프로젝트를 진행하는 등의 활동도 하고 있었다.

우리는 스웨덴의 두 기관 방문을 통해 복지국가 1위 타이틀의 이유를 알 수 있었는데, 특히 사립 기관과의 제휴를 통해 공공과 사립 양쪽 기관의 동시 발전을 기한 점이 인상적이었다. 실제 우리나라에도 도입된다면 큰 효과를 볼 수 있을 것이라는 기대감이 들었다.

인터뷰를 마치고 나온 우리는 길가에 선베드를 펴놓고 여유를 즐기는 노부부, 여름휴가를 떠나 문을 닫은 상점의 풍경이 인상적이었다. 시간에 쫓기지 않는 여유로운 그들의 삶이 느껴졌다. 우리도 일상 속에서 '커피(또는 티)와 함께하는 휴식 시간'을 갖는 스웨덴의 피카(Fika) 문화를 즐겨보았는데, 빡빡한 탐방 일정에 지친 우리의 피로를 풀어주는 비타민 같은 시간이었다. 차분히 둘러앉아 대화를 나누니 상대방의 생각을 이해하고 공감하는 데 훨씬 너그러워질 수 있었다. 우리는 쉼표의 시간을 통해 이후의 여정을 위한 에너지를 쌓았다.

⚐ 핀란드, 온라인 치료로 진료 효율과 예산이라는 두 마리 토끼를 잡다

스웨덴과 핀란드는 유럽연합(EU)에 가입돼 있어 입국심사가 없었다. 바람의 움직임을 그대로 느낄 수 있는 작은 비행기에 탑승해 두근거리는 가슴을 안고 핀란드에 입국했다.

헬싱키 대학병원의 마티 홀리 박사님으로부터 온라인 테라피의 혁신을 전해 듣다

핀란드 보건복지 연구소(National Institute of Health and Welfare)를 찾아 핀란드 정신과의사 협회 사무총장이며 이곳에서 정신건강 서비스와 시스템의 전문가 자문위원으로 활동하고 있는 유카 까륵케이넨(Jukka Käekkäine) 씨를 만났다. 사무총장님께서는 직접 손으로 그림을 그리며 핀란드의 중앙정부와 지방정부가 정신 건강 프로그램을 어떻게 운영하고 있는지 설명해주셨다. 핀란드는 대대적인 보건복지 정책의 변화를 추구하며, 건강 센터를 통합 운영하고 있어서 연계 서비스 이용이 쉽다고 한다. 또한, 사립 병원도 정부의 지원을 받아 건강 센터를 설립할 수 있도록 허락함으로써 공공과 사립 간의 경쟁 구도를 유발해 공적 부문이 낙후되지 않도록 하고 있다. 보건복지 연구소에서는 핀란드의 전반적인 정신 건강 시스템에 대해서 배울 수 있었다. 유카 사무총장님께서는 푸근한 할아버지와 같은 인상이셨는데 아침을 거르고 가서 그런지 꼬르륵 소리가 나는 우리에게 친절하게 점심을 권해주셔서 큰 감동을 받았다.

헬싱키 대학병원(Helsinki University Hospital)의 마티 홀리(Matti Holi) 박사님께서는 직접 실행 중인 온라인 치료 프로그램을 보여주며, 정신 치료의 새로운 패러다임을 제시해주셨다. 온라인 치료 프로그램은 환자가 직접 병원을 찾지 않고도 원격으로 자신의 증상에 대한 진료를 받을 수 있으며, 테라피스트들과 대화를 나누고, 같은 질환을 경험하는 사람들과 코멘트를 주고받을 수 있도록 하는 것을 주된 목적으로 하고 있었다. 박사님께서는 핀란드와는 사뭇 다른 한국의 의료 환경에 관해서도 관심을 보이며, 우리와 함께 한국이 나아가야 할 방향에 대해 토의해주셨다. 이 과정에서 핀란드와 한국의 의료 시스템이 다른 점이 많다는 점을 깨달았다. 영국, 핀란드 등 유럽의 국가들은 대부분 국가 차원에서 의료직을 배치하고 있어, 의사가 공무원 자격으로 국가에 귀속돼 일한다. 실제로 핀란드의 국민은 질환이 의심될 때 먼저 거주지 근방에 있는 1차 진료소에서 진단을 받을 수 있고, 그 결과의 심각성에 따라 2차, 3차 치료를 받게 된다. 핀란드에서는 정신 건강 치료가 더 원활하게 이루어질 수 있도록 멘탈 허브(Mental Hub) 시스템을 새롭게 도입해, 아픈 국민에게 지침을 제시하고, 원격서비스를 제공하는 등 여러 사업을 운영하고 있다. 새로운 것에 늘 도전하는 홀리 박사님의 모습을 보고 탐구열을 불태울 수 있는 시간이었다.

마티 홀리

Helsinki University Hospital /
The Director of HUS Psychiatry

Q 핀란드에서 진행되고 있는 멘탈 허브의 온라인 치료 방식이 궁금합니다.

A 환자들은 자신의 주치의(GP) 판단에 따라 이 치료를 시작합니다. 각 질환에 따라 다른 치료법을 가지고 진행해야 하기 때문입니다. 온라인 치료는 자신의 증상에 대한 진료를 받을 수 있을 뿐만 아니라 테라피스트들과 대화를 나눌 수 있고, 자신과 같은 증상을 겪고 있는 환자들과 서로 메시지를 주고받으며 교류할 수 있습니다. 대면 치료(Face to Face Therapy)가 필요한 경우 인터넷상에서 치료사를 추천받아 실제로 상담 약속을 잡을 수 있습니다. 이 방법을 통해 심각하게 아픈 중증 환자들만을 위한 치료하는 것이 아닌 가벼운 불안 증상을 보이는 사람들까지 치료받을 수 있도록 노력하고 있습니다.

Q 핀란드에서 소테 개혁(SOTE Reform)을 통해 어떤 변화가 진행되고 있나요?

A 첫 번째로는 각 지방에서 독립적으로 이루었던 보건 시스템이 큰 범위에서 통합적으로 이루어질 수 있도록 합니다. 중앙 차원에서 관리하고 통제하죠. 이로써 각각 다른 기관들이 독립적으로 건강 센터나 병원을 운영할 때 기관의 능력 차에 따라서 환자들이 얻을 수 있는 혜택이나 정보의 양이 달라지는 문제를 해결할 수 있습니다. 중앙 차원에서 각각의 기관 간 정보 교류와 지원 시스템을 장려할 수 있기 때문입니다.

두 번째로는 사적 기관이 공공의 돈을 일부 이용할 수 있도록 해 공적 기관과 사적 기관의 경쟁을 촉진하는 것입니다. 사립 병원에서도 원한다면 국가 프로그램의 하나로 시행되는 건강 센터를 설립할 수 있도록 비용을 지원하고 있습니다. 공적 기관은 이러한 사적 기관과 견줘 모자람이 없도록 서비스의 향상을 위해 노력하게 됩니다. 또한, 사적 기관에서는 저렴하게 값을 책정하게 되는 효과를 부를 수 있습니다.

액땜은 그만!

영국 공항에서 1시간이나 기다리며 입국심사를 받는다는 이야기를 듣고, 우리는 비행기에서 빨리 빨리를 외치며 내렸다. 우리는 의지의 한국인의 모습을 보여주기라도 하는 듯 부리나케 달려 입국 심사장으로 향했고 꽤 앞쪽에서 심사를 기다릴 수 있었다. 들뜬 기분으로 입국을 기다리던 우리! 그런데 갑자기 팀장님의 얼굴이 새파래졌다. "나 노트북을 두고 내린 것 같아." 팀장님의 노트북이 없어진 것이다. 우리는 그때부터 멘붕에 빠져 공항 분실물 센터를 전전했지만 들려오는 대답은 "발견된 게 없어요"였다. 결국 우리는 노트북을 뒤로한 채 눈물을 삼키며 공항을 나올 수밖에 없었다. 설상가상으로 팀장님은 지갑도 잃어버리게 됐는데, 대상을 위한 큰 액땜이라 생각했다. 다행스럽게도 영국을 떠나려 하던 차 우리는 분실물 센터에서 20유로로 팀장님의 소중한 노트북을 되찾게 된다. 그때 우리는 여행 중 가장 UP된 팀장님을 볼 수 있었다. 하지만 그 뒤에도 이어폰 등 소소한 물품들도 잃어버리셨다는 후문이! 아무리 액땜이라지만, 팀장님 우리 더 꼼꼼히 챙깁시다.

"대단한 내비 응콩이"

분명 쉽지만은 않은 도전이었지만 LG글로벌챌린저를 통해 좋은 팀원들을 만났고, 우리만의 프로젝트도 만들어봤으며, 외국 기관과 인터뷰도 해냈습니다. 이번 기회로 세상을 보는 나의 눈이 많이 넓어졌음을 느낍니다. 아쉬움이 많이 남기도 하지만 아직 다 끝난 것이 아니기에 앞으로 팀원들 그리고 나 자신이 얼마나 더 성장할 수 있을지 기대됩니다.

팀원 1. **연응경**

"상큼한 숫자쟁이 총무 막냉이"

첫 대학 생활, 첫 해외여행, 첫 공모전. LG글로벌챌린저는 여러 모로 저에게 처음이었습니다. 처음이라 막막하고 힘들었지만, 시간이 지날수록 조금씩 발전하는 자신을 발견했습니다. '의미 없는 경험은 없다'는 말처럼 이 경험을 통해 다양한 사람들을 만나고, 새 문화들을 접하며 세계를 바라보는 폭을 넓힐 수 있었습니다. 이 기회를 첫걸음으로 여러 방면으로 도전하고 싶습니다.

팀원 2. **유선민**

"기가 막힌 기요미 팀장"

"도전"에 대한 막연한 두려움을 깨게 해준 좋은 기회였습니다. 그동안 실패 경험 후 안정적인 길만 걸었습니다. 하지만 계획서 제출, 면접 준비, 해외 유수의 기관 관계자들과의 인터뷰 등을 통해 도전의 짜릿함을 알게 됐습니다. 스트레스도 많았고 심신이 힘들지만, 얻고 경험한 것이 더 많기에 탐방의 추억들을 기억하고 끊임없는 도전을 이어나갈 겁니다.

팀원 3. **이다윤**

"원대한 아이디어 뱅크"

유독 처음이 많았던 경험이었습니다. 은행에서 스스로 환전하는 것도, 부모님 없이 비행기를 타는 것도, 여권과 현금을 항상 체크하며 주변을 챙기는 일도 모두 처음이었습니다. 주체적으로 탐방을 계획하고 여정을 꾸려가는 일은 결코 쉽지 않았지만, 생각만큼 무서운 일도 아니었습니다. 앞으로 마주할 많은 일에 조금 더 능동적으로 대처하는 마인드를 갖게 됐습니다.

팀원 4. **차서연**

언제 어디서나 해답은 있다!

1. 열 번 찍어 안 넘어가는 나무 없다

LG글로벌챌린저를 준비하며 우리는 탐방 기관을 미리 섭외하려고 연락에 최선을 다했다. 하나의 이메일 형식을 작성해 학교 원어민 교수님께 교정을 받고, 우리가 탐방 가고자 하는 기관에 메일을 돌렸다. 어떤 날은 날밤을 새우며 약 200통 정도를 뿌리기도 했다. 그 기관의 기관장님부터 시작해서 홈페이지에 이메일주소가 올려진 분들께는 전부 연락을 드렸다. 그러나 절망스럽게도 답장은 3통. 믿기지 않았다. 이런 우리에게 삼성서울병원 이은호 이사님께서 하나의 대안을 제시해주셨다. "전화를 하세요! 바로 연결되잖아요." 우리는 바로 팀장님의 핸드폰으로 국제전화에 가입해서 생애 처음으로 영국, 스웨덴, 핀란드의 현지인분들께 전화를 걸었다. 처음에는 떨리고, 잘 받아주지도 않아 힘들었지만, 끈기 있게 전화하고 또 이메일로 자세한 정보를 보냈더니 결국 우리는 9개 기관과 연락이 닿을 수 있었다.

2. 중앙역도 꽤 쓸 만한 가성비 갑 파티 장소다!

비싸다고 소문난 북유럽의 물가, 직접 느껴보지를 못해서 너무 만만하게 봤던 것 같다. 햄버거 세트 하나를 먹는 데도 거의 1만 원에 달하는 수준이었다. 스웨덴의 셋째 날 저녁, 우리는 결국 심각한 고민에 빠진다. 저녁을 먹을 것인가 돈을 아낄 것인가? 호텔이라 취사도 안 되는데 파티는 언제 할 것인가? 머리만 싸맨다고 답이 나오겠는가? 우리는 고민을 접고 그래도 만만한 대형마트 쿱(COOP)으로 갔다. 스톡홀름 중앙역 쿱에서 우리는 샐러드, 연어, 과자, 과일, 맥주를 사서 작은 파티를 열었다. 조금 슬프기도 했지만, 오히려 서로 더욱 돈독해지는 시간이었다. 역에 있는 다른 여행객들과 이야기를 나누며 친해질 수도 있었다. 머릿속에 콱 박히는 잊히지 않는 하나의 추억이 될 것 같다. 돈이 조금 부족하다면! 팀원들과 잊히지 않는 색다른 경험을 해보고 싶다면! 주변의 중앙역을 잘 활용해보자! 팀원들과의 사이가 더 돈독해지는 것은 덤이다.

발달 장애인도
성교육을 받을 권리가 있다

팀명(학교)   ABLE (한국외국어대학교)
팀원   김채은, 서다연, 정종렬, 최승환
기간   2018년 7월 15일~2018년 7월 28일
장소   독일, 영국, 네덜란드
　　　　메르제부르크 (장애인 전문 교사 양성기관 Trase)
　　　　벨파스트 (북아일랜드 자선단체 도시 농장 Kilcreggan Homes)
　　　　벨파스트 (발달 장애인 직업 연계 기업 NOW Group)
　　　　벨파스트 (발달 장애인 직업훈련 기업 Compass Advocacy Network)
　　　　벨파스트 (성적 건강을 위한 자선단체 F.P.A, Family Planning Association)

독일의 소니 센터 앞에서 ABLE을 외치다

우리에게 '성(性)'은 예민하고 민감한 주제다. 한국 사회에서 '성'은 부정적이고 숨겨야 한다는 인식이 강했고, 우리 사회에 왜곡된 성 인식을 초래했다. 특히 올해는 성폭력 피해 고발 캠페인 미투 운동이 뜨거운 화두가 됐는데, 우리의 성교육이 피상적인 단계에 머물러 있어 한국 사회가 올바른 성 문화를 확립하지 못하고 있음을 증명하는 계기가 됐다. 우리 팀은 현재 사회적 분위기 속에서 올바른 성 가치관이란 무엇인지, 한국의 성교육을 개선할 방법을 고민하게 됐고, 시야를 넓혀 사회의 취약 계층인 '장애인의 성'에 관심을 가졌다. 현재 한국 사회에서는 장애인을 대상으로 한 성교육이 제대로 시행되지 않고 있다. 발달 장애인 대상 성교육 전문 인력은 1명당 260명의 장애인 학생을 담당할 정도로 부족한 상태다. 또한, 성교육 콘텐츠도 충분하지 않은 현실이다. 사회는 장애인의 성을 수동적이고, 피동적인 존재로 바라본다. 우리는 그들이 사회적 시선을 벗어나 스스로 권리를 찾을 수 있는 방법을 고민했고, 답을 찾기 위해 장애인의 성 권리, 더 나아가 그들의 삶을 위해 다양한 지원이 이뤄지고 있는 독일, 영국, 네덜란드를 방문했다.

🚩 소수자를 위한 맞춤형 성교육 프로그램

성교육 선진국으로 손꼽히는 독일은 성 문제를 '스스로 결정하는 권리'의 관점으로 바라보며 13살부터 성교육을 진행한다. 19세기 말까지 억압적이고 보수적인 성교육을 펼쳤던 독일은 학생들의 끊임없는 문제 제기로 인해 서서히 변화하기 시작했고, 1960년대부터 청소년의 성 문제를 인간이 누려야 할 권리로 인식하기 시작했다. 이후 사실적이면서 다양한 자료를 이용해 청소년 성교육을 진행해왔다. 과거 나치 시절 독일은 유대인, 장애인 등 사회적 소수자를 배척한 오명을 가지고 있는 국가였다. 하지만 독일은 역사의 잘못을 씻어내고 현재는 다른 어느 나라보다 이민자를 수용하고, 다름을 이해하고 있는 나라로 자리 잡았다. 소수자를 향한 인식 변화는 그들의 성교육 영역까지 확대됐다. 우리는 독일에서 장애인 대상 성교육과 장애인 성교육 전문 교사 양성 과정이 어떻게 진행되는지, 발달 장애인 성교육을 위한 유럽 간 협력 체계는 어떠한지 알아보기 위해 장애인 전문 교사 양성기관인 트레이스(Trase)를 방문했다.

우리의 첫 방문 기관인 트레이스는 유러피안 프로젝트로 유럽 7개국(벨기에, 룩셈부르크, 영국, 독일, 오스트리아, 포르투갈, 리투아니아)에 있는 전문 기관들과 협력해 장애를 가진 부모와 성교육 교사를 위한 트레이닝 프로그램을 운영하고 있다. 기관의 설립자이자 최고 담당자인 하인츠 위르겐 포스(Heinz-Jürgen Voss) 교수님을 만나기 위해 메르제부르크 응용과학대학교(Merseburg University of Applied Sciences)에 방문했다.

좌) 장애인 전문 교사 양성기관 트레이스의 에스터 교수님과 하인츠 교수님
우) 성교육 선진국 독일에서 시행하는 발달 장애인의 성교육에 관해 설명 듣고 있는 ABLE 팀

독자적으로 개발한 다양한 발달 장애인 성교육 프로그램을 소개해주신 하인즈, 레나, 에스터 교수님과 ABLE 팀

하인츠 교수님과 동료인 에스터 슈탈(Esther Stahl), 레나 라흐(Lena Lache) 조교수님은 독일의 발달 장애인 성교육 프로그램을 소개하며 발달 장애인 성교육을 위해 트레이스에서 독자적으로 개발한 성교육 자료를 공개해주셨다. 발달 장애인을 위한 성교육 자료가 매우 다양해 인상 깊었다. 교수님의 말씀을 빌리자면, '발달 장애인은 같은 수업 교재에 쉽게 지루함을 느낀다. 따라서 흥미와 관심을 끌고 집중력을 향상하는 성교육 자료가 필요하다'고 하셨다. 또한, 발달 장애인의 개인별 지능 수준에 부합하는 자료를 적절히 활용하는 것도 중요하다고 덧붙이셨다. 트레이스에서는 거의 모든 범주의 발달 장애인 스펙트럼을 포용할 수 있는 자료를 계속해서 개발 중이다. 이 자료는 쉽게 찾아볼 수 있도록 대중에게 공개되는데, 교육의 접근성이 떨어지는 사회적 약자를 고려한 이유라는 사실에 감명받았다.

🚩 편견 없는 세상을 만나다, 킬크레건 홈즈

상상 속의 영국은 매일 비가 오는 우중충한 곳이었지만, 우리가 머무는 동안은 최고의 날씨가 지속됐다. 5일 동안 북아일랜드의 수도 벨파스트에 머물렀는데 그곳은 날씨뿐만 아니라 친절한 사람들, 다양한 벽화가 있는 거리까지 우리의 탐방 여정 중 가장 아름다운 곳이었다. 이 아름다운 도시의 생활을 누릴 수 있는 권리는 장애인과 비장애인이 모두 동등했다.

영국은 발달 장애인의 기본 권리와 행복 증진을 위해 다양한 자선단체가 도움을 주고 있는데 그중 가장 기억에 남는 기관은 킬크레건 홈즈(Kilcreggan Homes)다. 성적 건강을 지원하는 자선단체인 F.P.A(Family Planning Association)의 소개로 방문하게 된 이 기관은 카페, 가축 농장*, 원예 농장*을 운영하며 발달 장애인이 비장애인과 함께 어울릴 수 있는 환경을 제공하고 있다.

처음 이곳에 도착했을 때 본 광경은 동물들에 먹이를 주며 뛰노는 아이들의 모습이었다. 과연 이 기관이 발달 장애인의 성 권리와 무슨 연관이 있을지 의문이 들었다. 어리둥절한 우리들의 모습에 농장 담당자인 폴린 브래디(Pauline

좌) 클레어 씨와 댄싱 고트 카페에 들르다
우) 영국 킬크레건 홈즈에서 염소 루시에게 인사하고 있는 다연

Brady) 씨는 '장애를 가졌는지 아닌지는 동물에게 먹이를 주고 식물을 가꾸는데 아무런 중요성을 가지지 않는다. 이곳은 비장애인과 장애인의 보이지 않는 경계를 허물고 있다'고 말했다. 그의 진정성 있는 이야기에 우리는 이 기관이 지향하는 목표와 의미를 알 수 있었다. 가축 농장에서는 장애의 유무와 상관없이 동물을 좋아한다는 한 가지 공통점만으로 아이들이 함께 공존하고 있었다.

발달 장애인의 성 문제는 대개 사회적으로 타인과 접촉할 기회가 적은 그들의 환경과 관계가 깊다. 그들에게는 상대방의 영역을 인정하고 존중하는 경계 교육*이 이루어지지 않아 마음을 표출하는 과정에서 성적 오해를 일으키는 경우가 많기 때문이다. 하지만 이곳 농장 안에서는 동물과 교감하고 비장애인들과 함께 어울리면서 장애인들은 자연스럽게 경계 교육을 습득하게 된다. 지속적인 관계 맺음은 나와 타인의 경계를 인지하는 데 큰 도움이 된다고 했다. 우리는 이 기관의 방문을 통해 발달 장애인이 인간으로서 느끼는 진정한 행복의 모습을 두 눈으로 확인할 수 있었다. 또한, 포괄적 개념으로서 성을 이해하기 시작했다. 이곳에서 발달 장애인들은 동식물을 가꾸는 것을 통해 책임감, 카페의 직업훈련을 통해 자립심을 키우면서 자신을 '인간관계를 형성할 수 있는 존재', '독립심을 가진 존재'로 인식하게 된다. 이 과정을 통해 장애인 개인에게는 성 권리를 배우는 출발점이 되고, 부모에게는 자녀에게 성교육을 시작하는 계기가 된다.

***가축 농장** 인간에게 온순한 동물들로 구성된 곳으로, 염소, 돼지, 당나귀, 기니피그 등 다양한 동물에게 먹이를 주며 관리하고 기르는 농장이다. 일반인들은 일상에서 볼 수 없었던 다양한 동물들을 볼 수 있을 뿐 아니라 장애인들과 함께할 수 있는 액티비티 기회를 얻게 된다

***원예 농장** 장애인들이 씨앗을 심고, 물을 주며, 직접 식물을 가꿀 수 있는 농장이다. 생명이 자라나는 순서에 따라 초기, 중기, 최종 단계로 나누어 가드닝 작업을 진행하는데, 이 과정에 일반인들이 참여해 장애인들과 함께 정원을 가꾼다. 원예 농장에서는 원예 작업에 익숙한 장애인들이 일반인들에게 원예 기술을 가르쳐주기도 하고, 일반인들이 장애인을 돕기도 하면서, 서로 협력한다

***경계 교육** 타인의 경계를 존중하고 인정하는 교육으로 타인이 자신의 영역을 침범하려고 할 때는 안 된다고 말하는 한편, 타인의 경계에 들어가려 할 때는 동의를 구하라고 가르치는 교육이다. 발달 장애인은 경계 교육을 통해 자신의 신체에 대한 경계를 형성할 수 있다

발달 장애인이 비장애인과 함께 어울릴 수 있는 환경을 제공하는 킬크레건 홈즈의 폴린 씨, 마크 씨와 함께하다

즐거움 반, 놀라움 반으로 농장 투어를 마친 우리는 배가 고파져 킬크레건 홈즈의 입구에 있는 댄싱 고트(Dancing Goat)라는 카페에 들렀다. 여기서 샌드위치를 먹었는데 현지 음식 중 손에 꼽을 정도로 맛있었다. 이 카페는 장애인과 비장애인이 함께 운영하는 카페로, 그들에게 직업 기회를 제공하기 위해 운영하는 곳이다. 좋은 의도로 설립된 곳이라 음식 맛도 좋았을까?

🚩 성교육과 성 건강 관리를 위해 직접 찾아가는 서비스

성적 건강과 성적 재생산권*을 보장할 수 있도록 도와주는 자선단체인 F.P.A의 마크 브레슬린(Mark Breslin) 씨는 국내에서 연락이 닿았을 때부터 매우 친근하게 대해줬다. 우리가 어떤 기관을 방문해야 하는지 일정표를 짜줬을 뿐만 아니라 다양한 기관의 종사자들, 그리고 발달 장애인 가족과 직접 이야기하는 시간도 마련해줬다.

마크 씨는 주로 웹사이트와 간행물을 통해 성적 건강에 관한 질문을 받고, 발달 장애 자녀를 둔 부모에게 성장 과정에 대한 조언을 해주는 일을 담당하고 있다. 우리는 그의 도움으로 기관의 프로그램 중 하나인 스피크이지(Speakeasy)* 과정을 직접 체험해보는 시간을 가졌다.

간단한 설문지로 이뤄지는 스피크이지에 참여하면 어릴 적 가정에서 받은 성교육의 깊이에 따라 얼마나 성에 대해 명확하게 이야기할 수 있는지 알 수 있다. 마크 씨는 우리에게 여러 가지 질문을 함으로써 성교육이 단순히 생물학적 교육으로 끝나는 것이 아니라, 성은 인간과의 관계에 관한 것이기 때문에 사회적인 범주로 확대된다는 사실을 깨닫게 해줬다. 결국, 발달 장애인의 성교육은 단순히 출산과 임신에 관한 성 개념에 국한된 것이 아니라 관계를 형성하기 위한 기반으로서 역할을 갖는다. 직업을 가지는 것, 가족을 구성하는 것 등 범주를 넓게 확장해서 바라보게 한다. 또한 성교육에 있어서 단어를 명확히 규정하는 것의 중요성, 발달 장애인의 개인적 공간을 보장하고 사회적 관계를 형성해 나아갈 수 있게 돕는 것의 중요성을 강조했다.

이를 위해서 영국은 발달 장애인에게 단순히 성교육 서비스를 제공하는 것에 그치지 않고, 발달 장애인이 직업훈련은 어떻게 받고 있으며, 어떠한 가정환경 속에서 살아가고 있는지 정부가 나서서 확인한다. 영국은 한국의 '구' 단위에 해당하는 지역 범위에 장애인들을 위한 서비스가 얼마나 실질적인 도움을 주고 있는지 평가하는 공무원이 있어서, 주기적으로 발달 장애인 가정을 돕고 관리한다. F.P.A에서 열정적으로 일하는 마크 씨를 보면서 우리 사회가 진정으로

---

*성적 재생산권 인간의 재생산 활동에 관련된 권리를 보장하고자 하는 포괄적인 권리 체계로써 성적자기결정권, 임신 및 출산의 선택권을 포함하고 그 결정에서 성평등 권리를 포함하는 개념
*스피크이지(Speakeasy) 부모가 자녀와 이성 관계 또는 성에 관해 이야기를 나눌 때 쉬운 단어를 이용해 이야기하는 과정

좌) 영국의 F.P.A에서 다연과 마크 씨
우) F.P.A의 연계 기관인 캔에서 발달 장애인의 성교육에 대한 설명을 듣고 있는 ABLE 팀

복지 선진국이 되기 위해서는 발달 장애인을 위한 올바른 성교육, 성 문화 그리고 이를 실현하기 위한 실질적인 정부 서비스가 필요하다는 것을 알게 됐다. 문제를 인식하지 못하면 해결도 없기 마련이다. 마크 씨 역시 그 시작이 쉽지 않았고 여전히 사회의 부정적인 시선이 존재한다고 말했다. 우리의 탐방이 사회적으로 발달 장애인들을 배척하는 시선을 조금이나마 해소하고, 그들의 성적 권리 향상을 위한 하나의 출발점이 되기를 희망한다.

마크 브레슬린

F.P.A(Family Planning Association) /
Branch Manager

Q 발달 장애인의 성교육을 효과적으로 하기 위해선 어떻게 해야 할까요?

A 장애인과 이야기할 때는 천천히, 그리고 쉽게 말해야 합니다. 달라지는 것은 발화자의 톤이지 내용이 아닙니다. 언어를 분해해서 가장 직접적이고 구체적인 방법으로 이야기해야 합니다. 우리는 보통 교육을 통해 사회적으로 약속된 개념을 배웁니다. 우리는 장애인들도 우리가 학습한 같은 것들을 보고, 사회적으로 약속한 것들을 익힐 수 있도록 교육해야 합니다. 이를 위해서는 발달 장애인의 '언어'를 이해해야 합니다. 발달 장애인은 매우 간단한 논리와 직접적인 묘사가 필요합니다. 이것이 바로 발달 장애인을 가르치는 성 교육자가 '성에 관련한 언어'를 말하는 데 전혀 불편함이 없어야 하는 이유죠. 가령 남성의 '자위'에 대한 설명을 할 때, 자위는 공공장소에서 하는 행위가 아니라 집에서, 그리고 방에서, 방 중에서도 나의 방에서, 남들이 보는 앞이 아닌 혼자서 하는 것임을 구체적으로 알려줘야 하고 자위는 어떻게 하는 것인지, 사정 후에는 어떻게 뒤처리를 해야 하는지 등 가능한 세밀하게 묘사해주어야합니다.

Q 성교육을 진행하면서 난관은 없었나요?

A 장애인의 성 문제에 논의하는 것은 전 세계 어느 곳에서나 일어나는 일입니다. 과거 영국만 해도 엄격한 가톨릭 기반 사회라서 성을 논하는 것은 어려운 일이었고, 학교에서도 적절한 성교육이 이뤄지지 않았습니다. 대부분의 성 지식은 사실이 아닌, 돌아다니는 정보에 의해 학습이 됐죠. 장애인의 성 문제에서 가장 어려운 점은 발달 장애인의 부모를 설득하는 것입니다. 자녀의 성에 관해 부모님들의 입장은 천차만별입니다. 어떠한 부모는 자신의 자녀를 성적인 존재로 받아들이지만, 어떠한 부모는 이를 거부하기 마련입니다. 하지만 중요한 것은 그들에게 최소한 정확하고 올바른 정보를 전달하는 것, 선택할 수 있는 선택지를 마련해주는 것입니다.

F.P.A의 연계 기관인 나우 그룹에서 발달 장애인 부부의 아이를 만난 다연과 채은

발달 장애인을 위한 하나의 촛불이 되길 바라며

발달 장애인을 직접 만나거나 기관 담당자를 만날 때마다 우리가 어려운 주제를 선택했다는 생각이 들었다. 사회를 위해 꼭 필요하지만, 그들을 위해 우리가 무엇을 해나가야 할지 안갯속을 걷는 것만 같아서 우리의 마음은 늘 챌린지 그자체였다. 올해는 장애인 차별 금지법이 시행된 지 10년이 되는 해다. 이 법에는 장애인들의 눈물과 희망, 그리고 인권 국가를 지향하는 한국 사회의 염원이 담겨있다. 그러나 아직 장애인, 그중에서도 발달 장애인의 성(性)을 바라보는 사회의 시선은 무심하거나 혹은 차갑기만 하다. 우리의 LG글로벌챌린저 도전이 하나의 사회적 기록으로 남고, 같은 문제의식을 느낀 사람들에게 또 하나의 동기부여가 되기를 진심으로 희망한다.

교통수단은 미리미리 정확히!

베를린에서 신나는 3일을 보낸 후 드디어 첫 기관 방문을 앞둔 전야의 일이다. 기관 첫 탐방이라는 설렘도 잠시. 미리 교통수단을 정확히 알아보지 않은 점을 뼈저리게 후회하게 됐다. 우리가 방문할 메르제부르크는 베를린에서 약 두 시간 정도 걸리는 소도시에 있었고, 출국 전 기관 담당자인 하인즈 교수님으로부터 급행열차를 타고 올 것을 추천받았다. 한국의 ITX 정도로 생각해 미리 가격을 찾아보지 않은 것이 우리의 실수였다. 방문

베를린의 버스정류장에서 다 함께 멋진 포즈를~

전날 밤이 돼 기차표를 결제하려고 찾아봤는데, 편도 가격이 무려 10만 원을 넘었다. 심지어 새벽 출발이 유일했는데 설상가상으로 숙소에서 기차역까지만 한 시간이 넘게 걸려 도저히 갈 수 없는 상황이었다. 다행히 이전에 유럽 여행을 했던 경험을 되살려 유럽 전역을 돌아다니는 플릭스 버스를 예매해 무사히 탐방을 마칠 수 있었다. 버스였던 터라 30분 정도 늦어지긴 했지만, 너무나 친절하게도 기관의 레나 조교수님께서 버스 역에 마중 와주셨고 우리는 다 같이 속으로 안도의 한숨을 쉬었다. 무사히 첫 인터뷰를 마치면서 역시 '안 되는 일은 없다'라는 사실을 새삼 느끼게 됐다.

팀원 1. **김채은**

"똑 부러지게 말하는 막내가 다 이겨"

다시 제게 열정을 불러와 줄 무언가를 찾기 시작했을 때 LG글로벌챌린저를 알게 됐습니다. 깊은 고민 없이 내렸던 결정이었지만, 해외 탐방 참여는 대학 생활에 가장 기억에 남을 소중한 추억이 됐습니다. 혼자서는 할 수 없는 것들을 팀원들과 함께 해냈고, 그 과정에서 무한한 가능성을 배웠습니다. LG글로벌챌린저를 고민하고 있다면 주저 없이 도전하라고 말해주고 싶습니다!

팀원 2. **서다연**

"인터넷은 내 손 안에, 프로 검색러"

LG글로벌챌린저를 하는 동안 가장 많이 배우고 느낀 것이 있다면 바로 팀워크입니다. 서로의 부족함을 채우는 동안 논리력이 부족하다는 자신의 약점도 알게 됐을 뿐만 아니라 '배려'와 '양보'를 배울 수 있었습니다. 항상 미안하고 고마웠습니다. 우리의 추억이 인생의 터닝 포인트로 남았으면 좋겠습니다.

팀원 3. **정종렬**

"내 이름은 정 총무, '쌈닭'이죠, 꼬끼오!"

LG글로벌챌린저를 통해 무에서 유를 창조하는 과정은 끝없이 힘들고 배고프고 머리 아프다는 것을 깨달았습니다. 매일 조금씩 발전하고 완성돼는 보고서를 보며 스스로 달래다가 어느새 전문가가 된 저를 발견했습니다. LG글로벌챌린저를 통해 세상의 꿈과 희망을 봤습니다.

팀원 4. **최승환**

"팀원들의 밥은 내가 책임진다, 최 셰프"

대학 생활에 가장 기억에 남는 활동을 선택하라면 당연히 LG글로벌챌린저입니다. 약 1년 동안 진행되는 장기간 프로젝트. 억지로 하는 공부가 아니라 스스로 열정을 쏟는 시간이었습니다. 교과서 속의 세계에서 벗어나 직접 해외를 탐방하고 세계를 보고 느낄 수 있는 LG글로벌챌린저. 저에겐 잊을 수 없는 추억입니다.

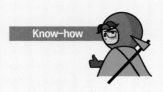
함께 하면 답이 보인다

1. 힘들 때는 다 같이 일탈하라

약 2주간의 해외 탐방이 끝나고 나면 보고서 작성과 콘텐츠 제작 등 글채리들에게 많은 할 일이 주어진다. 진정한 LG글로벌챌린저는 이때부터 시작이다. 해외에서 배워온 내용을 기반으로 실현성 있는 결과물을 제출하기 위해 팀원들끼리 매일 만나고 매시간 회의한다. 보고서를 쓰는 과정에는 많은 인내심이 필요하다. 몇 시간 동안 붙잡고 있지만, 결과물이 전혀 생각이 안 나기도 하고, 다시 논리를 엎어야 하는 경우도 생긴다. 그럴 땐 다 같이 일탈할 것을 추천한다. 우리의 선택은 보드게임 '스플렌더'였다. 보드게임을 하면서 분위기 전환도 하고 야식 내기를 통해 집중도도 높일 수 있었다. 이렇게 보드게임으로 잠깐의 일탈을 즐긴 후에는 든든한 야식으로 우리의 배를 채우고 다시 보고서 작성을 시작했다. 너무 길어진 회의 시간에 지치고 짜증날 땐 굳이 보드게임이 아니더라도 일탈을 통해 분위기 전환을 시도하는 것을 추천한다.

2. 주제는 주변에서 찾아볼 것! 꼭 새로울 필요는 없다

대개의 친구들이 주제 선정에 어려움을 겪고 있을 것이다. 우리 역시 마찬가지로, 진행하던 주제를 일곱 번이나 엎었다. 그 경험을 통해 꼭 해주고 싶은 이야기가 있다면 굳이 새로운 아이디어를 선택할 필요는 없다는 것이다. 우리 팀의 경우 이공계 전공생이 없었기 때문에 과학적인 주제를 선택하기에는 부담스러웠다. 따라서 자연스럽게 인문학 영역에 속한 주제에 관심이 갔고, 일상적으로 접하던 사회적 이슈와 관련한 주제를 선정하게 됐다. 어느 주제든 일정 부분 진행을 해봐야 그 실체를 파악할 수 있는데, 이때 좀 고민이 되더라도 선택했으면 밀고 나가는 고집도 어느 정도는 필요하다. 실제로 우리 팀의 경우, 지도 교수님께서이 주제 변경을 권하셨지만 우리는 해당 주제를 고집했고, 그 결과 LG글로벌챌린저에 합격할 수 있었다.

브리더 문화를 통해
유기견 없는 대한민국을 꿈꾸다

팀명(학교) 개척자들 (성균관대학교)
팀원 김성준, 김지훈, 신비우리, 이재희
기간 2018년 7월 22일~2018년 8월 4일
장소 미국
　　　　샌프란시스코 (유기 동물 보호소 San Francisco Animal Care & Control)
　　　　샌프란시스코 (시청 San Francisco City Hall)
　　　　로스앤젤레스 (브리더 견사 Shalimar Pharaohs)
　　　　워싱턴 (미국 농무부 United States Department of Agriculture)
　　　　워싱턴 (동물보호 단체 Humane Society United States)
　　　　뉴욕 (뉴욕주 농림축산부 New York State Department of Agriculture and Markets)

아름다운 샌프란시스코 시청 앞에서, 인터뷰 전에 신난 개척자들!

대한민국은 현재 반려동물 1,000만 시대를 맞고 있다. 사람과 더불어 살아간다는 '반려동물'이라는 명칭처럼 반려동물은 단순히 즐거움을 누리기 위한 수단이 아닌 삶을 동행하는 가족 구성원으로 인정받고 있다. 하지만 늘어난 반려동물 수 뒤에는 어두운 이면도 존재한다. 책임감 있게 끝까지 반려동물을 양육하지 못하는 사람들이 있어서 버림받는 유기 동물 수 또한 증가하고 있다는 점이다. 실제로 동물보호 관리 시스템에 따르면, 2017년 유기 동물 수는 10만 715마리로 매년 그 증가 폭이 10%가 넘는다. 입양 기준에 제한이 없다 보니 생산자는 시장 수요에 따라 쉽게 동물을 탄생시키고 구매자는 양육의 책임감보다는 수단으로써 동물을 소비하고 있다. '한 나라의 위대함과 도덕적 진보는 그 나라에서 동물이 받는 대우로 가늠할 수 있다'는 간디의 말처럼 유기 동물 문제는 더 이상 우리 사회에서 소홀하게 다루어져서는 안 된다. 동물을 하나의 상품처럼 빠르고 쉽게 구매하는 문화가 개선돼야 한다. 그래서 우리는 '어렵고 느린' 입양을 거쳐 반려동물을 가족으로 받아들이는 문화가 보편화한 미국을 탐방함으로써, '대한민국형 브리더* 문화'의 도입 및 현실화 방안에 대한 해답을 얻고자 한다.

*브리더(Breeder) 특정 견종에 대한 전문성 및 이해력을 바탕으로 과학적인 교배와 번식을 시도하는 전문 사육가. 이들은 자신이 좋아하는 견종을 끊임없이 공부하고, 정성과 애정으로 강아지를 보살핀다. 단순히 이윤 추구를 목적으로 하는 것이 아니라 윤리적인 사명감을 가지고 더 건강한 강아지를 탄생시키는 것을 지향한다는 점에서 일반 동물 판매 및 번식 업자와 구분된다

아기자기한 샌프란시스코 유기 동물 보호소 애니멀 케어 앤드 컨트롤 앞에서

⚑ 반려동물 선진 도시 샌프란시스코, 입양률 90%의 비법

미국은 각 주와 시마다 반려동물 복지에 대해 서로 다른 정책을 갖고 있다. 그중 샌프란시스코는 한 해 유기 동물 입양률이 90%에 달하는 단연 돋보이는 반려동물 선진 도시다.

첫 방문 기관인 애니멀 케어 앤 컨트롤(The San Francisco Department of Animal Care & Control)은 1989년 설립 이후, 시민들의 세금으로 운영되고 있는 유기 동물 보호소다. 이곳에서 만난 뎁 캠벨(Dep Campbell) 씨는 매일 진행되는 산책과 사회화 훈련을 비롯해 '생각의 방'에서 갖게 되는 예비 반려인과 강아지의 교감을 통해 성격이 맞는지 확인하는 시간 등 체계적으로 이루어지는 입양 절차에 관해서 설명했다. 인터뷰가 끝난 뒤 보호소 전체를 둘러봤다. 열악한 환경의 우리나라의 보호소와는 사뭇 다른, 넓고 깨끗한 시설에서 동물들이 편안하게 쉬

탐방 틈틈이 미국 대자연도 탐방하고 왔어요. 그랜드캐니언의 멋진 풍광과 함께

고 있는 모습을 확인할 수 있었다.

보호소에서의 인터뷰가 끝난 뒤 우리는 30분을 걸어 샌프란시스코 시청(San Francisco City Hall)으로 향했다. 걷기에는 꽤 먼 거리였지만, 팀원들과 함께 쉬엄쉬엄 이야기를 나누고 이국적인 도시의 풍경을 사진에 담으며 걸으니 멀게만 느껴지지 않았다. 아름다운 돔 지붕이 인상적이었던 이곳에서 우리는 케이티 탕(Katy Tang) 감독관님을 만나 선진화된 샌프란시스코의 동물보호법에 대해 배울 수 있었다. 지역의 펫숍에서 '공장식'으로 사육된 개와 고양이의 판매를 금지하는 조례를 만장일치로 통과시킨 장본인이었다. 이 법안을 통해 출처가 불분명한 생산업자로부터 유통된 강아지의 판매 자체가 불법이 됐기에, 그동안 암암리에 활동하던 강아지 공장 업자들이 영업할 수 없게 돼 현재 샌프란시스코에는 강아지 공장이 남아있지 않는다고 말씀하셨다. 반면 윤리적인 브리더를 통한 입양과 유기 동물 보호소에서의 입양은 더욱 활성화되고 있어서, 이 법안

을 시작점으로 '유기 동물이 없는 도시'로 나아가는 것이 목표라고 하셨다. 케이티 감독관님은 우리에게 앞으로 궁금한 게 있으면 망설이지 말고 연락하라는 말씀과 함께 시청 방문 기념품을 선물로 주셨다.

🏁 강아지의 탄생부터 입양까지의 과정

로스앤젤레스에서 한 시간가량 떨어진 곳에 있는 소도시 액턴에서 우리는 미국에서 인정받고 있는 전문 브리더를 만날 수 있었다. 미국 땅이 워낙 넓어서인지, 이 마을에는 할리우드 영화에서나 볼 법한 저택들이 보였다. 브리더인 라리 샘 드롤레(LaRee Sam Drolet) 씨도 이곳 타운 하우스에서 거주하며 강아지들을 사랑으로 보살피고 계셨다.

샬리마 파라오(Shalimar Pharaohs)라는 이름의 견사를 혼자 운영하는 라리 씨는 전문 브리더인데 파라오 하운드라는 견종을 20년 동안 브리딩하고 있다. 국가에 등록된 생산업자로 주기적으로 견사 및 견의 건강 상태에 대해 점검받는 검증된 브리더다. 라리 씨는 충분한 경제적인 자원을 제공하고 자신이 애정과 관심으로 키운 강아지를 아무에게나 분양하지 않는다. 일정한 기간 예비 반려인의 자격을 판단하기 위해 까다로운 절차를 밟는다. 이를테면 수차례의 견사 방문, 장기적인 상담, 주거 및 경제적 여건에 대한 정보 등이 의무적으로 요구된다.

라리 씨는 약 두 시간 동안 우리의 다양한 질문에 깊은 관심을 보이며 열정을 다해 대답했다. 인터뷰가 끝나고 나서 우리는 강아지들과 즐거운 시간을 보낼 수 있었다. 라리 씨는 우리의 프로젝트에 더 도움을 주고 싶다며 집에서 차로 20분가량 떨어진 로스앤젤레스 유기 동물 보호소를 직접 견학시켜줬다. 이곳에서도 샌프란시스코 보호소에서와 마찬가지로 유기 동물들이 책임감 있는 주인에게 안전하게 입양될 수 있도록 하는 절차 및 교육, 관련 시설 등을 보고 들을 수

샌프란시스코의 시 의원님으로부터 유기 동물을 위한 법 제정 과정과 비법을 듣다!

있었다.

이처럼 우리는 전문 브리더를 만남으로써 책임감 있는 브리더란 무엇이고, 그들이 브리더로서 갖춰야 하는 자격 요건과 예비 반려인에게 강아지를 입양시키기까지 거쳐야 하는 입양 절차는 구체적으로 어떻게 되는지 배울 수 있었다.

GC 브리더에 대한 정부의 체계적인 점검 시스템

워싱턴에 도착했을 때, 미국 서부와 확연히 다른 분위기에 놀랐다. 미국의 수도답게 수많은 정부 기관의 청사와 대기업의 빌딩들이 정돈된 거리에 줄지어 있었다. 특히 뉴스에서나 볼 수 있었던 백악관 앞의 광장에서 많은 시민이 삼삼오오 모여 여유로운 일요일을 만끽하는 모습이 색다른 인상을 줬다.

이곳에서 우리는 어렵게 연락이 닿은 미국 농무부(United States Department of Agriculture)를 방문했다. 농무부의 대변인 데이비드 삭스(David Sacks) 박사님께서는 미국에서 주기적으로 시행되는 동물, 특히 개 생산업자에 대한 점검 시스템에 대해 자세히 설명해주셨다. 농무부에서는 등록된 브리더들을 대상으로 생산 시설과 강아지의 건강 상태를 확인하고 규제하기 위해 주기적인 점검을 진행한다. 미리 알리지 않고 불시에 이루어지기 때문에 브리더들은 항상 그에 대비해 적절한 시설 및 인력 요건을 갖추고 있어야 한다. 점검 시 정부 관계자가 브리더로부터 확인하는 항목들은 시설부터 입양 절차에 이르기까지 상세하고 구체적으로 규정돼 있었으며, 이는 브리더로서의 윤리성을 감시하기 위한 최소한의 장치라고 말씀하셨다. 또한, 점검 결과를 리포트 형태로 작성해 농무부 홈페이지에 게시, 모든 사람에게 공개한다는 점이 인상 깊었다. 이를 통해 예비 반려인, 즉 소비자가 브리더들이 강아지를 어떠한 환경에서 키웠는지 객관적으로 파악할 수 있게 하고, 그럼으로써 신뢰성을 확보할 수 있다.

우리는 이번 미국 탐방을 통해 윤리적인 브리더로부터의 입양 문화를 정착시키는 데 필요한 정부 차원에서의 법안 및 정책을 중점적으로 배울 수 있었다. 더 나아가 브리더들이 지향해야 하는 '어렵고 느린' 입양 절차를 구체화할 수 있었다. 이러한 일련의 과정과 시스템을 우리나라에 당장 도입하기는 어렵더라도, 이를 장기적인 관점에서 실현할 수 있는 논의가 필요하다고 생각한다. 이에 귀국 후 국내에서도 여러 전문가를 만나 우리가 배운 내용을 전달하고 그 현실화 방안에 관해 이야기를 나눴고, 최종적으로 '대한민국형 브리더 문화'의 청사진을 그릴 수 있었다.

라리 샘 드롤레

Shalimar Paraohs /
Breeder

Q 실제 브리더의 입장에서 생각하는 책임감 있는 브리더의 조건은 무엇인가요?

A 브리딩의 목적이 그저 '이윤추구'가 돼서는 안 됩니다. 미국 내 윤리적인 브리더들은 결코 자신의 개인적인 이윤만을 위해 브리딩을 하지 않으며, 강아지의 유전형질에 관한 각종 연구로 건강한 강아지를 키우고자 합니다. 경제적인 이윤은 이러한 노력 끝에 따라오는 것입니다. 브리더는 건강검진, 동물 등록 등을 통해 견들의 복지를 보장해야 하며 반려인들이 개를 키우지 못한다고 판단했을 경우에는 다시 데려올 수 있는 준비까지 돼있어야 합니다. 가장 중요한 것 중 하나는 강아지를 브리딩하는 환경, 즉 견사의 시설입니다. 강아지들이 충분히 뛰어놀 수 있는 공간이 있어야 하며, 먹는 장소, 잠자는 장소와도 각각 구분돼야 합니다. 또한, 강아지들은 또래 견이나 부모 견과의 꾸준한 놀이와 학습을 통해 사회화를 경험하며 자라야 합니다. 좁은 케이지 안에서 홀로 키우면 안 됩니다. 이렇게 총체적인 관리를 완벽하게 수행할 수 있는 브리더만이 '책임감 있는 브리더'라고 판단될 수 있습니다.

Q 본인이 브리딩한 견들을 입양 보낼 때 어떤 과정을 거치나요?

A 예비 반려인에 대한 수많은 정보를 요구합니다. 우선 약 20문항 정도의 질문이 담긴 설문지를 작성하게 합니다. 이는 그들이 자신의 집에서 제가 브리딩한 견들을 책임감 있게 잘 기를 수 있는지, 그 자격을 판단하기 위함입니다. 또한, 예비 반려인에게 거주하고 있는 집의 사진을 요구해, 강아지들이 지내기에 적합한 주거 환경인지를 판단합니다. 이러한 정보들을 바탕으로, 그 자격이 충분하다고 판단되는 사람과만 입양 절차를 진행합니다. 그리고 견사를 방문하게 해 견에 대한 특성, 강아지의 나이에 따른 케어 방법에 대해 사전 교육을 합니다. 이는 일회성이 아니라 꾸준히 이루어져야 하는 일입니다. 결론적으로 최대한 까다로운 절차를 통해 그 자격이 있다고 생각되는 사람에게만 입양을 보내려고 노력하고 있습니다.

위) 라리 씨가 사랑으로 키우는 생후 2개월의 귀여운 강아지와 함께
아래) 샌프란시스코의 상징, 골든게이트 브리지를 점령한 개척자들

광활한 대지를 방황한 글로벌 민폐 케첩들

라리 씨가 있는 액턴에 가기 위해 50분 동안 택시를 탔다. 원래 계획은 도착한 뒤 주변 카페에서 인터뷰를 준비하는 것이었는데, 그곳은 카페는 찾아볼 수 없고 드넓은 평야와 산맥이 펼쳐진 시골이었다. 갈 곳을 잃은 우리는 인터뷰가 1시간이나 남은 상황에서 집 밖으로 나오신 라리 씨와 마주쳤다. 그는 시계를 한 번, 우리를 한 번 보고는 'That's not good!'이라고 말하고는 차가운 표정으로 견사로 들어갔다. 당황해 해명할 타이밍을 놓쳤던 우리는 민폐를 끼쳤다는 자괴감에 빠져 먼산만 바라봤다. 하지만 슬픔도 잠시, 그녀는 밝은 얼굴로 다시 나와 우리의 사정을 듣고 자신의 집으로 초대했다. 빨간색 티셔츠를 입은 우리가 '케첩' 같다며 친근하게 대해줬고, 인터뷰가 끝난 뒤 우리를 숙소까지 차로 데려다줬다. 글로벌 민폐 케첩들에게 미국의 광활한 대륙 같은 사랑을 베풀어준 라리 씨에게 감사의 인사를 전한다.

위) 인자하신 브리더님의 집으로 가는 길, 영화에서나 볼 법한 광활한 시골 마을인 액턴의 풍경!
아래) 1시간 20분이나 일찍 도착한 액턴, 허허벌판에서 브리더님을 기다리다

팀원 1. **김성준**

"귀여운 실수쟁이 혹은 분위기 메이커 막내"

제 인생에 한 획을 그어준 프로젝트였습니다. 저를 더 큰 세상으로 이끌어주신 형과 누나들 덕분에 평생 잊을 수 없는 좋은 경험을 하고 돌아왔습니다. 덤벙대는 성격 탓에 잦은 실수로 팀원들을 난감하게 만들기도 했지만, 더 나은 모습을 보여주기 위해 큰 노력을 거듭한 끝에 좀 더 성장한 자신을 보니 뿌듯하기도 합니다. LG글로벌챌린저 사무국 여러분께 감사드립니다!

팀원 2. **김지훈**

"안전이 생명! 베스트 드라이버"

혼자서 공학책을 보며 씨름했던 지난 대학 생활과 달리, 팀을 이뤄 무엇인가를 함께 해나간다는 것은 저에게 새로운 가르침을 줬습니다. 처음에는 막막하게만 보였던 탐방 주제가 탐방이 진행될수록 결실을 맺어가는 과정은 크나큰 보람이었습니다. 함께한 LG글로벌챌린저 모두에게 감사를 전합니다!

팀원 3. **신비우리**

"꼼꼼함으로 무장한 글쓰기의 달인"

하나부터 열까지 저희의 손으로 했다는 점에서 결코 쉬운 일은 아니었습니다. 수많은 밤을 새우며 힘든 나날을 보낼 때도 있었지만, LG글로벌챌린저는 저에게 더 소중한 것을 줬습니다. 정부 기관 연락부터 인터뷰 질의 준비, 등 수많은 토론까지! 해외 탐방이 아니었다면 경험하지 못했을 것입니다. 끝까지 함께해준 팀원들, 걱정해주신 사무국 여러분께 깊은 감사를 드립니다.

팀원 4. **이재희**

"개팀 공신! 개척자들의 리더"

처음 팀을 꾸리고 최종 합격을 하기까지 수많은 시행착오 및 어려움이 있었지만, 팀장인 저를 믿고 따르며 지지해주는 팀원들 덕분에 행복한 일 년이었습니다. 우리 넷이 아니었다면 절대 만들지 못했을 추억들과 기특한 결과들은 평생 잊지 못할 것입니다.

서로 다른 네 명이 하나로 뭉치는 방법

1. 공통 관심사와 끝없는 조사가 필요하다

LG글로벌챌린저에 지원하기 전, 우리는 학교 도서관 주변에 있는 길고양이들의 밥을 챙겨주는 소모임에서 처음 만나게 됐다. 팀원 모두 전공과 배경 지식이 다르지만, 유기 동물들을 사랑하고 그들을 보호하고자 하는 마음은 같았다. 이러한 공통의 관심사로부터 우리는 '유기견 없는 대한민국'이라는 프로젝트의 목적을 정할 수 있었다. 더 나아가, 좀 더 구체적이고 참신한 주제 선정을 위해 우리는 끊임없는 조사를 거듭했다. 가장 좋은 방법은 선정한 프로젝트의 목적과 관련한 해외 사례를 찾아보는 것. 가령 유기견 문제를 해결하기 위해 선진국에서는 어떠한 방법을 취했는지 자료를 찾는 것이다. 수많은 시행착오를 거쳐 우리는 결국 '브리더'라는, 아직 한국에서 인식이 높지 않은 개념을 우리의 프로젝트에 도입해 주제로 선정할 수 있었다. 결국, 팀원들의 공통 관심사와 관련한 조사를 거듭해 주제를 선정한 것이 네 명 모두 LG글로벌챌린저를 즐길 수 있었던 비법이라고 생각한다.

2. 매일 저녁, 맥주와 함께하는 인터뷰 준비

국가와 도시를 이동하며 빡빡한 일정 속에서 실수 없이 인터뷰를 준비해야 하므로 손발이 맞는 팀워크가 매우 중요하다. 팀원 중 한 명이라도 탐방 계획을 잊어선 안 된다. 우리는 매일 밤 숙소 테이블에 모여 앉아 맥주와 함께 다음 날의 일정과 인터뷰 내용을 점검하는 시간을 가졌다. 편안한 분위기 속에 인터뷰 질문들을 점검하고, 수시로 탐방 기관까지 가는 경로를 체크했다. 한 명도 빠짐없이 다음 날의 일정을 숙지하도록 하고, 마지막으로 당일 있었던 일에 대한 재미있는 이야기를 나누면서 팀워크를 다졌다. 덕분에 우리는 2주 동안 큰 사건 사고 없이 성공적으로 탐방을 마쳤다.

가상 입양,
유기견을 위해 벽을 없애다

팀명(학교) ANISAVE (경희대학교)
팀원 강용진, 김형우, 이도윤, 원진수
기간 2018년 8월 16일~2018년 8월 29일
장소 영국, 네덜란드, 독일
런던 (올 독스 매터 All Dogs Matter)
런던 (독스 트러스트 Dogs Trust)
런던 (배터시 독스 앤 캣 보호소 Battersea Dogs & Cats Home)
런던 (도가 DOGA, Dog Yoga)
암스테르담 (도아 DOA, Dieernopvang Amsterdam)
암스테르담 (암스텔베인 보호소 Amstelveen Shelter)
베를린 (티어하임 베를린 Tierheim Berlin)

강아지와 함께 요가하는 색다른 프로그램을 운영하는
마니 대표님과 ANISAVE 팀

우리나라에서 반려동물을 키우는 가구수는 640만 가구로, 2012년 370만, 2015년 510만 가구와 비교했을 때 훨씬 늘어난 수치다. 하지만 반려동물 600만 가구라는 수치 뒤에는 가려진 현실이 있다. 바로 늘어난 반려 가구수만큼 버려지는 유기견이 늘어나고 있는 것이다.

국내에서 주인을 잃어버린 유기견은 연간 7만 마리 이상으로 추정되며, 이들 중 50%는 보호소에서 죽음을 맞이하고 있다. 보호소로 보내진 유기견은 비좁은 공간에서 제대로 먹지도 못한 채 약 42일 동안 열악한 환경에서 지내다가 기간 안에 입양이 이루어지지 않으면 안락사에 처해진다. 이는 우리가 유기견 관련 예산, 활동, 입양 3가지 문제가 있기 때문이다. 우리는 이를 해결하기 위해 입양 증진과 반려 문화 개선이라는 방안을 고민하다 '가상 입양'이라는 개념을 도입하게 됐다. 가상 입양은 Anisave 팀 프로젝트의 2가지 축인 액티비티와 펀딩 시스템을 통해 유기견과 정서적인 교류를 지속시킴으로써 발현하는 개념으로, 멀게만 느껴지던 유기견을 마치 내가 입양한 반려견처럼 느낄 수 있도록 정서적 연결 고리를 만들어주는 것이 핵심이다. 가상 입양은 실제 입양으로 이어질 수도 후원 확대 및 인식 개선으로 이어질 수도 있다는 점에서 유기견 문제의 해결책이 될 수 있을 것이다. 가상 입양 프로젝트를 구체화하기 위해 '타깃별로 진행되는 액티비티', '세분화된 펀딩'을 통해 90%의 입양률을 달성한 영국, 네덜란드, 독일로 탐방을 떠났다.

좌) 용진과 도윤이 강아지 러비와 함께 도가 체험
우) 네덜란드 도아의 프란스 씨와 인터뷰를 마치고 찍은 기념사진

자네, 강아지와 요가 해보았나?

동물복지 선진국이라 불리는 영국은 150년 전부터 동물보호법이 시행됐으며,
올바른 반려 문화를 함양하기 위해 꾸준히 노력해왔다. 그래서인지 유기견 또
는 반려견들을 위한 다양한 액티비티를 진행하는 기관들이 많은데 그중 가장
참신하게 다가왔던 곳은 도가(DOGA)라는 기관이었다. DOGA는 말 그대로 도
그(Dog) 요가(Yoga)라는 뜻으로, 사람과 강아지가 요가를 하는 프로그램을 진행
하고 있는 곳이다. 우리는 DOGA의 대표인 마니 자한귀리(Mahny Djahanguiri) 씨
를 만나 직접 인터뷰를 할 수 있었다. 마니 씨는 DOGA란 사람과 강아지 사이의
물리적인 유대감뿐만 아니라, 정신적인 교감을 위한 것임을 강조했다. 그녀는
영국에서 학대당한 유기견을 치료하면서 요가를 결합한 테라피를 고안하게 됐
고, DOGA라는 새로운 유형의 '강아지와의 커뮤니케이션' 프로그램을 만들게

도아에서 발견한 유기견의 사회성을 길러주기 위한 노즈워크

됐다고 했다. DOGA 역시 실제 사람들이 요가를 할 때처럼 초급, 중급, 고급 난이도로 나누어서 진행한다. 초급 단계는 공간을 배우는 것으로 강아지를 신경 쓰지 않고 사람 자신에게 집중하는 단계이다. 중급 단계부터는 강아지와 교감을 시작하는데 사람의 마음이 차분해지면 강아지와의 교감이 자연스럽게 시작된다. 마지막 고급 단계는 강아지와 하나가 되는 단계로, 사람이 만지지 않아도 강아지 스스로 다가와서 같이 요가를 시작한다고 한다.

　설명을 다 마치고 나서 마니 씨가 자신의 반려견 러비와 함께 요가를 해볼 것을 권했다. 멋진 시범을 본 후에 우리는 차례로 매트 위에 올라섰고, 러비와 함께 일명 '나무 자세'를 해봤다. 마지막으로 마니 씨는 자신의 만든 『DOGA』 책을 주면서 '한국의 유기견 문제가 잘 해결되기를 바란다'라는 내용의 사인을 해줬다. 우리는 그 책을 소중히 들고나오며 기분 좋게 인터뷰를 마쳤다.

⚑ 타깃에 따른 맞춤형 반려동물 교육!

영국에 무려 125년의 역사를 자랑하는 동물보호 기관이 있다. 바로 독스 트러스트(Dogs Trust)다. 이곳은 유기견 보호, 교육, 입양, 캠페인, 행사, 펀딩 등 유기견 관련 모든 활동을 체계적으로 진행하고 있다.

우리는 독스 트러스트 전체 부서의 담당자들과 인터뷰를 할 수 있었는데, 그 중 교육 부서의 조애나 로버트슨(Joanna Robertson) 씨, 봉사활동 부서의 에밀리 밀스(Emily Mills) 씨와 함께한 인터뷰가 가장 기억에 남았다. 조애나 씨는 프로그램 팸플릿과 함께 영상물을 보여줬다. 4살부터 16살까지의 유년기·청소년기 아이를 비롯해 20대, 노인, 범죄자 등 다양한 계층을 세분화한 반려동물 교육 프

다양한 계층을 위한 세분화된 반려동물 교육 프로그램을 소개해준 독스 트러스트의 조애나 씨

로그램이 있으며, 지금까지 총 3,700개 이상의 학교에서 33만 명 이상의 아이들이 교육을 받았고, 750번 이상의 세션을 진행했다고 설명해줬다. 타깃을 세분화해 사회 전반적으로 잘못된 인식을 개선하고, 올바른 반려견 문화를 형성하기 위해 노력하는 모습이 대단해 보였다. 또 에밀리 씨는 유기견을 대상으로 한 총 3가지 프로젝트 이야기를 해줬다. 첫 번째는 '레츠 위드 팻츠(Lets with Pets)' 프로젝트로 상처받은 강아지를 보살피고 사회화하기 위해 입양 전까지 양부모를 모집해 돌보게 하는 프로젝트였다. 두 번째는 '프리덤(Freedom)' 프로젝트로 반려견을 키우는 가정 내에서 여성이 가정 폭력을 당해 집을 나가게 되면 홀로 남은 강아지를 기관에서 대신 보호해주는 것이다. 마지막은 '호프(Hope)' 프로젝트로 노숙자들에게 양부모 역할을 부여하는 것인데, 강아지는 보호자가 생기고, 노숙자는 강아지와 교감하는 방식을 통해 사회성을 기르게 돼 상호 효과를 봤다고 한다.

후원자에게 능동성을 부여하는 DOA의 후원 체계

우리가 암스테르담에서 처음으로 방문한 기관은 네덜란드에서 가장 큰 유기견 보호소인 도아(DOA, Dierenopvang Amsterdam)였다. 인터뷰에 응해준 프란스 라데마커(Frans Rademaker) 씨는 DOA에서 10여 년 봉사활동을 해온 자원봉사자였는데, 단순 봉사 외에 다양한 업무를 진행하다 보니 전반적인 교육 활동은 물론 후원 체계까지 이해하고 있었다.

프란스 씨의 말에 의하면 후원 체계의 차별화는 후원의 두 주체인 유기견과 후원자를 다각화하는 것에서부터 시작됐다. DOA에서는 유기견을 '지속적 의료 지원이 필요한 유기견', '학대 경험이 있는 유기견', '보호소에 장기 체류 중인 유기견' 등으로 분류했다. 후원자는 분류된 유기견에 따라 '정기/상시 후원', '분야별 후원', '액티비티 후원' 등의 후원 방식을 선택하고 후원할 수 있다. 한국의 후원 시스템과 비교해 봤을 때 후원자에게 능동성을 부여한다는 점이 새롭게 느껴졌다.

프랑스 씨는 DOA 내에서 이루어지는 유기견 교육과 관리 전반에 대한 설명도 해줬다. 견사 시설은 오가는 자원봉사자와 일반인의 소리로부터 스트레스를 최소화하기 위해 외부 소리가 차단되도록 설계돼 있었다. 교육은 단계별로 진행되고 있는데, 제일 먼저 공격성 테스트를 통해 학대 경험이 있는 유기견의 적대감을 시험해 볼 수 있다. 이후 유기견이 낯선 환경에 빠르게 적응하고 사회성을 기를 수 있는 노즈워크, 시그널 교육, 후각 및 미각 훈련 등 다양한 교육을 진행한다. 이러한 사회화 훈련 시설과 도구가 잘 구성돼 있고 관리가 잘 되고 있는 점이 특히 인상 깊었다.

📍 탐방을 통해 구체화한 '진짜' 가상 입양

우리는 유기견과의 액티비티가 보편화한 유럽에서 총 18가지 액티비티를 만났다. 각각의 액티비티들이 추구하는 취지와 운영 세부 사항, 그리고 그 효과에 대해 인터뷰를 하면서 유기견과의 액티비티가 유기견 문제에 대한 새로운 접근이자 효과적인 해결책이 될 수 있다는 확신을 다시금 얻을 수 있었다.

우리는 각 액티비티의 성격을 '재미, 교육, 이벤트, 입양'으로 분류하고, 참가 목적에 따라 선택적으로 이수할 수 있는 패키지 시스템을 통해 참여 장벽을 낮춰보자고 의견을 모았다. 또 다양한 사람들과 함께한다는 점을 고려해 기수제로 운영, 강아지를 사랑하는 사람들의 커뮤니티를 형성해 지속적인 참여, 능동적인 참여를 이끌어내는 데 집중하기로 했다.

우리는 유럽 국가들의 펀딩 시스템의 사례를 통해 후원자 본인의 성향에 따라 주체적으로 후원 방식을 결정할 수 있게 될 때 만족도가 극대화되며, 지속적인 참여로 이어질 수 있다는 시사점도 얻었다. 여기에 국내 전문가 자문을 구해 후원 체계를 총 3단계로 구성해봤다. 1단계에서는 후원자의 관심사를 구분한다. 후원자는 '액티비티', '1 대 1 결연', '물품 케어', '유기견 전반' 네 가지 카테고리 중에서 본인의 관심사를 선택할 수 있다. 2단계는 후원 방식을 선택하는 것이다. '액티비티 후원', '유기견별 후원', '기간별 후원'으로 후원 방식이 분류되며 1단계 관심사 구분에 따라 적합한 후원 방식을 선택한다. 3단계에서는 1, 2단계 선택에 따라 가장 적합한 형태의 후원 혜택을 주게 된다.

네덜란드 암스텔베인 보호소의 아름다운 자연을 배경으로 애니세이브의 멋진 포오즈~

Challenger INTERVIEW

프란스 라데마커
**Diernopvang Amsterdam /
Volunteer**

Q DOA의 유기견 후원 체계의 차별점은 무엇인가요?

A 기존의 후원 시스템은 후원자를 소외시킵니다. 그래서 우리는 더 많은 사람이 후원에 참여하고 더 오랫동안 마음을 나눌 수 있도록 후원자가 주체적으로 도움의 형태를 정하는 방식으로 변화를 줬습니다. 이를 위해서는 후원자 개개인의 성향을 반영할 수 있게 후원 방식을 다양하게 구성하는 게 중요합니다. 후원 방식을 다양화하려면 먼저 유기견을 구분할 필요가 있습니다. 유기견의 상황에 따라 필요한 도움이 다릅니다. 후원자는 구분을 참고해 도움을 줄 특정 혹은 불특정 유기견을 선택하고 후원 방식을 정해 그에 맞는 도움을 줄 수 있습니다. 후원 방식에는 정기/상시 후원, 분야별(의료 지원, 입양 격려, 물품 지원) 후원, 액티비티 후원 등이 있고, 그 외에도 유언 기부, 이벤트 후원, 굿즈 후원 등이 있습니다. 이러한 후원의 다각화를 통해 후원자는 불특정 다수의 유기견에게 불특정한 원조를 하는 것이 아니라, 각 유기견에게 가장 필요한 도움을 줄 수 있습니다.

Q DOA에서는 후원자의 지속적 참여를 독려하기 위해 어떤 노력을 하나요?

A 후원자가 지속해서 유기견에게 도움을 줄 수 있게 하기 위해서는 적절한 보상이 이루어져야 합니다. 후원을 시작할 때에도 여러 후원자가 본인의 성향에 따라 후원 방식을 선택한 것처럼, 보상도 후원자마다 다르게 적용될 수 있도록 다양하게 구성해야 합니다. 간단하게는 유기견들의 사진과 소식지를 후원자에게 전달할 수 있고, 더 나아가서는 DOA와 제휴를 맺고 있는 애견 상품 판매점, 애견 병원, 애견 이벤트 단체 등 다양한 집단을 통해 혜택을 받을 수 있습니다. 그리고 DOA의 운영과 관련된 것도 함께 결정할 수 있는 권리를 일정 부분 나눠 줄 수 있습니다.

국경을 무단으로 넘는다!

영국에서 6박 7일의 일정을 마치고 네덜란드로 넘어갈 때의 일이었다. 우리는 유로스타를 예매했고, 기차 출발 1시간 40분 전에 킹스크로스 역에 도착했다. 티켓팅을 하고 시간이 여유롭다는 생각에 출발 10분 전에 게이트로 들어갔다. 그런데 이게 웬일인가! 게이트를 들어가면 일반 기차처럼 바로 탑승할 줄 알았는데 수화물 검사부터 여권 확인까지 철저히 하는 것이 아닌가. 엎친 데 덮친 격으로, 줄은 매우 길었고 우리는 초조해하면서 기다리고 있었다. 그러던 와중에 우리가 타야 할 기차가 곧 출발한다는 방송이 나왔고 다급해진 우리는 지나가던 직원을 붙잡고 사정을 설명했다. 직원은 앞 사람들에게 양해를 구하고 앞으로 갈 것을 말했고 우리는 미안하다고 양해를 구하면서 거침없이 바리케이드를 넘어 앞으로 향했다. 그런데 갑자기 한 직원이 화난 얼굴로 우리를 향해 뛰어왔다. 우리는 사정을 말하고 다른 직원에게 허가를 받았다고 설명했지만, 그 직원은 계속 화를 냈다. 우리가 여권 확인하는 곳을 무단으로 넘었다는 것이다. 알고 보니 검사하는 곳이 두 곳으로 나뉘어 있던 것이었다. 우리는 황급히 사과하며 그 직원을 따라가서 여권을 확인했고, 검사를 마친 뒤 직원들이 부르는 곳으로 달려가서 겨우 기차에 탑승할 수 있었다. 이날의 사건으로 네덜란드에서 독일로 이동할 때는 시간적 여유를 많이 두고 기차역으로 갔으나 아무런 검사도 하지 않아서 덩그러니 한참을 기다려야만 했다. 아, 브렉시트!

"처음부터 끝까지 우리가 직접 만들어가는 경험"

LG글로벌챌린저는 대학에서 느낄 수 없는 경험을 하게 해줬습니다. 직접 기획한 아이디어를 기반으로 여러 기관을 만나고 해외에 나가서 새로운 것을 배운 시간은 누구에게나 주어지지 않는 특혜라고 생각합니다. 특히 팀원들과 값진 추억을 만들어온 것이 가장 좋았습니다. 좋은 사람들과 함께하고 미친 듯이 잘 놀고, 일하고, 즐겼던 한 해를 선물해주셔서 감사합니다!

팀원 1. **강용진**

"함께할 수 있는 팀원들이 있기에 가능"

그저 함께할 사람들만 보고 합류했었습니다. 예상과 달리 어려운 과업, 쟁쟁한 경쟁자들, 그리고 친구로만 지내오던 팀원들의 진면목을 마주하면서, 나는 아직 작고 어리다는 생각을 많이 했습니다. 하지만 LG글로벌챌린저 24기 대원답게 지금의 저를 가뿐히 넘어설 것입니다.

팀원 2. **김형우**

"배움과 도전, 사람을 얻은 시간"

친구들과 해외를 다녀올 수 있다는 점에 이끌려 시작했지만, 생각보다 더 많은 것들을 느낄 수 있었습니다. 8개월이라는 시간이 쉽지만은 않았지만 스스로 생각해낸 아이디어를 함께하고 싶은 사람들과 진행할 수 있다는 점이 정말 재미있고 유익했습니다. 저에게 LG글로벌챌린저는 단순히 배움과 도전을 넘어서 사람까지 얻을 수 있는 활동이었습니다. 사랑해요, LG♡

팀원 3. **이도윤**

"누구나 할 수 없지만, 누구나 도전할 기회"

심사 과정을 거치면서 마감의 압박도 느껴보고 매번 새로운 과제에 대비하느라 진땀도 많이 흘렸지만 팀원과 다양한 아이디어를 발전시키는 과정이자 재밌었던 시간이었습니다. 특히 친구들과 함께하는 해외 인터뷰는 여행이나 유학을 통해 배울 수 있는 것 이상의 경험을 선물해줬습니다. 한 번 더 도전하고 싶을 만큼 여운이 남는 활동이었습니다!

팀원 4. **원진수**

현명한 글채리는 같은 실수를 반복하지 않는다

1. 기관 섭외할 땐 메일보단 전화로!

우리는 국가별로 제일 수확이 많을 거라 예상되는 곳을 우선으로 선별했고, 그 후에 숙소와의 거리를 따져봤다. 너무 먼 곳에 있을 땐 정말 가고 싶은 기관이 아니라면 충분히 대체할 만한 기관을 다시 찾았다. 이런 식으로 기관을 정리해본 뒤 섭외를 시도했다.

기관 섭외의 가장 좋은 방법은 전화하는 것이다. 전화의 장점은 속전속결로 일 처리를 할 수 있다는 점이다. 메일은 보내고 난 뒤 며칠을 기다려야 하지만 전화는 가능 여부를 바로 확인할 수 있어서 시간을 단축할 수 있다. 물론 국제전화 비용이 만만치 않지만 메일 답신을 기다리면서 보내는 시간보다는 아깝지 않을 것이다. 전화의 또 다른 장점은 감정이 전달된다는 것이다. 우리 팀의 경우 꼭 방문하고 싶은 곳이 있었으나 대표의 바쁜 일정 탓에 거절을 당했었다. 하지만 전화로 직접 우리의 이야기를 전했더니 영상 인터뷰라면 응해주겠다는 답변을 받았다. 우리는 고맙다고 인사를 전하고 통화를 마쳤는데, 며칠 뒤 주말이라도 괜찮다면 본인의 집에서 인터뷰에 응해주겠다는 연락을 받았다. 전화기 너머로 전달된 감정이 인터뷰를 성사시켜준 것이다.

2. 입 벌려, 레몬 들어간다!

탐방이라는 긴 여정을 함께하려면 팀원 간의 마찰이 없어야 한다. 하지만 서로 다른 네 사람이 2주간 같이 먹고, 자고 하다 보면 부딪히는 부분이 생길 수밖에 없다. 그래서 우리는 탐방 전 계획을 세울 때 서로의 의견을 골고루 조율했다. 각자가 하고 싶은 것이 다를 때는 자유 시간을 정해서 각자가 하고 싶은 일을 하기로 했다. 또 의리를 다진다는 의식을 진행했는데, 실수하거나 빈틈을 보이는 팀원이 있으면 그날 저녁에 웃으면서 레몬을 먹이자는 룰을 정했다. 이처럼 팀 분위기를 전환해줄 팀만의 룰이 있다면 혹시 누가 실수를 하더라도 얼굴 찌푸리는 일 없이 웃으며 팀워크를 유지할 수 있을 것이다.

세상을 변화시키는
콘텐츠

어린이 뉴스를 통해
어린이에게 더 큰 세상을!

팀명(학교) 텔레토비즈 (숙명여자대학교)

팀원 김민정, 박소형, 유주현, 황수빈

기간 2018년 8월 12일~2018년 8월 25일

장소 영국, 독일, 스위스, 네덜란드

맨체스터 (영국 공영방송 British Broadcasting Corporation)

런던 (방송 통신 규제 기관 Office of Communications)

런던 (어린이 미디어 재단 Children's Media Foundation)

옥스퍼드 (「어린이 뉴스」 함미연 저자)

마인츠 (독일 제2 텔레비전 Zweites Deutsches Fernsehen)

뮌헨 (아동 & 교육 방송 국제 중앙기관 International Central Institute for Youth and Educational Television)

제네바 (유럽 방송 연맹 European Broadcasting Union)

힐베르쉼 (네덜란드 공영방송국 Ne'derlandse Om'roep Stichting)

암스테르담 (아동 · 청소년 & 미디어 연구 기관 Center of Research on Children, Adolescents, and the Media)

암스테르담 (와다다 어린이를 위한 뉴스 Free Press Unlimited WADADA News for Kids)

뉴스는 민주사회에서 민주 시민을 육성하는 가장 유력하고 중요한 수단이다. 뉴스를 통한 이해와 관심은 결국 사회활동 참여로 이어지기 때문이다. 하지만 우리 사회의 뉴스는 어른의 전유물이다. 세대별로 뉴스를 이해하는 역량이나 미치는 영향과 무관하게 획일적인 수준의 정보만 공급받고 있다. 특히 뉴스에서 소외되는 계층은 어린이로, 우리 사회는 어린이를 보호 대상으로 보고 있어 보호자의 교육 외에 세상이 알려주는 정보들을 차단하고 있다. 우리는 미래의 민주 시민으로 성장하기 위해서 어린 시절부터 뉴스를 통해 사회문제를 알고 자신만의 입장을 갖는 연습이 필요하다고 생각했고, 이에 대한 해결책으로 어린이 뉴스를 생각하게 됐다. 이미 오래전부터 어린이 뉴스의 중요성을 인정해온 영국, 독일, 네덜란드 등 34개국은 40년 동안 어린이 뉴스를 제작해 방영해오고 있다. 우리는 눈높이에 맞춘 어린이 뉴스 제작법, 어린이 뉴스의 필요성을 확인하고자 이곳의 기관들을 방문했다. 이 탐방을 통해 국내에도 어린이 뉴스가 어린이의 비판적 사고와 안목을 길러주는 밑거름이 되길 바란다.

영국 공영방송
어린이 뉴스 〈뉴스 라운드〉의
루이스 편집장님과
인터뷰를 나누는 모습

🚩 어린이 TV 뉴스의 본고장을 찾다

우리가 처음으로 향한 곳은 1972년 세계 최초로 어린이 뉴스를 제작한 영국이다. 어린이 뉴스의 본고장인 만큼 정부의 지원과 어린이 뉴스를 위한 이익 단체의 활발한 활동, 그리고 어린이 눈높이에 맞는 뉴스 프로그램 제작, 이렇게 삼박자를 고루 갖추고 있어서 우리의 탐방을 시작하기에 최적의 국가였다. 영국에 도착한 다음 날 아침, 우리는 시차 적응을 할 새도 없이 대표적인 어린이 TV 뉴스인 〈뉴스 라운드 News Round〉를 제작하는 영국 공영방송(BBC, British Broadcasting Corporation)으로 향했다. 영국 공영방송은 섭외가 어려울 것이라는 예상을 깨고 제일 먼저 따뜻한 답장을 받은 곳이다. 〈뉴스 라운드〉의 루이스 제임스(Lewis James) 편집장님은 어린이 시청자의 관점에서 사회 이슈를 보도하는 법, 다소 충격적인 사건을 어린이를 위한 뉴스 콘텐츠로 다루는 법, 웹 사이트 활용 방법 등에 대해 자세히 설명해주셨다. 또한, 〈뉴스 라운드〉의 TV 팀, 온라인 팀, 기획팀의 담당자와 인터뷰할 수 있도록 연결도 해주셨다. 어린이 뉴스의 중

좌) 영국 어린이 뉴스 〈뉴스 라운드〉의 제임스 편집장님, 에샤 기자님과 함께 찍은 기념사진
우) 영국 공영방송 방문 기념으로 방문증을 들고 찰칵!

요성에 100% 공감하는 〈뉴스 라운드〉 제작진과의 인터뷰는 우리에게 더욱 자신감을 실어줬다. 아침 9시에 출석 도장을 찍고 온종일 인터뷰를 진행한 뒤 〈뉴스 라운드〉의 생방송까지 지켜본 우리는 오후 6시쯤에야 영국 공영방송을 나섰다.

어린이 뉴스가 없는 한국에 어린이 뉴스를 처음으로 도입하려 한다는 얘기만 듣고 타국의 대학생들에게 흔쾌히 문을 열어주고 아낌없는 조언을 해준 〈뉴스 라운드〉를 통해, 영국이 얼마나 어린이 뉴스를 중요하게 생각하는지 알 수 있었다. 또한, 가장 역사가 오래된 어린이 뉴스 프로그램인 만큼 어린이 뉴스를 사회 보편적 문화로 만드는 기법, 민감한 이슈를 어린이들의 이해 수준에 맞추는 방법 등 현실적인 어린이 뉴스 제작 노하우를 배울 수 있었다. 성공적인 인터뷰를 마친 우리는 바로 다음 일정을 향해 기차에 몸을 실었다. 비록 바쁜 일정으로 제대로 된 식사를 하지 못한 채 기차에서 샌드위치를 먹으며 허기를 달래야 했지만, 우리 탐방 주제의 의미와 필요성을 다시 한 번 확인할 수 있는 의미 있는 하루였다.

🚩 역사를 바탕으로 어린이의 인권을 고찰하다

독일은 역사적인 이유로 인권 문제를 굉장히 중시하는 나라로, 유엔 아동 권리 협약(Convention on the Rights of the Children)* 비준국일 뿐 아니라 어린이를 보호 주의적 관점으로 보지 않고 동등한 시민으로 대한다는 관점으로 어린이의 알

---

*유엔 아동 권리 협약 아동을 단순한 보호 대상이 아닌 존엄성과 권리를 지닌 주체로 보고 이들의 생존, 발달, 보호, 참여에 관한 기본 권리를 명시한 협약으로 대한민국을 포함한 전 세계 196개국이 비준했다

위) 마야 연구소장님과 인터뷰 후 찍은 탐방 기념사진
아래) 독일 제2 텔레비전에서 열심히 인터뷰하는 팀원들의 모습

권리 또한 보장하고 있다. 우리가 방문했던 아동 & 교육 방송 국제 중앙기관 (International Central Institute for Youth and Educational Television)은 어린이와 청소년 교육 TV 프로그램 제작 지침을 주로 연구하는 곳으로, 독일 어린이 TV 뉴스인 〈로고 Logo〉와도 밀접한 관계를 맺고 있었다.

아동 & 교육 방송 국제 중앙기관에서의 인터뷰 중 가장 인상 깊었던 점은 어린이들에게 복잡한 정치 이슈를 설명하는 방식이었다. 예를 들어 독일의 난민 유입 사건에 대한 소식을 전할 때, 이슈의 '사실적 요소'를 알려주고 이 사건을 '세 가지 관점'에서 이야기한다는 점이다.

따라서 뉴스를 보는 아이들은 사건에 대해 정확히 이해하고, 이슈에 대해 자신만의 견해를 갖는 연습을 하게 된다. 마야 고츠(Maya Gotz) 연구소장님은 아무리 복잡하고 어려운 사건일지라도 어렸을 때부터 그들의 눈높이에 맞추어진 콘텐츠를 접하는 것은 미래의 시민의식 함양에 큰 영향을 준다고 말씀하셨다. 실제로 어린이 뉴스에서 난민 이슈를 접한 아이들이 난민을 돕기 위한 모금 이벤트를 주최한 일도 있었다고 덧붙이셨다. 우리는 어린이들도 뉴스를 통해 사회 구성원으로서 소속감을 느끼고 행동할 수 있다는 점을 깨달았다.

마야 고츠

International Central Institute for Youth and
Educational Television / Media Researcher

Q 어린이 뉴스가 어린이에게 어떠한 영향을 끼치나요?

A 어린이 뉴스가 어린이에게 미치는 영향으로는 크게 두 가지로 볼 수 있습니다. 첫 번째로 어린이 뉴스는 어린이의 정체성 형성에 큰 영향을 줍니다. 어린이 뉴스를 통해 아이들은 그들이 무엇이 되고 싶은지, 어떤 것이 옳은 것이고 어떤 것이 잘못된 것인지 등 그들이 세상을 바라보는 시각을 형성합니다. 어린이는 6~10세 사이에 세상을 바라보는 시각을 형성하기 시작합니다. 따라서 이 시기에 어린이들이 접하는 시사 정보는 어린이의 삶에 큰 영향을 끼칩니다. 두 번째로 어린이 뉴스를 통해 전달되는 것들은 어린이들을 궁금해하게 하고, 생각하게 하고, 행동하게 합니다. 예를 들어, 최근 독일의 어린이 뉴스인 〈로고〉에서 난민 관련 뉴스를 내보낸 적이 있었습니다. 어린이들은 방송을 보고 난민 문제에 대해 스스로 생각하고 판단하여 방송이 끝난 후 실제로 난민들을 위한 자선 모금 활동을 진행했습니다. 이처럼 어린이 뉴스는 어린이들이 스스로 사회 변화를 끌어낼 수 있도록 힘을 길러 줍니다. 어린이 뉴스를 통해 어린이들은 사회에 소속감을 느끼고 행동할 수 있게 됩니다.

Q 어린이 미디어 연구 기관은 어린이 뉴스에 어떠한 도움을 주나요?

A 아동 & 교육 방송 국제 중앙기관 같은 연구 기관은 어린이와 어린이 미디어에 대한 지식을 어린이 콘텐츠 제작자들이 방송을 만들 때 활용할 수 있도록 지식과 프로듀서를 연결하는 일을 합니다. 예를 들어 어린이 프로그램 제작자가 8~12세 사이의 어린이들에게 홀로코스트에 관해 설명하는 방송을 만들고 싶어 한다면 저희는 나이에 따라 어린이의 이해 수준과 가장 효과적인 콘텐츠를 전달법을 연구하고 그 결과를 제작자에게 전달하여 더 나은 프로그램을 제작할 수 있도록 도움을 줍니다.

⚑ 어린이 뉴스의 크로스 미디어 전략

우리가 제일 마지막으로 방문한 국가인 네덜란드는 가장 활발히 SNS와 모바일 인터넷을 활용해 어린이 뉴스 홍보를 하는 국가였다. 우리가 네덜란드에 가기 전 방문한 영국, 독일, 스위스의 저명한 기관들이 입을 모아 네덜란드가 가장 발 빠르게 디지털 시대에 대응하고 있다고 했을 정도로 그 명성이 자자했다. 우리는 네덜란드에서 디지털 시대와 한국의 미디어 환경에 적합한 어린이 뉴스 도입 방향에 대한 해답을 얻을 수 있었다.

암스테르담에 있는 아동·청소년 & 미디어 연구 기관(Center for Research on Children, Adolescents, and the Media)은 아동·청소년 관련 미디어에 관한 폭넓은 연구뿐만 아니라 네덜란드의 어린이 뉴스인 〈요크저널 Jeugd'journaal〉과 같이 다양한 어린이 프로그램에 효과적으로 어린이에게 콘텐츠를 전달하는 방안에 대해 조언하는 역할을 맡고 있다.

이곳의 책임 연구원인 제시카 피오트로프스키(Jessica Piotrowski) 씨는 가장 효과적인 어린이 뉴스 전달 플랫폼으로 모바일 플랫폼을 적극적으로 추천했고 크로스 미디어 전략을 활용하라고 조언했다. 제시카 씨는 Z세대라 불리는 요즘 어린이들은 모바일 사용에 친숙함을 느끼고 모바일에 길들어 있다고 해도 과언이 아니라고 했다. 특히 한국과 같은 디지털 시대를 선도하는 국가는 모바일 플랫폼을 활용해 어린이 뉴스를 전달해야 한다고 강조했다. 또한, 모바일 플랫폼의 특성을 활용해 어린이들이 상호 커뮤니케이션에 참여할 수 있도록 하면 자기 생각을 표현하는 연습 또한 자연스럽게 할 수 있다고 했다. 더 나아가 앞으로는 전통적인 매체인 TV와 새로운 매체인 모바일 등 온라인 플랫폼을 함께 사용하는 크로스 미디어 전략을 활용해 다양한 플랫폼에서 어린이들이 어린이 뉴스를 접할 수 있도록 해야 한다고 말했다. 실제로 〈요크저널〉도 크로스 미디어를 활용하고 있다고 했다. 비록 바쁜 탐방 일정으로 인터뷰가 끝나자마자 점심도 먹지 못한 채 다음 기관으로 향해야 했지만, 제시카 씨와의 만남은 한국 미디어 환경에 적합한 어린이 뉴스의 플랫폼과 송출 방식에 대해 고민하던 우리에게 명확한 해답을 제시해줬다.

영국 옥스퍼드에서 프로젝트 멘토를 만나다!

우리는 LG글로벌챌린저 기획서 작성부터 성공적인 해외 탐방까지 많은 도움을 주신 「어린이 뉴스」의 저자 함미연 작가님을 영국 옥스퍼드에서 만났다. 작가님은 이미 12년 전 어린이 뉴스의 필요성을 자각하고 관련 연구를 진행했던 경험이 있는 분으로, 우리 프로젝트의 절대적인 멘토셨다. 책으로만 뵙던 작가님을 다른 곳도 아닌 영국에서 만나 뵙게 된다니 정말 영광이었다. 작가님은 우리에게 옥스퍼드 이곳저곳을 소개해 주시고 맛있는 포르투갈 음식도 사주셨다. 그곳에서 2006년 책을 출간하실 때 겪으셨던 시행착오에 대한 경험담과 우리 프로젝트에 대한 조언도 해주셨다. 작가님과 깊은 대화를 나누며 우리나라 어린이 TV 뉴스 도입의 필요성에 대해 조금 더 깊게 생각해보는 시간을 보냈다. 우리 팀을 위해 기꺼이 시간을 내주신 함미연 작가님께 이 자리를 빌려 진심으로 감사의 말씀을 드리고 싶다.

위) 스위스 제네바의 아름다웠던 호수
아래) 고풍스러운 건물이 인상적이었던 영국 옥스퍼드 거리

"심사위원 마음 훔칠 사람 나야 나, 논리계의 강다니엘"

올해 초부터 시작한 이 프로젝트가 벌써 끝이 보입니다. 이 프로젝트를 진행하며 정말 앞으로는 없을 소중한 경험을 할 수 있었고, 이런 기회를 얻게 돼 정말 감사합니다. 학교 지하 스터디룸에서 밤을 새우고, 열띤 회의 끝에 막차를 타고 집에 돌아가는 등 제 인생에서 가장 열정적이었던 순간들을 함께 해준 저희 팀원들에게도 너무너무 고맙다는 말을 하고 싶습니다.

팀원 1. **김민정**

"친화력이 그알 푸들급 사랑스러운 커뮤니케이터"

LG글로벌챌린저에 도전하려고 계절학기를 환불받았던 작년 겨울이 엊그제 같은데 벌써 이 도전의 끝을 향해 달려가고 있네요. 치열하게 고민하고 우리 힘으로 유의미한 결과물을 만들어내며 생애 잊지 못할 일 년을 보냈습니다. 마음이 맞는 팀원들과 같은 열정, 같은 목표를 갖고 마음껏 도전할 수 있었던 이 소중한 기회에 감사드리며 눈부신 일년을 함께 만들어준 팀원들, 사랑합니다.

팀원 2. **박소형**

"일단 던지고 보는 크리에이터"

오로지 하나의 목표를 갖고 밤을 지새우며 팀원들과 열정적으로 프로젝트에 열중하던 순간들이 주마등처럼 스쳐 지나갑니다. 각기 다른 네 명이 하나가 된다는 것이 쉽지만은 않았지만, 서로 배려하고 협동하며 우리는 하나가 됐습니다. 묵묵히 팀을 이끌어준 팀장 수빈이, 팀의 에너자이저 소형이, 팀 내 평정심을 유지해준 민정이! 보물 같은 추억을 안겨줘서 고맙습니다.

팀원 3. **유주현**

"플로우 짜기 참 쉽죠, 플로우계의 밥 아저씨"

처음부터 합이 너무나도 잘 맞았던 우리. 부족한 팀장을 믿고 따라와 줘서, 우리만의 프로젝트를 끝까지 마칠 수 있어 고맙고 뿌듯합니다. 자주적으로 사회문제와 해결 방법을 고민하고 선진 사례를 찾아 해외로 다녀오는 경험은 제 삶의 자양분이 돼줄 것 같습니다. 두드리면 열립니다. 도전하면 더 큰 세상이 열립니다. LG글로벌챌린저 파이팅! 텔레토비즈 파이팅!

팀원 4. **황수빈**

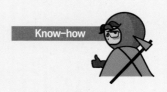

성향은 다르지만, 목표는 하나!

1. 주위를 잘 둘러보면 주변 어디에서나 찾을 수 있다

LG글로벌챌린저에서 가장 중요한 건 '협동'이다. 탐방 주제 선정부터 마지막 발표까지, 서로가 하나라는 마음가짐으로 모든 일정을 함께 소화해내야 한다. 따라서 합이 잘 맞는 팀원을 모집하는 것이 중요하다. 우리 팀의 경우 팀장님을 중심으로 원래 알고 있던 동기들을 팀원으로 모집했다. 타 공모전에 함께 지원했던 경험이 있거나 수업 과제를 함께했던 경험을 토대로 팀원의 성향이나 장점을 확신하고 팀을 구성했다. 전체적인 논리 흐름을 잘 구성하는 팀원, 세부적인 개연성을 꼼꼼히 점검하는 팀원, 창의적인 아이디어를 제시하는 팀원, 비판적 사고로 보고서 흐름을 다시 잡아주는 팀원으로 구성돼서 일 분담을 효율적으로 할 수 있었다. 이처럼 주위를 잘 둘러보며 팀원을 모집하는 것을 추천한다.

2. 정리는 그때그때! 함께하는 시간은 많을수록 좋다!

해외 탐방 후 한 달 동안의 보고서 작성 기간을 주는데, 생각보다 해야 할 것들이 많아 촉박하게 느껴질 수 있다. 따라서 해외 기관 인터뷰는 당일에 인터뷰를 정리할 것을 추천한다. 우리 팀의 경우 매일 밤 인터뷰 내용을 정리해둔 덕분에 보고서 정리를 수월히 진행할 수 있었다. 또한, 보고서 작성하는 동안 학교 근처에서 한 달 동안 합숙하며 함께하는 시간을 확보하려 노력하였다. 팀원 모두 내용 흐름을 완벽히 숙지한 후, 서로 합의점을 찾는 것이 중요하기 때문에 같이 보내는 시간이 많을수록 작업이 수월하다. 각자 정해진 일을 하더라도 모두가 한 공간에 있으면 언제든지 대화할 수 있다는 장점이 있다. 따라서 인터뷰 정리는 일사천리로, 팀원들끼리는 최대한 오랫동안 함께 뭉쳐 작업하는 것을 추천한다.

새로운 뉴스 큐레이션,
거품 밖 세상을 마주하다

팀명(학교) NEWhS (이화여자대학교)
팀원 김채현, 허은, 홍승희, 황윤송
기간 2018년 8월 6일~2018년 8월 19일
장소 미국
　　　　샌프란시스코 (리드 어크로스 디 아일 Read Across the Aisle)
　　　　샌프란시스코 (올사이즈 Allsides)
　　　　보스턴 (매사추세츠 공과대학 미디어 랩 MIT Media Lab)
　　　　뉴욕 (컬럼비아 대학교 저널리즘 대학원 Columbia Journalism School)
　　　　뉴욕 (뉴스 리터러시 센터 The Center for News Literacy)

숙소 옆 센트럴 파크에서 점프 샷 시도.
지나가던 할아버지가 작품을 찍어주셨다

우리는 과연 있는 그대로 세상을 보고 있을까. 2018년 사람들은 손바닥 속 모바일 미디어를 통해 쏟아지는 정보를 접하며 삶을 영위한다. 특히 한국의 경우, 대부분의 사람이 '포털'을 통해 날씨, 스포츠 등의 연성뉴스부터 정치, 사회에 달하는 경성뉴스를 소비한다. 포털을 통해 대중은 무한한 뉴스를 손쉽게 소비할 수 있게 됐지만, 자신이 원하는 특정 뉴스를 찾기는 오히려 어려워졌다. 이를 해소하기 위해 개개인의 관심사와 견해까지 고려한 맞춤형 '뉴스 큐레이션(News Curation)'* 서비스가 등장했고, 뉴스 큐레이션 서비스는 개개인의 입맛에 맞는 거름망이 됐다. 하지만 효율적 정보 습득이란 허울 아래 대중은 자신의 관점과 취향에 부합하는 뉴스만 보게 되는 일종의 비눗방울, 필터 버블(Filter Bubble)*에 갇히게 됐다. 한 분야에 대한 이견(異見)과 다양한 분야의 정보를 접할 기회가 줄어들게 된 것이다. 필터 버블에 갇힌 사람들이 많아질수록 공적 논의는 활성화되지 못하고, 성숙한 민주주의 사회는 완성되기 어렵다. 우리는 포털 사이트 메인 화면에서 다양한 분야와 관점의 뉴스를 제공하는 큐레이션의 실효성을 검토하고 구상안을 보강하기 위해 관련 서비스를 제공하는 스타트업과 선도적인 노력을 기울이는 연구 기관이 위치한 미국을 방문했다.

***뉴스 큐레이션** 뉴스(News)와 큐레이션(Curation)의 합성어로, 디지털화된 뉴스 콘텐츠 중 이용자에게 필요한 정보만을 선별해 제공하는 것을 말한다. 콘텐츠 큐레이션 중 뉴스 포맷의 콘텐츠를 대상으로 한 큐레이션을 지칭한다.
***필터 버블** 미국의 엘리 파리저(Eli Pariser)가 최초로 제시한 개념으로, 인터넷 정보 제공자가 사용자에게 맞춤형 정보를 제공해 사용자가 필터링된 정보만을 접하게 되는 현상을 말한다. 즉 사람들을 '본인의 편향된 시각'에 가두는 현대 뉴스 미디어 환경의 부작용이라고 볼 수 있다. 유사 개념으로는 '에코 체임버(Echo Chamber)', '반향실 효과'가 있다.

위) 리드 어크로스 디 아일의 대표 닉 씨의 자택 발코니에서 기념사진 한 컷! 푸릇푸릇한 나무들이 인상 깊었다
아래) 매사추세츠 공과대학 미디어 랩의 나빌 연구원님과의 인터뷰를 마치고! 미디어 랩의 연구들은 모두 우리의
상상을 초월했다!

미국 스타트업에서 균형 잡힌 뉴스 소비의 해답을 발견하다

샌프란시스코의 차가운 바람에 적응되기 전인 탐방 이튿날 오전, 우리는 첫 기
관 인터뷰를 위해 숙소를 나섰다. 전날 밤 떨리는 마음으로 인터뷰 질문지와 기
념품을 체크하고, 촬영은 어떤 구도로 해야 할지, 이야기의 첫 마디는 어떻게 시
작할지 등 사소한 것까지 모두 꼼꼼히 챙기느라 우리 모두 잠을 설쳤다. 혹시나
차가 막힐까 봐 예상 소요 시간보다 일찍 우버를 불렀다. 30~40여 분을 달려 샌

프란시스코 시내와는 멀리 떨어진 닉 럼(Nick Lum) 씨의 자택에 도착했다.

닉 씨는 뉴스 스타트업 리드 어크로스 디 아일(Read Across the Aisle)의 창업자다. 리드 어크로스 디 아일은 뉴스 소비자들이 다양한 기사를 균형 있게 소비할 수 있도록 만들어진 IOS 애플리케이션 및 크롬 익스텐션(Chrome Extension) 서비스로 '뉴스 소비자들을 필터 버블로부터 벗어나게 하려고' 개발됐다. '보고 싶은 것'만 보는 것이 아닌, 나와 다른 견해의 기사도 읽도록 해 개인의 관점을 넓히는 데 도움을 준다. '필터 버블에서 벗어나자'는 창업자의 의도가 우리의 목적과 완전히 부합했고, 현재 시행 중인 서비스 또한 선례로 참고할 만한 점이 많았기에 꼭 직접 만나 이야기를 들어보고 싶었다.

우버에서 내리자마자 보이는 초록색 풀숲의 향연에 우리는 '과연 잘 찾아온 게 맞을까' 하는 불안감에 빠졌다. 하지만 우리는 '수련회에 온 것 같다'며 해맑은 모습을 잃지 않으려 애썼다. 집 주변을 기웃거렸을 때 닉 씨가 창문으로 우리를 발견하고는 따뜻하게 맞이해줬다.

기대만큼이나 인터뷰는 알찬 내용으로 가득했다. 우리는 닉 씨에게 서비스를 개발하게 된 계기부터 운영되는 구체적인 방법까지 세세히 들을 수 있었다. 특히 개인의 편향도를 시각적 스펙트럼으로 표시하고, 일정 수준 이상으로 지나치게 편향되면 반대 의견의 기사를 보여주는 방식을 적용한 것이 무척 인상 깊었다. 무엇보다 언론사의 경향성을 분류하는 방법은 우리가 꼭 배우고 적용해야 할 부분이라는 생각이 들었다.

같은 목표를 가진 사람들이라 그런지, 인터뷰는 시간 가는 줄 모르게 진행됐다. 인터뷰를 마친 후 닉 씨는 우리에게 리드 어크로스 디 아일 로고가 새겨진 머그잔을 선물로 건넸다. 먼 타지에서 연락해온 낯선 우리를 직접 집으로 초대하고, 흔쾌히 이야기를 들려준 이유는 국적을 넘어 '더 나은 언론'이라는 이상을 함께 꿈꾸고 있기 때문 아닐까. 그런 생각을 하니 가슴 한편이 든든해졌다.

닉 럼
Read Across the Aisle / Founder and CEO

Q 필터 버블이 야기하는 가장 큰 문제가 무엇이라 생각하시나요?

A 필터 버블은 사람들이 깊이 생각할 기회를 차단합니다. 버블 속 주체 개개인을 오만하게 만들며, 이는 타인에 대한 이해 부족과 타인의 입장을 지나치게 단순화하는 문제로 이어집니다. 또 필터 버블에 갇힌 사람들은 이견을 가진 집단을 왜곡된 시선으로 보고, 실제 모습에는 관심을 두지 않아 편협한 시야를 형성하게 됩니다. 물론 사람은 누구나 편향성을 가지며, 이는 오늘날만의 문제는 아닙니다. 다만 스마트폰과 같은 모바일 미디어의 발달과 보편화로 인해 문제가 더욱 심화하고 있습니다.

Q 리드 어크로스 디 아일은 해당 문제를 해결하기 위해 어떤 서비스를 제공하고 있나요?

A '색'을 핵심 요소로 이용합니다. 서비스는 크게 두 가지로 나눕니다. 첫째, 애플리케이션에서 제공하는 언론사의 정치적 편향도를 색으로 표시해 이용자들이 알 수 있게 합니다. 뉴욕타임스(The New York Times), 르 몽드(Le Monde), 비비시(BBC) 등의 언론사와 개별 기사 역시 문장 단위로 색을 표시해 정치적 편향도를 알려주고 있습니다.

둘째, 이용자의 정치적 편향 정도를 보여줍니다. 뉴스 소비 습관을 추적한 후 애플리케이션 하단부에 빨강과 파랑의 스펙트럼 막대로 표시합니다. 여기에 알고리즘을 이용해 '경고'와 '강제' 시스템을 적용합니다. 경고 시스템은 개인의 편향도 바가 오른쪽 혹은 왼쪽으로 절반 이상 치우칠 때 이용자에게 다른 성향의 뉴스를 읽도록 제안하는 서비스입니다. 그 이상으로 치우칠 땐 다른 성향의 뉴스 소스를 먼저 읽을 때까지 현재 뉴스 소스를 읽을 수 없게 강제합니다. 강제 단계에서 다른 성향의 뉴스를 읽으면 편향도 바를 중앙으로 되돌릴 수 있습니다. 이용자는 최소한 개인이 좋아하는 뉴스를 66% 정도, 반대 성향의 뉴스를 33% 정도 읽을 수 있게 됩니다.

▶ 미디어 전문 연구소의 프로젝트를 통해 아이디어를 얻다

보스턴에서 방문한 매사추세츠 공과대학(MIT)에는 세계적인 미디어 융합 기술 연구소인 미디어 랩(Media Lab)이 자리하고 있다. 이곳에서 필터 버블을 깨뜨리기 위한 플립피드(Flipfeed)를 개발했다는 소식을 듣고, 우리는 플립피드 프로젝트에 참여한 나빌 길라니(Nabeel Gillani) 연구원님을 만나기로 했다.

그에 따르면 플립피드는 '나와 반대 성향이 있는 사람의 트위터 피드'를 보여 줘 타인이 어떤 맥락에서 뉴스를 소비하는지 이해하도록 돕는 프로그램이다. 타인의 견해를 듣고 보는 것이 아니라 직접 타인이 돼 봄으로써 이용자가 자기 성찰을 할 수 있도록 유도한다. 우리는 이 아이디어에서 착안해 '댓글 공론장'에서 타인의 관점에 대한 이해를 도와주는 방안을 구상할 수 있었다. 그 외에도 다양한 분야에 관한 기사 접근을 위해서는 단순한 키워드만이 아닌 '맥락'을 드러내는 것이 중요하다는 사실도 확인했다.

인터뷰 후 나빌 씨는 우리에게 직접 미디어 랩 건물을 구경시켜 줬다. 우리는 시대를 앞서가는 연구들을 보며, 신기함을 넘어 미디어에 대한 다양한 열정들에 감탄하고 강한 자극을 얻을 수 있었다.

▶ 미국의 저널리즘 교육기관들은 필터 버블을 어떻게 해결할까

뉴욕에 도착한 지 이틀째 되던 날, 우리는 빨간 LG글로벌챌린저 티셔츠를 입고 컬럼비아 대학교행 지하철에 몸을 실었다. 바로 세계적 수준의 언론 대학원인 컬럼비아 저널리즘 스쿨(Columbia Journalism School)에 방문하기 위해서였다. 실시간으로 이메일을 주고받으며 건물 로비에 도착하자 프라이 벤가니(Pri

Bengani) 연구원님이 우리를 반갑게 맞이해주셨다. 역시 뜻이 있는 곳에 길이 있다고 했던가? 우리의 제안서를 재밌게 읽었다는 그녀는 '이 제안서를 흥미로워하는 친구도 데려왔다'며 또 다른 전문가인 누신 라시디안(Nushin Rashidian) 연구원님을 소개해주셨다. 덕분에 우리는 두 명의 연구원님과 인터뷰를 진행하는 기회를 얻을 수 있었다.

세계 최고의 언론인 육성 학교답게 컬럼비아 저널리즘 스쿨은 필터 버블에 대한 높은 문제의식을 느끼고 이를 해결하기 위한 프로젝트를 진행하고 있었다. 우리는 필터 버블에 대한 그들의 의견뿐만 아니라 해결을 위한 각계각층의 의무와 책임에 대해서도 배울 수 있었다.

우리는 두 연구원님께 우리가 구상하고 있는 모델도 보여드렸다. 사람들이 모바일로 뉴스를 소비하는 4단계 과정에 따라 다양한 의견과 분야의 기사를 제공하는 뉴스 큐레이션 모델이었는데, 두 연구원님은 우리가 구상한 모델의 한계점과 그에 대한 구체적인 개선 방법을 짚어주셨고, 우리는 안목을 더 넓힐 수 있었다.

좌) 나빌 씨와 인터뷰하기 전, 미디어 랩 입구 앞에서 해맑은 표정으로
우) 뉴스 리터러시 센터와의 인터뷰를 마치고 숙소 가는 길에 들른 브루클린 브리지에서 팀 깃발을 들고 한 컷!

다음 인터뷰 약속 장소는 맨해튼 시내에서 꽤 멀리 위치한 스토니 브룩 대학교(Stony Brook University) 뉴스 리터러시 센터(The Center for News Literacy)였다. 숙소에서 우버를 타고 한 시간이 훨씬 넘게 소요되는 거리였기에, 우리 머릿속은 교통비 걱정으로 가득했다. 그런데 갑자기 놀라운 연락이 왔다. 바로 인터뷰하기로 한 리처드 호닉(Richard Hornik) 교수님이 '근처 기차역에 직접 차를 가지고 데리러 오겠다'고 메일을 보내신 것이었다. 심지어 어느 역에서 몇 시 열차를 타야 하는지까지 상세히 알려주셨다. 역에서 리처드 교수님을 처음 뵈었을 때 선글라스를 벗으며 환하게 웃어주시던 모습은 우리에게 절대 잊지 못할 장면으로 남았다.

리처드 교수님의 차를 타고 이동하는 그 순간부터 인터뷰는 시작됐다. 교수님은 우리의 주제가 흥미롭고, 매우 야심적이라며 말씀을 이어나가셨다. 그의 사무실에 도착해서는 더 풍부한 이야기를 들을 수 있었다. 편향의 정의에 대한 정확한 인지의 중요성과 뉴스 리터러시 센터에서 하는 교육 프로그램, 우리의 모델을 실제 환경에 적용할 때의 주의사항 등에 대해 알게 됐고, 우리의 구상안을 현실적으로 검토받을 수 있었다.

리처드 교수님은 인터뷰 후 우리를 다시 기차역까지 배웅해주셨는데, 엄청난 속도로 도로를 달린 탓에 우린 놀이 기구를 탔을 때보다 더한 공포에 떨었다. 알고 보니, 기차를 놓치면 한 시간을 기다려야 함을 알고 있던 교수님께서 우리를 위해 속도를 냈던 것이었다. 역에 아슬아슬하게 도착하니 열차가 정차해있었고, 우린 짧고 아쉬운 인사를 뒤로 한 채 엄청난 속도로 티켓을 끊어 기차를 타는 데 성공했다. 아직도 리처드 교수님께서 우리에게 마지막으로 말씀하신 "연락해(Keep in Touch)!"라는 세 단어가 귀에 생생하다. 리처드 교수님, 정말 감사했습니다!

📐 탐방이 끝나도 인터뷰는 계속된다

탐방을 마치고 한국에 돌아온 후, 우리는 샌프란시스코에서 부득이하게 만나지 못한 올사이즈(Allsides)의 창업자, 존 게이블(John Gable) 씨와 화상 인터뷰를 진행했다. 올사이즈는 이슈에 대한 보수·중도·진보의 기사를 함께 나열해 제공하고, 언론사와 기사뿐만 아니라 기자의 편향도도 공개해 사람들이 필터 버블에서 자유로워질 수 있도록 하는 뉴스 큐레이션 서비스다. 샌프란시스코의 시간에 맞춰 진행해야 했으므로, 한국 시각으로는 새벽 3시에 인터뷰를 하게 됐다.

우리는 신촌에 있는 모 스터디 카페의 공간을 대여하고, 오랜만에 빨간 LG글로벌챌린저 티셔츠를 맞춰 입은 뒤 인터뷰를 진행했다. 새벽이라 모두들 지친 상태였지만, 올사이즈의 뉴스 큐레이션 방식과 철학이 우리의 이상과 가장 가까웠기에 인터뷰를 진행할수록, 존 씨의 대답을 들을수록 팀원들의 눈빛은 점점 더 반짝였다. 우리의 이상적 모델을 어떻게 실제로 구현할 수 있을지, 그 구체적인 방안을 얻게 된 유익한 시간이었다.

게다가 컬럼비아 저널리즘 스쿨의 프라이 연구원님과 뉴스 리터러시 센터의 리처드 교수님은 우리에게 관련 연구와 자료들을 메일로 보내주셨다. 리처드 교수님의 '연락하고 지내자'는 마지막 인사는 절대 빈말이 아니었던 것이다. 그렇게 우리는 해외 탐방을 마치고 나서도 인터뷰이와 인연의 끈을 이어나갔다. 어쩌면 LG글로벌챌린저를 통해 맺게 된 소중한 인연들이 앞으로 우리의 미래를 위한 발판이 돼줄지도 모른다. 이번 탐방을 통해 가장 크게 깨달은 점을 묻는다면, 이렇게 말하고 싶다. "같은 목표와 이상을 가진 사람들이라면, 국적과 언어는 얼마든지 뛰어넘을 수 있다."

길고도 짧은 여정을 마무리하며

하루하루는 길었지만 모두 모아 놓으면 짧았던 13박 14일이 흘러갔다. 처음엔 우리가 잘할 수 있을까, 걱정이 앞섰던 게 사실이다. 탐방 초반이었던 샌프란시스코에서는 모두 긴장한 기색이 역력했으니 말이다. 하지만 '넷이 합쳐 일이 되면 그만이다'를 모토로 삼았던 우리는 우리만의 방식으로 유쾌하게 탐방을 풀어나갔다. 기차가 출발하기 직전 티켓팅에 성공하자 "됐어! 뛰어!"를 동시에 외쳤고, 매일 밤 예산을 정리하며 "돈이 부족해!"를 외쳤지만 결국 마지막날엔 공항에서 남은 돈으로 간식을 사 먹었다. LG글로벌챌린저를 통해 우리는 서로의 마음을 이해하다 못해 하나가 돼버렸다. 길고도 짧은 탐방의 끝에는 세계 전문가들과의 인터뷰를 통해 얻은 배움뿐만 아니라 타지에서의 희로애락을 통해 뭉쳐진 끈끈한 우정이 함께 남았다.

우리는 서로의 용기다

보스턴에서의 둘째 날. 근방에서 가장 맛있다는 저녁도 먹고 산책할 겸 들린 푸르덴셜 타워에서 결국 우려하던 일이 발생했다. 다음 학기 휴학하는 한 명을 제외하고 남은 세 팀원의 수강 신청이 보스턴 현지 시각으로 저녁 9시였던 것이다. 수강 신청 30분 전, 각자 신청을 대신 해줄 친구에게 '일어났니?'라는 연락을 보내고 수강 신청 전략을 확인한 뒤, 테이블 위에 휴대전화를 올려놨다. 수강 신청 1분 후, 두 팀원 휴대폰에 전 과목 성공을 알리는 메시지가 들어왔다. 반면 남은 한 명의 휴대폰에는 다음과 같은 문자가 도착했다. '어떻게 하지? 홈페이지가 다운됐는데, 한 과목도 성공 못 한 것 같아.' 그 순간 우리 넷은 손을 붙잡고 아는 모든 신의 이름을 불렀다. 맞잡은 손으로 잘 해결될 것이라며 서로의 용기가 됐다. 그 결과는? 다운됐던 서버가 돌아왔고, 전 과목 성공했다.

"달리는 NEWhS의 브레이크, 걱정 요정. 우리 정말 괜찮을까"

우연히 찾아온 기회에 죽어라 노력해보는 값진 인생 경험이었습니다. 힘들 때마다 서로 북돋워준 팀원들과 함께여서 가능한 일이었습니다. "고맙고 사랑해요, NEWhS!" 하나의 목표를 위해 치열하게 고민하고, 부딪쳐가며 탐방했던 LG글로벌챌린저의 모든 순간이 소중했고, 이 감정들을 평생 간직하고 싶습니다.

팀원 1. **김채현**

"내비게이션? 아니 허비게이션! 팀의 길라잡이까지"

첫 해외여행이었습니다. 가는 곳, 하는 것 모두 새로운 설렘과 두근거림으로 다가왔습니다. 과연 제가 이런 경험을 또 할 수 있을지, 앞으로의 해외여행이 시시하게 느껴지지는 않을지 걱정이 되기도 합니다. 첫사랑은 평생 잊지 못한다는 말이 있습니다. "잊지 못할 첫사랑 같은 LG글로벌챌린저와 우리 팀, 많이 많이 사랑해요!"

팀원 2. **허은**

"나는 승데렐라. 글과 디자인 둘 다 겸하는 프로만능러"

LG글로벌챌린저를 통해 해외에 대한 막연한 두려움을 극복할 수 있게 돼 뿌듯합니다. 걱정이 있었지만 도전하고 보니 걱정은 아무것도 아니었음을 깨달았습니다. 많이 힘들었지만, 끝까지 옆에서 함께 해준 팀원들께 감사합니다. "애정합니다, NEWhS!"

팀원 3. **홍승희**

"줍줍 쏙쏙! 멤버 컬렉터 겸 빅 픽처 드리머"

미국에 가기 전부터 미국 시각으로 살던 팀원들에게 고맙다고 말하고 싶습니다. 부족한 팀장이라 때로는 막연하고 두려웠는데 어김없이 웃으며 "해보자!"라고 말하는 팀원들 덕분에 용기를 낼 수 있었습니다. 함께 그려왔던 도전을 무사히 마친 2018년, LG글로벌챌린저는 졸업까지, 어쩌면 그 이후에도 잊지 못할 기억이 될 것 같습니다.

팀원 4. **황윤송**

퍼즐의 완성은 네 조각이다

1. 부족한 우리, 합해서 하나

우리는 처음 준비 단계부터 우리의 부족함을 인정했다. 지원부터 면접, 탐방, 그리고 보고서
를 준비하는 지금까지 우리 팀의 모토는 '합해서 1이 되자!'다. 우리는 한 명이 한 역할을 전담
하는 것은 위험하다고 생각했다. 따라서 모든 일을 함께 나누고 완벽히 모든 상황을 공유했
다. 모든 일의 총량은 같게 배분했지만, 개개인이 더 선호하고 잘하는 일을 많이 할 수 있도록
했다. 디자인을 조금 더 하는 팀원, 섭외를 조금 더 하는 팀원은 있었지만, 전원이 참여하지 않
은 과정은 없다. 모든 일을 모두가 해봤기 때문에 서로를 더 잘 이해할 수 있었고, 예상치 못
했거나 위급한 상황에 부닥치면 빠르게 대처할 수 있었다. 개개인이 1은 아니지만 합쳐서 1
이 된다면 분명 좋은 결과를 얻을 수 있다.

2. 섭외는 썸을 타고

많은 팀이 부족한 시간 동안 주제를 정하기 위해 밤샘 자료 조사에 들어간다. 이 과정에서 자
연스럽게 많은 탐방 희망 기관이 나온다. 그리고 진짜 승부는 섭외부터 시작된다. 우리의 핵
심은 단 하나였다. '끝없는 집착과 애착을 보이자!' 섭외 기관들을 당신의 썸남, 썸녀로 여
기며 인터뷰하는 그 날까지 관심을 가져야 한다. 서로에 대해 알아가는 연인처럼 인터뷰 전
SNS, 구인·구직 사이트 등을 이용해 모든 정보를 섭렵하는 것은 기본이다.
황윤송 팀장은 중간에 연락이 끊긴 닉 씨의 아내에게 메일을 보내 연락을 이어갔고, 홍승희
팀원은 한 기관의 387명 전문가에게 아침, 점심, 저녁 매일 3번씩 메일을 보냈다. 또 김채현
팀원은 리처드 교수님의 휴가지 장소와 기간까지 파악했다. 이렇게 일상에서 늘 섭외 중인
인터뷰이들을 생각한다면 섭외는 성공할 수밖에 없다. 하지만 섭외가 되지 않을 시 애착이
애증으로 변할 수도 있다는 점은 주의해야 한다. 허은 팀원은 섭외 실패 후 랜선으로 차인 것
같다며 한동안 힘들어했다.

도시와 농촌의 연결 고리,
도심형 팜 파티로 농촌을 물들이다

팀명(학교)	도농고리 (동아대학교)
팀원	권지연, 백혜빈, 서세진, 손민경
기간	2018년 8월 13일~2018년 8월 26일
장소	영국, 프랑스
	런던 (해크니 도시 농장 Hackney City Farm)
	런던 (영국 산업부 UK Government, Department of Business, Energy & Industrial Strategy)
	길퍼드 (서리 대학교 University of Surrey)
	런던 (버러 마켓 Borough Market)
	보베 (우아즈 농업회의소 Chambre d'Agriculture de l'Oise)
	파리 (갈리 도시 농장 Les Fermes de Gally)
	파리 (라스파이유 유기농 시장 Marché Biologique Raspail)
	릴 (지트 드 프랑스 Gîte de France)

프랑스의 갈리 농장을 안내해준 브뤼노 매니저와 마켓 입구에서 찰칵

농산물 개방화, 고령화, 농업소득의 감소 등으로 우리나라의 농촌은 소멸의 위기를 맞이하고 있으며, 실제 10년 동안 농촌의 가구수는 20만 가구 이상 감소했다. 이러한 위기의 대안으로 현재 우리나라에선 농촌 관광이 급부상하고 있다. 농촌은 기존 농촌의 주 역할이었던 생산과 판매를 넘어 관광이라는 서비스를 제공함으로써 새로운 고부가가치를 창출할 수 있다. 그뿐만 아니라 최근 주 5일제 정착, 관광 트렌드 및 여가 문화에 대한 인식 변화로 다양한 농촌 관광의 유형이 생겨나고 있다. 하지만 국내 농촌 관광의 경우 소비자의 트렌드에 맞지 않는 획일화된 프로그램과 접근의 어려움, 편의시설 부족 등으로 도시민의 재방문을 끌어내지 못하고 있다. 또한, 자생력 있는 프로그램을 위해 필요한 농민들을 대표하는 네트워크가 부족해 지속적인 프로그램 운영에 어려움을 갖고 있다. 이에 우리는 '도심에서 농촌을 즐길 수 있으면 어떨까'라는 역발상을 하게 됐고, 이를 실현하기 위해 농촌에 도시민들을 초대해 즐기는 팜 파티를 변형한, 도시에서 농민과 도시민이 함께 기획하고 즐길 수 있는 '도심형 팜 파티'라는 아이템을 생각하게 됐다. 이를 위해 실제 지역민들의 의견을 토대로 정책을 계획하는 LEP 시스템을 구축함과 동시에 파티 문화 선구지로서의 역할을 하는 영국과 전 세계적으로 유명한 농촌 네트워크를 보유한 프랑스를 탐방해보고자 한다.

세계 5위 서리 대학교, 성공적인 파티를 위한 요소를 배우다

영국에 있는 서리 대학교(Surrey University)에는 세계 5위를 자랑하는 국제 이벤트 경영학과가 속해있다. 우리는 도심형 팜 파티(Farm Party) 기획에 대해 알아보기 위해 국제 이벤트 경영학과의 오언 그레인저 존스(Owen Grainger-Jones) 교수

세계 5위 영국 서리 대학교의 오언 교수님과 인터뷰 중인 도농고리

님을 찾아뵀다.

우리나라는 상대적으로 파티 문화가 완전히 정착하진 못한 편이라 유럽 파티 문화의 중심인 영국에서 성공적인 파티를 위해서 고려해야 하는 요소가 무엇인지와 '도심에서 농촌을 즐긴다'는 역설적인 주제를 보완할 수 있는 파티의 요소는 무엇일지 교수님께 여쭤봤다. 교수님께서는 파티는 사교적인 성격이 강한 콘텐츠며, 공통 관심사가 있으면 더 좋은 파티가 될 수 있다고 하셨다. 또한, 도심형 팜 파티라는 역설적인 부분을 보완하기 위해서는 주제가 명확해야 한다고 하셨다. 즉 파티장에 발을 들였을 때 모든 참가자가 농촌에 온 듯한 느낌을 받을 수 있게 해야 한다는 것이었다. 이를 위해서는 도시 사람들이 어떨 때 가장 농촌을 느끼고 싶어 하는지, 어떤 요소가 가장 농촌을 떠오르게 하는지에 대해 고민해야 한다는 조언도 아끼지 않으셨다. 귀국 후 우리는 교수님의 조언을 바탕으로 국내에서 팜 파티를 직접 실행하고 그에 대한 피드백을 받아봤다. 직접적

서리 대학교에서 인터뷰 후 도농고리의 재미있는 도레미 샷

인 농촌 체험을 할 때 농촌을 가장 크게 느낄 것으로 생각했던 우리의 예상은 조금 빗나갔다. 체험이 많은 부분을 차지하긴 하나 농촌에서 존재하는 귀뚜라미 소리, 노을, 시골 특유의 향 등 디테일한 요소들이 중요한 역할을 한다는 것을 알 수 있었고, 추후 이를 도농고리 도심형 팜 파티에 적극적으로 반영하기로 했다.

GC 우아즈 농업회의소에서 배운 진정한 소통법

프랑스의 우아즈 농업회의소(Chambre d'Agriculture de l'Oise)는 파리에서 조금 떨어진 근교에 자리 잡고 있다. 공공기관과 사조직의 성격을 동시에 지닌 농민 대표 조직으로 농민들과 가장 가까운 곳에서 도움을 주는 기관이다. 우리는 테제베를 타고 2시간쯤 달려, 우아즈 농업회의소가 있는 프랑스 보베 지역에 도착했

프랑스 우아즈 농업회의소 앞에서

다. 인터뷰를 진행하기로 한 농업회의소의 로랑스 라마시옹(Laurence Lamasion) 지역 푸드 다각화 책임자는 보베 지역이 대중교통이 잘돼 있지 않다며 택시를 추천해줬으나, 실제로 도착해보니 택시조차 찾아보기 힘들어 난감했다. 결국, 책임자가 직접 우리를 데리러 왔고, 점심도 거른 채 열정적으로 인터뷰에 응해 줬다. 책임자는 지속 가능한 농업을 이끌어내기 위해서는 재정적 지원보다 그들이 가장 필요로 하는 것에 대해 고민하고 그에 대한 조언을 제공하는 것이 중요하다고 말하며, 우아즈 농업회의소의 이야기를 들려줬다.

프랑스 우아즈 농업회의소의 주요 결정권은 본부가 아닌 각 지역의 특성을 가장 잘 아는 지사에서 가지고 있었다. 인터뷰를 통해 지역에 대한 실질적인 정책이나 지원 사항, 실제 농민들이 진행하려고 하는 사업들에 대한 자문, 귀농을 희망하는 도시민들에 대한 도움까지 말 그대로 지역 농업에 대한 전반적인 분야를 각 지사가 담당하고 있다는 것을 알게 됐다. 이러한 농업회의소의 이야기는 우리에게 지속 가능한 농촌 관광 프로그램을 국내에도 도입하기 위해서는 네트워크의 주체가 행정보다는 농민과 지역 주민 중심이 돼야 한다는 생각을 가지게 해줬다.

로랑스 라마시옹

Chambre d'Agriculture de l'Oise / Chargée de
Mission Diversification

Q 프랑스 우아즈 농업회의소는 농민의 대표기관이라는 타이틀을 가지고 있습니다. 어떻게 하면 농민, 도시민, 정부에게 신뢰를 받는 기관이 될 수 있을까요?

A 농민들의 관심과 참여를 불러일으켜야 합니다. 현재 농업회의소에서 운영하는 프로그램에 많은 농가가 자발적으로 참여하고 있지만, 이런 자발적 참여가 처음부터 가능했던 것은 아닙니다. 농민들이 정말로 원하는 것을 충족시켜줄 때, 그들은 우리를 먼저 찾아오고 신뢰하게 됩니다. 농민들에게는 재정적 지원도 필요하지만, 실제 생활 속에서 발생하는 문제들에 조언을 제공해 농업을 지속할 수 있도록 돕는 것이 더 중요합니다. 예를 들어, 농업에 대한 전문 지식이 부족한 도시민이나 다른 분야의 사업을 하고자 하는 농민이 가지는 고민을 직접 듣고, 전문가로서 그들에게 필요한 것을 고민하고 조언해줍니다. 물론 자금이 필요할 경우라면 관련 기관들과의 회의를 거쳐 지원하기도 하고, 교육이 필요하다면 관련 교육기관을 소개해주는 등 그들이 농업을 이끌어갈 수 있는 능력을 키워주고자 노력합니다. 그 결과 농업회의소는 사기업임에도 불구하고 공공 기관에서 주로 진행하는 정책 결정에 참여할 만큼의 신뢰를 얻게 됐습니다.

Q 파리에 있는 농업회의소 본부와 지역별 농업회의소 간의 네트워크는 어떻게 이루어지나요?

A 농업회의소는 파리에 본부를 두고 있지만, 그들이 지역별 지사의 결정에 어떠한 영향을 미치는 것은 아닙니다. 안건에 관해 결정할 땐 지역민의 의사를 가장 우선으로 여기며, 지역 간 협력이 필요한 경우가 발생하면 협력해 진행합니다. 이처럼 농업회의소는 수직적인 구조가 아닌 그 지역의 특성을 가장 잘 아는 지역 내 농업회의소가 지역 농업에 대한 자문과 지원을 할 수 있는 구조로 운영되고 있습니다.

브뤼노 매니저와 함께 갈리 농장을 둘러보고 있는 도농고리

농촌을 오래 즐기는 방법을 배우다

연간 80만 명에 달하는 방문자 수를 자랑하는 갈리 농장(Les Fermes de Gally)은 소비자들이 직접 농산물을 수확해 가져가거나 판매대에 전시된 농산물을 구매할 수 있는 체험 농장이다. 이곳을 마지막 탐방 기관으로 선정한 우리는 오픈 시간에 맞춰 농장에 방문했다. 갈리 농장에서 운영 중인 마트에서 간단히 아침을 먹고 있다 보니 커뮤니케이션 매니저 브뤼노 간젤(Bruno Gansel) 씨가 오셨고, 농장 소개를 해주셨다.

갈리 농장은 파리 도심에서 멀지 않은 곳에 있어 수확, 동물, 제조 등 다양한 체험 프로그램을 즐길 수 있었다. 브뤼노 씨의 말에 의하면 많은 사람이 갈리 농장을 찾는 데는 전 연령층을 고려한 다채로운 프로그램이 있다는 것이 가장 크게 작용했다고 한다. 10대를 위해서는 사과주스 만들기, 동물 체험 등이 준비돼 있었고, 2030 세대를 타깃으로 한 소규모 가드닝 존은 효율적인 작물 재배법 교육뿐만 아니라 가드닝 존에서 수확한 농산물 구매까지 가능하도록 구성돼 있었다. 4050 세대를 위해서는 갈리 농장에서 재배한 유기농 작물을 구매할 수 있는 마켓을, 60대 이상을 위해서는 마치 농촌을 거닐고 있는 듯한 느낌을 전해주는 산책로를 제공하고 있었다.

이처럼 이용자들의 선호에 따라 다양하게 준비된 체험 프로그램을 보면서, 농촌을 즐기는 데 있어 체험은 아주 중요한 요소이며 단일 프로그램만 진행하기보다 다양한 것을 경험할 수 있는 공간을 조성하는 것이 중요하다는 것을 알게 됐다.

도시와 농촌, 그들의 교류를 직접 경험하다

도시와 농촌의 교류 현장을 경험하고자 프랑스 파리 6구에 있는 파머스 마켓인 라스파이유 마켓(Marché Bilologique de Raspail)으로 향했다.

라스파이유 마켓은 대형 백화점 맞은편에 있어 우리에게 신선한 충격을 줬는데, 대형 백화점의 기세에 눌리는 것이 아니라 오히려 꾸준히 찾아오는 마니아층을 보유하고 있을 만큼 소비자에게 많은 신뢰를 받고 있었다. '유기농 파머스 마켓'이라는 타이틀을 가진 곳이지만, 그곳에서 판매되는 물품들에는 어떠한 유기농 인증마크도 찾아볼 수 없었다. 한 공간에서 재배자(판매자)와 소비자 간의 직접적인 거래가 이루어지면서 서로에 대한 믿음이 식자재 안전성에 대한 믿음으로까지 번져나간 것이다.

우리는 그동안 도시와 농촌의 교류를 위해서는 직접 농촌을 방문해야만 한다고만 생각했고 서로 다른 삶의 형태를 가진 도시민과 농민 사이의 공감대를 어떻게 형성해야 할지 막막하기만 했었다. 하지만 라스파이유 마켓은 도심 한복

유기농 파머스 마켓으로 유명한 라스파이유 마켓에서 채소 매대 상인과 함께

판에서 도농 교류를 충분히 진행하고 있었고, 삶에 필수적인 식자재로 양측 간 공감대를 구축하고 있었다. 이곳에서 직접 마주한 도농 교류 덕분에 단편적이었던 생각의 폭을 보다 넓힐 수 있게 됐다.

빨리빨리? 여긴 한국이 아닙니다!

영국에서 프랑스로 가는 비행기를 타던 날이었다. 공항으로 가는 교통편이 예상치 못하게 지연돼 공항 도착 시간이 늦어졌는데, 엎친 데 덮친 격으로 영국 항공 규정은 체크인 마감 시각이 출발 1시간 전이었다. 우리는 아슬아슬하게 체크인 마감 10분 전에 공항에 도착했지만, 항공사 직원들 간의 의사소통이 제대로 되지 않아 결국 비행기를 놓치고 말았다. 체크인 마감 전 팀원들 모두 급하게 항공사 직원에게 방법을 물어봤지만, 그들은 바쁜 우리와 달리 천천히 일을 처리했고 그저 기다리라는 말만 전해왔다. 뭐든 정확하고 빠르게 진행하던 한국을 생각했던 우리는 이런 뼈아픈 경험을 한 뒤, 보다 더 일찍 준비하고 뜻밖의 상황에 대비하는 자세를 갖게 됐다.

각양각색 포즈는 달라도 도농고리의 마음은 하나! 파리의 랜드마크 에펠탑 앞에서

"내 생애 가장 열정적이었던 시간"

팀원 1. **권지연**

2018년은 'LG글로벌챌린저의 해'였다고 말해도 과언이 아닐 것 같습니다. 수백 시간의 회의와 수십 번의 만남을 통해서 많이 성장한 저를 볼 수 있어 뿌듯합니다. 내 생애 가장 열정적인 1년이었다고 자부할 수 있을 만큼 의미 있는 시간이었습니다. 대학 생활의 꿈이었던 LG글로벌챌린저에 도전해 소중한 시간과 경험, 팀원들을 얻을 수 있어 행복했고 정말 영광이었습니다.

"피하지 않고 당당하게 도전, 다시 태어난 기분"

팀원 2. **백혜빈**

생각을 문장으로 정리해 말하는 것, 많은 이들의 집중을 받으며 발표를 하는 것, 틀린 것을 깔끔하게 인정하는 것. 저에게 가장 부족한 부분이자 지금껏 피해왔던 부분들이었습니다. 하지만 이젠 변하고 싶다는 생각에 직접 부딪쳐본 것이 바로 LG글로벌챌린저였습니다. LG글로벌챌린저는 저에게 열정을 쏟는 법과 끝까지 포기하지 않는 법을 알려줬습니다.

"시간이 지난 뒤에도 여전히 뜨거울 것 같은 순간"

팀원 3. **서세진**

권지연 대원의 권유로 시작하게 된 LG글로벌챌린저가 저의 2018년을 가득 채우게 될 줄이야! 2018년의 8할을 도심형 팜 파티, 그리고 우리 도농고리 팀원들과 함께할 수 있어서 정말 행복했습니다. 시간이 지나 살면서 가장 열정적이었던 순간을 돌아본다면, 망설임 없이 LG글로벌챌린저를 떠올릴 만큼 2018년은 저에게 선물 같은 한 해였습니다.

"무한 긍정의 힘으로 드디어 하나가 된 우리"

팀원 4. **손민경**

탐방을 마치고 나니 '아쉽다'는 말보다 '드디어'라는 말이 먼저 나옵니다. 항상 즐거울 것 같았던 탐방은 무한 긍정 소통러인 저에게조차 막중한 책임감이 따르는 기나긴 여정이었습니다. LG글로벌챌린저를 통해 도전이란 자신의 의견에 자신감을 가지는 것과 동시에 이를 계속 의심하는 것이 필요하다는 것을 깨닫게 됐습니다. 뜻깊은 경험을 할 기회를 주셔서 감사합니다.

롱런을 위해 끊임없이 소통하라

1. 포기하지 말자. 끝날 때까지 끝난 게 아니다!

해외 인터뷰에는 많은 우여곡절이 생기기 마련이다. 특히 우리 팀의 경우 계획서 작업할 때부터 탐방 직전까지 많은 기관 변경이 있었다. 해당 기관의 모든 부서의 직원에게 연락을 취했지만, 답장을 준다던 직원들은 탐방 직전까지 깜깜무소식이었다. 그뿐만 아니라 불과 2주 전까지도 인터뷰 허가를 했으면서 출발하기 직전에 갑자기 인터뷰를 취소한 기관부터, 인터뷰 당일 개인 휴가로 인해 연락이 닿지 않은 기관까지!

하지만 우리는 끝까지 포기하지 않고 새로운 기관을 찾아 현지에 가서도 계속해서 연락을 시도했고, 그 결과 탐방 종료 전에 인터뷰를 성공적으로 마칠 수 있었다. 끝까지 포기하지 않을 끈기가 있다면 이루지 못할 것은 없다.

2. 팀원과의 소통, 좋은 팀워크의 기본이다!

전공도 다르고 나이도 다른 사람들이 모여 긴 시간 준비를 하다 보면 여러 가지 문제들이 발생할 수 있다. 날카로운 말로 상대의 기분을 상하게 할 수도 있고, 때론 의도치 않은 오해가 생길 수도 있다. 하지만 LG글로벌챌린저는 주제 선정부터 최종 보고서까지 장기간을 함께 해야 하는 프로젝트다. 이에 우리 팀은 회의를 위한 시간뿐만 아니라 서로의 이야기에 귀를 기울이며 서로를 돌아볼 수 있는 시간도 자주 가졌다. 주제에 관한 탐구도 중요하지만, 장기간의 프로젝트를 함께하는 팀원들을 이해하고, 진심으로 소통하는 것이 좋은 결과물을 만들어내는 발판이 된다고 생각한다.

지역민이 먼저 아끼고
사랑하는 시장을 찾아서

팀명(학교) 시장하시죠? (조선대학교)
팀원 배희영, 소현진, 이원강, 정여원
기간 2018년 7월 29일~2018년 8월 11일
장소 독일, 체코, 폴란드, 오스트리아, 헝가리
프랑크푸르트 (클라인막트할레 Kleinmarkthalle)
프랑크푸르트 (시장 관리 기관 HFM, Management fur Hafen und Markt Frankfurt)
프라하 (하벨 시장 Havel's Market)
바르샤바 (할라 미로스카 Hala Mirowska)
바르샤바 (할라 그와르디 Hala Gwardii)
크라쿠프 (리네크 글루프니 Rynek Glowny)
크라쿠프 (크라쿠프 시청 Krakow City Hall)
빈 (나슈마르크트 Naschmarkt)
빈 (빅토어 아들러 시장 Viktor-Adler-Markt)
빈 (시장 관리 기관 MA59, Marketservice & Lebensmittelsicherheit 59)
부다페스트 (중앙 시장 Central Market Hall)
부다페스트 (레헬 시장 Lehel Csarnok)

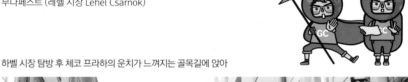

하벨 시장 탐방 후 체코 프라하의 운치가 느껴지는 골목길에 앉아

2015년 시장 경영 진흥원이 발표한 통계에 의하면, 2005년과 비교해 국내 전통시장의 개수는 약 1,610개에서 1,440개로 170개나 줄었고, 상인의 평균 연령은 51세에서 56세로 증가했다. 또한, 조세 감면 등의 다양한 정부 지원에도 불구하고 매출액이 33조에서 21조로 약 23%나 감소했다. 전통시장의 활성화를 위해 지난 10년간 약 3조 원이 넘는 지원이 이루어졌지만, 이는 각 시장의 특성과 환경을 고려하기보다는 오로지 현대화 사업에만 치중됐다는 한계를 가지고 있다.

우리가 전통시장 관련 대외 활동을 통해 만난 상인들은 그 누구보다 성실하게 일했음에도 불구하고 점포 임대료를 내기에도 벅찬 이들이 많았다. '전통시장 활성화의 올바른 방향은 과연 무엇일까?' 고민은 그때부터 시작됐다.

우리가 선정한 동유럽 시장들은 적게는 100년, 많게는 800년까지의 역사를 자랑한다. 전쟁 통 속에서도 살아남은 시장, 재정 문제로 몇 년간 폐장했다 재개장한 시장 등 여러 풍파를 겪고서도 꿋꿋이 살아남은 시장들이다. 이들의 공통점은 관광객뿐 아니라 시장 주변에 거주하는 지역민들이 더 빈번하게 드나드는 곳이라는 것이다. 오랜 세월이 지나도 여전히 지역 주민들이 먼저 찾고 아끼는 시장의 비결을 알아보기 위해 동유럽 5개국 전통시장을 찾아 탐방을 떠났다.

🚩 향수병을 치유할 수 있는 빅토어 아들러 시장

누구나 한 번쯤 해외여행을 떠나면 그 나라, 혹은 그 지역의 전통시장을 가본다. 전통시장은 바로 그 나라 문화와 정취를 느낄 수 있는 가장 쉽고도 친밀한 장소이기 때문이다. 하지만 대부분이 인터넷 블로그나 SNS 혹은 가이드북에 나오는 시장을 중심으로 방문하게 된다.

우리가 방문한 오스트리아 빈에는 다국적 시민들이 각자의 삶에 관한 이야기를 나누면서 자연스레 일상을 공유하는 안락한 쉼터 같은 빅토어 아들러 시장(Viktor-Adler-Market)이 있다. 이 시장은 다소 한적하고 조용한 길거리에 자리 잡고 있는데, 시장 입구에는 젊은 상인들이 현란한 요리 솜씨를 뽐내며 맛있는 음식을 만들어 팔고 있었다. 냄새 좋은 식당들을 지나 내부로 들어가면 정비되지 않은 미로 같은 시장길을 볼 수 있는데, 지금까지 봐왔던 깔끔한 시장의 모습들과는 많이 달라 혹여나 길을 잃어버릴까 하는 마음에 더욱더 주위를 살피며 시장을 둘러봤다.

빅토어 아들러 시장에서 만난 할랄 마크가 붙어 있는 식료품 가게

그때 갑자기 할랄(Halal)* 마크가 눈에 들어왔다. 그 어떤 시장에서도 보기 힘들었던 이 표시는 빅토어 아들러 시장에 주로 어떤 사람들이 찾아오는지 짐작하게 해줬다. 육류를 팔고 있던 이 가게의 상인 베누(Bennu) 씨는 이집트인이었다. 유리창에 붙어있는 할랄 마크에 관해 물어보니, 이슬람 국가에서 온 이주민들이 주변에 많이 살고 있어 할랄 식품을 팔고 있다고 설명해줬다.

할랄 마크가 붙어 있는 가게를 지나서 걷다 보니 아랍어로 쓰여 있는 향신료 판매 상점을 발견할 수 있었다. 이 가게의 상인인 셔칸(Serkan) 씨는 10년 전 터키에서 빈으로 이민온 후부터 빅토어 아들러 시장에서 장사를 해왔다고 했다. 그의 말에 따르면 1877년, 전 세계에서 온 다국적 이주민들이 생활필수품들을 사고 팔며 자연스레 이 시장이 생겨났다고 했다. 약 140년의 전통을 가진 시장이었던 것이다. 그는 이 시장의 상인과 소비자들이 대부분 시장을 둘러싸고 있는 주거지역에 살고 있어, 시장에 나와 서로 안부를 물으며 유대감을 형성한다고 말했다.

***할랄** 이슬람 율법에 따라 이슬람교도가 먹고 쓸 수 있도록 허용된 제품을 총칭하는 용어. 채소, 곡류 등의 식물성 음식과 어류 등의 해산물, 육류 중에선 닭고기와 소고기 등이 포함된다

향신료 판매 상점의 친절한 터키시 셔칸 씨와 함께 발랄한 한 컷

우리는 이곳을 둘러보며 시장이란 그저 동네 사람들이 내 집처럼 드나들 수 있는 거리낌 없는 편안한 공간이라는 것을 깨달을 수 있었다. 국내의 일부 전통시장들은 외국인을 위한 관광 상품은 많이 팔면서도, 다국적 이주민은 지역에 살고 있는 위한 생필품, 식재료는 거의 팔지 않는다. 빅토어 아들러 시장은 마치 마을회관처럼 사람들이 소통할 수 있는 장소로 자리매김하고 있었다. 한국의 전통시장도 같은 공간 안에 삶의 뿌리를 내리고 있는 사람들을 위한 곳으로 거듭나야 하지 않을까 하는 생각이 들었다.

🚩 지속적인 관리가 곧 진정한 시장이 되는 지름길

우리는 빈의 빅토어 아들러 시장을 관리하는 기관을 찾던 도중 인터넷에서 우연히 기사 하나를 발견하게 됐다. 그 기사 안에는 시장 관리 기관인 MA59(Marketservice & Lebensmittelsicherheit 59)의 오스트리아 전통시장 총괄 매니저인 알렉산더 헹글

오스트리아 전통시장 총괄 매니저인 알렉산더 씨와의 인터뷰를 무사히 마치고 싱글벙글한 시장하시죠?

아름다운 정원과 어우러진 오스트리아의 벨베데레 상궁

(Alexander Hengl) 씨가 마치 옆집 아저씨 같은 인자한 미소를 짓고 있었다. 우리는 곧바로 그에게 서문으로 인터뷰 요청을 했다. 그간 여러 기관에 섭외를 시도했으나 답변이 오지 않아 절망 속에 빠져 있던 터라 별 기대를 하지 않았지만, 이틀 후 인터뷰가 가능하다는 답변을 받을 수 있었다. 그렇게 탐방 2주 전 우리의 첫 인터뷰 약속이 성사됐다.

빈의 시가지에서 트램으로 한 시간가량 떨어진 곳에 있는 MA59는 빈 소속의 시장 관리 기관으로, 알렉산더 씨는 우리가 약속 시각보다 늦었음에도 뉴스 기사에서 봤던 늠름한 웃음을 지으며 반갑게 맞아줬다.

우리는 알렉산더 씨에게 각 시장은 어떻게 관리되고 있는지, 전통시장 활성화를 위해 어떤 특별한 프로그램들이 진행되고 있는지, 상품의 원산지와 신선도 검사는 어떻게 진행되는지, 낮은 질의 상품을 팔거나 손님에게 불친절한 태도를 보이는 상인은 어떻게 관리하는지 등을 들을 수 있었다. 그는 특히 불량 상인에게 내려지는 페널티에 대해 강조하며, 빈의 전통시장은 유럽연합의 관리 아래에 있고, 업무를 도외시하는 상인에게는 2년 이상의 징역 혹은 2,000만 원이하의 벌금을 부과한다고 했다.

우리는 잠시나마 '상인에게 내려지는 징벌이 너무 혹독한 것은 아닐까?' 하는 의문이 들었다. 하지만 소비자들의 신뢰를 얻어 시장으로의 재방문을 이끄는 요소 중에는 분명 상인의 접객 태도, 내부 규율을 준수하는 올바른 상인의 모습 같은 기본적인 것들이 포함된다. 그러므로 이를 지키지 않는 상인들에게는 적절한 벌칙이 부과돼야 현대 소비자들이 원하는, 시대에 걸맞은 시장의 모습을 갖출 수 있을 것으로 생각했다.

인터뷰를 마치고 우리는 LG글로벌챌린저 부채를 선물로 건넸다. 알렉산더 씨는 요즘 같은 날씨에 정말 필요했던 물건이라면서 고마워했고, 다음에는 겨울의 빈을 구경하러 와줬으면 좋겠다고 말했다.

⚑ 도시형 장인이 살아 숨 쉬는 시장, 파머스 마켓

프라하의 파머스 마켓은 도심 속 광활한 대로변에 자리 잡은 시장으로, 딱히 입구랄 것도 없이 중구난방으로 여러 개의 소규모 점포들이 늘어서 있는 오픈 마켓이다. 이곳에서 우리가 마주한 상인들은 그 어떤 시장에서도 볼 수 없었던 독특한 퍼포먼스를 하고 있었다. 그중에서도 가장 우리의 이목을 끌었던 것은 시장 중앙의 회색 돌바닥 위에 놓인 커다란 베틀이었다. 그 베틀로 한가로이 옷을 짜고 있던 상인 야쿠프(Jakub) 씨에게 우리는 인터뷰를 청했다.

시골에 있는 개인 공방에서 만든 옷가지를 시장으로 가져와 팔던 그는 여느 때처럼 완제된 상품들을 늘어놓던 중에 문득 프라하를 대표하는 시장 중 하나인 파머스 마켓이 고유의 색깔을 점차 잃어가는 것이 안타까웠다고 했다. 그리고 자신의 공방에 있는 베틀을 직접 시장으로 가져와 옷의 제작 과정을 사람들에게 그대로 보여주고 싶다는 생각을 하게 됐다고 말했다.

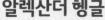

알렉산더 헹글

Marketservice & Lebensmittelsicherheit 59 /
Market General Manager

Q 빅토어 아들러 시장 내에서 진행되고 있는 커뮤니티 프로그램인
'스탠드129(Stand129)'에 대해 설명해주세요.

A '스탠드129'는 빈의 지원으로 시장 내의 한 건물에서 이루어지고 있는 129개의 '주민 주도 참여 예술 프로그램'입니다. 스탠드129의 표어인 'Art for Everyone(모두를 위한 예술)'은 반경 1km 내에 다국적 이민자가 많이 거주하고 있는 빅토어 아들러 시장의 특성을 내포하고 있습니다. 표어 그대로 나이를 불문하고 일반 거주민, 다국적 이주민은 물론 관광객 또한 무료로 참여할 수 있는 프로그램이죠. 다수의 프로그램 중 가장 인기 있는 프로그램은 지역 유명 셰프와 함께하는 '쿡 클래스'입니다. 초기에는 주로 주부와 같은 여성으로 한정됐던 모임이었으나 최근에는 요리가 단순히 여성의 가사노동이 아니라는 인식이 생겨나면서 남성의 참여가 증가하고 있습니다. 이렇게 스탠드129 프로그램은 시장 안으로 많은 참여자를 끌어들여 전통시장과 지역 주민, 지역사회가 상호 유기적 관계를 구축할 수 있는 징검다리 역할을 하고 있습니다.

Q 시장에 대한 소비자들의 인식을 긍정적으로 바꾸어 지속적인 방문을 유도할 방법으로는 어떤 것들이 있을까요?

A 시장에는 날마다 문을 닫을 때가 되면 판매하지 못한 식재료들이 대량으로 남게 됩니다. 이를 해결하기 위해 빅토어 아들러 시장은 유통업체 '위너 타펠(Wiener Tafel)'과 함께 식자재를 노숙자와 빈민 가정 등에 무료로 제공하는 협업을 하고 있습니다. 현재 5년간 지속 중인데, 이는 음식물 쓰레기로 인해 발생하는 여러 가지 환경문제를 해소하는 효과도 있습니다. 이렇듯 내부 자선사업을 통해 시장에 대한 이미지를 소비자들에게 긍정적으로 심어줄 수 있다면, 자연스럽게 사람들이 시장으로 다가오게 만들 수 있습니다.

좌) 체코 프라하 파머스 마켓의 베틀 짜는 상인과 베틀에 관해 이야기 나누는 현진 대원
우) 헝가리 부다페스트 중앙 시장에서 전통 샌드위치를 너무나 맛있게 잘 먹는 희영 대원

야쿠프 씨 옆에서 우리는 철물을 직접 망치로 두드려 철제 장식품을 만드는 대장장이 요세프(Josef) 씨도 만날 수 있었다. 요세프 씨는 불과 몇 달 전까지만 해도 점점 떨어지는 매출로 인해 많은 어려움을 겪던 중이었는데, 베틀 짜는 야쿠프 씨의 발상을 본보기로 삼아 대장간에 있던 제조 도구들을 시장으로 가져오게 됐다고 말했다. 그 이후로 가게를 찾아오는 사람들이 많아졌고, 현재는 매출 걱정 없이 즐겁게 일하고 있다고 이야기했다.

우리는 파머스 마켓의 상인들에게서 한 가지 공통점을 발견할 수 있었는데, 그것은 바로 현재에 안주하지 않고 더 나은 시장과 가게의 모습을 갖추기 위해 끊임없이 노력한다는 점이었다. 개성 없고 획일화된 점포들 사이에서 자신만의 색깔을 갖기 위해 노력하는 모습은 이 시대의 전통시장이 갖추어야 할 중요한 요소라는 생각이 들었다.

🚩 유럽에서 가장 아름다운 시장, 부다페스트의 중앙 시장

주황색 벽돌로 쌓아놓은 아파트 6층 높이의 외벽과 고풍스러운 지붕, 이 아름다운 외관만 봐서는 시장이라 믿기 힘든 곳이 있다. 그곳은 바로 부다페스트 중앙 시장(Central Market Hall)이다. 내부 역시 성당과 같은 웅장한 느낌을 주는 이 시장은 지하 1층과 지상 1, 2층으로 이루어져 있었다. 1층에는 과일, 고기, 와인과 같은 식료품점이 많았는데 가장 인상적이었던 점은 청과류를 반으로 갈라 진열함으로써 품질에 대해 남부럽지 않은 자신감을 드러내고 있는 모습이었다. 또한, 현지 특산물인 파프리카 가루와 토카이 와인을 다른 곳보다 싸게 팔고 있어 관광객들이 합리적인 가격에 좋은 상품들을 구매할 수 있었다.

2층에는 기념품 가게와 식당이 있었다. 식당에서는 현지 전통 음식을 판매하고 있었고, 맞은편에는 음식을 먹을 수 있는 테이블과 의자가 있었다. 식사하려는 관광객들이 꽉 차 있어 지나가기가 힘들 정도였고, 시장이라는 장소를 감안

웅장하고 근엄한 헝가리 부다페스트 중앙 시장 외부 전경

스마트폰 G7의 광각 기능으로만 촬영할 수 있는 부다페스트 중앙 시장 내부 전경

할 때 가격대가 비싸 1층과 달리 오로지 관광객만을 위한 공간이라는 느낌을 많이 받았다. 하지만 기념품을 사거나 현지 음식을 즐기려고 오는 사람에겐 충분히 매력적인 장소임이 틀림없었다.

지하 1층에서는 사슴고기, 어류, 피클처럼 고유의 냄새를 풍기는 품목들을 따로 분류해서 팔고 있었는데, 시장 내 악취 발생을 최소화하려는 노력이 돋보이는 부분이었다. 또 이곳에서는 양파와 피클에 웃는 모습을 새겨넣어 판매하는 특별한 가게도 발견할 수 있었다. 같은 상품일지라도 상인만의 개성이 가미돼 다른 곳과는 차별화된 가치를 빚어내고 있다는 점이 무척 인상적이었다.

🏳️ 일도 많고 탈도 많았던 탐방을 마치며

'지역민들이 먼저 아끼고 사랑하는 시장이란 과연 무엇일까?'라는 질문에 대한 해답을 찾아 떠났던 2주간의 탐방은 부다페스트를 마지막으로 끝을 내렸다. 우리는 탐방을 통해 현재 한국의 전통시장이 기본적으로 갖추어야 할 요소들, 그리고 변화를 통해 바뀌어야 할 것들을 알아낼 수 있었다. 탐방을 통해 보고 듣고 느낀 것들이 진정한 전통시장의 활성화를 끌어낼 수 있는 좋은 발판이 되리라 믿는다.

소중한 물건은 가랑이 말고 가방에 넣자!
쉽게 얻은 것은 항상 쉽게 사라진다. 도심에서 한 시간가량 떨어진 숙소를 향해 가던 매우 고요했던 트램. 창문 너머로 보이던 연분홍빛 해질녘 풍경. 첫 탐방지였던 독일 프랑크푸르트에서 모든 일정을 무사히 마친 마지막날 저녁은 그렇게 마무리되는가 싶었다. 피곤한 몸을 이끌고 트램에서 내려 터덜터덜 열 걸음도 채 걷지 않았을 때였던가, 팀장이 우리에게 외쳤다. "어, 야, 내 G7!" 탐방 내내 장난기가 심했던 양치기 소년이기에, 우리는 제발 거짓말이길 바랐다. 사건의 경위는 이랬다. 삼각대를 정리한답시고 가랑이 사이에 끼워 놓았던 휴대전화를 그대로 좌석에 두고 내린 것. 팀장의 그 세 마디는 숙소에서 해먹을 저녁 요리만 떠올리고 있던 우리 모두를 한여름의 눈사람으로 만들어버렸다. 오전 9시에 방문했던 시장 사진, 2시간 동안 촬영했던 탐방 콘텐츠, 그리고 기관 인터뷰 영상을 담은 우리의 G7님은 트램을 타고 가다 어디쯤에서 내렸을지 아직도 궁금하다.

"털끝만 한 실수도 찾아내는 꼼꼼 대마왕"

LG글로벌챌린저는 소원을 이뤄주는 '드래곤볼'을 모으기 위해 모험을 떠나는 손오공의 이야기 같았습니다. 팀의 구성부터 활동을 마무리하는 과정까지, 힘든 일이 많아 도전이 두려울 때도 있었지만, 팀원들만을 믿고 앞만 보고 달리다 보니 어느덧 그 끝에서 훌쩍 성장한 저를 발견할 수 있었습니다. 덕분에 어떤 두려움이 있더라도 도전할 수 있다는 자신감이 생겼습니다.

팀원 1. **배희영**

"귀에 쓴 게 몸에 달다. 잔소리 대마왕"

5개월 전 계획서를 쓰던 제가 현재 탐방 수기를 쓰고 있다는 것이 아직도 믿기지 않습니다. 계획서부터 탐방, 여러 가지 미션들 그리고 보고서까지, 이 모든 것을 해낼 수 있었던 이유는 바로 여기까지 같이 와준 팀원들 덕분이라고 생각합니다. 5개월이 스무 번도 넘게 지나는 50년 후에도 저는 LG글로벌챌린저를 기억하고 있을 것입니다.

팀원 2. **소현진**

"묵묵히 맡은 바 임무를 다하는 성실 대마왕"

해외에서 탐방하며 '세계는 참 넓다'라는 평범한 진리를 온몸으로 제대로 느끼고 왔습니다. 어떤 기억이든 시간이 지나면 희미해지기 마련입니다. 하지만 LG글로벌챌린저를 하면서 겪은 경험들은 평생에 걸쳐 도움이 될 자양분이 되리라 믿어 의심치 않습니다.

팀원 3. **이원강**

"팀의 지휘자, 마에스트로 정"

'세상은 도전하고 볼 일이다.' 이번 LG글로벌챌린저의 슬로건입니다. 이 글귀를 보고 '까짓거, 한번 부딪쳐보자'라는 마음으로 써내려갔던 파워 포인트 화면이 이제는 수기 작성 칸으로 바뀌어 있습니다. 슬로건 그대로, LG글로벌챌린저 활동은 순간순간이 도전의 연속이었습니다. 포기하지 않고 최선을 다한다면, 경험과 배움이라는 값진 과실로 돌아올 것이라 확신합니다.

팀원 4. **정여원**

준비하고 또 준비하라

1. 탐방은 짧고 할 일은 많다

팀을 모집할 때 대부분 사람이 다음의 두 가지 선택지 사이에서 고민할 것이다. '친한 친구들을 모아서 하는 것'과 '영역별 담당 인원을 모으는 것'. 다른 활동들은 몰라도 LG글로벌챌린저만큼은 디자인, 영상, 기획 등 각 영역을 맡을 팀원을 모으는 것을 추천한다. 그 이유는 LG글로벌챌린저는 연초부터 말까지 이어지는, 굉장히 호흡이 긴 활동이기 때문이다. 시작 전에는 해외 탐방 활동이니만큼 친한 친구들을 모아야 재밌을 것 같다고 생각할지도 모른다. 하지만 디자인이나 영상 편집 등 단기간에 배우기 어려운 문제들에 허덕이다 보면, 그제야 '아… ○○ 담당 인원 한 명 뽑을걸'이라는 생각이 간절해질 것이다. 본인이 일당백이라도 전문적인 분야는 담당 인원을 따로 찾아서 진행하길 권한다.

2. 면접 질문 대비는 다양한 시각에서

예비 탐방대원으로서 해당 주제에 대한 높은 이해도는 물론 필수다. 하지만 지나치게 팀의 주제에 매몰되면 제3자가 어떻게 바라보는지를 간과하게 될 위험이 크다. 그러므로 예상 답안을 준비할 때는 얽혀있는 이해 관계자, 현장 전문가 등 다양한 입장의 시각에서 문제를 바라보도록 하자. 우리 팀의 경우 젠트리피케이션과 관련한 외국의 사례들을 미리 숙지하고 갔는데, 관련 질문을 물어봐서 어설프게나마 대답을 할 수 있었던 기억이 난다.

145

SW 교육의 새로운 방향, Maker Education

팀명(학교) Makers (국민대학교)
팀원 문지현, 박성연, 오현주, 이승현
기간 2018년 7월 25일~2018년 8월 7일
장소 미국
  피츠버그 (비영리단체 어셈블 Assemble)
  피츠버그 (피츠버그 어린이 박물관 Children's Museum Pittsburgh)
  디트로이트 (메이커 페어 디트로이트 Maker Faire Detroit)
  샌프란시스코 (메이커 에드 Maker Ed)
  샌프란시스코 (익스플로레타리움 박물관 Exploratorium Museum)
  샌프란시스코 (힐브루크 학교 Hillbrook School)
  샌프란시스코 (메이커 스페이스 콘퍼런스 ISAM,
  International Symposium on Academic Makerspaces)
  로스앤젤레스 (팹런 FabLearn Digital Fabrication in Education)

할리우드 간판 잘 보이죠? 고립될 줄 상상도 못 한 채
레이크 할리우드 공원에서 신나게 찍은 점프 샷!

우리나라 정규 교육과정에 도입 중인 SW 교육*에 문제의식을 느끼게 된 시점은 신입생 시절로 거슬러 올라간다. 2015년부터 학교에서는 새로 입학한 1학년을 대상으로 '컴퓨터 프로그래밍' 강의를 필수 교양과목으로 지정해 수업을 진행했다. 이는 4차 산업혁명에 걸맞은 컴퓨팅적 사고 능력 및 창의력 향상을 목적으로 진행된 수업이었지만, 강의를 수강한 한 학기 동안 소프트웨어 교육에 대한 이해와 능력 향상에는 큰 도움이 되지 못했다. 여타 다른 교육과 다름없이 그저 프로그래밍 언어를 암기해야 하는 주입식 교육이었기 때문이다.

우리는 '올해부터 초중등학교에도 시행하고 있는 SW 교육도 마찬가지 않을까?' 하는 의문이 들었고, 암기 위주의 주입식 교육이 초중등교육에서도 나타나고 있음을 알게 됐다. 그리고 이 문제를 해결하는 방안으로는 무엇이 있을까 고민하던 중, 교육 관련 해외 동향 사이트를 찾다 '메이커 교육(Maker Education)*'을 알게 됐다. 메이커 교육과 관련된 수많은 자료와 해외 전문가들의 인터뷰를 통해 우리는 점차 메이커 교육이 우리나라의 SW 교육 문제에 대한 해결책을 제시해줄 수 있을 것 같다는 생각이 들었다. 그래서 우리는 SW 교육과 메이커 교육이 잘 융합된 사례를 직접 보고 듣고 체험해보기 위해 이 교육의 출발지인 미국을 선정해 탐방에 나섰다.

***SW 교육** 창의적 아이디어를 SW(소프트웨어)로 구현하는 사고력 교육이며, 2018년부터 본격적으로 학교 정규 교육과정에 의무화되기 시작했다
***메이커 교육** 학습자 중심 교육으로 자신의 아이디어를 직접 실현하기 위해 여러 도구와 장비들을 활용해 스스로 창작물을 제작하며 과정 속 즐거움을 배울 수 있는 교육을 의미한다

🚩 다양한 사람이 다양한 방법으로 즐기는 메이커 교육의 장

피츠버그 첫 번째 탐방 기관인 어셈블(Assemble)은 비영리기관으로, 다양한 연령대의 학습자들이 스스로 능동적인 학습이 가능하도록 프로그램을 진행하는 곳이다. 특히 SW 교육에서 필수적인 정보 윤리 및 안전 교육을 단순히 이론으로만 설명하는 것이 아닌, SW 도구와 교구를 이용한 스토리텔링 형태로 가르치고 있다. 예컨대 안전 교육이 필요한 상황을 제시하면 스크래치*를 이용해 위험한 도구들을 설명하는 캐릭터와 스토리를 만들어 표현하게 된다. 허밍 버드*와 메이키 메이키*와 같은 교구를 활용하면 표현하고자 하는 대상과 움직임을 실물로 볼 수 있다. 상황을 선정하고, 창의성을 발휘하며, 협동을 통해 실행 방안을 제시하는 것은 프로젝트 중심 교육(PBL, Project Based Learning)* 방식을 차용했다고 할 수 있다.

이후 우리는 피츠버그 어린이 박물관(Children's Museum Pittsburgh)에서 레베카 그래브맨(Rebecca Grabman) 씨를 만났다. 그는 빨간색 티셔츠를 입고 있는 우리는 먼저 알아보고 다가와 미소로 환영해줬다. 피츠버그 어린이 박물관은 피츠버그에서 메타 허브*역할을 하는 기관으로 다양한 교육기관 및 학교 간의 원활한 상호작용을 위한 커뮤니티 형성을 맡고 있었다. 또한, 교사들의 메이커 교육 연수 워크숍도 4박 5일에 걸쳐 실시하고 있다고 했다. 박물관이 중심축이 돼 교육 커뮤니티 형성에 이바지하는 모습이 참 놀라웠다.

***스크래치** MIT 미디어 연구소에서 개발한 교육용 프로그래밍 언어다. 스크립트를 블록 맞추듯 연결하며 코딩할 수 있어, 프로그래밍 언어에 익숙하지 않은 학생이라도 쉽게 활용할 수 있다
***허밍 버드** 카네기 멜런 대학 크리에이트 랩(CREATE Lab)에서 제작한 예술, 로봇공학, 공예 등이 결합한 메이커 활동형 코딩 키드를 뜻한다
***메이키 메이키** 사물을 키보드 또는 마우스와 같은 역할로 전환할 수 있는 작은 회로 보드를 뜻한다
***PBL** 프로젝트 기반 학습(Project Based Learning)의 약자. 문제 해결 학습의 일종으로, 팀을 구성해 문제 발견, 대안 제시, 정책 실행, 결과 분석 등의 단계를 통해 문제 해결 능력을 향상하는 학습 방법이다
***메타 허브** 해당 지역에 있는 상위 교육기관으로서 학생들을 지속해서 지원해 교실 내에서 메이커 교육이 원활하게 시행되는 것을 목표로 하고 있으며, 여러 교육기관이 상호작용할 수 있는 장을 만드는 일을 총괄한다

어셈블에서 첫 인터뷰를 성공적으로 마치고 인터뷰이들과 함께 기쁜 마음으로 기념 촬영

🚩 비전문가도 쉽게 참여할 수 있는 디트로이트 메이커 페어

마침 메이커 페어 디트로이트(Maker Faire Detroit)가 열려 방문했다. 메이커 페어란 메이커들이 일정 기간 한자리에 모여 만든 것을 보여주고 설명하는 메이커들의 축제다. 우리나라 메이커 페어가 전시 위주라면, 디트로이트의 메이커 페어는 직접 참여해볼 수 있는 부스가 많았다. 우리는 다양한 볼거리와 체험 거리에 반해 시간 가는 줄 모르고 페어 전체를 둘러봤다.

특히 SW와 메이커가 융합된 부스 체험이 색달랐다. 3D 프린터로 확률 보드를 만든 사례를 볼 수 있었고, 유니티(Unity)라는 비전문가도 게임을 제작할 수 있는 프로그램으로 만든 다운 더 드레인(Down the Drain) 게임도 체험할 수 있었다. 참여자들이 체험을 놀이처럼 즐기는 모습이 인상 깊었고, 이러한 경험들이 학습자들에게 SW 교육에 대한 흥미와 동기를 유발하는 좋은 계기가 될 수 있다는 점을 깨닫게 됐다. 또 참가자들의 메이킹 사례를 함께 공유하고, SW 교육과 메이커 교육이 융합된 다양한 사례를 접할 수 있어서 뜻깊은 경험이었다.

메이커의 중심지인 메이커 에드에서의 기념 촬영

GC 메이커의 중심지, 메이커 에드

메이커 에드(Maker Ed)는 SW 및 메이커 교육을 진행하는 교사들의 연수 과정을 지원하는 곳인데, 미국 메이커 교육 분야의 핵심 기관이라고 알려져 있다. 우리는 부푼 기대를 안고 메이커 에드의 전무이사로 근무하고 있는 카일 콘포스(Kyle Cornforth) 씨를 만났다. 카일 씨는 메이커 에드는 SW 및 메이커 교육뿐만 아니라 메이커 활동이 중심이 되는 프로젝트를 여러 교육기관에서 운영할 수 있도록 메이커 장비 사용 교육 프로그램 및 학생 성향 이해를 고양하는 프로그램들을 제공해주고 있다고 설명했다. 또한, 다른 교사들과 협업하는 과정을 통해 새로운 교수법(Teaching Skill)을 교환할 수 있는 시간도 마련하고 있다고 했다. 이러한 과정을 통해 교사 스스로가 참신한 프로젝트를 구상할 수 있는 시간이 주어진다는 점에서 연수를 통해 교사들은 더욱 메이커 교육을 깊이 이해하게 된다

소프트웨어 교육과 메이커 교육 융합의 실사판이었던 힐부르크 학교

는 이야기도 덧붙였다.

카일 씨를 통해 평가 방식인 오픈 포트폴리오*에 대해서도 알게 됐다. 오픈 포트폴리오가 학생 개인에게는 자신의 결과물과 작업 과정을 돌아볼 기회를 제공하고, 평가자에게는 다각적인 평가 방식을 제공해 학생을 더 깊게 이해할 수 있는 긍정적인 효과를 불러온다는 것이었다. SW와 메이커가 융합된 수업을 진행할 때 평가 방식은 어떻게 시행하는 것이 좋을지 고민이었는데, 메이커 에드에서 추천해준 오픈 포트폴리오는 융합 수업의 취지에 맞을 뿐만 아니라 평가자와 학습자가 상호 정보를 교류할 수 있는 효과적인 평가 방식이라는 생각이 들었다.

*오픈 포트폴리오 등급제 평가가 반영하지 못하는 학생들 개개인의 능력, 관심사 등을 효과적으로 보여주는 평가 방식

카일 콘포스
Maker Ed / Executive Director

Q 메이커 교육은 학생들에게 어떤 영향을 미치나요?

A 저는 학생들이 메이커 교육을 융합시킨 수업을 들을 때 비로소 배우는 지식을 완벽히 이해한다고 봅니다. 예를 들어, 과학 수업 시간에 학생들은 자신의 인식 범위를 벗어나는 내용을 쉽게 받아들이지 못합니다. 그때 교사들이 실험이나 체험을 바탕으로 한 프로젝트 중심의 수업을 운영한다면, 학생들은 피상적인 내용을 가시적으로 확인하는 시간을 가질 수 있고 더 깊이 있는 지식을 습득할 수 있게 됩니다.

Q 메이커 교육을 받는 학생들의 수혜 범위는 어디까지라고 생각하시나요?

A 한국에서는 동아리 차원에서 소수 학생을 대상으로 메이커 교육을 시행하고 있다고 하는데, 저는 메이커 교육은 모든 학생이 혜택을 받을 수 있게끔 정규 교육과정에 도입되거나 다른 과목과 융합돼야 한다고 생각합니다. 그리고 만약 정보 혹은 기술 교과와 메이커 교육이 융합된다면 메이커 교육의 효과가 더 확대될 수 있다고 봅니다.

⛳ SW 교육과 메이커 교육 융합의 실사판, 힐브루크 학교

힐브루크 학교에서 사용하는 메이커 교구들

힐브루크 학교(Hillbrook School)는 SW 교육과 메이커 교육을 융합한 대표적인 학교로, 우리가 원하는 이상적인 모습을 눈으로 볼 수 있다는 생각에 설레는 마음을 감출 수 없었다. 교육의 실제 현장인 학교에 탐방을 가는 만큼 인터뷰 준비에 제일 많은 시간을 투자했다. 만나 뵙게 된 일사 도먼(Ilsa Dohmen) 선생님께서는 약 두 시간에 걸쳐, 힐브루크 학교만의 자랑거리와 장점들을 자세하게 설명해주셨다. 실제 현장에서 자유로운 배치의 교실 모습과 다양한 메이커 교구 등을 접하면서 신세계를 보는 느낌이었다. 우리가 생각하는 학교의 모습과 달리 힐부르크 학교는 학생이 의자를 이동해 자유자재로 움직일 수 있는 구조였다. 학습자의 능동성을 중시하는 환경만 봐도 '학생들이 교실의 주인이 돼야 한다'는 힐브루크 학교만의 원칙을 알 수 있었다.

힐브루크 학교에서는 실생활에서 문제를 찾아 이를 직접 해결하는 방식의 프로젝트를 진행하며 학생 스스로 문제를 탐색하고 해결 방법을 탐구할 수 있도록 한다고 했다. 평가 또한 결과물의 완성도보다는 학생이 얼마나 수업 목표에 근접한 성과를 냈는지에 초점을 맞춰 진행한다는 일사 선생님의 말씀을 듣고, 메이커 교육은 학생들이 스스로 실패를 두려워하지 않고 온전히 학습 과정에서 진정으로 배울 수 있도록 하는 견인차 역할을 한다고 생각했다. 예상보다 길어진 인터뷰였지만, 색다른 학교와 우리가 생각한 융합 수업의 이상적인 모습을 볼 수 있는 알찬 시간이었다.

위) 녹음이 푸르렀던 힐브루크 학교의 전경
아래) 일사 선생님의 열띤 설명을 열심히 듣고 있는 Makers 팀원들

군중 속의 고독, 할리우드에서 생긴 일

7시간 동안 수면 버스를 타고 겨우 샌프란시스코에서 로스앤젤레스에 도착한 우리 팀은 아침 일찍 인터뷰를 마치고 할리우드 거리로 향했다. 더운 날씨였지만 할리우드 푸른 들판을 배경으로 재밌게 사진 촬영을 마치고, 다음 장소 이동을 위해 우버를 부르려고 휴대전화를 본 순간 '서비스 안 됨' 문구가 보였다. 우버 외에 버스로는 이동할 수 없는 장소였기에, 데이터를 잡기 위해 한 시간 이상을 헤매면서 고독을 느낀 우리 팀원들은 여기에 이대로 고립될까 봐 몹시 두려웠다. 그때 한 팀원의 휴대폰에서 실낱같은 네트워크 1개가 잡히기 시작했다. 정말 간절한 마음으로 우버 앱에 들어가서 택시를 신청했고, 다행히 바로 옆을 지나던 우버를 탈 수 있었다. 데이터를 잡지 못했다면 지나가던 미국인을 붙잡고 도움을 요청하거나, 한국인을 찾아 할리우드를 헤매야 했을 것이다.

"톡톡 튀는 막내, 발로 뛰는 서포터"

팀원 1. **문지현**

이렇게까지 스스로 하고 싶어서, 재밌어서 모든 몰입과 노력을 쏟았던 프로젝트는 없었던 것 같습니다. 지치고 힘든 순간에는 최종 합격했을 때의 초심을 생각하며, 팀워크와 열정만으로 이겨냈습니다. 팀원들과 머리를 맞대며 회의를 거듭할수록, 우리가 탐방 주제의 전문가가 되는 기분은 정말 짜릿했습니다. 이번 경험을 통해 잘할 수 있는 것을 발견할 수 있었습니다.

"글로벌의 힘, 베스트 커뮤니케이터"

팀원 2. **박성연**

작년 핀란드에 교환학생으로 가서 관심사와 적성에 관해 탐구하는 시간을 가졌습니다. 그리고 이번 활동을 통해서는 선정 주제에 관련된 깊은 지식도 얻고,어떤 분야에 관심을 가질 때 가장 즐거운지 살피며, 구체적인 진로도 설계해볼 수 있는 시간을 가졌습니다. 훌륭한 저희 팀원들과 함께 뜻깊은 프로젝트를 진행했다는 것을 영원히 잊지 못할 것 같습니다.

"총괄은 나의 몫, 누가 봐도 리더"

팀원 3. **오현주**

LG글로벌챌린저는 '내가 품었던 열정에 대해, 우리가 가졌던 목표에 대해 되새길수록 자랑스러운 활동'이라고 생각합니다. 흔쾌히 인터뷰를 승낙해준 국내외 기관들, 탐방을 지지해준 가족, 친구, 선생님, 모두 감사합니다. 특히 각자의 역할에서 최선을 다해준 팀원들 덕분에 힘을 내서 달려올 수 있었습니다. 앞으로 더 나은 교육을 위해 더 노력하는 사람이 되겠습니다.

"보고서에 예술혼을 담다, 브레인 디자이너"

팀원 4. **이승현**

한 주제를 이렇게까지 깊게 연구해본 적이 없었습니다. 하지만 LG글로벌챌린저를 통해 해외 탐방을 하면서 'SW 교육의 새로운 방향, Maker Education'이라는 우리가 정한 주제처럼 LG글로벌챌린저 탐방 과정 동안 스스로가 성장한다는 느낌을 받았습니다. 자신감도 생기게 돼 인생의 전환점이 된 1년이었습니다.

간절함은 통한다

1. 끝까지 물고 늘어져라

탐방을 위해서 제일 핵심적인 일이라고 할 수 있는 기관 컨택! 답변이 애매모호 하거나 확정되지 않은 기관에는 단순히 메일 연락뿐만 아니라 '왓츠콜(Whatscall)'이라는 국제 전화 앱을 활용해 직접 새벽 시간에 전화를 걸어 확답을 얻어냈다. 우리의 간절함과 진심이 전문가들에게 닿을 수 있어 다행이었다. 기관 컨택 시에는 포기하지 않고 끊임없이 그러나 정중하게 연락을 요청하는 것이 중요하다. 또한, 사전 조사를 진행한 국내 탐방 자료를 해외 탐방을 떠나기 전 어느 정도 정리를 마치고 갈 것을 추천한다. 그때그때 최종보고서에 들어갈 내용을 정리해두는 것이 더 생생한 탐방기를 남기는 방법이다.

2. 최고의 팀워크는 최고의 팀원에서부터

LG글로벌챌린저는 장기 프로젝트인 만큼 팀워크가 거의 반이다. 팀 구성을 시작할 때 무작위로 구성하기보다는 영어, 프레젠테이션, 자료수집 등 각자의 포지션이 명확한 멤버들이 모이면 탐방이 수월해진다. 그리고 성향이 어느 정도 비슷한 팀원들끼리 모이는 것이 좋다. 우리 팀은 회의 시간에 늦지 않기, 각자 맡은 부분 기한 맞춰서 해오기 등 우리 팀만의 '작은 약속'을 만들었다. 탐방 보고서를 작성하다 보니 약속이 지켜지지 않을 때도 있고, 의견 충돌이 있는 때도 있었지만, 화를 내기보다 진솔하게 이유를 묻고 격려해주는 등 부드럽게 풀어내며 위기를 극복했다. 긴 프로젝트 과정에는 나보다는 팀원을 먼저 생각하고 배려하는 마음이 중요한 것 같다.

과학 상점: 누구나 과학기술의
주인이 되는 세상을 꿈꾸다

팀명(학교) 슬기로운 대학생활 (서울과학기술대학교)
팀원 김민준, 김지혜, 신지민, 원종빈
기간 2018년 8월 2일~2018년 8월 15일
장소 스위스, 독일, 네덜란드, 아일랜드
베른 (스위스 국립 과학 재단 SNSF, Swiss National Science Foundation)
본 (리빙 놀리지 네트워크 LKN, Living Knowledge Network)
바헤닝언 (바헤닝언 대학 과학 상점 Wageningen University Research and Science shop)
암스테르담 (암스테르담 아테나 과학 상점 Amsterdam Athena Science Shop)
더블린 (캠퍼스 인게이지 Campus Engage)

스위스 리기산 정상을 누리다!

대한민국은 눈부신 경제성장과 함께 과학기술에서도 놀라운 발전을 이뤄냈다. 세계에서 가장 빠른 인터넷 속도와 시장을 선도하는 IT 기술은 기업과 사회 경제 발전에 크게 기여했다. 하지만 우리의 과학기술은 새로운 기술 개발을 통한 경제적 가치를 창출하는 데에만 초점이 맞춰져 있다. 시민들에게 과학기술이란 '특정 기술에 대한 지식을 소유하고 있는 전문가만의 영역'이라는 인식이 높다. 공학도인 우리는 과학기술의 경제적 가치 외에도 사회적 문제와 제도를 개선할 수 있는 '사회적 가치'로서의 기능을 알릴 방법을 고민했다. 즉 과학기술의 의미를 우리 일상의 문제를 해결해줄 수 있는 친근한 학문의 영역으로 확장하고 싶었다. 해결점을 모색하던 중 우리는 과학 상점을 알게 됐다. 과학 상점은 시민들로부터 지역사회의 크고 작은 문제를 의뢰받아 대학생, 연구자, 시민이 함께 과학적으로 문제를 해결해나가는 플랫폼으로, 다양한 행사와 교육을 통해 과학기술과 시민을 이어주는 가교 역할을 한다. 과학기술의 사회적 기능의 확대와 시민들의 인식 개선을 목표로 삼은 우리는 과학 상점을 통해 실제로 소음공해, 도시 녹지 개발 등 사회적 문제를 해결해온 유럽으로 떠났다.

과학과 사람에게 투자하는 스위스

스위스는 과학기술과 시민의 거리감을 좁히는 것을 중요한 과제로 삼아, 시민들이 과학을 친근하게 느낄 수 있도록 다양한 교육 프로그램을 기획하고 있다. 우리는 왜 국가적으로 이러한 지원을 하는지 알기 위해 스위스 국립 과학 재단(SNSF, Swiss National Science Foundation)에 방문했다. 스위스 국립 과학 재단의 책임자인 샤를 로뒤(Charles Roduit) 씨는 '스위스의 과학 수준을 끌어올리는 것이 이곳의 중요한 목표로 이를 위해서는 어린아이부터 성인까지 과학기술에 대한 친밀감을 느끼고, 또 과학기술이 우리 사회에 얼마나 다양한 방면으로 이용될 수 있는지 교육하는 것이 중요하다'며 그 목표를 달성하기 위해 어떤 노력을 기울이고 있는지 설명했다. 그중 하나로 '아고라 프로젝트(Agora Project)'가 있다. 과학기술을 이용해 환경, 건강, 교육과 관련된 문제를 해결하는 다양한 주제의 프로젝트를 진행하고 그 결과와 성과를 정리해 보고하는 것이다. 대표적인 예로 아이들을 대상으로 로봇 체험 행사를 열어, 로봇 기술과 아이들과 친밀도를 높여주기도 했다. 샤를 씨는 아고라 프로젝트는 국가의 재정 및 인력 지원을 받아 이루어진다고 설명했다. 천연자원이 부족한 스위스에서는 국가 경쟁력을 갖추고 스위스를 더 살기 좋은 나라로 만들기 위해 높은 과학기술 수준이 확보돼야 하기에 정부 차원의 지원이 특히 활발하게 이루어져야 한다고 강조했다. 과학기술의 발전은 천연자원처럼 지리적 특성에 구애받지 않고, 인재 교육과 연구를 통해 이루어질 수 있기 때문이다. 스위스 국립 과학 재단은 그들의 철학을 많은 국민과 공유하고 시민의식을 육성하기 위해 장기적인 관점에서 노력하고

좌) 스위스 국립 과학 재단의 아고라 프로젝트 포스터를 감상하다
우) 스위스 방문 후 독일로 떠나는 열차에서 '과학 상점'을 생각하다

아름다운 스위스 인터라켄의 경치

있었다. 2시간에 걸친 열정적인 인터뷰로 팀원들의 마음을 살찌워준 인터뷰를 끝마치고, 우리 팀은 기차를 타고 독일로 이동했다.

 과학 상점 활동을 공유하고 다른 유럽 국가와 연대하는 독일

독일은 실용성 중심의 기술 강국이라는 이미지가 떠오른다. 독일로 향하는 기차에 몸을 실었을 때, 실용성이 우선되는 무미건조한 모양의 집과 건물들을 생각했다. 그러나 생각보다 예쁘고 아기자기한 집들이 줄지어 서 있었고, 저녁노을이 드리운 공원에 나와 삼삼오오 모여 이야기를 나누는 사람들의 모습은 포

리빙 놀리지 네트워크 담당자 노버트 씨와 점심

근하고 여유로워 보였다.

본에 있는 리빙 놀리지 네트워크(LKN, Living Knowledge Network)에는 과학 상점과 관련된 다양한 기관들이 연대돼 있다. 과학 상점은 대학생, 연구자, 시민이 함께 지역사회의 문제와 해결 방법을 고민하고, 과학적인 방법을 통해 접근하는 기구다. 연구에 참여할 사람과 자원을 확보하기 위해 독일의 본 대학교(Bonn University)를 비롯한 많은 대학이 소속돼 함께 연구를 진행하고 있다. 이곳의 책임자인 노버트 스테인하우스(Nobert Steinhaus) 씨는 '과학 상점은 실험실 안에서 어렵고 전문적인 지식이 필요한 연구를 진행하는 것이 아니라, 과학기술의 수혜자가 될 시민들과 함께 의논하며 연구를 진행한다는 점에서 의미를 갖는다'면서 '수직적인 형태가 아닌, 시민이 먼저 과학 상점을 방문해 지역사회의 문제를 의뢰하고 이야기 나눌 수 있는 형태여야 한다'고 강조했다.

그의 이야기를 계기로 우리는 '대학 기반의 과학 상점을 한국에 도입해, 전국의 대학 과학 상점 네트워크를 구축한다'는 청사진을 그려보게 됐다. 과학 상점이 젊은 에너지를 가진 전국의 대학생들을 중심으로 운영될 수 있고, 전국 단위의 네트워크를 통하면 더 끈끈하고 지속적인 운영이 이루어질 수 있겠다는 가능성을 봤다. 그리고 전 세계 60여 개의 과학 상점과 네트워크를 형성해 매년 콘퍼런스를 개최할 정도로 활발하게 교류하는 리빙 놀리지 네트워크를 롤 모델로 삼아서, 다른 대학의 학생들에게 과학 상점 프로젝트를 소개하고, 함께 참여할 학생들을 모집하면서 국내 네트워크를 구축해나가야겠다고 생각했다.

과학 상점은 리빙 놀리지 네트워크에서 발간하는 뉴스레터에도 소개가 된 프로젝트다. 이 뉴스레터는 전 유럽의 회원 기관을 대상으로 발간되는 것으로, 과학 상점에 전 유럽이 관심을 두고 있다는 것을 방증한다. 우리 팀은 막중한 책임감을 느꼈고, 연구 의지를 더 다지게 되었다.

🚩 유구한 역사를 자랑하는 과학 상점의 출발은 네덜란드에서

'어떻게 하면 과학기술을 시민과 가까운 방향으로 사용할 수 있을까?'에 대해 고민하던 우리 팀에게 한 줄기 빛이 돼준 곳은 네덜란드의 바헤닝언 과학 상점(Wageningen University and Research Science Shop)이었다. 암스테르담의 도시개발과 녹지 보존을 둘러싼 경제적 손익을 과학적으로 계산해 문제를 해결하는데 지대한 도움을 준 이곳은 '시민을 위한 과학기술'이라는 철학을 추구하는 곳이다. 우리는 인터넷 취재를 통해 바헤닝언 과학 상점을 접하게 됐다. 이곳의 책임자인 레네케 파이퍼(Leneke Pfieffer) 씨는 지난 3월 진행된 온라인 화상 인터뷰를 통해 한 시간에 걸쳐 과학 상점의 역사, 장점, 의의를 소개해줬다.

바헤닝언 과학 상점의 책임자를 맡고 있는 레네케 씨는 바헤닝언 대학교의 프로젝트를 총괄하고 있다. 레네케 씨는 과학 상점은 바헤닝언의 시민들이 자

아테나 과학 상점 담당자인 플로어 씨와 함께

유럽게 방문해 문제를 의뢰하면, 문제의 타당성과 해결 가능성을 검토해 프로
젝트에 참여할 대학생과 연구자를 모집한 뒤, 시민들과의 지속적인 소통을 바
탕으로 문제를 해결해나가는 메커니즘이라고 설명했다. 또한, 바헤닝언 대학교
로부터 정기적으로 배정받는 예산과 인력 규모를 설명해주면서 해마다 지원이
어떻게 유지되는지도 소개해줬다. 레네케 씨는 "지속적인 지원을 바탕으로 지
역의 잉여 식량 배분 문제, 암스테르담 도시개발과 녹지 보존 문제를 해결해온
바헤닝언 과학 상점은 바헤닝언 대학교의 DNA와 같다"라는 표현으로 팀원들
의 심금을 울렸다.

네덜란드 암스테르담 대학교의 아테나 과학 상점(Amsterdam Athena Science
Shop)에서는 과학 상점 운영의 현실적인 부분들을 배울 수 있었다. 아테나 과학
상점의 코디네이터를 맡은 플로어 보겔스(Floor Vogels) 씨는 초기에 과학 상점
에 참가할 학생을 모으는 것과 학교로부터 예산을 지원받는 데 어려움을 겪었
다고 했다. 그러나 그는 '시민을 위한 과학기술'이라는 큰 목표 때문에 처음부
터 거대한 프로젝트를 제안하는 대신, 학생이 참여하고 해결할 수 있는 작은 프

네덜란드 바헤닝언 대학의 아틀라스관

로젝트를 진행해 성과를 냈고, 학교에 어필해 과학 상점의 효용가치를 인정받으면서 공식 기구로 인정받을 수 있었다고 말했다. 플로어 씨는 "솔직하게 털어놓자면, 과학 상점 초창기에는 대학생 4명이 사무실을 지키고, 찾아오는 사람은 없고, 각자 학업도 바쁜 상황이어서 과학 상점을 계속 이어나갈 수 있을지 걱정이 됐다"고 고백하며 "여러분들이 처음으로 시작할 프로젝트의 성공 가능성을 신중하게 판단해야 한다"고 조언했다. 플로어 씨가 들려준 과학 상점 초창기의 어려움은 어떤 프로젝트를 진행해야 과학 상점이라는 존재를 알릴 수 있고, 또 지속성을 어필할 수 있을지 고민하는 우리 팀의 모습과 닮아 동질감을 느낄 수 있었다.

레네케 파이퍼

Wageningen University and Research Science Shop / Coordinator

Q 바헤닝언 과학 상점의 궁극적인 목표는 무엇인가요?

A 바헤닝언 과학 상점은 학생들이 단지 과학 실험 보고서만 작성하는 것이 아니라 사회문제에 대한 해결책을 함께 고민할 수 있기를 바랍니다. 그 수준이 학문적으로 높지 않다고 하더라도 그 문제에 대한 인식을 갖고 직접 프로젝트에 참여하는 것만으로도 충분하죠. 상당수 과학자는 큰 그림을 보지 못하고 실험실에 갇혀 있는 경향이 있습니다. 저는 과학자와 시민, 사회가 연결돼야 한다고 생각했고, 과학 상점을 통해 좁은 실험실에서 벗어나 사회적 참여를 함으로써 과학 상점이 추구하는 목표를 이룰 수 있다고 생각합니다.

Q 과학 상점이 필요한 이유는 무엇이라고 생각하나요?

A 학생들이 전공 지식뿐만 아니라 자신이 사회의 일원으로서 어떻게 기여할 수 있는지를 직접 체험할 수 있습니다. 이 지역의 시민들은 과학 상점의 힘을 빌려 크고 작은 지역사회의 문제들을 해결해나가고 있습니다. 시민들이 내는 세금으로 운영되고 있는 대학에서는 과학 상점이라는 프로젝트를 통해 지역사회의 문제점을 해결하고, 인재 배출에 기여할 수 있습니다.

Q 과학 상점 프로젝트는 어떻게 진행되나요?

A 시민이나 단체가 과학 상점에 문제를 의뢰하면, 필요한 지식을 검토한 뒤 과학 상점이 해결할 수 있는지를 판단하고 진행 계획을 세웁니다. 이 과정에서 의뢰자들과 충분히 상의하면서 문제를 구체화하고, 프로젝트와 관련된 위원회를 구성해 학생들과 연구자들이 함께 연구한 내용을 보고서로 작성합니다. 보통 1년 정도 진행합니다. 보고서는 누구나 이해하고 읽을 수 있도록 쉽게 쓰도록 독려하고 있습니다. 인터넷이나 책자를 통해 연구 결과를 발표하기도 하며, 이 자료는 정부에 정책 반영을 주장할 때 굉장히 유용하게 쓰입니다.

🚩 캠퍼스와 연대를 통해 과학 상점을 운영하다

아일랜드의 캠퍼스 인게이지(Campus Engage)에서 진행한 인터뷰에서 과학 상점을 운영하는데 실질적인 조직 구성과 운영, 가치 창출에 대한 통찰력 있는 정보를 알 수 있었다. 디렉터인 케이트 모리스(Kate Morris) 씨는 캠퍼스 인게이지의 조직도와 교육철학, 그 철학에 맞는 교육정책들을 만들어나가는 원칙이 적혀 있는 책자를 주었다. 캠퍼스 인게이지의 활동을 관장하고 있는 아일랜드 정부 부처와 교육정책을 의논하고 있는 대학교의 이름, 실제로 운영되고 있는 정책들, 그리고 예산과 인력 규모에 대한 정보가 담겨있었다. 독일 본에서 '대학 기반의 과학 상점을 도입하겠다'라는 막연한 청사진만을 갖고 있었던 우리 팀은 이 책자를 통해 조직 구조가 프로젝트 운영부, 예산집행부, 정책기획부로 짜임새 있게 설계돼 있다는 것을 알게 되었다. 이 구조를 바탕으로 우리 팀이 국내에서 시범 진행하게 될 교내 연못 수질정화 프로젝트를 보다 구체적으로 구상했다. 3종류의 장비와 10여 명의 실험 참가생, 그리고 약 150만여 원의 예산을

아일랜드의 캠퍼스 인게이지 정문에서 팀원들과 함께

과학 상점 운영에 대한 정보를 친절하게 설명해준 캠퍼스 인게이지 담당자 케이트 씨와 함께

추산해볼 수 있었다.

　우리는 바헤닝언 과학 상점과 캠퍼스 인게이지 탐방을 통해 한국의 과학 상점이 어떤 문제들을 해결해볼 수 있을지 고민해보았다. 스위스 국립 과학 재단과 인터뷰를 통해서는 시민들을 과학 상점으로 끌어들이려면 단순히 프로젝트를 진행하는 것뿐만 아니라 다양한 과학교육 행사와 홍보활동을 통해 사람들에게 친근하게 다가가는 것도 중요하다는 것을 알게 됐다. 또한, 시민이 직접 참여할 수 있도록 대학이나 정부 차원의 지원이 이루어지지 않는다면 지속성을 갖기 힘들다는 점을 깨달았다. 사업성과 지속성을 어필하지 못한다면, 대학과 정부로부터 외면받을 가능성이 크다는 것을 느끼기도 했다. 우리는 유럽 탐방을 통해 얻은 가능성과 과제를 바탕으로 어떻게 과학 상점을 시작하고, 홍보하고, 지원을 얻어낼 수 있을지 고민하고 또 몸으로 부딪쳐보기로 다짐하면서 인천으로 향하는 비행기에 몸을 실었다.

네덜란드로 가는 역에서 기차를 놓치다

독일 본에서 인터뷰를 마치고 네덜란드 바헤닝언으로 가는 기차를 타기 위해 역에 도착한 우리 팀은 예상 밖의 난관에 부딪혔으니, 그것은 기차역의 모든 안내 표지판이 독일어로 돼있다는 사실이었다. 탐방 기간 내내 든든한 번역가 역할을 도맡아 하던 김민준 팀원의 동공이 높은 주파수로 흔들리고 다른 팀원의 등줄기로 식은땀이 흘러내려 티셔츠를 축축하게 적시는 순간이었다. 엎친 데 덮친 격으로 허겁지겁 안내 데스크를 찾아 얻어온 답변이 잘못된 정보였던 탓에 우리는 예매했던 기차를 놓치고 말았다. 새로운 기차표를 구매해서 다음 열차에 탑승했을 때, 에어컨이 나오지 않는 기차 안은 이미 사람들로 북적였다. 17kg이 넘는 캐리어를 서서 들어야 하니 피로감은 배가 됐다. 설상가상으로 누군가 비명을 지르듯 "내려야 해!" 하고 외치는 소리에 후다닥 내린 그 역이 잘못된 역이었다. 그래서 다시 기차표를 끊었으나 연착되는 바람에 환승 기차표를 추가로 구매해야 했다. 어쩌면 노릇노릇하게 구워진 소시지나 스테이크같이 기름지고 맛깔스러운 자태를 뽐내는 일용한 양식과 교환했을지도 모르는 돈이 공중분해 되는 순간이었다.

팀원 1. **김민준**

"물에 빠지면 입만 뜨는 커뮤니케이션 능력자"

LG글로벌챌린저를 통해 상호작용하고 함께 미래를 꾸며가고 있는 모든 이들께 감사드립니다. 다양한 사람들을 만나 내적으로, 그리고 외적으로 성장하게 된 정말 뜻깊은 한 해였습니다. 앞으로도 여러분과 좋은 관계를 유지하고 싶습니다.

팀원 2. **김지혜**

"슬기로운 대학생활 팀의 막내온탑"

대학교에서 학문을 배우면서 느꼈던 문제의식을 함께 나눌 수 있는 3명을 만나고, LG글로벌챌린저를 통해 우리가 직접 계획하고 실행한 활동이 다른 사람들과 공감대를 형성하는 것을 경험하고, 저 자신도 적극성을 갖는 긍정적인 변화가 생기는 뿌듯하고 감사한 1년이었습니다.

팀원 3. **신지민**

"팀원들의 열정에 불을 지피는 불쏘시개"

대학 생활에서 '진정한 보람'을 찾을 수 있었습니다. 팀원들과 의기투합해 새로운 길을 만들어나갔던 모든 순간이 큰 자산과 용기로 남을 것 같습니다. '나에게 LG글로벌챌린저란, 내 20대의 불쏘시개였다!'

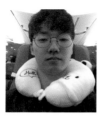

팀원 4. **원종빈**

"팀의 품위와 고고함은 선비, 원종빈으로부터"

평소에 막연하게 문제의식만 갖고 있었던 분야의 주제를 직접 연구하고 탐방을 통해 실제로 체험할 수 있어 뜻깊었습니다. 이름뿐인 팀장을 도와서 불철주야 힘써준 지민, 지혜, 민준에게 고마움을 느끼며, 진정한 팀 프로젝트가 무엇인지 깨닫는 시간이었습니다.

속도보단 방향이 중요해!

1. 우리 팀만의 철학을 담아라

공모전을 준비할 때, 참신한 아이템에만 주목하기보다는 프로젝트를 진행하는 팀의 비전이 무엇인지 파악하는 것이 중요하다. 돌이켜보면 구체적인 아이템을 선정하기 전에 팀원끼리 '어떤 비전을 갖고 LG글로벌챌린저에 임할 것인가'라는 주제로 긴 대화를 나누었다. 덕분에 초기에 아이템을 정하는 데 오랜 시간이 걸렸지만, 한번 주제가 정해진 이후에는 계획서 작성부터 면접 준비까지 일관된 철학으로 추진력 있게 나아갈 수 있었다. 무조건 생소하고 어려운 주제를 선정하기보다는 우리 팀의 비전과 잘 맞는 주제는 무엇인지 생각해보자. 평소 팀원들이 품고 있었던 생각을 점검하는 것에서부터 시작함이 좋다.

2. 묵묵하게 걸어갈 수 있는 동료와 함께하라

LG글로벌챌린저를 준비할 때는 긴 기간 동안 팀원들과 함께 가야 한다. 그러다 보면 지칠 때도 있고, 서로에게 기대했던 것과 다른 부분을 볼 수도 있다. 하지만 묵묵하게 서로를 이해하고 받아들이게 되면 어느 순간 최고의 팀이 돼 있을 것이다. 1년에 걸쳐 진행되는 프로젝트인만큼 잠시 내리는 소나기에 흔들리지 않고 항상 그 자리에 서 있는 소나무 같은 동료들과 함께한다면 시련쯤은 가뿐히 견뎌낼 수 있다.

PART

3

다음 세대를
준비하는 환경

미생물 콘크리트로
건축의 미래를 조망하다

팀명(학교)   미생 (동국대학교)
팀원   이신영, 이채민, 장선아, 전수경
기간   2018년 8월 16일~2018년 8월 29일
장소   영국, 벨기에, 네덜란드
　　　　바스 (바스 대학교 University of Bath)
　　　　겐트 (겐트 대학교 Ghent University)
　　　　겐트 (힐콘 프로젝트 Healcon Project)

콘크리트는 오늘날 우리의 삶과 가장 밀접한 건축 재료 중 하나다. 현대 건축물의 대부분은 콘크리트로 만들어졌고, 우리는 그 건축물 안에서 살아간다. 그런데 도심을 걷다 보면 쉽게 낡은 건물, 갈라진 아스팔트를 발견할 수 있다. 콘크리트는 시간이 지나면 소모가 되기 때문에 도로에 금이 가서 아스팔트를 다시 깔거나 노후화된 건물을 허물고 새로 짓는 모습은 우리에게 익숙한 풍경이다.

콘크리트 건축물의 노후화 문제를 어떻게 해결할 것인지 고민하던 우리는 탐방 계획을 세우던 중 자기 치유 콘크리트라는 신기술을 알게 됐다. 자기 치유 콘크리트란 발생한 균열을 인지하고 이를 스스로 치유하는 콘크리트다. 사용된 치유 소재에 따라 여러 종류로 분류되는데, 우리는 그중에서도 미생물을 이용해 균열을 치유하는 기술이 우리나라의 낡은 건물에 적용하기에 가장 적절하다고 생각했다. 미생물을 사용해 다른 종류에 비해 훨씬 친환경적이고, 미생물의 대사 과정을 이용하므로 자기 치유가 여러 번 이루어질 수 있기 때문이다.

영국 바스 대학교의 케빈
교수님과 사진 한 컷

지역 재생 프로젝트를 수행하는 노매딕 커뮤니티 가든 근교 풍경. 도로, 주택, 빌딩 등 현대인들은 다양한 콘크리트에 둘러싸인 환경에서 살고 있다

우리나라에서는 자기 치유 콘크리트 연구를 시작한 지 얼마 되지 않아, 이를 적용한 사례가 많지 않았다. 그래서 우리는 대학 연구소에서 미생물 콘크리트와 그것의 도입 방안을 탐구하기 위해 도로의 포트 홀 방지를 위한 자기 치유 콘크리트를 연구하고 있는 영국, 12개 기관이 참여해 자기 치유 물질을 개발하는 힐콘 프로젝트(Healcon Progect)를 진행하고 있는 벨기에, 마지막으로 최초로 자기 치유 기술을 콘크리트에 적용해 새로운 개념의 스마트 콘크리트를 개발한 네덜란드를 탐방지로 선정했다.

🏴 미생물을 활용한 자기 치유 콘크리트를 만나다

영국에서는 카디프 대학교(Cardiff University), 케임브리지 대학교(University of Cambridge), 바스 대학교(University of Bath) 등 많은 대학에서 자기 치유 콘크리트를 실용화시키기 위한 연구가 활발히 진행되고 있다. 우리는 미생물 콘크리트를 조사하던 중 최근 영국에서 미생물 콘크리트를 교통 인프라에 적용하는 연구를 진행했다는 기사를 보게 됐다. 영국의 자기 치유 미생물 콘크리트의 연구

현황과 미생물 콘크리트를 인프라에 도입하는 방안에 대해 알아보기 위해 카디프 대학교의 한 교수님께 인터뷰를 요청했다. 그러자 교수님께서는 연구에 참여했던 동료 중 미생물 콘크리트 분야의 권위자인 바스 대학교의 케빈 페인 (Kevin Paine) 교수님을 추천해주셨다.

케빈 교수님께서 재직 중이신 바스 대학교는 세계 문화유산으로 지정된 도시 바스에 자리 잡고 있으며, 대학 내부에 '혁신 건축 재료 연구 센터(BRE CICM, Building Research Establishment Centre for Innovative Construction Material)'라는 별도의 연구 기관이 있을 정도로 친환경 건축자재를 활발히 연구하고 있는 곳이다.

케빈 교수님께서는 현재 미생물 콘크리트에 적용 가능한 새로운 박테리아를 연구하고, 교내의 화학공학을 전공하는 동료들과의 협업을 통해 자체적으로 마이크로 캡슐 안에 박테리아를 삽입하는 기술을 연구하고 계셨다. 또한, 추후 연구 활동에 필요한 자금을 지원받기 위해 공학·자연과학 연구 위원회(The Engineering and Physical Science Research Council)에 연구 계획서도 제출하셨다고 말씀해주셨다. 교수님께서는 가벼운 농담을 던지며 분위기를 밝게 만들어주셨고, 이러한 배려 덕분에 인터뷰를 즐겁고 알차게 끝낼 수 있었다. 인터뷰를 마친 후엔 케빈 교수님께서 연구실을 구경시켜주셨다. 토목공학 연구실에서 미생물 콘크리트 샘플과 골재를 보여주셨고, 뒤이어 방문한 생물학 연구실에선 미생물 콘크리트에 쓰이는 미생물의 배양 과정을 보여주셨다. 덕분에 우리는 미생물이 대사 과정을 통해 콘크리트의 균열을 치유하는 것을 육안으로 확인하는 매우 인상적인 경험을 할 수 있었다.

연구실 탐방이 끝나자 교수님께서는 우리와 함께 캠퍼스에 있는 카페로 가서 따뜻한 커피와 쿠키를 대접해주셨다. 비록 날이 흐리고 쌀쌀했지만 케빈 교수님의 따뜻한 마음과 배려에 모든 추위가 날아간 기분이었다. 우리는 성공적인 첫 번째 인터뷰를 통해 미생물 콘크리트가 정말 실제로 사용할 수 있다는 점을 두 눈으로 확인하며 탐방 주제 해결에 대해 자신감을 얻었다.

케빈 페인
University of Bath / Professor

Q 바스 대학교에서는 현재 어떤 미생물을 사용해 연구하고 있나요?

A 바실러스 수도피르무스(Bacillus Pseudofirmus)는 현재 우리 대학교에서 미생물 콘크리트에 사용하고 있는 탄산칼슘 형성 미생물입니다. 이 미생물을 이용한 자기 치유는 매우 잘 일어나고 있는 편이지만 사실 두 가지 문제점이 있습니다.

첫 번째는 높은 온도에서만 성장한다는 것입니다. 실험을 진행한 영국의 기후가 미생물이 자라기엔 너무 추워 미생물이 잘 성장하지 못하고 있습니다. 그리고 두 번째 문제는 바실러스 수도피르무스가 방해석(탄산칼슘) 석출을 가장 잘하는 종이 아니라는 점입니다. 이 미생물보다 더 빠르고 많이 방해석을 석출하는 다른 종의 미생물들이 있습니다. 그런데도 아직은 바실러스 수도피르무스를 주로 사용하고 있는데, 상대적으로 안전해서 대학 실험실에서 기르기 쉽기 때문입니다.

하지만 우리는 아직 연구되지 않은 다른 박테리아를 70종을 보유하고 있습니다. 이 미생물들은 바실러스 수도피르무스보다 더 많은 방해석을 석출하면서 훨씬 낮은 온도에서도 작동합니다. 따라서 추후에는 다른 미생물들이 활용될 가능성도 큽니다. 보유한 미생물 중에서 어떤 종을 사용할지 아직 결정된 것은 아니지만, 영국 환경에 가장 적합한 종을 결정하고 나면, 미생물이 제대로 작동하는지와 그 안정성 파악을 위해 유전 서열을 확인해야 합니다. 이 분석을 통해 박테리아가 얼마나 탄산칼슘을 생성하는지, 어떠한 환경에서 가장 활성화되는지, 인체에 유해하지는 않은지와 같은 의문을 해결할 수 있기 때문입니다. 해당 종의 안전성을 확인하면 우리는 그 미생물로 또다시 실험에 도전해볼 예정입니다.

Q 자기 치유 콘크리트가 상용화되면 어떤 인프라에 가장 먼저 적용이 될까요?

A 자기 치유 콘크리트를 적용하기 좋은 구조물로는 첫째, 보수할 때 봉쇄하거나 닫으면 큰 피해가 발생하는 인프라와 둘째, 보수가 필요할 때 접근하기 힘든 구조물을 들 수 있습니다. 예를 들어 교량에 금이 갔을 경우, 교량을 수리하려면 이동 구간을 폐쇄해야 합니다. 그러면 차도나 도로 시스템의 일부를 쓰지 못해 차량 정체가 일어나고 이로 인한 사회·경제적 비용이 발생합니다. 또한, 고층 구조물을 보수하는 일은 안전사고에 대비해 철저히 준비 시스템을 갖춰야 해서 보수 비용이 많이 듭니다. 수중 구조물도 마찬가지입니다. 보수를 위해서는 물을 빼내거나 전문 잠수부를 투입해야 하는데 이 또한 위험한 일입니다. 지하 구조물의 경우에도 땅을 깊게 파고 들어가야 해서 큰 비용이 발생합니다.

자기 치유 콘크리트는 인프라의 가격 효율적인 측면도 고려해야 합니다. 예를 들어 도로 경계석은 수리 시 접근성이 높아 값싼 시멘트를 이용해 쉽게 보수하거나 교체할 수 있는데, 그에 비해 3~4배 비용이 드는 자기 치유 콘크리트로 보수한다면 비용 면에서 효율적이지 못합니다. 따라서 모든 건축물에 자기 치유 콘크리트를 적용하는 것보다는 건축물의 접근성이나 수리 시 발생하는 경제적 비용을 고려해 선별적으로 사용하는 것이 현명합니다.

🚩 자기 치유 콘크리트 연구 현황과 미생물이 살기 좋은 환경을 만드는 법

브뤼셀에서 기차를 타고 30여 분을 달리자 소박하면서도 고풍스러운 겐트의 풍경이 펼쳐졌다. 겐트 대학교(Ghent University)는 마니엘 콘크리트 연구 센터(Magnel Laboratory for Concrete)를 중심으로 콘크리트에 관한 다양한 연구가 이루어지고 있는 곳이다. 연구소에 도착하자 구조공학과 킴 반 티틀붐(Kim van Tittelboom) 교수님께서 우리를 반갑게 맞아주셨다. 우리의 인터뷰 요청을 가장 먼저 승낙해주셨던 분으로 실제로 만나니 더 친절하고 따뜻한 분이셨다.

킴 반 교수님께서는 마니엘 연구팀(Magnel Laboratory)에 소속돼 콘크리트가 내부에 발생한 균열을 스스로 치유하는 기술을 연구하고 계신다. 교수님의 연구는 유럽연합에 제출한 연구 계획서를 통해 충분한 연구비 지원을 받고 있었는데, 산소가 부족한 환경에서도 콘크리트의 자기 치유가 가능하도록 질화세균

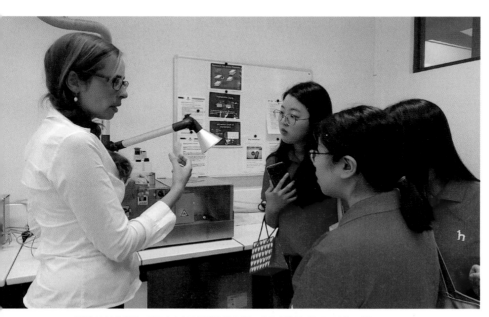

킴 반 교수님께 콘크리트가 스스로 균열을 치유하는 것에 대한 설명을 듣고 있는 팀원들

을 미생물 콘크리트에 적용하는 방안과 미생물의 대사 과정에 필요한 물을 충분히 공급하기 위해 고흡수성 고분자를 미생물 콘크리트에 사용하는 방안을 주로 연구한다고 하셨다.

우리는 킴 반 교수님의 소개로 미생물 콘크리트를 연구하고 계신 왕 지안윤(Wang Jianyun) 교수님을 만날 수 있었다. 왕 교수님께서는 미생물 콘크리트를 주제로 박사 과정을 공부하면서 미생물을 콘크리트에 담는 여러 치유 메커니즘을 모두 시도해보셨고, 그중에서도 하이드로겔을 이용하는 방법에 가장 많은 관심을 가지고 계셨다. 하이드로겔은 미생물에 수분을 공급해 자기 치유가 더 잘 이뤄지게 하기 때문이다. 또한, 교수님께서는 미생물 콘크리트를 사용하는 방법은, 보수용으로 사용하는 방법과 새로운 건물을 지을 때 사용하는 방법으로 나뉠 수 있으며 각각의 경우에 미생물이 어떻게 사용돼야 하는지 설명해주셨다. 우리는 교수님과의 인터뷰를 통해 미생물 콘크리트를 대중화시키기 위해서는 먼저 보수 용도로 적용하는 것이 적합하다는 결론을 얻을 수 있었다.

⛳ 힐콘 프로젝트, 지속 가능한 미래를 위한 자기 치유 물질을 개발 중인 유럽 연합

힐콘 프로젝트는 유럽 연합에서 자금을 지원받아 2013년부터 2016년까지 총 3년에 걸쳐 진행됐다. 자기 치유 기술 연구 중 가장 큰 프로젝트로, 벨기에의 겐트 대학교 주도하에 네덜란드, 독일, 스페인, 핀란드, 포르투갈, 덴마크의 유수의 대학교, 연구 기관, 기업들이 참여했다. 힐콘 프로젝트는 우리의 목표인 미생물 자기 치유 기술의 국내 도입 방안에 대해 가장 구체적인 의견을 줄 수 있는 기관으로, 킴 반 교수님의 소개로 넬레 데 벨리(Nele de Belie) 교수님을 만날 수 있었다.

기대했던 대로 유럽에는 우리나라와는 달리 미생물 콘크리트를 적용한 사례가 풍부했다. 겐트 대학교에서는 미생물 콘크리트로 큰 기둥들을 만든 바 있었고, 힐콘 프로젝트에 참여했던 기업에서도 미생물 콘크리트로 판벽을 만든 사례가 있었다. 힐콘 프로젝트의 성공은 전 유럽에 자기 치유 콘크리트를 실용화하는 것이 가능하다는 것을 보여줬고 그에 관한 관심을 불러일으켰다. 또한, 벨리 교수님은 미생물 콘크리트의 높은 단가를 낮추려면 시장에서 미생물 콘크리트의 중요성을 인정해 생산량이 많아지면 나아질 것으로 전망하셨다.

넬레 교수님과의 인터뷰를 통해 우리는 한국에 미생물 콘크리트를 도입하겠다는 우리의 목표가 절대로 불가능하지 않다는 것을 확인했다. 다만 한국에 적용하려면 국내 기후에 적합한 미생물을 선별 및 관리해야 한다는 과제를 주셨다. 유럽과 우리나라의 기후가 달라서 유럽에서 사용했던 미생물을 그대로 적용하는 것은 한계가 있기 때문이다.

우리나라는 연교차가 심한 편이라 유럽에서 사용하는 미생물을 그대로 사용할 경우 여름에는 치유 효과가 일어나지만, 겨울에는 미생물의 활동이 저하돼 상대적으로 치유 효과가 낮아지는 단점이 생긴다. 우리는 이를 보완하기 위해 내냉성* 미생물을 중점적으로 선별해야 한다는 교수님의 조언도 빠뜨리지 않고 기록했다. 이러한 성과들은 불안한 마음과 맨손으로 머나먼 유럽까지 날아갔던 우리에게 가장 필요한 것이었다.

*내냉성 식물이 찬 기온에 강한 성질

EPISODE

기대하지 않았던 깜짝 인터뷰

살다 보면 예상치 못한 좋은 일이 종종 생긴다. 우리가 겐트 대학교에서 인터뷰한 킴 반 교수님은 우리에게 마치 구세주와도 같은 분이셨다. 인터뷰가 끝날 무렵 교수님께서 우리에게 누구와 인터뷰했는지, 다음 일정이 있는지 물어보셨다. 우리가 다음 일정이 없다고 답하자 어딘가로 한 통의 전화를 거셨다. 통화 끝에 우리에게 "현재 우리 대학교 안에 미생물 콘크리트를 연구하는 왕 교수님께서 출장에서 돌아왔는데 만나볼 생각이 있나요?"라고 물으시는 것이 아닌가. 왕 교수님은 미생물 콘크리트 분야에서 저명하신 분으로 우리가 논문을 읽을 때 자주 보았던 터라 우리는 기쁜 마음으로 "예스"를 외쳤고, 교수님의 주선으로 만나 즉석 인터뷰를 진행할 수 있었다.

충동 쇼핑이 불러온 비극

여행 초기에 우리는 영국의 비싼 물가가 걱정돼 직접 요리를 해서 식사를 해결하고자 했다. 런던의 숙소에 도착한 첫날, 숙소 앞에 있는 테스코(Tesco PLC)에서 들어서자 우리는 눈이 휘둥그레졌다. 영국의 외식비는 한국보다 훨씬 비쌌지만, 식료품비는 한국보다 훨씬 쌌다. 소고기미트볼이 한화로 3,000원 남짓. 싼 가격에 놀란 우리는 충동적으로 장바구니를 채우기 시작했다. 그러나 기쁜 마음도 잠시, 런던을 떠날 날이 다가오자 우리는 남은 음식 재료를 어떻게 처리할지 골머리를 앓게 됐다. 돈을 아끼자고 샀는데 차마 버릴 수가 없어 우리는 남은 재료를 모두 넣어 엄청난 양의 스파게티를 만들어냈다. 네 명이 함께 꾸역꾸역 먹은 결과 남은 음식 재료를 모두 처리할 수 있었지만, 그날 온종일 입안에서 스파게티의 향을 느껴야만 했다.

우리 팀의 재정을 위협했던 영국 거리의 비싼 음식점들

팀원 1. **이신영**

"언제나 새로운 아이디어를 내는 터닝 포인터"

우리나라에서는 미생물 콘크리트에 대해 직접 체험할 수 없던 부분이 많았는데, LG글로벌챌린저를 통해 해외에 나가 국내에서 접할 수 없었던 부분들을 경험하고 배운 덕분에 이번 여름방학을 보람 있고 알차게 보낼 수 있었습니다. 이번 프로그램을 위해 열심히 노력해준 우리 팀원들 모두 수고했습니다.

팀원 2. **이채민**

"일단 시작하고 보는 거야! 행동력 대장"

해외에 가서 나의 전공과 관련된 최신 연구를 접한다는 것은 학부생이 쉽게 할 수 없는 경험이라고 생각합니다. 이 프로그램을 진행하면서 매 순간마다 벅차고 설렜습니다. 진정한 의미의 '협력'이 무엇인지를 배운 것 같습니다. 또한 '모든 일의 시작은 한 걸음 내딛는 것부터 시작된다'는 말의 진정한 의미를 깨달을 수 있었던 시간이었습니다.

팀원 3. **장선아**

"확인하고 또 확인하는 꼼꼼이"

대학교를 졸업하면서 LG글로벌챌린저라는 선물을 받게 된 것 같아 감사합니다. 팀원들과 함께 연구하며 분야의 최고 전문가들과 의견을 나눌 수 있었던 것은 LG글로벌챌린저였기 때문에 가능했던 경험들이었습니다. 같은 주제를 연구한다는 것만으로도 이것저것 준비해주시고 환영해주셨던 많은 분의 친절함을 잊지 못할 것 같습니다.

팀원 4. **전수경**

"끊임없이 도전하는 노력왕"

올해 LG글로벌챌린저를 통해 팀원들과 동고동락하며 많은 도전과 새로운 경험을 할 수 있었습니다. 팀원들과 함께 부딪쳐가며 목표를 하나하나 해결해가며 느낀 성취감은 무엇과도 바꿀 수 없는 소중한 경험이었습니다. 마지막까지 함께 달려온 우리 팀원들과 도움을 주신 많은 분께 정말 감사합니다.

새로운 아이디어로 끈기 있게 밀어붙이는 힘

1. 새로움을 추구해라!

LG글로벌챌린저는 긴 역사를 가진 만큼 그동안 다양하고 참신한 주제가 많이 등장해왔다. 우리 팀이 주제를 선정하기 위해 가장 고민했던 것은 우리의 삶과 밀접하게 관련돼 있으면서 좀 더 나은 방향으로 변화시킬 수 있는 아이디어를 찾는 것이었다. 아이디어를 찾기 위해 각종 매체에서 주목할 만한 기술로 선정된 것들을 찾았다. 새롭게 등장해 관심을 받는 많은 기술 중에서도 우리가 선택했던 것은 '자기 치유 콘크리트 기술'이었다. 노후화된 건물의 수가 급격하게 증가하고 있는 우리나라의 상황에 적합하면서도 콘크리트가 사람의 몸과 같이 상처를 스스로 치유한다는 개념이 참신하다고 생각했기 때문이다. LG글로벌챌린저 탐방 주제를 선정할 때 중요한 것은 우리 사회가 현재 직면하고 있는 문제를 더 나은 방향으로 변화시킬 방법인지, 그리고 그 방법이 참신한 것인지 고민하는 것이다.

2. 끝까지 두드려 보자!

다른 팀과 마찬가지로 우리도 역시 인터뷰를 위해 전문가와 접촉하는 과정에서 어려움이 있었다. 인터뷰를 요청하기 위해 많은 기관과 전문가에게 이메일을 보냈지만, 답신을 받지 못하는 경우가 대부분이었다. 답을 기다리며 시간은 흘러가고 더는 기다릴 시간이 없다고 판단한 우리는 국제전화로 각 전문가와 기관들에 통화를 시도했다. 우리의 예상과 달리 대부분 부재중인 경우가 많아 전화 연결 역시 쉽지 않았다. 하지만 이대로 포기할 수는 없는 법. 우리는 매일 주기적으로 통화를 시도했다. 간신히 통화 연결에 성공한 우리는 팀에 대한 간단한 소개를 한 뒤 우리가 앞서 보낸 메일을 읽었는지 물었다. 전문가 대부분이 메일을 확인하지 못했다고 답해 우리는 곧바로 우리 팀의 소개와 방문 목적이 담긴 메일을 보내겠다고 말한 뒤, 다음 통화를 약속했다. 마침내 우리는 여러 번의 통화 연결 끝에 각 전문가와의 인터뷰 일정을 잡을 수 있었다.

버려지는 커피 찌꺼기로
친환경 잉크를 만들다

팀명(학교) 커피윙크 (한동대학교)
팀원 강동해, 강연호, 박민, 조하람
기간 2018년 7월 29일~2018년 8월 11일
장소 미국
　　　　 로스앤젤레스 (캘리포니아 주립대학교 지속가능성 연구부 UCLA Sustainability Department)
　　　　 로스앤젤레스 (스토턴 프린팅 컴퍼니 Stoughton Printing Company)
　　　　 샌프란시스코 (천연자원 보호 위원회 Natural Resources Defense Council)
　　　　 샴페인 (일리노이 대학교 지속가능 기술 개발 센터 Illinois Sustainable Technology Center)
　　　　 뉴욕 (선 케미컬 연구개발 센터 Sun Chemical R&D Center)

매일 커피 한 잔씩은 꼭 마시는 우리 팀은 커피를 만들고 난 뒤에 남는 커피 찌꺼기가 어디로 가는지 궁금했다. 조사를 해보니 결과는 놀라웠다. 커피 찌꺼기의 처리 과정에서 발생하는 국내 경제적 손실만 연간 200억 원이었고, 음식물 쓰레기와 함께 그저 방치되는 커피 찌꺼기에서 발생하는 이산화탄소는 연간 9만 2,000톤으로, 자동차 1만 1,000여 대가 뿜는 양과 동일하다. 우리 팀은 이 문제를 해결하기 위해서 조사를 하던 중 커피 찌꺼기가 매우 풍부한 유기 성분을 가지고 있으며, 그중에서도 지방 성분을 추출하면 친환경 잉크의 원료로 사용할 수 있다는 것을 알게 됐다. 우리는 경제적 손실을 최소화하면서도 환경과 인간에게 유익한 '커피 잉크'를 개발하기 위해 미국으로 탐방을 떠났다.

지속가능성을 고민하고 실천하는 기관들

인천공항에서 출발해 12시간 만에 미국에 도착해 가장 먼저 방문한 도시는 바로 로스앤젤레스였다. LA는 영화 〈라라랜드〉로 최근 유명세를 치른 바 있어, 우리도 차로 이동하는 중에 영화 속 음악을

캘리포니아 주립대학교 지속가능성 연구부 방문 기념으로 학교 상징인 곰 동상 앞에서

스토턴 프린팅 컴퍼니가 친환경적으로 인쇄한 자랑스러운 앨범 재킷들 앞에서

들으며 명소에 온 기분을 만끽했다.

도착한 다음 날, 우리가 첫 번째로 방문한 기관은 캘리포니아 주립대학교의 지속가능성 연구부(UCLA Sustainability Department)였다. 이곳은 주위 환경 규제와는 별개로 캠퍼스 내의 음식, 쓰레기, 물, 운송 수단 등 여러 분야에서 지속가능성을 위한 노력을 하고 있어 폐기물의 수거와 재활용, 인식 개선 방법을 고민하던 우리에게 꼭 필요한 곳이었다.

지속가능성 부서의 책임자인 보니 벤즌(Bonny Bentzin) 차장님은 캘리포니아 주립대학교가 그 지역의 여러 대학 중에서도 지리적 위치상 토지 면적을 늘리기가 쉽지 않아 늘 공간이 부족하다는 점, 관광객이 많고 상주인구 또한 수만 명이 넘는다는 점 등에서 지속가능성 문제가 중요하다고 말씀하셨다. 쓰레기를 줄이고 새롭게 활용할 방안을 고민하는 모습에서 우리는 서로 공감할 수 있었다.

그다음으로 우리가 방문한 곳은 50년이 넘는 역사를 가진 인쇄업체, 스토턴 프린팅 컴퍼니(Stoughton Printing Company)였다. 이곳은 100% 친환경 잉크를 사용하고 있으며, 레코드 비닐 포장업계에서 저명한 곳이다. 우리는 이곳에서 친환경 잉크의 실제 사용 현황과 우리가 고민한 커피 잉크의 가능성을 알아보고 싶었다.

무더운 여름날, 미 서부의 드넓은 고속도로를 달려 마침내 도착한 그곳에서 우리는 몇 달 동안 지속해서 연락을 나눈 롭 마우션드(Rob Maushund) 씨를 만날 수 있었다. 섭외 중인 여러 탐방 기관 중 가장 먼저 확답을 준 스터튼의 직원이었는데, 마침내 직접 마주하게 되니 어찌나 반갑던지! 인터뷰이를 위해 준비한 선물을 그분에게도 드렸다.

스토턴의 대표이자 백발의 중후한 멋을 가진 잭 스토턴(Jack Stoughton Jr.) 씨는 회사의 친환경 인쇄 과정이 어떻게 진행되는지 직접 같이 공장을 돌며 친절하게 안내해줬다. 그는 친환경 인쇄를 위해 그동안 스터튼이 해왔던 노력을 차례대로 설명해줬다. 최종적으로 콩기름 잉크와 물을 원료로 하는 냉각수를 사용해 높은 품질의 인쇄 성능과 친환경성, 두 마리의 토끼를 모두 잡게 됐다고 했다.

우리는 이곳에서 친환경 잉크로서의 커피 잉크의 경쟁력을 확인하고, 친환경 잉크의 우수한 활용 사례를 엿볼 수 있었다. 지속가능성을 위한 그동안의 노력을 자랑스럽게 설명하는 그의 모습에서 우리는 회사의 자부심이 우연히 생긴 것이 아니라 리더의 리더십과 직원들의 노력으로 이루어졌다는 것을 알 수 있었다.

잭 스토턴

**Stoughton Printing Company /
President**

Q 인쇄 작업 전반을 친환경 인쇄로 바꾸게 된 계기는 무엇인가요?

A 그저 친환경 인쇄가 필요하다고 느꼈기 때문입니다. 우리는, 미국 인쇄 시장에서 환경에 대한 어떠한 규제도 없었을 때부터 친환경 인쇄 잉크와 종이를 사용하기 시작했습니다. 다른 업체들보다 10년 이상 앞선 기술력과 지식이 있었고, 그 누구보다 잘할 수 있었기 때문입니다. 전체 공정에서 모든 원료를 친환경적인 재료로 바꾸기 시작한 지 단 6개월 만에 모든 설비와 작업 방식에 적용했습니다. 힘든 점도 많았지만, 모든 직원이 함께 힘을 합친 결과였습니다.

Q 친환경 인쇄를 시작한 후, 기존의 화학물질에 노출돼 있던 작업자들의 작업환경이 개선됐나요?

A 그렇습니다. 친환경 인쇄를 시작하면서 자연스럽게 작업환경이 좋아졌습니다. 기본적으로 우리가 가진 환기 시스템이나 에어컨 설비는 매우 뛰어납니다. 모든 것이 작업자들을 위해 맞춰져 있습니다. 하지만 이러한 설비가 갖춰져 있다고 하더라도 기존의 화학물질에 지속해서 노출된다면 작업자들의 건강은 나빠질 수밖에 없고, 일의 능률도 떨어집니다. 그러나 우리가 사용하고 있는 물질들은 맨손으로 만져도 전혀 문제가 되지 않을 만큼 친환경적입니다. 이러한 환경에서는 작업자들이 마음놓고 일할 수 있으며, 능률도 그만큼 높아집니다. 고가의 환기 설비를 갖출 수 없는 작은 인쇄소일지라도 친환경 인쇄를 한다면 추가 비용 발생 없이도 쉽게 작업환경을 개선할 수 있습니다.

190

일리노이 대학교 지속가능 기술 개발 센터의 인터뷰를 앞두고 설레는 마음으로 활짝

커피 찌꺼기의 비밀을 찾아 나서다

세 번째로 탐방한 도시는 시카고에서 자동차로 3시간 이상 걸리는 샴페인이라 는 작은 도시였다. 그곳에서 우리는 일리노이 대학교 지속가능 기술 개발 센터 (Illinois Sustainable Technology Center)의 샤르마 쿠마르(Sharma B. Kumar) 박사님을 만나기로 했다. 샤르마 박사님은 바이오 연료와 같은 대체 연료 분야에서 각종 기관의 수석으로 임명될 정도로 권위 있는 분이다.

샤르마 박사님께서도 평소에 커피를 워낙 좋아해, 자주 가는 스타벅스에서 버려지고 있는 커피 찌꺼기에 관심을 가지고 그 가능성에 관해 연구하기 시작 했다고 하셨다. 연구 끝에 커피 찌꺼기에서도 다른 유기물과 마찬가지로 훌륭 한 품질의 기름을 추출해 사용할 수 있다는 내용의 논문을 발표하셨고, 운이 좋 게도 우리가 그 논문을 발견하고 연락하게 됐다.

전 세계적으로 커피 찌꺼기를 연구해 '커피 기름'의 사용 가능성에 관해 기술

샤르마 박사님과 함께 실제로 만들어진 커피 기름을 관찰하는 우리

한 논문은 거의 없다시피 했기 때문에, 샤르마 박사님과의 인터뷰는 우리에게 매우 중요했다. 4개월간의 끈질긴 연락 끝에 우리는 마침내 박사님과의 약속을 잡을 수 있었다.

박사님을 만나 우리는 연구실 곳곳을 둘러보며 커피 찌꺼기에서 커피 기름이 추출되는 과정에 대해 자세한 설명을 들을 수 있었고, 실제로 추출된 커피 기름의 냄새와 촉감도 경험해볼 수 있었다. 한국에서는 커피 찌꺼기에서 커피 기름을 추출하는 곳이 없었기 때문에, 탐방을 계획할 때까지만 해도 '우리의 프로젝트는 정말 실현 가능한 것인가?' 하는 의문을 가졌는데, 이곳을 방문한 후 우리 탐방 주제의 실현 가능성을 확신하게 됐다.

샤르마 박사님께서는 우리의 프로젝트가 매우 옳은 방향으로 가고 있다고 응원해주셨다. 그는 "다가오는 미래를 위해 현재 우리가 다시 사용할 수 있는 것들이 있다면 최대한으로 활용하고, 그에 관한 기술을 개발하려고 노력해야 할 책임이 우리 모두에게 있다"고 강조했다. 박사님의 진심 어린 조언과 응원을 들으니 커피윙크가 꿈꾸는 '제로 웨이스트(Zero Waste)'* 세상에 한 발자국 더 가까이 다가갔다는 생각이 들었다.

🏴 친환경 잉크, 미국의 미래를 밝히다

시카고에서 뉴욕까지는 비행기로 3시간이 소요됐다. 뉴욕 공항에 도착하자마자 뉴욕의 상징인 노란 택시가 줄지어 서있는 것을 볼 수 있었다. 차를 타고 보니 뉴욕의 교통은 상상했던 것보다 훨씬 더 혼잡했다. 인터뷰 장소까지 이동하기엔 촉박한 시간이었기에 우리는 숙소에 도착하자마자 바로 택시를 불러 선 케미컬 연구개발 센터(Sun Chemical R&D Center)로 출발했다.

차량 정체 때문에 약속된 시간이 코앞에 다가와 모두가 긴장해 있었는데, 기사님께서 그 긴장을 풀어주셨다. 우리가 한국에서 왔다고 하자 '강남 스타일'을 부르기도 하고, 휴대전화 녹음기를 켜서 한국어 인사말을 녹음하는 열정도 보여주셨다. 교통체증으로 인해 약속했던 인터뷰 시간보다 늦게 도착했지만, 친절한 기사님 덕분에 웃으며 탐방 장소에 도착할 수 있었다.

마지막 탐방 장소였던 선 케미컬 연구개발 센터는 탐방 동안 방문했던 기관 중 제일 보안이 철저한 곳이었다. 친환경 잉크를 포함한 다수의 제품을 연구 및 개발하고 있는 곳이기 때문이다. 방문자용 스티커에 이름과 신분을 적고 왼쪽 가슴에 붙인 채 로비에 앉아 잠시 기다리자, 이곳의 글로벌 디렉터인 니콜라 유하스(Nikola M. Juhász) 박사님께서 우리를 맞아주셨다. 실제로 친환경 잉크를 연구하고 개발하고 있는 기관답게 박사님께서는 우리에게 친환경 잉크를 개발하

*__제로 웨이스트__ 단어 그대로, 매립지나 소각로로 보내지는 폐기물의 생성을 지양하고 부득이하게 생성되는 모든 쓰레기는 재사용할 수 있도록 하고자 하는 운동이자 철학

는 데 있어 중점적으로 고려해야 하는 부분들에 대해 아낌없는 조언을 해주셨다.

박사님께서는 이곳 연구개발 센터에서 새로운 제품을 개발하기 전에 제품을 구매할 사람은 누구인지, 또 구매할 이유는 무엇인지에 대해 철저하게 고민한다고 하셨다. 소비자들이 무작정 친환경 잉크라고 구매하는 것은 아니기 때문이다. 박사님은 친환경 잉크가 기존 잉크보다 가격 면에서 뒤처지지 않는 것이 제일 중요하다고 거듭 강조하셨는데, 이를 위해 선 케미컬에서는 잉크의 주원료인 수지를 만드는 기술을 직접 개발했다고 알려주셨다. 국내에서는 친환경제품을 사용하기 위해서는 더 비싼 값을 내야 하는 현 시장의 상황에 안타까움을 느끼며, 가격과 환경을 모두 고려한 제품을 만드는 방안에 대해 더욱 고민해야겠다고 다짐했다.

2주간 미 서부와 동부를 모두 다녀온 우리의 해외 탐방은 잊지 못할 경험을 선사해줬다. 국내에서는 활성화되지 않은 친환경 잉크의 생산과 사용에 대한 정보들, 커피 기름의 추출 과정과 가격, 품질 등에 대해 자세히 알게 됐고, 친환경 잉크가 대중화되기 위한 방향에 대해 생각해볼 수 있었다. 처음 아이디어를 낼 때부터 가능성이 있을지 의심해왔던 우리의 프로젝트가 실현에 한 걸음씩 더 다가가는 중요한 순간들이었다. 이번 탐방을 통해 얻은 경험과 지식은 우리의 프로젝트뿐만 아니라 우리 삶에도 중요한 발자취를 남겼다. 도전의 아름다움을 몸소 경험할 수 있었던 행복한 시간이었다.

탐방 일정은 여유롭게 잡자

7월의 무더운 여름날, 포항의 한 작은 카페에 모여 설레는 마음으로 해외 탐방 일정을 짜던 우리는 샌프란시스코에서 자정 즈음에 시카고로 떠나는 비행기를 예약했다. 밤 비행기를 타고 그 안에서 자면 하루 숙박비를 아낄 수 있을 것이란 젊음의 패기에서 비롯된 결정이었는데, 이 결정이 어떤 결과를 불러올지 그때는 아무도 몰랐다.

미국은 워낙 땅이 넓어 차를 렌트해서 타고 다녔다. 샌프란시스코에서 시카고로 떠나는 날도 마찬가지였다. 샌프란시스코는 금문교를 비롯한 여러 아름다운 관광지를 가진 도시지만, 치안이 좋지 않아

모든 탐방 일정을 되돌아보며 감상한, 탑 오브 더 락 전망대에서 바라본 뉴욕의 야경

주차장마다 '차 안에 아무것도 두지 마세요!'라는 표지판이 붙어있었다. 실제로 창문이 깨진 차를 렌터카 업체에서 보고 온 터라 우리는 깊은 고민에 빠졌다. 오전에 숙소에서 체크아웃해야 했는데, 비행기 출발 전까지 짐을 맡아주는 업체의 가격은 너무 비싸 네 명의 요금을 합치니 거의 하루 숙박비에 가까웠기 때문이다. 결국, 우리의 의지할 곳은 짐을 가득 실은 렌터카뿐이었고, 우리는 온종일 맘을 졸이며 돌아다니다 마침내 아무 사고 없이 무사히 차를 반납할 수 있었다(이때 창문이 깨진 상태로 반납되는 차를 한 대 더 봤다).

4시간 정도 걸려 아침에 시카고에 도착했을 때 우리는 이미 체력 고갈 상태였다. 심지어 이곳 숙소의 체크인 시간은 오후 4시였다. 씻지도 못한, 피로한 몸을 이끌고 시카고 시내를 구경하던 우리는 결국 저녁거리를 사러 간 마트의 주차장에 차를 세우고 잠시 눈을 붙일 수밖에 없었다. 오늘의 결론! 일정은 여유롭게 잡자. 몸이 피로하면 만사가 힘들다!

"모든 길은 논리로 통한다, 논리 대왕"

어떤 것이든 그것의 진정한 가치를 측정할 때, 그것이 자신의 삶에 얼마나 유익하고 적절한지를 잣대로 삼아야 한다는 말이 있습니다. LG글로벌챌린 저는 앞으로 살아갈 삶에 유익하고 긍정적인 영향을 줬습니다. 이번 기회를 통해 좋은 사람들을 알게 됐고, 그들과 함께 여행을 떠났고, 함께 밥을 먹으며 제 삶 한편의 무늬를 행복하게 그릴 수 있었습니다.

팀원 1. **강동해**

"섭외 메일은 내가 쏜다! 해외 컨택왕"

대학 시절, 친구들과 공모전 한 번쯤 해보면 좋지 않을까 생각하던 찰나에 같이 해보지 않겠냐고 물어봐 준 팀장 덕에 좋은 기회를 얻었습니다. 카페에 모여 자기소개를 하던 것이 벌써 두 학기 전이라는 것이 놀랍고, 그렇게 만난 우리가 서류심사와 면접심사라는 작은 산을 한 단계 한 단계 넘어 여기까지 와 있다는 것이 대견합니다.

팀원 2. **강연호**

"디자인과 팀은 내가 챙긴다, 일개미 팀장"

LG글로벌챌린저를 통해 '노력'이라는 단어의 뜻을 다시금 생각할 기회가 됐습니다. 서류심사부터 최종 보고서를 작성하기까지 감사하게도 많은 사람을 만날 수 있었고, 많은 사랑을 받을 수 있었습니다. 먼 훗날 2018년을 생각했을 때 정말 행복했었다고 추억할 수 있을 것 같습니다. 때로는 못나고 나쁜 팀장이었음에도 항상 곁에 있어준 팀원들에게 고마움을 전합니다.

팀원 3. **박민**

"작은 디테일이 중요해, 꼼꼼 대왕"

앞만 보고 살아가던 저에게 LG글로벌챌린저는 쉼표를 찍고 넓은 세상을 돌아볼 수 있게 한 시간이었습니다. 이번 기회를 통해 우리가 만들어갈 옳은 미래를 경험할 수 있었습니다. 2018년은 끊임없이 도전했고, 그 도전을 통해 성장할 수 있는 소중하고 값진 시간이었습니다. 부족한 팀원이었지만 끝까지 함께해준 팀원들, 기도로 응원해준 모든 분께 감사합니다!

팀원 4. **조하람**

완벽한 해외 탐방 준비하기!

1. 이메일은 해외 탐방을 위한 첫 번째 도전!

우여곡절 끝에 팀을 모으고, 주제를 선정하고, 방문하고자 하는 기관이 어느 정도 정해졌다면 가장 설레면서도 부담되는 해외 기관과의 연락이 남았다. 보통의 대학생이라면 외국인과의 직접적인 전화 통화는 물론 이메일 한 통 주고받은 경험도 전혀 없을 터! 이는 당연하니 겁먹지 말자. 주변의 해외 거주 경험이 있는 친구나 인터넷 검색을 통해 간단한 메일 형식을 숙지한 뒤, 먼저 기관 사이트의 '연락처(Contacts)'란에 기재돼 있는 이메일 주소로 메일을 보내보면 된다. 이메일은 간략하고 예의 있게 작성하되, 우리가 누구인지, 해당 기관이 어떤 업적을 이루었는지, 왜 당신이 우리에게 꼭 필요한지에 대한 이야기로 관심을 끌면 좋다. 대학생이라는 신분도 도움이 많이 된다. 소개할 때 꼭 어디에서 어떤 공부를 하는 대학생들인지 밝히면 흔쾌히 답해주는 곳들도 많을 것이다.

2. 현지 맛집 여행, 어렵지 않아요

친구들과 또는 혼자서 여행을 갈 때 가장 중요한 것 중 하나가 '잘 먹는 것'이다. 우리 팀은 관광지에서 엽서를 사거나 각종 기념품을 사는 것보다 맛있는 것을 하나라도 더 먹고 오는 것이 중요하다고 생각했다. 그러기 위해서는 현지 맛집을 잘 찾아다녀야 하는데, 우리는 이를 위해 '구글 지도'를 활용했다.

외국에서는 생각보다 꽤 많은 사람이 구글 지도에 리뷰를 남긴다. 리뷰에는 각자가 그 장소에서 경험한 것들이 세세하게 적혀 있는데, 그 리뷰와 평점이 제법 정확하다. 지금까지 아시아, 유럽, 미국 등 많은 나라를 돌아다니면서 각종 여행 애플리케이션과 리뷰 애플리케이션을 사용해봤지만, 구글 지도만큼 현지 맛집을 잘 찾아주는 것은 없었다.

해적 성게,
바다를 치유하다

팀명(학교) 성게알지 (성신여자대학교)
팀원 박영경, 윤민주, 이민주, 최지원
기간 2018년 7월 15일~2018년 7월 28일
장소 미국
　　　　뉴욕 (오션 러닝 센터 OLC, Ocean Learning Center)
　　　　마이애미 (산호 복구 재단 CRF, Coral Restoration Foundation)
　　　　머리디언 (알직스 Algix)
　　　　호놀룰루 (국토 자원부 DLNR, Department of Land and Natural Resources)
　　　　호놀룰루 (해양 대기청 NOAA, National Oceanic and Atmospheric Administration)

국토 자원부를 찾아서 하와이 상륙! 하와이는 사랑입니다~!

영원한 식량의 보고일 줄 알았던 바다에도 사막화가 찾아왔다. 10년 전 우리가 일본에 성게 수출을 중단하면서 국내에 성게를 잡는 사람이 사라졌다. 어업량이 줄자 번식력이 강한 성게 는 폭발적으로 증가했고 늘어난 성게가 암반의 해초를 먹어치우기 시작했다. 가장 일차적인 먹이를 제공하는 해조류가 사라지면 바다의 먹이사슬이 교란되고 바다 생태계를 위협하는 심각한 문제로 이어진다. 생태계의 위협은 단지 생물뿐만이 아닌 바다를 삶의 터전으로 삼고 있는 어업종사분들의 생계까지 영향을 미치는데, 실제 바다 사막화로 인해 대한민국은 연간 770억여 원의 피해를 보고 있다. 정부는 대응책으로 해조류를 콘크리트 성분의 해중림초*에 인공적으로 심어 바다로 내려보내고 있지만, 이마저도 성게의 먹잇감이 돼 큰 효과를 보지 못 하고 있다. 다른 방책으로 성체의 개체 수 조절을 위해 성게 수거 작업을 벌이고 있지만, 성게 폐기물이 육지에 방치돼 또 다른 환경문제를 불러일으킨다. 우리는 바다 사막화 해결을 위해 친환경적인 대안을 고민했고, 성게 폐기물과 3D 프린팅 기술을 활용해 이를 극복하고 있는 미국을 향해 떠났다.

***해중림초** 바다숲 조성 사업에서 해조류 번식을 위해 제작한 해양구조물

친환경적인 재료로 만드는 해양구조물

탐방을 위해 떠난 미국행의 첫 지역이었던 뉴욕. 자신의 개성을 유감없이 뽐내는 수많은 건물 사이를 지난 우리는 설레는 마음을 안고 인터뷰 장소인 오션 러닝 센터(Ocean Learning Center)로 향했다. 그곳에서 우리는 테드 톡*(TED Talks)에도 출연할 정도로 저명한 다이버인 파비앵 쿠스토(Fabien Cousteau) 씨를 만날 수 있었다. 국내에서 제작되는 해양구조물은 인공 콘크리트 구조물로 만든 주조*로 바닷속에서 쌓여 독성을 내뿜고 있다. 하지만 이곳에서는 3D 프린터를 활용해 친환경적인 해양구조물을 제작하고 있었다.

파비앵 씨는 성게가 지날 수 없는 미로와 같은 조식 동물 방어벽은 오직 3D 프린트만이 구현해낼 수 있다고 말했다. 그 이유는 섬세함을 표현하는 데 한계가 있는 거푸집과 달리 3D 프린터는 어떠한 형태도 디자인 그대로 출력할 수 있기 때문이다. 오션 러닝 센터는 산호가 사라지는 바다 사막화를 겪고 있는 미국 바다의 건강을 위해, 사라지는 산호를 대체할 해양구조물인 인공 산호*를 3D 프린터로 출력할 때, 플라스틱을 일절 사용하지 않고 홍합 접착 단백질*이라는 강력한 천연 폴리머*를 사용한다고 설명했다. 과연 홍합에서 나오는 단백질로 해저에서 견딜 수 있는 단단한 구조물을 만들 수 있을 것인지 의문이 들 때 즈음,

***테드 톡** 기술(Technology), 엔터테인먼트(Entertainment), 디자인(Design)을 의미하는 TED는 기술ㆍ예술ㆍ감성이 어우러진 멋진 강연회로 청중을 감동하게 한다
***주조** 액체 상태의 재료를 형틀에 부어 넣어 굳혀 모양을 만드는 방법
***인공 산호** 미국에서 바다 사막화의 하나로 일어나고 있는 산호 백화현상에 대비하기 위해 인공적으로 만들어낸 산호
***홍합 접착 단백질** 홍합에서 유래한 족사라는 단백질로 높은 접착성을 보임
***폴리머** 폴리머란 한 종류 또는 수 종류의 구성단위가 서로에게 많은 수의 화학결합으로 중합돼 연결된 분자로 돼있는 화합물을 뜻한다. 3D 프린팅 기술에서 필라멘트 폴리머의 의미는 합성수지 등의 원료가 되는 고분자화합물과 같이 분자가 복수 결합한 것을 말한다
***생분해성** 박테리아, 조류, 곰팡이와 같은 자연계에 존재하는 미생물에 의해 물과 이산화탄소, 또는 물과 메탄가스로 완전히 분해되는 성질

좌) 이 신발을 정말 해조류로 만들었다고요? 3D 프린터용 친환경 필라멘트를 소개해주시는 알직스 애스턴 박사님과의 인터뷰
우) 바다 사막화 문제해결을 위해 구성원 간의 커뮤니케이션의 중요성을 강조하는 마이애미 산호 복구 재단의 소통 대왕 데릭 씨

파비앵 씨는 직접 인공 산호를 보여줬다. 실제 산호와 흡사한 모양의 인공 산호는 우리의 우려와 달리 사람이 올라서서 뛰어도 멀쩡할 만큼 강도가 매우 높았다. 플라스틱 폴리머를 사용하지 않더라도 친환경적인 재료만으로도 충분히 튼튼한 해양구조물을 만들 수 있다는 것을 눈으로 확인할 수 있는 계기였다.

그 후 우리는 3D 프린터에 넣는 재료가 되는 필라멘트가 구체적으로 제작되는 과정을 보기 위해 미시시피에 있는 알직스(Algix)를 방문했다. 이곳에서 만난 애스턴 젤러(Aston Zeller) 박사님께서는 해조류가 원료인 폴리머를 활용한 필라멘트로 뽑아낸 신발을 보여주셨다. 우리는 생분해성*특징을 가진 폴리머도 충분히 튼튼한 물건을 출력할 수 있다는 것을 확인할 수 있었다. 박사님께서는 생분해되지 않는 소재를 사용할 경우, 바닷속에서 시간이 지나면 의도한 위치에서 벗어나거나 파편화돼 주변 생물을 죽이거나 쓰레기 산을 형성한다고 설명하셨다. 그리고 생태계를 파괴하기 때문에 반드시 생분해성 폴리머를 사용할 것을 강조하셨다. 우리는 두 기관을 방문하면서 친환경적인 재료를 사용한 폴리머가 사막화된 바다 생태계를 회복시키는 데 큰 도움을 줄 수 있다는 점을 깨달았다.

파비앵 쿠스토
Ocean Learning center / Program manager

Q 해양구조물 출력에 3D 프린팅 기술을 택한 이유는 무엇인가요?

A 산호가 살기에 콘크리트는 적합하지 않습니다. 알칼리성이 강하고 독성이 있기 때문입니다. 오션 러닝 센터가 단순히 평면으로 찍어내는 거푸집 형식 대신 3D 프린팅 기술을 선택한 이유는 다양하고 입체적인 출력을 하기 위해서입니다. 3D 프린팅의 가장 큰 장점은 섬세한 디자인과 다양한 질감의 재현이 가능하다는 점입니다. 성게의 침입을 막는 세밀한 디자인 역시 충분히 구현이 가능할 것으로 보입니다. 또한, 3D 프린팅을 이용함으로써 해양스포츠, 레저 활동에도 도움이 되도록 기존의 인공 해초보다 미관상 아름답게 만들 수도 있습니다.

Q 해양구조물을 3D 프린팅 기술로 출력 시 어떤 소재의 폴리머를 사용하나요?

A 이제는 환경에 해로운 플라스틱을 사용하지 않고도 충분히 출력할 수 있습니다. 오션 러닝 센터는 친환경성을 제일 중요하게 생각하기 때문에 플라스틱을 사용하지 않고, 친환경 원료를 선택했습니다. 인공 산호 구조물은 산호와 성분이 거의 같은 단순 탄산칼슘과 천연 폴리머의 조합으로, 홍합 단백질을 결합제로 사용합니다. 홍합 단백질 안에는 DOPA라는 변형된 아미노산이 다량 함유돼 있는데 수중에서도 매우 강한 접착력을 가질 수 있도록 합니다. 이러한 단백질을 유전자 재조합을 통해 다량으로 얻어 OLC만의 생분해성 폴리머에 더해 더욱 강력한 폴리머를 제작했습니다. 홍합이 바위 암석에 단단히 붙어있게 하는 원리를 3D 기술과 접합하여 친환경적 결합제를 만들었습니다.

🚩 기술만으론 해결할 수 없다. 협력이 답이다!

탐방을 떠나기 전 바다 사막화 대처를 위한 정부의 정책과 어민의 피해를 파악하고자 국내의 다양한 정부 기관, 어업종사자분들과 인터뷰를 했다. 우리는 그 인터뷰를 통해 바다 사막화 해결을 위한 정부와 어민 간의 협력이 원활하지 않다는 사실을 깨달았다. 정부와 시민을 연결해주는 비영리단체도 정부를 신뢰하지 않아 소통의 허브 역할을 하지 못하고 있었다. 반면에 우리가 방문한 하와이는 천혜의 자연경관을 지키기 위해 사회 구성원들이 적극적인 소통과 노력을 하고 있었다. 하와이의 해양 대기청(National Oceanic and Atmospheric Administration)에는 어민과 정부 기관 사이의 24시간 핫라인이 구축돼 있어 서로 공감하고 협력할 수 있는 체계로서 역할을 하고 있었다. 어민은 위기 상황이 닥치면 직접 해당 정부 부처와의 연락이 가능하며, 정부는 이를 통해 빠르고 구체적으로 어민들의 상황을 파악하고 대처할 수 있다.

마이애미의 산호 보호 비영리단체인 산호 복구 재단(CRF, Coral Restoration Foundation)는 정부 기관의 후원을 받는 단체로, 시민들이 해양환경 보호에 적극적으로 협력할 수 있도록 자원봉사 프로그램을 운영하고 있다. 또한, 어린아이와 학부모가 참여할 수 있는 레크리에이션 프로그램을 운영하면서 바다 사막화의 관심을 고취하고 있다. 정부와 단체 그리고 시민이 다양한 제도를 통해 환경문제에 꾸준히 관심을 두고 상호 협력해나가고 있는 것이다. 아름다운 커뮤니케이션은 하루 만에 구축된 것이 아니었다. 하와이의 시민, 정부 기관, 단체가 오랜 시간 신뢰를 쌓은 끝에 이뤄낸 결과였다. 한국에도 사회 구성원들이 함께 소통할 수 있는 튼튼한 커뮤니케이션 인프라가 마련돼, 바다 환경문제를 더욱 적극적으로 해결해나가야 한다고 생각했다.

좌) 완벽한 날씨, 완벽한 국토 자원부와의 인터뷰, 완벽한 장소! 모든 것이 완벽한 하와이
우) 열정적인 손짓으로 설명 중인 미국 해양 대기청 파울로 씨. 저희 여기 취직시켜 주세요. 네?

성게를 미워하지 마라

하와이의 국토 자원부(Department of Land and Natural Resources)에서 만난 폴 무라카와(Paul Murakawa) 박사님께서는 성게를 미워하지 말라고 조언하셨다. 성게는 우리나라 바다에서 해적 같은 존재로 바다 생물에게 먹이와 서식지를 제공하는 해조류를 먹어치워 생태계를 불모지로 만든다. 그러나 해조류가 사라지는 우리나라 바다와는 달리, 하와이에서는 해조류가 산호의 생장을 방해해 산호가 사라지는 것이 문제가 된다. 이에 골칫덩어리 해조류를 먹어 없애버릴 성게가 하와이에서는 꼭 필요한 생물이다. 태평양 반대편의 한국과 정반대 상황이다. 폴 박사님께서는 사람들이 각자의 목적에 따라 해양생물을 나쁘게 생각하고 좋게 생각하는 경향이 있지만, 사실 성게는 살아남기 위해 최선을 다하는 것뿐이라고 일깨워주셨다. LG글로벌챌린저에 도전하면서 성게를 원망했던 우리였지만, 탐방을 통해 성게를 더 이해하고, 연민의 감정을 갖게 됐으며, 공생 방식을 찾아야 한다고 다짐하게 됐다.

탐방을 진행한 결과 우리는 기술·생태계·정부 측면으로 각각 친환경 폴리머 사용, 바다 생물과의 공존, 시민과 정부 부처의 소통이라는 대안을 찾아냈다. 우리는 성게를 막는 것에 그치는 것이 아니라, 바다 사막화가 개선됐을 때 성게 또한 공존할 수 있는 건강한 바다를 만드는 것을 최종적인 목표로 삼았다. 이 과정에서 기술적인 접근뿐 아니라 정부 부처와의 협력 또한 필수적이라는 것을 알게 됐다. 우리는 이 대안들을 바탕으로 영구적으로 성게를 막는 것이 아닌 해중림초를 통해 바다숲을 조성하는 기간에만 성게의 접근을 막는 것을 목표로 삼았다. 따라서 방어벽이 자신의 역할을 다하고 일정 기간이 지나면 자연적으로 분해되도록 생분해 해양구조물 방어벽을 제안할 예정이다. 또한, 소통의 중요성을 현재 대한민국 바다 사막화 해결을 위한 많은 프로젝트를 총괄하고 있는 수산자원관리공단에 알려 정부, 비영리단체, 그리고 시민이 함께 협력하여 문제를 해결할 수 있는 토대를 마련할 것을 제안할 예정이다.

EPISODE

11시간의 경유, 영화 〈터미널〉을 찍다

우리는 뉴욕을 시작으로 플로리다, 미시시피를 거쳐 하와이까지 미국의 총 네 개 지역을 방문했다. 그 중에서 가장 기억에 남는 이동은 머리디언에서 하와이로의 이동이었다. 경유도 무려 두 번이고, 시간도 각각 3~4시간이 넘게 걸려 엄청난 기다림의 연속이 될 것을 직감했기에 당일 아침 단단히 준비하고 나섰다. 하와이로 이동 중 문제가 생긴 것은 LA에 도착했을 때였다. 두 번 이상 경유를 하는 과정에서 연착이 발생한 것이다. 경유와 긴 비행에 지친 우리는 컨디션을 회복하기 위해 맛있는 음식을 찾아 먹었다. 우리는 공항의 음식점에서 맛있는 음식을 먹고 카페에서 클루카드로 보드게임을 즐기며 지친 기분을 끌어올리려고 노력했다. 되돌아보니 기다림의 시간도 지금은 하나의 추억거리로 떠오른다. 모든 일은 어떻게 받아들이느냐 따라 고통이 될 수도 즐거움이 될 수도 있다.

"성게알지 최고의 사진 기사"

저의 사진 촬영 능력이 이렇게 요긴하게 쓰일지 몰랐습니다! 저를 통해서 인터뷰에서 만나 뵌 많은 분의 모습과 성게알지의 도전을 생생하게 전달할 수 있어 뿌듯합니다. 팀원에게도 우리들의 여정을 남겨줄 수 있어 행복합니다.

팀원 1. **박영경**

"성게알지 기자 생활"

화학과인 제가 국내외 인터뷰를 이렇게 많이 하고 다닐 줄은 상상도 못 했습니다. 이제는 어디를 가도 녹음기를 착착 켭니다. 새로운 적성을 찾은 기분이랄까요! 인터뷰를 많이 할수록 새로운 정보를 얻고 새로운 것을 배워 어떻게 살아가야 할지도 많이 생각해볼 수 있었습니다.

팀원 2. **윤민주**

"성게알지의 미국인"

이번 탐방을 통해 비로소 제대로 소통하는 법을 배웠다고 생각합니다. 상대방에게 표현하고 싶은 내용을 전달하고, 나에게 상대방이 전달하고자 하는 내용을 제대로 이해하는 것이 진정한 소통이라고 생각했습니다. 소통이 얼마나 우리 삶에서 중요한지 새삼 느끼게 되는 활동이었습니다.

팀원 3. **이민주**

"성게알지의 갑자기 미대생, 성갑미"

미대에 재학 중인 제가 이공계 주제를 직접 선정하고 LG글로벌챌린저에 도전하다니! 정말 마음먹으면 하지 못할 일은 없다는 것을 제대로 느꼈습니다. 이공계 교수님들과 전문가분들의 메일로 가득했던 제 메일함을 보며, 열정으로 지새우던 밤들이 이런 값진 날들을 만들어준 것이라 느꼈습니다. 정말 큰 자신감을 얻게 된 소중한 경험이었습니다.

팀원 4. **최지원**

미래를 향한 진심이 주는 열정으로 버티자!

1. 첫 거절에 낙담하지 말자

어떤 팀이든 반드시 방문해야 할 기관이 있을 것이다. 우리 역시 가장 많은 궁금증을 충족시켜줄 보물단지 같은 기관이 따로 있었다. 그러나 첫 연락의 결과는 대실패였다. 아무래도 기업의 경우 지적재산권이 중요하다 보니, 정보 공유에 조심스러운 면이 많다. 이럴 땐 무조건 부딪치는 수밖에 없다. 실제로 우리는 기관의 관계자와 SNS를 통해 탐방 주제를 공유하면서 친근감을 형성했다. 그 결과 따뜻한 환영과 함께 알짜배기 인터뷰를 할 기회를 얻을 수 있었다. 이번 경험을 통해 우리는 가지 못할 곳은 없다는 것을 알게 됐다. 첫 거절에 쉽게 포기하지 말고 끝까지 설득해보라고 조언하고 싶다.

2. 진실성 있는 주제 선택

탐방 시, 마음이 움직이는 주제를 선택할 것을 권한다. 우리의 경우는 바다 사막화였다. 팀원들이 열렬히 사랑하는 미역, 김, 다시마를 가까운 미래에 못 먹게 될 수도 있다는 사실이 먼 사회문제를 가깝게 만들어줬다. 바다 사막화는 우리에게 매우 큰 의미로 다가왔다. '동해에서 미역을 보지 못할 수도 있다'는 간단하면서도 충격적인 정보에 네 팀원 모두가 관심을 가지고 진심으로 이 문제에 대한 해결책을 마련하고자 도전을 시작했다. 만약 관심이 없는 주제였다면 그저 또 하나의 먼 사회문제로 흘려보낼 수도 있었을 것이다. 그러나 바다 사막화에 진심으로 안타까운 마음을 가졌기에 이를 해결할 방안을 꼭 찾고 싶었고, 지치지 않고 여기까지 올 수 있었다. 그것을 원동력으로 어려운 고비를 넘길 수 있었다. 자신들이 진정 관심을 가지고 아끼는 주제를 선정한다면 그것만으로도 큰 힘이 될 것이다.

생쓰레기 가죽으로 시작하는
지속 가능한 자원순환 사회

팀명(학교) 리본레더 (가톨릭대학교)
팀원 강영리, 김효진, 용혜주, 이기운
기간 2018년 7월 15일~2018년 7월 28일
장소 영국, 포르투갈, 스위스, 네덜란드
　　　　 런던 (코모도 Komodo)
　　　　 런던 (피나텍스 Pinatex)
　　　　 아마도라 (앤에이이 비건 패션 NAE Vegan Fashion)
　　　　 바흐 (해피 지니 Happy Genie)
　　　　 바흐 (이피이에이 EPEA)
　　　　 로테르담 (블루 시티 Blue City)
　　　　 로테르담 (푸르츠레더 로테르담 Fruitleather Rotterdam)

우리나라의 생활폐기물 중 가장 많은 양을 차지하고 있는 음식물 쓰레기는 계속해서 증가해왔고, 정부는 이를 처리하기 위해 과거부터 각종 정책을 펼쳐왔다. 하지만 사료화, 퇴비화, 바이오 가스화 등 기존의 자원화 방안들은 환경문제를 발생시킬 뿐만 아니라, 경제성이 떨어진다는 지적을 받고 있다. 이에 우리는 음식물 쓰레기의 새로운 자원화 방안을 고민하게 됐고 이러한 과정에서 알게 된 것이 생쓰레기 가죽이었다. 생쓰레기 가죽은 유통 조리 과정에서 발생하는 생쓰레기를 활용해 만들어지는 업사이클링 상품으로 친환경성과 경제성을 겸비하고 있다. 하지만 우리나라에는 이를 업사이클링하는 기업이 전혀 없으며, 생쓰레기를 활용하는 데에는 법적인 한계가 뒤따르고 있다. 이에 우리 팀은 생쓰레기 가죽의 국내 활성화 방안과 더불어 지속 가능한 자원순환 사회를 이룩하기 위한 방법을 찾으러 유럽으로 떠났다.

피나텍스가 있는 서머셋
하우스 광장에서 단체 샷

◢◣ 업사이클링 제품의 가치와 다양성을 확인하다

첫 방문지인 런던은 우리의 탐방을 환영한다는 듯이 첫날부터 맑은 날씨로 우리를 반겨줬다. 런던 방문 경험이 있는 팀원 덕분에 우리는 손쉽게 숙소에 도착했고, 첫 인터뷰를 차근차근 준비할 수 있었다. 첫 번째 인터뷰 기관인 코모도(Komodo)는 런던 북부에 자리 잡고 있으며 30년 동안 에코패션(Eco-Fashion)을 위해 연구·개발하며 지속 가능한 자원순환* 패션을 확립한 기업이다. 영국의 최장수 지속 가능 패션 기업으로서 세계 각국의 기업들과 협력하고 있으며 오늘날 패스트 패션의 문제점의 대안인 친환경적인 자원 순환형 소재들을 제품에 적용하고 있다.

코모도의 매니저 토니 마운트포드(Tony Mountford) 씨는 이른 아침부터 밝은 모습으로 우리를 맞이해줬다. 인화원에서 교육을 받을 때 악수의 중요성에 대해 배웠던 것이 큰 도움이 된다는 것을 새삼 느끼면서 각자의 이름을 소개하며 첫 대면을 가졌다. 우리는 다양하게 전시된 패션제품에 시선을 빼앗겼다. 토니 씨는 업사이클링 소재로 만들어진 옷들을 보여주며 이 섬유들에 대한 설명과 함께 코모도에 대한 소개를 시작했다.

빠르게 생산해 소비되고 버려지는 패스트 패션이 지속하는 사회에서 코모도의 노력은 우리의 소비 습관을 다시 되돌아보게 했다. 토니 씨는 우리가 환경친화적 산업에 관심을 두고 실천하려면, 환경에 해가 없는 섬유 소재의 개발이 필요하다고 덧붙였다. 우리는 업사이클이나 친환경적인 소재들로도 다양한 제품들이 만들어질 수 있다는 것에 놀랐고, 상품의 종류가 다양해진다면 소비자들의 소비 욕구를 만족하게 할 수 있다는 확신이 갖게 됐다.

---

*__자원순환__ 생산이나 소비 등의 경제활동에 수반해 불필요한 것이 발생하지만, 그들을 폐기하지 않고 이용하는 것을 자원 리사이클 혹은 자원 재순환, 자원 재이용 등으로 말함

에코 패션에 대한 인터뷰에 응해준 토니 씨와 함께 우리의 자원순환 포즈를 취하다

🚩 버려지는 잎도 다시 보자, 피나텍스

코모도에 이어 같은 날 예정된 피나텍스(Pinatex) 인터뷰를 위해 우리는 바쁘게 움직였다. 피나텍스의 사무실이 있는 곳은 서머셋 하우스(Somerset House)는 19세기 후반에 건축돼 현재는 각종 예술 기관에서 사용하는 곳이었다. 매니저인 멜리자 멘도자(Meliza Mendoza) 씨가 우리를 친절하게 사무실로 안내해줬다.

　피나텍스는 버려지는 파인애플 잎사귀에서 섬유 맥을 추출해 인조피혁을 만드는 기업이다. 멜리자 씨는 피나텍스의 설립자인 카르멘 이요사(Carmen Hijosa) 씨에 관해 이야기하며 피나텍스의 탄생 스토리에 대해 알려줬다. 카르멘 씨는 10년 넘게 가죽 생산 전문가로 일했다고 한다. 하지만 가죽 사업으로 인해 많은 환경오염이 발생하는 것을 목격하며 가죽을 대체할 수 있는 지속 가능한 섬유

피나텍스가 만든 잎사귀 추출물로 제품들을 걸치고 멜리자 씨와 함께

가 필요하다는 것을 느꼈다. 그러던 중 필리핀 사람들이 파인애플 잎으로 전통의상인 바롱 타갈로그(Barong Tagalog)를 만드는 것을 보고 아이디어를 얻어 피나텍스를 탄생시켰다. 피나텍스는 기존 가죽과는 달리 친환경적인 공법을 거치기 때문에 지속 가능한 소재로서 큰 가치가 있다. 우리는 피나텍스가 제작한 여러 샘플들을 입어볼 기회도 얻었다. 파인애플 잎으로만 만들어졌다고는 상상할 수 없을 정도 부드럽고 아름다운 소재들이었다. 개발자의 노력에 다시 새삼 감탄하게 됐다.

무엇보다 피나텍스와 다른 업사이클 기업과의 가장 큰 차이점 중 하나는 지역사회를 고려한다는 점이었다. 필리핀에서 나오는 파인애플 부산물들이 소각되는 대신 자원화돼 해당 지역의 환경오염을 방지하며 농촌 공동체에 도움을 준다는 것이다. 단순히 업사이클링에 그치지 않고 지역사회의 발전까지 고려한다는 점이 매우 인상 깊었다.

포르투갈에서도 업사이클링 사업은 발전한다

우리는 LG글로벌챌린저 도전 이후 각종 기관에 연락했을 때 가장 호의적인 반응을 보여준 포르투갈 아마도라에 있는 앤에이이 비건 패션(NAE Vegan Fashion)에 도착했다. 유럽의 다른 나라보다 업사이클링 소재에 대한 인식이 낮은 포르투갈에서 유럽의 다양한 업사이클링 기업과의 협력을 통해 여러 업사이클링 소재의 신발을 제작해 널리 알리고 있는 기업이다. 우리나라의 업사이클링 초기 사업에 관련한 조언을 얻을 수 있을 것 같아 꼭 방문하고 싶었던 곳이었다.

이 회사는 우리가 방문한 기업 중 하나인 피나텍스의 소재를 활용해 신발을 제작하고 있어서 기업 간의 파트너십을 살펴볼 기회이기도 했다. 하지만 출국 직전 공장 휴가 기간이어서 인터뷰 진행이 어렵다는 답을 받고 다른 기관을 물색해야 하는 상황에 이르게 됐다. 그러나 우리는 포기하지 않고 잠깐이라도 시간을 내달라고 계속 요청을 했고 앤에이이 비건 패션에서는 오프라인 매장 탐방을 허가하는 것으로 본사 방문을 대신했다.

좌) 19세기 후반 건축 양식으로 지어진 서머셋 하우스에 있는 피나텍스 사무실을 향하여
우) 포르투갈의 코메르시우 광장에서 맑은 하늘을 배경으로 깃발과 함께 단체 컷

우리는 복잡하게 이어진 버스 노선을 따라 우여곡절을 겪으며 엘엑스 팩토리(LX Factory) 내에 있는 매장에 찾아갈 수 있었다. 일찍 도착한 우리는 근처 건물 내부를 구경하다가 우연히 앤에이이 비건 패션의 사무실을 발견하게 돼 조심스럽게 들어가 인터뷰를 요청했다. 갑작스러운 방문에 당황스러울 수도 있는데 스태프 마르타 팔마(Marta Palma) 씨는 브랜드에 대해 친절하게 설명해줬다. 이곳의 주된 목표는 친환경적이며 윤리적인 공정을 통해 신발을 제작하는 것이다. 앞서 말한 피나텍스 소재뿐만 아니라 플라스틱으로 만든 가죽, 코이어 등 윤리적인 인증마크를 받은 소재들만 사용해 신발을 제작한다.

매장에서 업사이클링 소재로 제작된 여러 신발을 보며 기존 가죽 신발과 비교했을 때 절대 부족하지 않다는 걸 느끼기도 했다. 특히 이곳의 신발들은 다양한 업사이클 소재로 제작됐기 때문에 소비자들의 관심과 호기심을 끌 수 있다. 또한, 소재가 다양해 원하는 소재의 신발을 선택할 수 있다는 장점이 있다.

제품을 구매하기 위해 소비자들이 직접 매장에 방문해 전문가들의 설명을 열심히 듣는 모습을 보면서, 친환경 소재도 시장에서 충분히 경쟁력 있는 상품으로 성장할 수 있다는 점을 깨달았다.

🚩 사과 폐기물도 럭셔리해질 수 있다

음식물 쓰레기를 업사이클링하는 기업을 찾던 중 해피 지니(Happy Genie)를 발견했을 때 처음엔 모두 해피 지니의 가방이 사과 폐기물로 만들어졌다는 설명을 믿을 수 없었다. 업사이클 소재라고 하기엔 너무도 천연가죽과 유사해 보였고 여느 명품과 견주어도 뒤처지지 않을 만큼의 아름다운 디자인이었기 때문이다. 여기서 감명받은 우리는 해피 지니의 상품들을 직접 확인하고 싶다는 생각이 간절했다. 하지만 메일에 답이 한 번 온 뒤로 더는 답장을 받을 수 없었고, 전화 연결 또한 되지 않았다. 빠듯한 일정 속에서 스위스를 경유지로 정한 이유가 오직 해피 지니와의 만남이었던 탓에 우리는 순번을 정해 반복해서 인터뷰 요청 메일을 보내기도 했다. 그러던 중 출국 바로 전 주가 돼서야 해피 지니의 최고 경영자인 타냐 셍커(Tanja Schenker) 씨의 인터뷰 수락 메일을 받을 수 있었다. 그녀를 만나기도 전에 우린 벌써 훌륭하게 과제를 해냈다는 기쁨과 흥분에 도취했다.

우리의 숙소가 위치한 취리히에서 해피 지니의 사무실이 위치한 바흐까지는 꽤 거리가 멀었기 때문에 다들 새벽같이 일어나 기차에 몸을 실었다. 이른 시간의 만남이었지만 밝은 모습으로 우릴 맞이해준 타냐 씨의 환대 덕분에 우리의 몸과 마음은 가뿐해졌다. 사무실 한쪽으론 쇼케이스가 마련돼 있어 우리가 그토록 보고 싶어 하던 해피 지니의 다양한 가방들을 볼 수 있었다. 타냐 씨는 원래 고급 가방 제조업체를 운영하고 있었고, 사과 부산물을 접목한 럭셔리 라인을 통해 유럽의 패셔니스타들로부터 많은 호응을 얻고 있었다. 해피 지니의 가방들은, 업사이클 제품은 품질이 떨어지거나 덜 고급스러워 보일 것이라는 예상을 완전히 뒤엎은 제품들이었다. 타냐 씨는 좋은 품질을 강조한 고급화된 이미지로 업사이클링 제품에 대한 소비자들의 인식이 변화될 수 있다고 강조했다. 해피 지니의 사과 가죽에는 기존 인조가죽과 같이 다양한 프린팅과 스탬핑이 가능했다. 이를 보며 업사이클링 산업의 발전 가능성은 무궁무진하다는 것을 새삼 깨달았다.

좌) 사과 폐기물을 업사이클링하는 스위스 기업 해피 지니의 타냐 씨와
우) 네덜란드 푸르츠레더 로테르담의 대표 휴고 씨와 과일 가죽 이야기를 나누다

자원순환 사회를 향한 로테르담의 노력은 끝이 없다

마침내 우리는 결전지로 간주했던 네덜란드에 입국했다. 이곳은 연구 주제에 가장 중요한 인터뷰이들이 있는 곳이기 때문이다. 네덜란드에는 환경친화적인 기업들이 유독 많았고 자원순환 사회를 위해 힘쓰고 있는 기관들도 많았다. 네덜란드 첫 방문 기관은 로테르담의 명소 블루 시티(Blue City)였다. 이 기관 역시 연락에 애를 먹다가 네덜란드 입국 날에서야 인터뷰 일자를 확정 지을 수 있었다.

로테르담은 네덜란드의 혁신도시라는 것을 증명하듯이 독특한 양식을 갖춘 건물들이 즐비했다. 로테르담 강가에 있는 블루 시티는 과거 워터파크였던 건물을 개조해 사용하고 있어서 멀리서도 한눈에 알아볼 수 있는 개성 넘치는 외관을 자랑하고 있었다. 건물이 상당히 큰 탓에 입구를 찾는 데 시간이 걸린 탓에 약속한 시각보다 지체됐지만 다정한 아라벨라 판 아트리크(Arabella van Aartrijk) 매니저님께서는 우리를 친절하게 맞이해주셨다. 아라벨라 매니저님께서는 블루 시티의 목표가 자원이 100% 순환되는 경제 생태계를 구축하는 것이며, 자원순환형 사업을 구상 중인 예비 창업가를 지원하는 것을 비롯해 외부의 기업가, 연구원, 지역주민, 정부 및 교육기관과 함께 원형 경제를 만들고 순환 고리를 형성하는 데 집중하고 있다고 설명해주셨다. 인상 깊었던 점은 이러한 기관의 운영에 로테르담시가 적극 가세하고 있다는 점이다. 네덜란드 정부는 2016년 순환 경제 구축을 위한 범국가적 프로그램인 'The Netherlands Circular in 2050'을 발표하며 선형 경제에서 순환 경제, 자원순환형 사회로의 전환에 총력을 기울이고 있었다. 관련법 제정과 함께 자원절약에 기여한 기업에는 세제감면과 인센티브 등의 재정지원을 해서 많은 기업이 자원순환형 사회에 동참할 수 있게 하고 있다.

우리의 가장 큰 바람은 이 자연친화적인 도시에서 푸르츠레더 로테르담 (Fruitleather Rotterdam)의 대표 휴고 드 본(Hugo de Boon) 씨를 만나는 것이었다. 하지만 첫 메일 답장 이후로 그와 인터뷰 일정을 잡느라 애를 먹고 있는 중이었다. 블루 시티의 드넓은 로비에서 기념사진을 촬영하다 우연히 낯익은 얼굴을 목격하게 됐다. 우리는 단번에 그가 푸르츠레더 로테르담의 휴고 씨라는 것을 확신하게 됐다. 이에 한 명이 다가가 조심스럽게 인사를 하자 그는 우리를 잘 안다는 듯한 표정을 지으며 우리의 즉석 인터뷰에 응해줬다.

휴고 씨는 나날이 자원이 부족해지는 세상에 살고 있는 우리가 매년 13억 톤의 식량을 버리며, 그중 절반도 먹지 않은 채 버려지는 과일 소모의 실정에 대해 강조했다. 이어 푸르츠레더 로테르담 팀의 실용적인 재활용 방안과 성공적인 과일 가죽의 탄생 신화를 들려줬다. 버려지는 과일을 수거해 분쇄하고, 건조와 압축 과정을 거쳐 가죽과 유사한 소재로 탄생시키는 과정을 상세하게 설명했다. 더불어 최근엔 로테르담의 시장에서만 하루 몇천 톤의 과일들이 버려지며 이것을 수거해 과일 가죽을 제작 중이라고 했다. 생쓰레기 가죽의 국내 현실화를 위해서 수거 방안을 고민하고 있던 우리는 다량의 폐기물이 고정적으로 분류돼 나오는 대형 시장과 협업한다면 좀 더 수월하게 이 문제를 해결할 수 있을 것 같다는 생각을 했다.

휴고 씨를 통해 난생처음으로 버려진 과일로 만든 가죽을 만져볼 수 있었다. 처음 과일 가죽을 만져봤을 때 기존의 인조가죽과 다른 점을 눈으로는 전혀 발견할 수 없었다. 심지어 음식물 쓰레기로 제작했다고 믿기지 않을 정도로 질감이나 냄새까지 가죽과 유사했다. 이곳에서 휴고 씨와의 경험이 우리의 탐방 주제를 더욱 탄탄하게 만들어줬다.

계획했던 인터뷰들을 모두 무사히 마치고 숙소로 돌아가는 마지막 날은 우리 팀원들에게는 뿌듯했던 기억으로 남았다. 우리 팀의 탐방은 마냥 순탄하지만은 않았지만 연이은 행운은 점차 지쳐갔던 우리에게 새로운 힘을 줬고, LG글로벌 챌린저로서의 긍지를 기를 수 있게 했다. '세상은 도전하고 볼 일이다.' 도전을 통해 우리는 한국에서는 결코 경험해 볼 수 없었던 선진국의 업사이클링 제도와 문화 그리고 그들의 노력을 피부로 직접 느낄 수 있었다. 우리가 직접 체험하고 느낀 선진국의 업사이클링에 대한 관심과 노력이 한국에까지 널리 퍼졌으면 하는 바람이다.

에그베네딕트와 비행기를 바꿀 뻔하다

우리 팀은 런던 다음인 포르투갈로 가기 위해 공항에 도착했다. 이른 시간이라 배가 고팠기 때문에 에그베네딕트를 먹었고 곧 촉촉하고 입을 감싸는 맛에 흠뻑 빠져버렸다. 식사를 마치고 비행기를 타기 위해 게이트로 향했는데, 이게 웬일인가. 우리가 탑승하는 게이트에 갔을 때, 게이트는 이미 닫혀있었고 공항은 한적했다. 우리는 숨을 헐떡거리며 게이트를 찾아냈고 직원에게 우리가 가진 티켓의 비행편이 맞느냐고 물었다. 그러자 그 직원은 미안하다며 게이트가 전산 오류로 잘못 표기됐었고, 공항 측에서 정정 방송을 했다고 말했다. 우리가 에그베네딕트 먹는 것에 심취돼 그만 방송 소리를 듣지 못했던 것이다. 우리는 땀에 젖은 얼굴로 우리를 제외하고 모두가 탑승한 비행기에 마지막으로 냉큼 자리했다. 런던을 뱃속에 넣고 포르투갈로 가려던 우리의 계획은, 에그베네딕트와 비행기 티켓을 바꿀 뻔했던 사연까지 덤으로 안겨줬다.

휴고 드 본

Fruitleather Rotterdam / Founder Fruitleather Rotterdam

Q 과일 가죽의 제작 공정은 어떠합니까?

A 과일 가죽은 먼저 먹지 못하고 버려지는 과일을 수거하는 단계로 시작합니다. 저희는 버려진 과일을 수거하기 위해 유통 과정에서 다량의 과일 쓰레기가 발생하는 대형 시장과 식자재 업체의 도움을 받고 있습니다. 수거된 과일은 과육과 껍질이 있는 원래의 상태 그대로 잘게 갈아 끓입니다. 가열의 과정을 통해 박테리아를 제거할 수 있습니다. 그 후 가죽 페이스트를 제작된 틀에 붓고 얇게 펴낸 후 건조의 과정을 거칩니다. 이러한 열처리의 과정을 반복하면 인조가죽과 같은 질감을 나타내는 소재가 완성됩니다. 과일 가죽 공정은 기존의 인조가죽 공정보다 비교적 간단하며 친환경적인 소재를 사용해 제작됨으로써 상대적으로 친환경적인 공법이라 할 수 있습니다.

Q 가죽 소재로 과일뿐만 아니라 엽채류도 가능하다고 보십니까?

A 유통 및 조리 과정에서 버려지는 음식물 중에서는 과일뿐만 아니라 다량의 엽채류도 포함돼 있습니다. 그리하여 저희는 초기에 버려진 엽채류를 통해 연구를 시도해봤습니다. 과일 가죽에 조금 더 집중해 개발을 진행하다 보니 엽채류에 대한 연구가 조금 미뤄졌으나 엽채류 또한 섬유 소재로의 개발 가능성이 충분히 있다고 생각합니다. 게다가 최근 개발한 과일 가죽을 보면 앞면과 뒷면의 재질이 다른 것을 느낄 수 있습니다. 이는 과일 가죽의 내구성을 조금 더 높이기 위해 뒷면에 코코넛 껍데기에서 얻을 수 있는 섬유를 덧대어 만들었기 때문입니다. 이처럼 코코넛 껍데기에서 얻을 수 있는 셀룰로스 섬유와 과일 가죽이 만들어지는 방식의 결합으로 더 높은 내구성이 가능해진 것입니다.

"집착에 가까운 컨택을 담당한 동그라미 멤버"

어려운 일이 생기면 망설이는 일이 많았던 저를 가장 크게 변화시켜준 것은 LG글로벌챌린저입니다. 서류 제출과 탐방대원이 되기 위한 마지막 관문인 면접까지 벅차지 않은 날이 없었습니다. 그럴 때마다 팀원들이 옆에서 큰 힘이 돼줬고 자신을 다잡을 수 있었습니다. 한 주제를 일 년 가까이 연구하면서 끈기도 기를 수 있었고 주제에 대한 자신감과 필요성도 느끼게 됐습니다.

팀원 1. **강영리**

"앞머리 커튼이 내려오기 전까지 만능 언어 기획 발전소"

LG글로벌챌린저에서의 탐방 활동은 저 자신에게 '할 수 있다'라는 자신감을 높여준 활동이었습니다. 대학생으로서 할 수 없을 것으로 생각했던 일들을 팀원들과 하나씩 풀어나가다 보니 어느새 저 자신의 가능성을 넓게 볼 수 있게 됐습니다. LG글로벌챌린저를 통해 불가능할 것으로 생각했던 일들이 가능해지면서, 노력하면 그만큼 이루어질 것이라는 말을 믿게 됐습니다.

팀원 2. **김효진**

"170cm 이상 사이에서 빛나는 150cm 디자인 요정"

LG글로벌챌린저는 쉽지 않은 도전이었으나, 찰떡궁합 같은 팀원들을 만나 무사히 마무리할 수 있었습니다. 새로운 것을 두려워하고 익숙한 생활과 반복적인 일에 익숙해져 있던 저에게 주제 선정, 기관 인터뷰, 컨택 등의 과정은 혼자 하기에 벅찼습니다. 하지만 팀원들의 노력과 격려로 이 모든 것들을 마무리할 수 있었습니다. 팀원들에게 정말 감사합니다.

팀원 3. **용혜주**

"새벽이슬 같은 감성 글을 담당한 감수성 팀장"

연고도 없는 곳에, 단지 내가 배우고 싶은 주제와 관련되었다는 이유로 도움을 요청하고 그들이 아무런 조건 없이 우리의 열정을 믿고 받아들일 수 있게 하는 이런 일련의 과정들이 저에겐 너무나 큰 도전이었고, 저를 한 단계가 아닌 여러 단계 성큼 더 키워준 요소였습니다. LG글로벌챌린저는 끝이 났지만, 제 인생의 글로벌챌린저는 이제 시작입니다!

팀원 4. **이기운**

절반의 주제와 절반의 팀워크로 이뤄낸
하나의 LG글로벌챌린저

1. 주제는 주제로 끝나는 것이 아니다

세상은 너무나 급작스럽게 변하고 있다. 아침에 눈을 뜨면 또 어떤 새로운 기술이 우리를 놀라게 할지 한 치 가늠도 할 수 없는 사회이다. 세상에 놀라운 기술과 꼭 배워서 우리나라에 적용하고 싶은 기술은 많다. 하지만 기술이 백번 생각해서 좋다고 한들, 우리나라에 맞지 않거나 우리나라에 어떻게 적용할 수 있을지 알지 못한다면 그 주제는 무슨 소용이 있을까? 단순히 주제가 너무 좋아서 배워오겠다고 생각했다면, 그다음에는 이 주제가 우리 사회에 어떤 영향을 미칠 수 있을지 생각하는 것이 포인트이다. 주제는 주제로 끝나는 것이 아니다. 주제가 사회를 바꿀 것이다.

2. 팀의 다른 말은 '가족'

LG글로벌챌린저를 준비하면서 가족보다 팀원들의 얼굴을 더 많이 마주보고 있었다. 몇십 년을 같이 얼굴을 맞대고 사는 가족끼리도 다툼이 있는데 팀원들끼리 갈등이 없었을까. 우리는 이견을 조율하는 과정에서 생겼을 앙금을 풀기 위해 허심탄회하게 각자의 속마음을 털어놓는 시간을 주기적으로 가졌다. 누가 주도랄 것도 없이 밥을 먹다가도, 잠시 틈이 난 시간에도 솔직하게 마음속에 있던 말을 털어놓았다. 팀은 어떠한 개인보다 위대하다는 것을 LG글로벌챌린저를 하면서 알게 됐다. 모두가 완벽할 수는 없지만, 팀은 완벽해질 수 있다. 팀워크를 잘 유지한다면, 모든 일을 완벽하게 해낼 수 있지 않을까. 팀의 다른 말은 가족이다. 가족은 아무리 화나고 힘들어도 다시 하나가 돼야 한다.

한국형 웜팜: 흙을 살리는 첫걸음

팀명(학교) Global WORMing (충북대학교)
팀원 신건희, 오미연, 이의인, 이효준
기간 2018년 8월 1일~2018년 8월 14일
장소 뉴질랜드, 호주
 오클랜드 (에코스톡 Ecostock)
 오클랜드 (오클랜드 의회 Auckland Council)
 타우랑가 (타우랑가 시청 Tauranga City)
 멜버른 (웜러버스 Wormlovers)
 멜버른 (시리즈 Ceres)
 시드니 (시드니대학교 University of Sydney)

호주 킬런 가든스에서 팀원들과 함께

인류와 농업은 함께 진화해왔다. 하지만 아이러니하게도 농업이 발달할수록 흙은 점점 척박해졌다. 화학비료의 발명으로 흙에 부족한 양분을 인공적으로 공급하는 것이 가능해졌지만, 화학비료가 공급되기 시작한 지 채 50년도 되지 않아 도를 넘은 비료의 사용이 토양과 환경문제를 일으키고 있는 것이다.

농업과 관련된 학문을 전공하는 팀원들로 이루어진 우리는 농업으로 야기되는 환경문제를 해결하는 데 이바지하고 싶었다. 우리는 지렁이 분변토가 토양 구조에 좋은 영향을 미친다는 점과 식물에 양질의 양분을 공급한다는 점에 주목해, 지렁이 분변토를 보완한 퇴비를 고안했다. 우리는 웜팜(Worm Farm)*을 사용해 지렁이에게 가축분 퇴비를 먹이로 줘 양질의 지렁이 퇴비를 생산함으로써 농업에서 과다 시비 되는 비료를 대체하고, 비료 사용의 표준시비량*을 준수할 방법을 제안하려 한다. 국내에 한국형 웜팜을 도입하고 상용화하는 데 필요한 조언을 얻고자 우리는 농업 선진국이자 웜팜이 상용화된 뉴질랜드, 호주로 탐방을 떠났다.

쓰레기로 돈을 번다고? 에코스톡!

11시간의 기나긴 비행 끝에 도착한 첫 번째 탐방 도시는 오클랜드였다. 오클랜드는 남반구에 자리 잡은 뉴질랜드의 최대 도시로, 여름인 우리나라와는 정반

*웜팜 호주와 뉴질랜드에서 사용하는 지렁이 사육장으로, 유기물 쓰레기 등을 넣어주면 지렁이가 먹어 처리하는 친환경적인 구조물이다
*표준시비량 작물 재배 시 작물이 최대의 수량을 거둘 수 있는 비료의 양을 정해놓은 기준

열심히 웜팜에 대해 설명하시는 뉴질랜드 에코스톡의 앤드루 대표님

대인 차가운 공기가 우리를 맞았다. 덕분에 우리는 공항에서 캐리어를 찾자마자 옷을 겹겹이 껴입어야만 했다.

우리는 가장 먼저 현재 뉴질랜드 웜팜의 기술적인 상황을 짚어보고 산업현장을 직접 체험해보기 위해 에코스톡(Ecostock)에 방문했다. 에코스톡은 뉴질랜드 오클랜드에 있는 다목적 친환경 쓰레기처리 회사다. 웜팜을 제작, 판매할 뿐 아니라 카운트다운(Countdown), 뉴 월드(New World) 같은 대형 슈퍼마켓과 네슬레(Nestlé), 네스카페(Nescafe)에서 배출되는 유통기한이 지난 유기물 쓰레기를 웜팜을 통해 대신 처리해주는 사기업이다.

기업에 도착하자 뉴질랜드의 상징인 키위 새가 그려진 안전 조끼를 입은 앤드루 피셔(Andrew Fisher) 대표님이 엄청난 양의 음식물 쓰레기와 함께 우리를 반겨줬다. 대표님은 에코스톡에서 생산되는 웜팜을 통해 줄어드는 뉴질랜드의 쓰레기양이 연간 3만 5,000톤이라는 점과 생산된 분변토의 퇴비화로 인한 수익 과정을 설명해주며, 에코스톡이 단순한 사기업이 아니라 환경을 생각하는 기업이라는 점을 강조했다.

사무실에서의 간단한 대화를 마친 후, 대표님은 웜팜 설비가 있는 곳으로 우리를 안내해주셨다. 우리는 나무로 만들어진 사업 초기의 웜팜부터 현재 유통되는 폐플라스틱으로 만들어진 웜팜을 직접 관찰하며, 발전하고 있는 웜팜 제작 기술에 관해 설명을 들을 수 있었다. 대표님은 중형 사이즈의 웜팜은 쉽게 녹이 슬 수 있어서 플라스틱 소재를 이용하는 것이 바람직하고, 대형 사이즈는 외부 환경에 영향을 받지 않는 알루미늄 합금이 적합하다고 일러주셨다.

설비를 견학하던 중, 우리는 처음 기업에 도착했을 때 맡았던 악취가 웜팜 안에서는 전혀 나지 않는다는 신기한 점을 발견했다. 이에 대해 대표님은 지렁이가 습식을 시작한 웜팜에서는 더는 악취가 나지 않고, 생성된 분변토에서는 흙내음만 난다고 알려주셨다. 에코스톡에서 만난 많은 직원이 한국에서 사용할 수 있는 웜팜 제작에 관심을 두고, 우리에게 아낌없는 조언을 해줬다. 우리는 다른 두 종의 지렁이를 혼합해 웜팜에 넣으면 여름과 겨울의 온도 차가 심한 국내에서 사용하기 적합한 웜팜을 만들 수 있다는 점을 알게 됐다.

우리는 3시간 동안 기업 곳곳을 탐방하며 많은 것을 배웠지만, 그중에서도 가장 인상 깊은 것은 대표님의 열정이었다. 기업인으로서 가지고 있는 환경보호에 대한 책임감을 깊이 느낄 수 있었는데, 지식 이전에 우리가 가장 먼저 갖춰야 할 자세라는 생각이 들었다.

앤드루 피셔
Ecostock / Managing Director

Q 사계절이 뚜렷한 한국에서도 웜팜을 사용할 수 있을까요?

A 온도와 습도를 조절할 수 있다면 사용할 수 있습니다. 여름에는 배관을 연결해 주기적으로 물을 공급하면서 온도를 식혀주되, 유기물은 너무 자주 공급하지 않아야 합니다. 여름철에 많은 양의 유기물을 공급하면 유기물에서 발생하는 열기와 지렁이가 소화하면서 발생하는 열기가 합쳐져 지렁이가 폐사할 수 있기 때문입니다. 반대로 겨울철에는 온도감이 있는 유기물을 공급하고, 그 유기물 위에 두꺼운 천을 덮어 온도를 유지해줘야 합니다.

다른 방법으로는 두 종류의 지렁이를 섞어주는 것입니다. 현재 에코스톡에서는 판매하는 인디언 블루는 열대 종이기 때문에 열에 강하며, 여름철이나 부숙*이 덜 된 퇴비, 유기물에서 활발히 활동하는 습성이 있습니다. 반대로 타이거 웜은 낮은 온도에 강한 종으로 겨울에 왕성한 활동을 합니다. 이 두 종의 지렁이를 환경을 고려해 적절한 비율로 섞어주면 덥고 습한 여름과 추운 겨울을 가진 한국에서도 충분히 웜팜을 사용할 수 있습니다.

Q 지렁이에게 가축분 퇴비를 유기물로 공급해, 분변토를 얻는 웜팜에 대해 어떻게 생각하시나요?

A 에코스톡에서도 지렁이를 사육하는 데 소와 돼지의 분뇨를 부숙해 사용하고 있습니다. 가축분 퇴비가 완전히 부숙된 것을 확인하고 사용한다면 좋은 아이디어라고 생각합니다. 음식물 쓰레기를 지렁이에게 줄 때 수분이 너무 많은 채소를 주거나 한꺼번에 많은 양을 주면 지렁이가 죽을 수도 있다는 것을 기억해야 합니다. 가축분 퇴비는 영양소가 풍부해서 통기성만 잘 유지해준다면 지렁이가 자랄 수 있는 환경을 충분히 유지할 수 있을 것입니다.

*__부숙__ 음식을 죽과 같은 상태로 만듦

226

매립되는 쓰레기양 0%를 꿈꾼다! 오클랜드 의회

겨울인 오클랜드의 찬 공기를 온몸으로 느끼며 일어난 우리는 성공적인 두 번째 탐방을 꿈꾸며 근처 카페에서 뉴질랜드에서 처음 만들어졌다는 커피, 플랫화이트(Flat White)로 하루를 시작했다. 카푸치노와 카페라테 사이의 부드럽고 진한 커피 향이 우리의 취향을 저격했다.

우리의 두 번째 탐방 기관은 오클랜드 시내에 있는 오클랜드 의회(Auckland Council)였다. 오클랜드 의회는 쓰레기 최소화 운동을 통해 2018년 현재까지 오클랜드에서 배출돼 매립되는 쓰레기양의 10%를 줄였고, 2021년까지 30%까지 줄일 것이라는 목표를 갖고 있다. 쓰레기 최소화 운동의 하나로 제조 사기업과의 협력을 통해 오클랜드에서 발생하는 유기물 쓰레기들을 웜팜으로 처리하고 있다.

의회 건물 입구 모퉁이에서 우리를 마중 나온 폐기물 전문가 다니엘 앨롭(Daniel Yallop) 씨를 처음 만났다. "그데이(G'day)"라며 특유의 호주식 인사법으로 우리를 환영해준 다니엘 씨는 인터뷰에 앞서 우리에게 의회 건물과 도서관을 소개해줬다.

견학이 끝난 후 회의실로 자리를 옮긴 우리는 다니엘 씨에게 쓰레기 최소화 운동에 대한 간략한 설명과 더불어 자신의 개인적인 목표가 오클랜드의 매립 쓰레기를 100% 없애는 것이라는 이야기를 들을 수 있었다. 그는 도입 초기, 시민들이 웜팜은 비싸고 관리하기 어려울 것이라는 인식을 하고 있어 홍보에 어려움을 겪었다고 말했다. 그러나 지속해서 다양한 행사를 주최해 시민들을 직접 만나 웜팜에 대해 설명하고, 시청에서 솔선수범해 사용함으로써 그 인식을 개선할 수 있었다고 덧붙였다.

인터뷰 후 다니엘 씨는 자리를 옮겨 시청 곳곳에 설치된 웜팜을 보여줬다. 오클랜드 의회는 다운타운 곳곳에 여러 건물을 가지고 있는데, 이 건물들에는 모두 웜팜이 설치돼 있었다. 사무실에서 발생한 유기물 쓰레기 및 카페에서 나오는 쓰레기가 모두 자체적으로 처리되고 있었다.

시 곳곳에 설치된 웜팜에는 기업의 로고가 적혀 있었는데, 우리는 이 로고가 쓰레기 최소화 프로그램을 후원해준 기업의 로고라는 사실을 알게 됐다. 웜팜에 로고를 표시하면 기업의 이미지를 좋게 만들 수 있으므로 넣은 것이었다. 다니엘 씨는 만약 한국에서 웜팜 도입 초기에 경제적 어려움을 겪게 된다면, 기업에 웜팜 후원이 장기적 이익이 될 수 있다는 것을 이해시켜야 한다는 구체적인 조언도 해줬다.

오클랜드 의회의 식당까지 소개해준 후 다니엘 씨는 퇴근 후 정원을 가꿀 계획이라며 웜팜에서 생성된 액비를 챙겨갔다. 실제로 웜팜에서 생성된 분변토와 액비는 시청 조경과 시내 공원 조경에 적극적으로 사용되고 있다고 했다.

전문적인 용어가 나올 때마다 당황하던 우리에게 본인은 한국말을 하나도 하지 못한다며 영어를 써줘서 고맙다고 위트 있게 격려해준 다니엘 씨 덕분에 우리는 유쾌하게 탐방을 마칠 수 있었다. 또, 오클랜드 의회의 모습을 통해 머지않은 미래에 우리나라에서 웜팜을 사용하는 모습을 상상해 볼 수 있었다.

⚑ 멜버른 웜팜의 현주소를 보다! 웜러버스

뉴질랜드의 추위를 몸서리치게 느끼며 만족스러운 탐방 인터뷰를 마친 우리는 미련 없이 멜버른행 비행기에 몸을 실었다. 하지만 호주에 도착한 우리는 더 낮아진 기온과 칼바람이 부는 멜버른 날씨에 당황할 수밖에 없었다. 앞선 두 번의 인터뷰에서도 LG글로벌챌린저의 단복을 포기하지 않았던 우리였지만, 긴급회의를 거쳐 남은 탐방 기간에는 가장 따뜻한 옷을 꺼내 입기로 했다.

웜러버스(Wormlovers)는 호주에서 가장 큰 규모의 웜팜 사기업으로, 멜버른

호주 호시어 레인에 설치된 웜러버스의 웜팜을 직접 관리해봤다

시의회와 긴밀히 협업해 시청에 웜팜을 설치 및 관리하는 기업이다. 웜팜 교육을 지원하는 학교에 교육용 웜팜을 공급하는 것은 물론, 지역 내 음식점과 카페 등 다양한 장소에 웜팜을 설치해 음식물 쓰레기 발생을 줄이는 환경보호에 앞장서고 있다.

우리는 웜팜을 효율적으로 관리하는 방법 및 기술을 배우기 위해 웜러버스의 서비스 매니저인 지에 판(Jie Fan) 씨를 만났다. 지에 씨가 입고 있던 웜러버스 티셔츠는 우리가 포기했던 LG글로벌챌린저의 단복과 같은 빨간색이었고, 우리는 안타까움을 감출 수 없었다.

지에 씨는 우리의 탐방 목적을 듣고 다양한 장소에 설치된 웜팜을 보여줬다. 첫 번째로 우리가 향한 곳은 멜버른에서 가장 유명한 레스토랑 중 하나인 하이어 그라운드(Higher Ground)였다. 이 음식점은 유기농 재료를 사용하는 것으로 유명한데, 음식점에서 발생한 음식물 쓰레기를 웜팜을 사용해 처리하고, 웜팜에서 생성된 분변토와 액비로 멜버른 근교의 하이어 그라운드 농장에서 유기농 농작물을 재배한다고 했다. 음식점 뒤편에 가보니, 웜러버스의 웜팜이 20개나 설치돼 있었다. 이곳의 매니저님은 웜팜 설치 이후 더 양질의 농작물을 재배할 수 있어 셰프와 소비자 모두의 만족을 얻을 수 있었다며 우리에게 웜팜 사용을 강력히 추천하셨다. 웜팜을 이용한 농업에 대해 긍정적인 평가를 얻은 우리는 가벼운 마음을 가지고 다음 웜팜 설치 장소로 발걸음을 옮겼다. 지에 씨는 이동 중에도 멜버른 시민들이 가진 정원 문화, 브런치 문화, 그리고 유기농 선호 문화 등 웜팜을 빠르게 수용하게 된 배경에 대해 자세히 설명해줬다.

다음으로 우리가 방문한 장소는 드라마 〈미안하다 사랑한다〉의 촬영지로도 알려진 멜버른의 관광 명소, 호시어 레인(Hosier Lane) 거리였다. 호시어 레인에는 4곳의 레스토랑과 카페에서 공동으로 사용하는 웜팜이 있었다. 우리는 이곳에서 지에 씨를 도와 웜팜에 모아온 옥수수 껍질을 지렁이에게 먹이로 주고, 수분을 공급해주는 관리를 직접 해볼 수 있었다.

웜러버스에서 웜팜을 처음 설치할 때는 약 2,000마리에서 4,000마리의 지렁이를 넣어주는데, 이는 오래 걸리지 않아 1만 마리까지 번식한다고 한다. 지에 씨는 이곳이 사계절 내내 그늘이 생기는 환경이라 지렁이의 활동이 특히 왕성하다고 말했다.

웜러버스는 사기업이었기에 인터뷰 과정에 어려움이 있을 수도 있다고 생각했으나, 지에 씨는 우리가 탐방을 마치고 한국으로 돌아온 후에도 메일을 통해 연락을 줬다. 중국계 호주인인 그는, 한국이 가지고 있는 토양 문제에 깊게 공감하며 한국형 웜팜에 큰 관심을 보였고, 아낌없이 주요 자료를 보내주는 등 진심으로 우리를 도와줬다. 지에 씨의 호의와 더불어 인터뷰를 마친 후 함께 마신 몰티드 와인 덕분에, 우리는 멜버른의 칼바람을 이겨낼 수 있었다.

멜버른에 자리 잡은 시리즈(Ceres)는 친환경 공원으로, 다양한 환경 교육과 지렁이 분변토를 이용해 유기농 농작물을 기르는 농장을 가지고 있다.

시리즈는 우리가 최종적으로 목표 삼은 웜팜의 농가 적용 사례를 직접 볼 기회였고, 웜팜을 사용하는 농업을 직접 체험할 수 있었기에 기대를 가장 많이 한 탐방 기관이었다. 하지만 탐방 하루 전, 멜버른에 내린 갑작스러운 폭우로 인해 안전상의 위험을 이유로 인터뷰 취소를 통보받았다. 인터뷰 날짜 변경을 요청했지만, 농장의 방문객 허용 요일은 정해져 있다는 이유로 단호하게 거절했고, 포기하지 않는 우리의 간곡한 요청으로 결국에는 전화 인터뷰를 진행할 수 있었다.

우리는 전화 인터뷰를 통해 분변토를 양질의 퇴비로 만드는 데 사용하는 퇴

탐방은 못 했지만, 오페라는 보고 왔습니다!

우리 팀이 이렇게나 친해요~ 뉴질랜드의 미션 베이를 배경으로

비로는 돼지 분뇨를 이용하는 것이 효과적이라는 것을 배웠고, 지렁이 생육 시 발생하는 액비는 고농축 비료기 때문에 물에 희석해 사용하지 않으면 식물의 뿌리를 태울 수 있다는 주의사항도 들을 수 있었다. 또, 시리즈에서 지렁이 분변 토와 액비로 재배된 작물들이 지역 시장에서 많은 인기를 얻고 있다는 이야기에 지렁이 분변토가 퇴비로서의 가치를 갖고 있다는 것을 확신할 수 있었다. 극적으로 진행된 전화 인터뷰였지만, 지렁이 분변토를 이용한 유기농 농업을 직접 체험해보지 못한 점은 두고두고 아쉬움으로 남았다.

흥분의 질주가 불러온 결과

오클랜드와 약 200km 떨어져 있는 타우랑가 시청과의 인터뷰를 위해 우리는 '마나 버스'라는 시외버스를 이용하기로 했다. 그러나 탐방 출발 2주 전, 마나 버스가 서비스를 중단했다는 사실을 알게 됐다. 하지만 인터뷰를 포기할 수는 없는 일! 우리는 차를 렌트했고, 도로에 나오자마자 역주행을 시전했다. 그렇다. 뉴질랜드는 통행 방향이 한국과 정반대였던 것이다. 다행히 금방 좌측통행에 익숙해졌고, 우리는 무사히 타우랑가에 도착해 인터뷰를 마칠 수 있었다. 그리고 다음 탐방지로 이동하기 위해 오클랜드로 돌아오던 길, 사건이 발생했다. 순조로운 인터뷰

뉴질랜드 타우랑가 시티에서 얻은 우리 팀의 소중한 기념품, 과속 벌금

와 좋은 날씨에 들떠 신나는 음악과 함께 드라이브를 즐기던 중, 경찰차 한 대가 우리 차 바로 뒤를 쫓아온 것이다. 사이렌이 양보해달라는 신호라 생각했던 우리는 갓길에 차를 세웠으나, 화가 나 보이는 경찰관이 우리 차로 다가왔다. 경찰관은 우리가 속도제한을 어기고 경찰차를 무시한 채 고속도로에서 추격전을 벌인 이유를 물었다. 당황한 우리는 열심히 해명했고, 경찰관은 '임시 속도 줄임' 표지판을 주의하라며 다음에 다시 추격전을 벌이면 유치장에 갈 것이라는 살벌한 농담을 건넸다. 오해는 풀렸지만, 속도를 어긴 것은 어쩔 수 없는 일. 우리 팀의 마지막 탐방비는 그렇게 벌금으로 사라졌다.

"나의 제안은 끝나지 않는다! 무한 아이디어 뱅크"

도전이라 생각한 LG글로벌챌린저가 좋은 팀원을 만나 현실이 됐고, 항상 수동적으로 보냈던 대학 생활을 4년 만에 주체적으로 보낼 수 있었습니다. 간절함이 통하는 LG글로벌챌린저는 후회 없는 좋은 경험으로 기억될 것 같습니다. 우리 팀 고생했습니다!

팀원 1. **신건희**

"믿고 따르라! 진격의 리더"

순전히 재미있어 보여서 시작한 도전을 통해 정말 많은 것을 배웠습니다. 대학 생활 중 가장 행복했던 순간을 떠올리라면, 곧바로 LG글로벌챌린저 최종 선발 확정 메일을 받고 펑펑 울었던 순간이 떠오릅니다. 24기 대원이 되고 나서 저는 LG글로벌챌린저 홍보대사가 됐습니다. 만나는 사람마다 글챌에 도전하길 권유하고 다니거든요! 후회하지 말고 도전하세요!

팀원 2. **오미연**

"의인이요! 의인이요! 혜성처럼 나타난 막내 의인"

LG글로벌챌린저 대원으로서 더 나은 미래를 위해 고민했고, 도전했고, 성장했습니다. 함께할 수 있어 아름다웠던 2018년! 가족보다 더 많은 시간을 함께할 수 있어 아름다웠던 2018년! Global WORMing은 사랑입니다.

팀원 3. **이의인**

"오늘도 달린다! 불꽃 심장 열정왕"

한겨울인 호주로의 탐방은 너무나도 추웠지만 LG글로벌챌린저라는 이름 아래 열정 넘치는 팀원들과 함께했기에 어느 때보다 뜨겁고 재미있는 방학을 보낼 수 있었습니다. 팀원들을 가족보다 자주 만나서 이제 가족 같은데, LG글로벌챌린저가 끝나더라도 이 관계가 계속 유지됐으면 좋겠습니다.

팀원 4. **이효준**

가족 같은 팀이 되자!

1. 가족보다 가까운 사이가 되자!

LG글로벌챌린저가 되기 위해서는 많은 시간과 노력이 필요하다. 우리는 1차 보고서를 쓰며 지겹도록 많은 시간을 함께했고, 서류 접수와 함께 모든 것이 끝났다고 착각했다. 합격의 기쁨도 잠시, 학교생활과 병행해야 하는 상황이었지만 LG글로벌챌린저의 활동은 더 많은 시간과 노력을 요했고, 우리는 늘 마감일에 대한 압박과 스트레스에 시달렸다.

하지만 우리 팀은 모든 면에서 대화를 많이 하려 애썼고, 실제로 탐방을 마칠 때까지 단 한 번의 싸움도 없었다. 해외 탐방과 그 이후 결과 보고서까지 하루의 반 이상을 붙어 있으며 많은 시간을 함께하는 만큼 허물없는 가족같이 지냈고, 덕분에 무사히 결과 보고서까지 작성할 수 있었다. 실제 우리 팀은 가족보다도 많은 시간을 팀원들과 함께 보냈다.

2. 자신과 자만 사이에서 중심을 지켜야 한다

주제를 정하고 관련 기사, 논문 등 자료 조사를 하다 보면 점차 주제에 대한 자신감이 생기고, 주제를 확장해나가며 보고서를 채우게 될 것이다. 그러나 자신과 자만은 정말 한끗 차이라는 점을 명심하자! 서로가 내는 의견에 대한 무조건적인 포용보다는 끝없는 의구심과 냉철함을 가져야 하며, 주제를 벗어나지 않았는지 끊임없이 확인하고 중심을 잡아야만 한다. 회의 중 언성이 높아질 수도 있지만, 보고서가 완성될 때쯤이면 어느새 전문가가 된 팀원들을 만날 수 있을 것이다.

쓰레기를 에너지로, SRF

팀명(학교)	쓰리고 (동국대학교)
팀원	이예은, 이재혁, 최경일, 허혜원
기간	2018년 7월 23일~2018년 8월 5일
장소	독일, 벨기에, 이탈리아, 영국

장소 (계속)
로스토크 (베올리아 앙비론느망 Véolia Environnement)
로스토크 (로스토크 대학교 폐기물처리 연구실 Waste Management and Material Flow,
University of Rostock)
뤼베크 (MBT 생산 시설·폐기물처리 시설 Entsorgungsbetriebe)
라크달 (아이오케이 폐기물처리 시설, Waste Management Plant Iok Afalbeheer)
베네치아 (MBT 생산 & 발전 시설 베리타스 푸지나 Veritas Fusina Centre)
파도바 (파도바 대학교 폐기물처리 연구실 Civil, Environmental and Architectural Engineering
University, University of Padova)

벨기에 아이오케이 폐기물처리 시설 주변의 깨끗한 자연경관에서
시설 관계자 캐틀린 씨와 함께

올해 초, 각종 뉴스와 신문에서 일명 '쓰레기 대란'이라는 말을 들어본 적이 있을 것이다. 중국이 미국과의 갈등과 환경오염을 문제로 폐플라스틱을 포함한 재활용 쓰레기의 수입을 거부했다. 코트라 자료에 따르면 2016년에만 중국에서 폐플라스틱 730만 톤을 수입했는데, 이 양이 전 세계에서 수입되는 플라스틱양의 56%가량 된다고 한다. 중국의 수입 거부는 많은 국가에게 기존에 수출하던 쓰레기를 처리할 방법에 대해 고민하게 했다. 우리나라에서도 이에 대한 논의가 이루어졌지만, 뚜렷한 해결 방안이 떠오르지 않아 결국 '쓰레기 대란'으로 이어진 것이다.

'어떻게 쓰레기를 처리할까?'라는 고민을 이어가던 중 우리는 해외의 많은 국가가 쓰레기를 에너지로 전환해 사용하고 있다는 사실을 알게 됐다. '쓰레기가 어떻게 에너지가 될까?'라는 의문을 품고 우리의 주제, SRF(Solid Recovered Fuel)*에 관심을 두게 됐다.

최근 들어 많은 국가에서 매립 후 나오는 매립가스와 소각을 통해 나오는 열을 에너지로 사용하는 자원순환사회를 구축하고 있다. 자세히 알아보니 쓰레기를 SRF로 처리할 때 발생하는 열이 기존 소각에서 발생하는 열의 2배 이상으로, 전기에너지로도 회수할 만큼 많은 양일 뿐 아니라, 이때 나오는 오염물질은 기존보다 절반 이상 준다는 큰 강점이 있었다. 또 쓰레기를 선별하면서 꼭 매립해야 할 것들만 매립하기 때문에 땅이 좁은 우리나라에서는 반드시 필요한 쓰레기 처리방식이라는 것도 깨닫게 됐다. 그래서 우리는 SRF 산업이 활성화되는 데 필요한 것들과 그 기대효과를 알아보고자 탐방을 떠났다.

*SRF 탈 수 있는 쓰레기를 파쇄, 선별, 건조, 압축 등의 전처리 과정을 통해 연료로 만든 것

🚩 양질의 비료를 얻을 수 있는 독일의 SRF 기술

첫 번째 탐방 지역은 독일 북부에 있는 항구·공업 도시인 로스토크이었다. 우리는 세계에서 SRF 산업이 가장 발전돼 있는 독일의 SRF 생산 시설과 로스토크 대학교(Rostock University)의 연구소를 방문했고, 그곳에서 게르트 모르셰크(Gert Morscheck) 교수님을 만날 수 있었다.

게르트 교수님께서는 직접 시설 견학을 도와주시며 독일에서는 어떻게 SRF를 생산하고 있는지 각각의 공정을 통해 설명해주셨다. 독일에서는 우리나라와 달리 SRF로 만들기 위한 쓰레기 선별이 100% 기계로 이루어지고 있었다. SRF를 만들기 위해서는 가연성이 있고, 환경오염 물질을 일정치 이상 발생시키지 않는 쓰레기를 초기에 선별해야 한다. 유럽에서는 쓰레기를 버릴 때 음식물 쓰레기를 따로 분리하지 않기 때문에, SRF 생산공정에 유기물을 분해하는 MBT(Mechanical Biological Treatment)* 공정이 포함돼 있었다. 이 공정에서 환경오염 물질을 많이 배출하는 금속들을 자석을 이용해 효율적으로 분리하고, SRF를 만들면서 발생하는 찌꺼기는 비료로 이용한다. 하지만 국내에서는 음식물 쓰레기를 분리해 버리기 때문에 MBT 공정을 사용하지 않아 SRF를 생산할 때 발생하는 찌꺼기를 비료로 활용하지 않고 있다. 만약 이러한 활용법이 국내에서도 사용되면 보다 효율적으로 SRF를 활용할 수 있지 않을까 생각했다.

우리는 게르트 교수님께 LG의 슬로건인 '옳은 미래'에 대한 생각을 여쭤봤다. 그는 '내가 생각하는 옳은 미래란 없다. 옳은 미래가 무엇인지 고민하지 말고 지금 당장 옳은 행동을 해야 한다'고 말씀하셨다. 그리고 국내 SRF 산업의 활성화를 위해 해외 탐방을 진행하는 우리에게 옳은 행동을 하고 있다며 칭찬해주셨다. 교수님의 응원과 격려 덕분에 우리는 탐방 활동에 더 열정과 의지를 갖게 됐다.

***MBT** 미생물을 이용해 쓰레기 속 유기물을 생분해하는 과정이 포함된 SRF 생산공정. 이 과정에서 발생하는 찌꺼기를 비료로 사용할 수 있음

게르트 모르셰크

**Waste Management and Material Flow,
University of Rostock / Professor**

Q 독일 정부가 SRF를 바라보는 방향은 어떠한가요?

A 독일 정부는 이전부터 꾸준히 환경에 관심을 두고 생태계 보호와 핵에너지 탈피 등의 정책을 폈습니다. 특히 지역 주민들에게 지속적인 홍보와 교육을 실시해 그들이 공감하고, 신뢰할 수 있도록 계속 노력했습니다. 또 SRF를 친환경적인 폐기물처리 방법으로 여기고, 이를 통한 에너지 회수 정책을 추진했습니다. 대표적인 예로, 기준가격지원(FIT, Feed-in-Tariff) 제도가 있습니다. FIT는 신재생에너지 발전 사업자들에게 직접적인 보조금을 지원해 적극적으로 기술 개발과 공정 개선을 도모하는 제도입니다. 두 번째로 물질순환 및 폐기물관리법이 있습니다. 이들을 통해 쓰레기로 SRF를 만드는 것을 적극적으로 장려해 매립지가 현재 90% 이상 감소했습니다. 심지어 SRF를 통한 에너지 회수량 또한 세계에서 손에 꼽을 정도이며, 그 양은 1만 1,536GWh로 전 세계의 1/6을 차지하고 있습니다. 즉 독일 정부는 SRF 산업에 대해 긍정적이며 또 지속해서 SRF 산업 활성화를 추진하고 있습니다.

Q 한국의 SRF 산업이 활성화되려면 어떻게 해야 할까요?

A 한국의 이야기를 들었을 때 개인적으로 느낀 안타까운 점은 분명 SRF가 친환경적이면서 효율적인 에너지원임에도 불구하고 '쓰레기로 만들어졌다'는 사람들의 부정적 인식 때문에 활성화되지 못하고 있다는 것입니다. 어찌 보면 아직은 한국이 환경문제에 있어 과도기인 탓일 수도 있습니다. 누구나 이런 과도기를 겪기 마련입니다. 하지만 오랜 시간이 걸리더라도 이것은 반드시 지나쳐야 하는 과정입니다. 시민들은 먼저 쓰레기가 누구로부터 배출되는지 생각해야 하고, 정부와 기업에서는 친환경에 대한 교육을 계속해야 합니다. 그리고 반드시 소통이 필요합니다. 소통을 통해 서로의 행동에 대해 이해하고 공감하는 것이 정말 중요하다고 생각합니다.

좌) 독일 로스토크 대학교 폐기물처리 연구실의 게르트 교수님, 연구원님과 함께
우) 금속을 자석으로 효율적으로 분리하는 MBT 공정에 대한 교수님의 설명을 열심히 경청하고 있는 대원들

환경오염 물질 배출량 실시간 측정으로 지역 주민과 신뢰를 쌓다

두 번째 탐방 기관은 규모 대비 세계에서 가장 많은 양의 SRF를 만드는 뤼베크 SRF 생산 시설(Lubeck Waste Disposal Facility)이었다. 이 시설은 가장 먼저 탐방을 확정 지은 곳으로 한국에서부터 철저한 준비를 했다. 특히 시설 측으로부터 독일어 통역을 대동해달라는 요청을 받아 독일 대학교에 재학 중인 한국인 유학생의 도움을 받기로 하고, 사전에 우리 팀의 주제와 뤼베크 SRF 생산 시설에 대한 조사 결과를 공유했다.

뤼베크 SRF 생산 시설의 탐방은 시설의 총괄 책임자인 하이노 헬트(Heino Heldt) 씨가 도움을 줬다. 먼저 회의실에서 SRF를 생산하는 전체적인 공정과 각 공정에 사용되는 기술에 대한 설명을 들었다. 직접 프레젠테이션 자료까지 만들어 설명해준 덕에 큰 어려움 없이 이해할 수 있었다. 우리가 가장 인상 깊었던 부분은 바로 SRF 공정 과정에서 만들어지는 환경오염 물질의 배출량을 측정하고 그 결과를 정부 기관에 실시간으로 전송하는 것이었다. 특히, 지역 주민들도 시설에서 발생하는 환경오염 물질의 종류와 그 양을 쉽게 확인할 수 있게 함으로써, SRF 생산 시설을 신뢰하게 한다.

우리나라의 경우, 뤼베크 SRF 생산 시설에서 배출하는 환경오염 물질의 양을 지역 주민이 신뢰하지 못해 대립이 일어나는 경우가 많다. 정부와 시설이 협력해 환경오염 물질 배출량 측정 결과에 대한 지역 주민의 접근성을 높일 수 있는 제도를 마련한다면, SRF 생산 시설에 대해 한국 지역 주민의 신뢰 역시 쌓여갈 것이다.

🚩 석탄과 같은 발열량을 내는 플라스틱

이탈리아에서 처음 방문한 곳은 베네치아였다. 이곳에서 교수님의 소개로 우리의 기업 방문을 도와주게 된 파도바 대학원생 톰마소 파반(Tommaso Pavan) 씨와 다비데 돈(Davide Don) 씨가 우리를 기다리고 있었다. 하루 동안 가야 할 곳이 많은데 교통 문제도 있고 공장 사람들이 영어를 못하기 때문에 우리를 도와주라고 교수님께서 특별히 부탁하셨다고 한다. 톰마소 씨와 다비데 씨도 환경공학을 전공 하여 폐기물처리에 관해 연구 중이어서 자신들도 공장을 방문하는 것이 기대된다고 했다.

이들의 차를 타고 이탈리아 폐기물처리 대기업인 베리타스 푸지나(Veritas Fusina)로 향했고, 거기서 우리는 공장장인 마시오 셈비안테(Mashio Sembiante) 씨에게 이탈리아 폐기물처리 현황에 대해 들었다.

이탈리아는 남부와 북부를 나누어 폐기물처리에 서로 다른 정책을 펼친다고 한다. 남부는 매립을 많이 하고, 북부는 베리타스 푸지나처럼 MBT 공장들이 쓰레기를 처리한다고 한다. 특히 이곳이 다른 공장과 달랐던 점은 연료의 발열량을 높이기 위해 플라스틱을 추가로 도입한다는 점이었다. 일반적인 공장에 처

담화를 마치고 신난 이탈리아 학생들과 한 컷

음에 들어오는 쓰레기양 중 30%가 플라스틱인데, 이곳은 무려 60%였고 이때 발열량은 석탄과 같은 6,000kcal/kg이었다. 설명을 들어보니 한국과 기술적으로 큰 차이점은 없으나 다른 점이 있다면 이탈리아는 플라스틱을 늘려 반입하는데, 그에 대해 주민들의 큰 반대가 없었다는 것이었다. 그 이유는 폐기물을 에너지로 회수하고 그만큼 환경오염 물질을 덜 배출하는 것에 대해 시민들이 긍정적인 편이며, 신뢰를 얻기 위해 기업도 노력하기 때문이라고 말했다.

　우리는 공장 견학이 끝난 후 파도바에 있는 대학교 연구실에서 톰마소 씨와 다비데 씨의 동료인 줄리아 체르미나라(Giulia Cerminara) 씨와 가르보 프란체스코(Garbo Francesco) 씨를 만났다. 이들 역시 폐기물처리를 연구 중인 학생들이었다. 먼저 연구소 내부를 구경하고 이탈리아와 우리나라 SRF 산업에 관한 이야기를 나누었다. 다양한 나라를 탐방하면서 결코 우리나라가 다른 나라에 비해 기술적으로 문제가 되지 않은데도 SRF 사용이 활성화되지 않은 이유가 무엇인지 다 같이 고민해봤다. 결론은 폐기물을 아직 자원순환 일부로 보지 못하는 국내의 인식과 정부, 기업, 시민 간의 소통 부족이 문제점이라는 것이었다. 따라서 국내의 다양한 문제점을 로드맵 형식으로 먼저 만들어보고, 가장 먼저 바뀌어야 할 것들을 알아보고, 실천할 것을 권장했다. 탐방을 통해 무엇보다 우리의 주제가 전 세계적으로 해결해야 할 중요한 문제이고, 우리같이 열정적으로 관심을 두고 연구하는 친구들이 있다는 것을 알게 됐다. 우리는 그렇게 이탈리아 일정을 마무리 지었다.

세상에 공짜는 없다

17시간의 장시간 비행을 끝내고 내린 곳은 독일의 프랑크푸르트 공항. 신기하면서도 낯선 환경에 살짝 위축됐지만, 우리에게는 스마트폰이 있었다. 지도를 켜고 목적지를 설정하니 우리가 가야 할 경로를 상세하게 잘 알려줬고, 핸드폰에 의지한 채 지하철 티켓 머신 앞까지 가는 도중 어떠한 위험도 마주치지 않았다. 그러나 난관은 그때부터였다. 티켓 머신은 모두 독일어로 적혀있었다. 기기 앞에서 아무것도 못 하고 있자 뒤에서 누군가가 영국식 영어로 우리에게 무슨 버튼을 누르라고 알려주나 싶더니 "익스큐우스 미" 하고 자기가 막 이것저것 눌러 우리가 필요한 편도 티켓을 발권해줬다. 고마워서 감사 인사를 하려는 찰나, 갑자기 커피랑 빵을 사 먹게 5유로를 달라고 요구하는 게 아닌가? 선의인 줄만 알았던 우리는 당황스러웠지만 싸움을 피하고자 2유로만 주고 얼른 자리를 피했다. 이런 일이 빈번하다는 걸 알고 있었는데도 당하고 나니 정말 정신 바짝 차리고 여행해야겠다는 생각이 들었다.

팀원 1. **이예은**

"빈칸 하나하나 신경 쓰인다고, 꼼꼼이(꼼꼬미)"

LG글로벌챌린저를 하면서 여러 분야의 다양한 사람을 만날 기회를 얻었습니다. 탐방 활동을 하면서 알게 된 교수님들, 기업 관계자들 모두 우리가 대학생이라는 이유 하나만으로 많은 도움을 주셨습니다. 그리고 늘 직접 부딪쳐가며 최상의 결과를 보여줬던 우리 팀원들을 만난 것이 가장 큰 행운이라고 생각합니다. 덕분에 올해 좋은 인연이 생겼습니다. 감사합니다.

팀원 2. **이재혁**

"밥 먹을 때도 논리적으로, None리왕"

많은 사람과 생각을 공유하며, 팀원들과 하나의 이야기를 만드는 것이 결코 쉬운 일이 아니었습니다. 그렇지만 동시에 열정을 갖고, 최선을 다했을 때 느끼는 만족이 무엇인지 알게 돼서 매우 행복합니다. LG글로벌챌린저를 통해 한 뼘 더 성장했습니다. 이러한 기회를 주신 모든 분께 진심으로 감사드립니다.

팀원 3. **최경일**

"먹으려고 사는 거죠, 최 총무"

이렇게 긴 장기 프로젝트는 태어나서 처음이었습니다. 그만큼 과정 중 좌절할 일도 많았고 버티기 위해서 끈기와 열정이 필요했습니다. LG글로벌챌린저를 하면서 가장 바뀐 점은 다른 사람의 말에 좀 더 귀를 기울이고, 나 자신의 잘못을 되돌아볼 수 있게 된 점입니다. 좀 더 어른에 가까워질 수 있어서 정말 좋았습니다.

팀원 4. **허혜원**

"막내인 듯 아닌 듯, 팀장인 듯 아닌 듯"

막연하게 '우리 합격은 할 수 있을까?'라고 생각했는데 벌써 끝이 보이는 것 같아 시원섭섭합니다. 살면서 이렇게 한 주제를 가지고 많이 생각하고 고민했던 경험은 정말 잊지 못할 것 같습니다. 대학교에 다니며 가장 잘한 일이 뭐냐고 묻는다면 1초도 주저하지 않고 'LG글로벌챌린저를 한 것'이라고 말할 것 같습니다.

말 많은 대학생들

1. 대학생 신분을 적극적으로 이용하자

LG글로벌챌린저 활동을 하면서 제일 먼저 어려움을 겪는 부분은 바로 해외 기관에 연락을 시도하는 일이다. 초기에는 이메일과 SNS 메시지를 보내도 답은 오지 않고, 전화를 걸어도 나중에 답을 주겠다는 곳이 대부분이었다. 사실 해외 기관에 직접적인 연고가 없으면 연결이 어려울 수밖에 없다. 이때 우리 팀이 해외 기관 연락을 위해 사용한 것은 바로 대학교 웹메일 이었다. 유명 포털 사이트의 메일이 아닌 대학교 웹메일을 사용했을 때 성공률이 훨씬 높았고, 실제로 해외 기관 측에서도 대학생이라는 사실을 먼저 알 수 있어 요청을 받아들이는 데 어려움이 적었다고 했다.

2. 소통은 많으면 많을수록 좋다

아무리 친하고, 오래전부터 알던 사이일지라도 매일 만나서 회의하고, 보고서를 작성하게 되면 의견 충돌이 일어날 수밖에 없다. 이 상황에서 제일 중요한 것은 감정적인 충돌로 넘어가면 안 된다는 것이다. 우리 팀은 LG글로벌챌린저 활동을 시작했을 때부터 지금까지 항상 더 많은 소통을 하려 했다. 매일 팀 회의를 끝내고 난 뒤, 회의 내용을 정리하고 불편한 점은 없었는지에 대한 대화를 항상 나눴다. 사소해 보이지만 이러한 것들이 우리 팀이 여기까지 오는데 원동력이 됐다고 생각한다.

선박, 메탄올을 더해
미세 먼지를 빼다

팀명(학교) 메탄올로지 (고려대학교)
팀원 곽재영, 김재현, 정주승, 최수지
기간 2018년 7월 31일~2018년 8월 13일
장소 덴마크, 스웨덴
　　　　룬드 (룬드 대학교 Lund University)
　　　　코펜하겐 (덴마크 해사청 DMA, Danish Maritime Authority)
　　　　코펜하겐 (만 에너지 솔루션 MAN Energy Solution)
　　　　오덴세 (파야드 조선소 Fayard A/S)
　　　　예테보리 (스칸디나오스 연구원 ScandiNAOS AB)
　　　　예테보리 (스웨덴 해양기술 연구원 SMTF, Svenskt Marintekniskt Forum)
　　　　예테보리 (스테나 라인 Stena Line)
　　　　예테보리 (스웨덴 선박 연구소 SSPA, Statens Skeppsprovnings Anstalt)

우리의 탐방은 '전국에서 가장 높은 미세 먼지 농도를 보이는 곳은 어디일까?'라는 질문에서 시작했다. 조사 결과 전국에서 미세 먼지 농도가 가장 높은 곳은 중국과 가까운 인천도 인구밀도가 높은 서울도 아닌 부산이라는 의외의 답을 얻을 수 있었다. 그 이유는 바로 선박에서 많은 양의 미세 먼지가 배출되기 때문이었다.

한국 해양 수산 개발원의 발표에 의하면 부산에서 만들어지는 미세 먼지 중 51.4%는 선박에서 배출하는 것으로, 그 원인은 선박에서 사용하는 연료에 있다. 차량은 미세 먼지의 주범인 황의 함유량이 최대 0.001%인 연료를 사용하는 데 반해, 선박은 그보다 3,500배나 높은 3.5% 함유량의 연료를 사용한다. 스웨덴과 덴마크는 이 문제에 대한 가장 현실적인 해결책으로 메탄올 대체 연료를 제시하고 있다. 에너지산업, 조선산업, 해운산업을 모두 포괄하는 선박 산업의 변화를 위해 우리는 북유럽으로 탐방을 떠났다.

스웨덴 스칸디나오스
연구원에서 메탄올
연료로 운항하는
그린 파일럿(GreenPilot) 보트.
그래, 메탄올 선박은 가능하다

⛳ 환경과 효율, 두 마리 토끼를 잡은 메탄올 엔진

우리의 첫 탐방 기관은 스웨덴의 룬드 대학교(Lund University)였다. 방학을 맞은 캠퍼스는 너무나도 조용했다. 첫 인터뷰였던 우리는 너무나도 긴장해 아무 말 없이 텅 빈 캠퍼스를 걸었고, 팀원 4명의 발걸음 소리만이 텅 빈 캠퍼스를 채웠다. 약속 장소에 도착한 우리가 책상에 모여 앉아 떨리는 마음을 부여잡고 인터뷰 내용을 체크하던 그때, 문이 열리는 소리와 함께 유투브 영상 속에서만 보았던 마틴 튜너(Martin Tüner) 교수님께서 들어와 따뜻한 인사를 건네셨다. 긴장이 설렘과 기대로 바뀌는 순간이었다.

마틴 교수님은 배출되는 오염물질은 줄이고 엔진의 효율은 높일 수 있는 메탄올 예혼합압축점화(PPC, Partially Pre-mixed Compression Ignition)* 엔진을 연구하는 분이다. PPC 엔진이란 실린더의 공기 압축 단계 이전에 미리 소량의 연료를 균일하게 혼합한 후 압축 및 연소를 진행하는 방식의 엔진으로, 아직 연구 단계임에도 기존 엔진보다 우수한 열효율과 감축된 미세 먼지 배출량으로 높이 평가되고 있다.

교수님은 PPC 엔진의 연소 과정과 더불어 PPC 엔진이 어떻게 환경과 효율, 두 마리 토끼를 잡을 수 있는지 자세히 알려주셨다. 교수님이 직접 제작한 PPC 엔진 가동을 통해 실시간으로 변하는 효율과 오염물질 배출량을 모니터로 보니, 탐방 과정 내내 체험학습을 온 듯한 느낌이 들었다. 우리는 선박에서 사용하는 연료를 메탄올로 교체하는 것이 기술적으로 어떻게 가능한지 구체적으로 배

---

*예혼합압축점화 공기를 충분히 압축한 이후에 연료를 분사하던 기존 연소 방식과는 다르게, 소량의 연료를 미리 혼합시킨 공기를 압축에 사용하는 새로운 엔진 연소 방식. 장점으로는 오염물질 배출 감소(엔진에서 배출되는 주요 오염물질이자 미세 먼지 원인 산화질소NOx의 배출량을 줄인다), 높은 효율(메탄올은 엔진의 연소를 촉진하는 효과를 주기 때문에 열 손실을 크게 줄여 높은 효율을 얻을 수 있다), 소음진동 감소(기존 엔진보다 고압력 상태가 짧게 유지되기 때문에 소음진동이 감소한다)가 있다

스웨덴 룬드 대학교 엔진 연구실 안에서 마틴 교수님에 대한 사랑을 듬뿍 담아

울 수 있었다.

오전 10시에 시작했던 인터뷰는 오후 3시에 마무리가 됐다. 준비해갔던 질문에 대한 답변은 물론 필요한 것이 무엇인지 몰라 질문할 수 없었던 전문적인 정보들까지 얻을 수 있었던 값진 시간이었다. 숙소로 돌아오는 길에는 여전히 아무도 없었다. 그러나 성공적으로 첫 탐방을 마친 우리 4명의 행복한 대화 소리가 텅 빈 캠퍼스를 채우고 있었다.

GC 선박 개조, 현존 선박에도 메탄올을 적용하다

선박은 한 척을 건조하는데 적게는 수십억 원에서 많게는 수천억 원을 호가하고, 이렇게 건조된 선박은 평균 30년 이상 운항된다. 이런 선박 자체의 특성 때문에 선박에는 즉각적인 변화가 적용되는 것이 무척 어렵다.

이 문제를 해결할 수 있는 기술이 바로 선박 개조 기술이다. 우리가 주목한 선

덴마크 파야드 조선소에서 선박 개조 과정을 도면을 통해 배우다

박 개조 기술은 현존 선박을 친환경 메탄올 연료를 사용할 수 있도록 합리적인 가격에 바꾸는 기술로, 우리 팀은 개조의 핵심기술과 개조 시장의 성장 가능성을 확인하기 위해 덴마크 오덴세에 있는 파야드 조선소(Fayard A/S)를 찾아갔다.

조선소를 찾아가는 길은 쉽지 않았다. 대중교통은 물론 택시도 없어 버스에서 내린 뒤 40분을 걸어가야 하는 머나먼 길이었다. 게다가 그날은 북유럽답지 않게 유독 더운 날씨였다. 40분을 힘겹게 걸어간 끝에 저 멀리 거대한 배들이 보이기 시작했다. 우리를 기다리고 있던 이반 라르센(Ivan S. Larsen) 씨는 먼 길을 걸어온 우리를 위해 시원한 음료를 주는 한편, 우리가 여유를 찾을 수 있도록 소소하고 재미있는 농담도 건넸다. 유머 감각 있고 정겨운 삼촌 느낌에 우리는 긴장을 풀 수 있었다.

이반 씨는 선주사가 선박 개조 전 가장 핵심적으로 고려하는 사항이 '공간 확보 가능성과 선박의 남은 수명, 그리고 개조에 걸리는 시간'임을 강조했다. 환경을 생각해 친환경 선박으로 개조하는 것은 바람직하지만, 선주사 입장에서 경제적인 부분을 고려하지 않을 수 없기 때문이다. 우리는 이곳에서 가장 현실적

스웨덴 예테보리에서 스테나 라인이 메탄올 연료로 운항하는 대형 여객선에 탑승

인 관점에서 검토된 자료와 조언을 얻을 수 있었고, 이를 바탕으로 추후 한국의 선주사와의 만남에서 그들이 필요로 하는 경제성에 관련된 구체적인 자료를 제시할 수 있었다.

인터뷰를 마치고 주변 식당에서 점심을 먹은 후 숙소로 돌아가려는 찰나, 한 팀원이 미팅 룸에 선글라스를 두고 온 것 같다며 파야드 조선소로 돌아갔다. 10여 분쯤 그늘에서 쉬고 있으려니 팀원이 이반 씨와 함께 차를 타고 나타났다. 이반 씨는 애프터서비스라고 웃으며 우리를 숙소까지 데려다줬다. 가장 힘들게 갔다가 가장 편하게 돌아온 탐방이었다.

🚩 메탄올 선박 상용화를 위해 걸어온 길, 그리고 앞으로 걸어갈 길

스웨덴의 최대 항구도시인 예테보리에 있는 SSPA(Statens Skeppsprovnings Anstalt) 선박 연구소는 1940년 스웨덴 정부 직속 연구 기관으로 설립된 이후 스웨덴 선박 산업과 관련된 기술 발전을 주도한 곳이다. 현재는 샬머스 공과대학(Chalmers University of Technology)의 독립된 부속 연구소로, 스웨덴 정부, 유럽연합(EU), 국제 해사 기구(IMO)는 물론 일반 해사 업체로부터 다양한 연구, 개발 과제를 받아 진행하고 있다. 특히 세계적으로 친환경 선박 연료가 처음 연구되기 시작했던 2008년부터, 에너지 효율은 높이고 환경오염 문제는 해결할 수 있는 메탄올 연료에 관한 연구를 진행해오고 있다. 우리는 한국과 스웨덴의 어떤 차이가 선박 배출 미세 먼지에 대처하는 방식의 차이를 불러왔는지 확인하고, 스웨덴에서는 선박 배출 미세 먼지를 해결하기 위해 향후 어떤 계획을 수립하고 있는지 알아보기 위해 SSPA를 방문했다.

연구소에 도착해 인터뷰 준비를 하는 우리에게 누군가가 한국말로 인사를 건넸다. 멀리서 한국인 학생이 온다는 말에 연구소에 있는 유일한 한국인 박사님이 우리를 마중나오신 것이었다. 연구소의 따뜻한 배려가 온몸으로 느껴지는 순간이었다. 한국인이 별로 없는 북유럽에서 한국인 박사님을 만나니 무척 반

메탄올 연료로 운항하는 대형 여객선의 엔진실 내부에서 메탄올 엔진 시스템에 대해 배우다

가웠다.

우리가 만난 요하네 엘리스(Joanne Ellis) 박사님은 SSPA 내 메탄올 선박 연구의 책임자로, 선박 연료로서 메탄올의 가능성을 확인한 기초연구 단계부터 실제 대형 여객선을 메탄올 추진 선박으로 개조하는 사업에 이르기까지, 10여 년간 메탄올 선박 연구에 참여한 전문가셨다. 박사님께서는 우리에게 기초연구의 중요성에 대해 강조하셨다. 스웨덴에서는 선박의 특성을 고려한 여러 대체 연료의 비교 분석이 시행됐는데 그 결과 메탄올이 가장 우수하다는 결론이 나왔고, 이것이 정부와 관련 기업의 적극적 지원으로 연결돼어, 현재와 같이 우수한 기술력을 확보하는 데 큰 도움이 됐다고 했다.

SSPA는 2주간의 탐방을 마무리짓는 마지막 기관이었다. 인터뷰가 끝나자, 8개의 기관을 탐방하느라 수고한 우리 스스로가 대견스러운 마음이 들었다. 스웨덴에서의 마지막 밤, 우리는 스웨덴 전통 요리인 민물 가재를 먹으며 탐방 동안 갖고 있던 긴장감과 피곤함을 털어냈다.

카약을 타며 예테보리 도심을 여행하는 메탄올로지 팀(정주승, 최수지, 곽재영)

요하네 엘리스

SSPA(Statens Skeppsprovnings Anstalt) /
Project Manager

Q 메탄올 선박을 처음 개발하게 된 배경은 무엇입니까?

A 2009년 당시는 2010년 황산화물(SOx) 배출 규제 강화와 2011년 질소산화물(NOx) 배출 국제 규제 강화를 앞둔 상황이었습니다. 효율적인 국제 규제 이행과 선박 미세 먼지 감축을 위해 친환경 대체 연료에 대한 정부의 적극적인 지원이 필요했던 시기였죠.

당시 LNG 연료가 규제에 대응할 수 있는 차세대 연료로 거론됐으나, 스웨덴의 대표 해운사인 스테나 라인(Stena Line)은 LNG 연료 사용에 필요한 막대한 초기 투자 비용을 지적했고, 경제적인 대체 연료가 연구돼야 한다고 적극적으로 주장했습니다. 그렇게 스웨덴 최초 친환경 대체 연료 연구인 'EffShip(Efficient Shipping with Low Emissions)' 프로젝트가 처음 시작됐습니다. 프로젝트 연구진들은 메탄올 연료의 가능성을 증명했고, 검토한 10여 개의 연료 중 메탄올이 가장 우수한 연료라는 결론을 내리게 됐습니다. 이후 연구 결과를 바탕으로 많은 메탄올 선박 연구가 진행됐습니다.

Q 덴마크는 규제 적용에 대한 반발을 어떻게 해결했나요?

A 덴마크 정부는 국제 규제 회의가 있기 전, 관련 산업 관계자들과 충분한 토론을 거쳐 각 산업계가 규제에 가지고 있는 생각과 의견을 나눌 수 있도록 합니다. 이러한 과정이 있어서 산업에 부정적인 영향을 최소화한 규제를 만들 수 있는 것이죠. 강제적으로 규제를 부과한다는 느낌보다는 함께 규제를 만들어나가는 것이기에, 산업계에서도 규제 대응을 위한 선진적인 준비를 해나갈 수 있습니다. 덴마크가 친환경 선박 관련 기술을 선도할 수 있었던 이유는 규제 대응을 미리 준비하며 시장을 만들어나갔기 때문입니다. 한국도 규제에 대한 부담감으로 적용 시기를 미루기보다는 어떻게 규제를 적용해 대응해나갈 것인지 충분한 논의를 거친 뒤, 산업계와 함께 시장을 만들어나가야 합니다.

어…? 어디 있지? 아!

스웨덴 룬드 대학교에서 오전 인터뷰를 마친 우리는 마틴 교수님과 함께 점심을 먹게 됐다. 교수님께서 사시는 점심이기에 소심한 우리는 피자 한 판을 나누어 먹기로 하고 패밀리 사이즈를 주문했다. 주문을 받던 점원이 약간 놀란 표정을 지었던 이유를 우리는 피자가 나오고 나서야 알게 됐다. 우리가 예상했던 핵가족 사이즈가 아니라 대가족 사이즈가 나온 것이었다. 배가 터지도록 먹은 우리는 조금 죄송한 마음에 교수님께 먼저 후식으로 아이스크림을 권했고, 이번에는 우리가 대접하기로 했다. 모두가 아이스크림을 고르고 총무가 계산하려는데, 하필이면 미팅 룸에 놔둔 가방 안에 지갑을 두고 온 것이었다. 결국 우리는 교수님께 아이스크림까지 반강제로 얻어먹게 됐다. 그리고 민망했던 총무는 '한국 여자들에게 스웨덴 남자가 잘생긴 것으로 유명하다. 직접 와보니 사실인 것 같다'라는 무리수 농담을 던지기에 이르렀다. 다행히 교수님의 박장대소로 아이스크림 소동은 즐겁게 마무리됐다.

"틀린 글자를 바로잡는 전문 검사원"

이번 LG글로벌챌린저는 제게 두 번째 도전이었습니다. 처음에는 '내 능력으로 이뤄낼 수 있을까?' 하는 의심이 들었던 날도 많았습니다. 그러나 1차, 2차 합격 그리고 해외 탐방을 이어가며 꿈이 조금씩 이뤄지는 것을 발견했습니다. "원한다면, 할 수 있다(If You Want to, You Can Do)"라는 마틴 교수님의 말씀처럼 더 큰 꿈을 꾸고 이뤄낼 수 있는 자신감이 생겼습니다.

팀원 1. **곽재영**

"할 일을 물어다 주는 악마 팀장"

선박이라는 거대한 산업을 향해 던진 도전장. 무모함, 모험, 불가능이란 말을 수도 없이 들었지만, 미세 먼지 해결이라는 당찬 목표 하나로 지난 1년을 달려왔습니다. LG글로벌챌린저를 통해 얻은 소중한 깨달음은 결코 혼자서는 할 수 없다는 것, 우리가 함께했을 때 비로소 목표에 다다를 수 있다는 것입니다. 이제는 '나의 옳은 미래'가 아닌, '우리의 옳은 미래'를 꿈꿉니다.

팀원 2. **김재현**

"무리수를 통한 분위기 메이커"

LG글로벌챌린저 활동을 하면서 꿈을 꾸는 방법에 대해 배웠습니다. 어떤 미래를 꿈꿔야 하는지, 그리고 어떻게 실현할 수 있는지에 대해 생각해볼 기회를 얻었습니다. 앞으로 인생을 살아가는데 더 이상 꿈꾸는 것을 주저하지 않고 도전할 것이라 다짐합니다. 힘들기도 했지만, 즐거웠던 1년이라는 시간을 함께한 '메탄올 선박'이라는 주제를 이제 여러분에게 소개합니다.

팀원 3. **정주승**

"세상에 궁금한 게 많은 물음표 살인마"

LG글로벌챌린저를 통해 얻은 가장 값진 것은 '사람들'이었습니다. 작은 단어 하나에 서로 의견이 부딪힐 때도 있었지만 좋은 결과뿐만 아니라 좋은 관계를 맺기 위해 노력해준 팀원들 덕분에 LG글로벌챌린저로 활동했던 순간순간이 좋은 추억으로 남을 수 있었습니다. 때로는 힘든 날도 있었지만, 팀원들과 함께했던 날들은 모두 값진 경험이었습니다.

팀원 4. **최수지**

괜찮다고 생각될 때, 다시 한 번

1. 기관 섭외는 탐방 직전 재차 확인!

탐방 기관 섭외는 보통 3~4월부터 진행한다. 그러나 3~4월에 받은 확답도 다시 한 번 확인하는 것이 좋다. 우리 팀은 탐방을 떠나기 2주 전, 모든 8개의 기관에 우리와의 인터뷰 약속이 확실하게 잡혀있는지를 확인하는 메일을 다시 보냈다. 그리고 탐방을 나가 직접 만난 인터뷰이 중 대다수는 7월에 확인 메일을 받고서야 인터뷰 약속이 기억났다고 했다. 귀찮게 하는 것 같아 미안한 마음은 들지만, 탐방 2주 전 정도에는 인터뷰이와 인터뷰 약속을 재차 확인하는 것이 혹시 모를 일정 취소를 막을 방법이다.

2. 우리만의 장소를 확보하라!

각자의 의견을 나누는 것은 보고서를 작성할 때 굉장히 중요하다. 다른 사람들에게는 피해를 주지 않으면서 팀원들이 자유롭게 대화할 수 있는 장소가 필요한데, 밤늦게까지 편하게 이용할 수 있는 공간이라면 가장 좋다. 계획했던 시간을 한참 넘어서야 일이 끝나는 경우가 다반사이기 때문이다. 우리 팀은 방학 동안 빈 강의실에서 매일 만나 보고서를 작성했다. 강의실 내 PPT, 칠판, 에어컨까지 이용 가능했다는 사실!

미래기술의 혁신

신소재가 된 미세조류로
탄소 문제를 해결하다

팀명(학교) 엘씨미 (부산대학교)
팀원 고영훈, 김정동, 이재성, 홍승우
기간 2018년 8월 12일~2018년 8월 25일
장소 미국
　　　　워싱턴 (미국 에너지부 U.S. Department of Energy)
　　　　이스트 랜싱 (미시간 주립대학교 Michigan State University)
　　　　머리디언 (알직스 Algix)
　　　　렉싱턴 (켄터키 대학교 University of Kentucky)

호그와트 급행열차 앞에서 새로운 세계로 떠나는 탐방의 시작을 외치다!

세계적으로 기상이변이 빈발하고, 날이 갈수록 그로 인한 피해가 커지고 있다. 올여름 우리 나라는 역대 최고 수준의 이상고온 현상을 보였고, 유럽은 7월 말까지 이상저온으로 시달렸 다. 지구온난화로 인한 이상기온 현상은 조용히 우리의 목을 조르고 있으며 지금도 현재진행 중이다. 그러한 지구온난화의 원인으로 지적되는 것이 바로 CO_2(Carbon Dioxide, 이산화탄 소)이다. 지난 수십 년간 국제사회에서는 CO_2를 함께 줄여나가기 위해 기후협약을 맺어 감 축 목표를 계획하고, CO_2를 줄이는 방법을 마련해왔다. 우리나라도 2015년 파리기후 변화 협약 내용에 따라 2030년까지 BAU(Business as Usual)* 대비 37%의 CO_2를 줄여야 한다. 우리는 CO_2를 줄이면서 유용한 물질을 생산해낼 수 있는 기술로써 이산화탄소를 포집해 여 러 가지 부산물(By-product)을 제작해 경제효과를 창출해내는 CCU(Carbon Capture and Utilization) 방법에 주목했다. 또, 우리나라에는 어떤 CCU 방식이 적합할 것인가에 관한 해답 을 찾기 위해 탄소 활용 기술 개발에 앞장서고 있는 미국으로 향했다.

GC 정책의 방향성을 제시하는 미국 에너지부

탐방은 미국의 심장부이자 행정수도가 있는 워싱턴에서 시작했다. 마치 몸 속의 혈액이 심장에서 온몸으로 퍼져 나가듯이, 우리의 탐방도 미국 전역으 로 퍼지기 위해서는 첫 단추가 중요했기 때문이다. 미국 에너지부(United States

---

*BAU 온실가스 감축을 위한 인위적인 조치를 하지 않을 때 배출이 예상되는 온실가스의 총량을 의미

탐방의 첫 단추를 잘 채워준 미국 에너지부의 아야카 씨와 앤 제이 씨

Department of Energy)의 아야카 존스(Ayaka Jones) 씨와 앤 제이 삿상기(Ann J. Satsangi) 씨는 그 걱정을 말끔히 없애줬다. 미국 에너지부는 2008년부터 탄소 저감에 대한 인센티브 형태로 크레디트를 제공하는데, 줄인 CO_2의 양에 따라 톤당 35달러 또는 50달러의 세금 감면 혜택을 받을 수 있었다. 세금 감면으로 CO_2 저감을 유도한다는 사실은 다소 놀라웠다.

또한, 각 연구 프로젝트 간의 시너지를 높이기 위한 지역적 탄소 파트너십을 운영했고, 국가 탄소 포집 센터(NCCC, National Carbon Capture Center)에서 연구를 지원하고 데이터를 통합 관리하며 공유하고 있었다. 이러한 기관들이 국내에 도입되면 CCU 연구의 기틀을 마련하는 데 큰 도움이 될 것 같다. 본인들의 점심 시간까지 내어주며 우리를 반갑게 맞아줬던 아야카 씨와 앤 제이 씨 덕분에 우리의 첫 탐방을 알차게 마칠 수 있었다.

좌) 오후 일정까지 취소하며 친절하게 인터뷰해주신 미시간 주립대학교의 웨이 교수님과 함께
우) 비슷한 이름으로 인터뷰 장소를 착각하게 했던 미시간 대학교

인공광 배양을 연구하는 곳은
미시간 대학교가 아닌 미시간 주립대학교

첫 탐방이 끝나고 다음 날 오전에 미시간 주립대학교(Michigan State University)에서 두 번째 탐방이 예정돼 있었다. 아니, 정확히는 그렇게 알고는 있었다. 미국 에너지부에서 인터뷰를 마치고 우리는 바로 저녁 항공편으로 디트로이트로 향했다. 공항에서 승우 대원의 캐리어가 완전히 파손되는 사건을 겪었다. 캐리어 파손의 충격이 가시지도 않은 채, 다음 날 아침 미시간 대학교로 향했다. 우버를 타고 미시간 대학교로 이동할 때만 해도 2차 충격이 있을 줄은 꿈에도 몰랐다. 예정된 인터뷰 시간에 미시간 대학교에 도착했을 때, 우리는 무엇인가 잘못되었다는 것을 알았다. 바로 우리의 인터뷰이 웨이 랴오(Wei Liao) 교수님은 미시간 대학교(University of Michigan)가 아닌 미시간 주립대학교(Michigan State University)에 계신다는 사실이었다. 미시간 대학교에서 미시간 주립대학교까지의 거리는 차로 1시간 이상이었다. 연락해 우리의 상황을 알렸고, 예정된 시간보다 2시간이나 늦게 도착하게 됐다. 교수님께서는 오후에 일정이 있었음에도 우리를 위

해서 취소해주셨다.

미시간 주립대학교는 폐수와 인공광을 공급한 미세조류*를 배양하는 연구를 진행 중이다. 폐수는 미세조류 배양에 필요한 질산화물과 같은 영양분을 공급하는 역할을 한다. 미세조류가 광합성을 하기 위해서는 빛도 필요한데, 미시간 지역은 일조량이 적어 인공광을 사용하고 있다. 우리는 그의 소개로 파이코투(PHYCO2)를 방문해 데이비드 파브릭(David Pavlik) 연구원에게 인공광을 활용해 미세조류를 배양하는 것에 관한 친절한 설명을 들었다. 우선 투명한 미세조류 배양기에 폐수 영양분을 공급하고, 석탄 발전소의 배기가스를 직접 공급한다. 그러면 미세조류가 광합성을 해 석탄 배기가스의 이산화탄소를 줄이게 된다. 인공광을 사용하면 24시간 내내 배양이 가능하므로 흡입 대비 최대 90%의 이산화탄소를 줄일 수 있다. 하지만 에너지 효율 문제로 이 방법은 국내에 바로 도입하기엔 어려울 것 같다는 생각이 들었다. 우리는 웨이 교수님의 배려와 데이비드 씨의 친절한 설명 덕분에 두 번째 단추도 무사히 끼울 수 있었다.

🚩 미세조류로 엘라스토머를 만들다, 알직스

CCU 기술 역시 CO_2를 줄이는 과정에서 경제성을 확보하는 것이 필수적이다. 따라서 미세조류로 어떤 제품을 만들지가 중요하다. 알직스(Algix)는 미세조류 바이오매스(Biomass)*를 원료로 사용해 바이오 플라스틱, 3D 필라멘트 등의 제품을 상용화한 업체다. 우리는 이곳의 최고 기술 책임자 라이언 헌트(Ryan W. Hunt) 씨와 인터뷰했다. 그는 미세조류로 플라스틱처럼 가공하기 쉽고, 고무 같은 탄성 성질을 지닌 엘라스토머(Elastomer)*를 만들 수 있다고 했다. 이 고분자는 항균성, 항진균성의 성질을 가져 의료용 상처 패드로 쓰기에 적합하다는 것이다. 또한, 미세조류가 CO_2를 먹으면 탄소 원자를 아미노산으로 합성해 단

좌) 미세조류 바이오매스를 활용해 제품을 만드는 알직스의 기술에 대해 친절하게 안내해준 젤러 씨와 함께
우) 미세조류로 만든 신발을 들고 있는 알직스의 최고 기술 책임자 라이언 씨

백질 함량도 높아지기 때문에 탄성을 지닌 플라스틱 제조에 적합하다고 한다. CCU 기술이 우리 생활에 필요한 소재를 만드는 데도 도움을 준다는 점이 인상 깊었다. CO_2를 저감하고 CCU 기술로 이차적인 경제적 가치를 창출해내는 알직스 모델은 국내에도 유용한 벤치마킹 사례가 될 것 같다.

*미세조류 일반적으로 식물성 플랑크톤이라고 불리는 단세포 형태의 크기가 매우 작은 생물집단. 흔히 여름철 녹조 현상을 일으키는 남조류도 미세조류의 일종이며, 클로렐라와 유글레나와 같은 종도 미세조류에 해당함
*바이오매스 화학적 에너지로 사용 가능한 동식물, 미생물 등의 생물체를 의미하며, 단위 시간 및 공간에 존재하는 특정 생물체의 중량 또는 에너지양을 의미하기도 함
*엘라스토머 열가소성 엘라스토머(TPE, Thermoplastic Elastomer)를 의미한다. 성형 단계에서는 가공이 쉽고, 사용 단계에서는 고무와 같은 탄성을 가지는 고분자 물질이다

라이언 헌트
Algix / Chief Technology Officer

Q 왜 미세조류 엘라스토머를 만들게 됐나요?

A 미세조류에 질소산화물, 이산화탄소 및 폐수 등을 공급하면 단백질, 미네랄, 탄수화물을 얻을 수 있습니다. 미세조류에 질소를 투입하면 다량의 바이오매스(단백질, 미네랄)를 획득할 수 있는데 이를 가지고 동물 사료나 비료에 주로 활용했습니다. 그러던 중 우리는 미세조류의 단백질이 열을 가하면 자유롭게 모양을 변형할 수 있는 열가소성을 지닌다는 사실을 알게 됐습니다. 열가소성을 지닌 단백질의 모양은 체인이 연속으로 있는 형태입니다. 이러한 미세조류 파우더를 에틸렌비닐아세테이트(EVA)라는 폴리머와 혼합하는데 혼합 비율에 따라 다양한 특성을 가집니다. 바이오매스의 함량을 높이면 생분해성이 뛰어나 친환경제품을 만들 수 있고, EVA의 함량을 높이면 강도를 높일 수 있습니다. 또한, 100% 미세조류 플라스틱의 경우 박테리아, 습기, 열로 인해 6~7주 이내에 완전히 생분해되기 때문에 매우 친환경적입니다.

Q 미세조류 단백질을 이용한 플라스틱은 어떤 강점이 있나요?

A 비즈니스적 관점에서 미세조류 바이오매스 자체는 판매 단가가 낮아 가치가 없었습니다. 하지만 이제는 경제적 가치를 창출하고 있다는 점에서 의의가 있습니다. 현재 미세조류를 0.25달러/pound에 공급받고 있는데, 바이오 플라스틱으로 제조하면 6달러/pound로 훨씬 가치가 높아져 판매 시 많은 이윤을 남길 수 있습니다. 또한, 미세조류 플라스틱은 제품이 분해되는 주기(Life Cycle Analysis)를 분석했을 때 그 수치가 화학제품보다 최대 40%가 낮아 환경친화적입니다. 전보다 친환경 제품에 대한 사람들의 관심이 높아짐에 따라 화학제품보다 미세조류 제품을 찾는 사람들이 점차 많아지고 있습니다.

⚑ 저에너지 소모형 공정, 켄터키 대학교

마지막 탐방은 켄터키 대학교(University of Kentucky)의 마이크 윌슨(Mike Wilson) 교수님과의 인터뷰였다. 켄터키 대학교는 미세조류에 발전소의 배기가스를 공급하고 자연광을 이용하는 대규모 설비가 있었다. 우리는 실제로 운영하는 자연광 배양기를 보며, 미세조류 배양부터 수확까지 튜브를 이용한 자동화된 설비에 대해 알 수 있었다. 이 설비는 영양분과 배기가스 공급, 수확까지의 과정을 모두 자동으로 진행했다. 켄터키 대학교는 미시간 주립대학교와는 다르게 자연광(태양광)만 사용해 배양하므로, 에너지가 크게 소모되지 않았다.

인터뷰를 마친 후 부채를 선물로 드리니 윌슨 교수님께서도 우리에게 선물할 것이 있다며 켄터키 대학교 마크가 표시된 선글라스를 하나씩 주셨다. 그렇게 받은 선글라스를 모두 착용하고 윌슨 교수님과 배양기 앞에서 사진도 같이 찍었다. 마이크 교수님께서는 특히 LG글로벌챌린저 플래카드를 정말 맘에 들어

좌) 아름다운 자연과 어우러져 있었던 렉싱턴의 켄터키 대학교
우) 켄터키 대학교 마이크 교수님이 선물로 주신 선글라스를 쓰고

하셔서 그것도 선물하려 했으나 거절할 줄 아는 젠틀맨이셨다. 우리는 그렇게 마지막 탐방의 단추를 마이크 교수님과 함께 채웠다.

　우리 팀은 14일 동안 엘라스토머, CO_2, 미세조류를 활용한 CCU 기술에 대해 알아보고 국내에서의 실현 방안을 찾기 위해 이 탐방을 시작했다. 인공광과 자연광을 활용한 미세조류 배양 방법, 미세조류 엘라스토머의 경제적 가치를 확인하면서 CCU 기술 발전이 가져올 다양한 가능성 확인할 수 있었다. 이를 바탕으로 대한민국이 2030년까지 파리기후변화협약을 이행하려면 국내에서도 미세조류를 통한 CO_2 저감 그리고 엘라스토머를 통한 경제성 창출에 힘써야 한다고 생각했다.

어라? 내 수하물이 왜 터졌지?

탐방 2일 차, 워싱턴에서 항공편으로 디트로이트까지 이동했다. 디트로이트 공항에서 수하물을 찾는데, 유독 승우 대원의 수하물만 플라스틱 박스에 박살 난 채로 담겨있었다. 그렇게 생애 첫 해외여행에서 수하물이 박살 난 승우 대원은 멘탈도 박살 났다. 아마 수하물을 옮기는 과정에서 막 던져 파손된 것으로 보인다. 그래도 우리는 침착하게 델타항공의 수화물 찾는 곳에 이야기했다. 다행히 항공사가 과실을 인정하고 더 크고 좋은 새 캐리어를 제공해줬다. 살다가 수하물이 터지는 일을 겪게 된다면, 침착하게 증거 사진을 찍어놓자.

위) 170m로 세계 최고 수준의 높이를 자랑하는 워싱턴 기념탑과 잔디 광장. 가슴이 탁 트이는 듯했다
아래) 쉽지 않은 여정에 마음의 안식이 되어줬던 아름다운 풍경들

"꼼꼼한 계획의 스케줄러"

2018년은 LG글로벌챌린저로 시작하고 끝났다고 해도 과언이 아닙니다. LG글로벌챌린저는 저 그리고 우리 팀원들에게 이 세상에 한계는 없다는 것을 알려줬습니다. 고된 준비와 탐방 스케줄 속에서도 포기하지 않고 완주해낸 팀원들에게 정말 고맙습니다. 글로벌챌린저를 하면서 만나게 된 24기와 사무국 여러분들, 모두 고생 많으셨습니다.

팀원 1. **고영훈**

"우리의 입과 귀를 담당하는 리더"

"LG글로벌챌린저 할 사람?" 이 한마디가 이렇게 큰 파격 효과를 일으킬지 생각도 못 했습니다. 14일, 336시간, 10번의 비행. 무지막지한 일정표와 낯선 세상 속에서 우리가 고민하고 노력했던 일들이 실제로 이루어질 수 있다는 것을 배웠습니다. 친구들과 함께했던 24기 활동은 나에게 현실의 벽을 깨부수고 도전하라는 삶의 나침반을 쥐어줬습니다. '역시 세상은 도전하고 볼 일이다!'

팀원 2. **김정동**

"미국의 행동 대장, 액티베이터"

문제를 인식하고 타당성 있는 해결책을 제시해나가는 과정은 정말 쉽지 않았습니다. 그렇기에 더욱 유의미했던 도전이라고 생각합니다. 단언컨대 이 활동을 통해 저는 굉장히 자신감을 키울 수 있었습니다. 이제는 친구들한테 말합니다. "너 LG글로벌챌린저 못 해봤지?"라고. 무언가를 시도했기에 완성할 수 있었고 이것은 저에게 전환점의 시작이 됐습니다.

팀원 3. **이재성**

"가방은 터져도, 공금은 터지지 않는다"

LG글로벌챌린저를 통해 열심히 도전하고 이루기 위해 노력해보는 경험을 할 수 있었습니다. 대학 생활 동안 일방적으로 받는 수업에 익숙해져서인지, 스스로 하나하나 완성해가던 때의 짜릿했던 기분은 잊지 못할 것 같습니다. 늘 밝고 쾌활한 팀원들을 만나 웃는 날이 많았던 한 해였습니다. 행복한 시간과 소중한 경험을 선물해준 LG글로벌챌린저, 감사합니다!

팀원 4. **홍승우**

백지장도 맞들면 당연히 낫다

1. 지속적인 브레인스토밍을 한다!

LG글로벌챌린저는 주제가 수상을 결정한다고 해도 과언이 아닐 정도로 정말 중요하다. 우리는 정말 주제만 100번을 고려했다. 좋은 주제가 떠올랐다 하면 이미 같은 주제로 탐방을 떠난 팀이 있곤 했다. 우리는 이미 거기서 주제의 참신성이 반감된다고 생각해 겹치는 주제는 가능한 한 제외했다. 참신하면서도 최대한 현실적인 주제를 정하기란 정말 쉽지 않다. 하지만, 팀원은 4명이다. 4명의 머리를 맞대면 분명히 면접관들의 관심을 붙드는 기발한 주제를 도출해낼 수 있다. 생각하라. 그리고 지워나가라. 마지막에 남는 것이 그대들의 주제이다.

2. 공용 공간이 있으면 유리하다

LG글로벌챌린저를 준비할 때는 많은 시간을 팀원들과 보내야 한다. 그 때문에 편하게 이야기할 수 있고, 다른 사람들도 불편함을 느끼지 않을 수 있는 장소 선정이 매우 중요하다. 시원한 커피와 맛있는 케이크가 있는 카페도 좋고, 조용한 도서관도 좋다. 다만 팀원들이 의견을 자유롭게 낼 수 있고, 오래 앉아있어도(대략 하루에 12시간) 불편하지 않은 곳을 찾아야 한다. 매일같이 우리를 받아준 두런두런 공부방에 영광을 돌린다.

POST-POST Battery를 향한 날갯짓

팀명(학교)   Ny Batteri (서울대학교)
팀원   박재성, 손호성, 정준서, 차용환
기간   2018년 8월 13일~2018년 8월 26일
장소   미국, 캐나다
　　　　팔로알토 (스탠퍼드 대학교 Stanford University Will Chueh Lab)
　　　　버클리 (로런스 버클리 국립 연구소 LBNL, Lawrence Berkeley National Laboratory)
　　　　시카고 (싸이노드 시스템즈 SiNode Systems)
　　　　시카고 (아르곤 국립 연구소 Argonne National Laboratory)
　　　　몬트리올 (몬트리올 대학교 UQAM, Universite du Quebec a Montreal)
　　　　몬트리올 (하이드로 퀘벡 Hydro-Quebec)

엄격한 보안 규정 탓에 사진을 못 찍나 했지만, 다행히도 한 장 건졌다.
아르곤 국립 연구소에서 제이슨 박사님과 함께!

눈뜨자마자 휴대전화부터 찾는 우리의 삶에서 배터리는 가장 중요한 필수품 중 하나다. 단순히 노트북, 휴대전화와 같은 전자 기기를 넘어서 이제는 그 쓰임새가 더욱 다양해지고 있다. 2018 블룸버그 뉴 에너지 파이낸스(Bloomberg New Energy Finance) 리포트는 2025년 전기차 시장이 현재의 열 배가 넘는 1,100만 대 수준으로 커지리라 예측했다. 또한 미래에셋대우 리서치 센터는 신재생발전을 통해 생산한 에너지를 저장하는 에너지 저장 시스템(ESS, Energy Storage System) 시장이 2025년까지 연 45% 성장을 계속하리라 예측했다.

그러나 요즘 주로 사용되는 리튬이온 이차전지는 현재 그리고 미래의 산업이 필요로 하는 기준을 채우지 못하고 있다. 전기 자동차용 배터리의 경우, 2018년 3월에 있었던 테슬라 모델 엑스의 폭발 사고에서처럼 그 안전성을 확신하기 어렵다. 또한, 지엠의 전기차 볼트가 완충을 위해 필요한 약 9시간이란 시간은 쉽게 받아들이기 힘들다. 게다가 현재의 250$/kWh라는 가격은 배터리가 내연기관과 비슷한 가격 경쟁력을 갖출 수 있는 100$/kWh라는 금액보다 터무니없이 높다.

결국, 리튬이온 배터리의 문제는 차세대 배터리 개발이라는 목적지를 가리키고 있었고, 이에 우리 팀은 '차세대 배터리 연구'를 큰 주제로 삼아 탐방을 계획하게 됐다. 차세대 배터리의 가능성을 검토해보며 하나의 배터리를 미래의 가능성으로 내세우기보단, 복잡한 차세대 배터리 연구 양상을 두고 보았을 때 차세대 배터리 연구의 가이드라인을 제시하는 것이 더욱 알맞을 것이라는 결론을 내렸다.

우리는 차세대 배터리 연구 분야에서 선두를 달리는 일본과 미국 중, 많은 연구 기관과 벤처들의 다양한 시도를 통해 여러 차세대 후보들을 검증하고 있는 북미를 방문해, 그곳을 탐방하며 한국에 어떻게 접목할 수 있는지를 깨닫고자 했다.

🚩 많은 기회와 도전이 자리 잡은 곳, 미국

우리는 배터리 연구에서 한 축을 이루는 외국의 스타트업을 방문할 필요가 있다고 생각했고, 박재성 대원의 인맥으로 앤드루 포넥(Andrew Ponec) 씨와 버클리에서 인터뷰를 진행할 수 있게 됐다. 앤드루 씨는 로런스 버클리 국립 연구소(LBNL, Lawrence Berkeley National Laboratory)에 소속된 연구원이자 학부 2학년 때 드레곤플라이 시스템즈(DragonFly Systems)라는 에너지 저장 관련 회사를 창업했던 사업가이기도 했다.

드레곤플라이 시스템즈가 개발했던 TPV* 기술은 놀랍게도 1980년대에 대부분의 연구가 진행됐던 기술로, 2010년대 와서 에너지 저장 시스템(ESS, Energy Storage System)에 대한 높은 관심도로 인해 빠르게 상용화가 이루어지고 있는 분야다. 앤드루 씨의 경우, 전문적인 지식이 많이 부족할지도 모르는 시점에서 TPV 분야에서 주목할 만한 성과를 냈다. 그 점은 학부생이 전지 연구에서 실질적인 소득을 건질 수 있다는 것을 의미하고, 학부생들의 연구 참여가 학부생과 기업 모두에게 큰 이익이 될 것이라는 의미도 내포하고 있어 우리의 기대감을 한껏 북돋워 줬다.

시카고는 미국 대형 자본의 투자를 바탕으로 배터리 연구에 핵심적인 영향을 미친 곳으로, 탐방 마지막 도시이자 가장 중요한 이야기를 들을 수 있는 곳이었다. 우리가 처음으로 방문했던 싸이노드 시스템즈(SiNode Systems)는 노스웨스턴 대학교 내에 있는 스타트업이다. 실리콘-탄소 음극재를 주력으로 개발하고 있으며, 기존의 음극재에 비해 3배 이상 높은 에너지 밀도와 빠른 충전 속도를

---

*TPV 기존의 태양전지(Solar Cell)에서 한 단계 더 나아간 방식의 ESS 시스템. 흑체 역할을 하는 물질에 열을 저장해두었다가 에너지가 필요할 때 물체에서 나오는 복사열을 태양전지와 비슷한 방식으로 전기에너지로 전환하는 기술. 기존의 태양전지와 달리 모든 파장의 빛을 활용할 수 있고, 에너지를 저장하는 지점과 발전하는 지점이 같아 효율이 높다는 장점이 있음

위) 편안한 분위기 속에서 진행되었던 로런스 버클리 국립 연구소 연구원들과의 인터뷰
아래) 싸이노드 시스템즈에서 소규모의 배터리 셀을 어떤 식으로 만드는지 설명을 듣고 있다

제공하고자 한다. 이곳에서 만난 하선백 연구원님께 기존에 배터리에 활용했던 재료에서 벗어나 스타트업만의 기술을 가지고 새로운 복합 소재로 대체할 방안을 마련하고 있다는 이야기를 들었다. 전지 제작까지 큰 비용과 시간이 들지만, 자신만의 참신한 기술로 다양한 기관들과 연관 지어 새로운 차세대 배터리 시장을 개척해나간다는 점에서 매우 인상적이었다.

우리의 마지막 방문 기관이었던 아르곤 국립 연구소(Argonne National Laboratory)의 큰 특징은 바로 엄청난 규모에 있다. 우리나라에서 가장 큰 국립대학교가 400만 제곱미터인 데 비해서 무려 700만 제곱미터나 된다. 이 넓은 공간에서 다양한 연구소들이 활발하게 배터리 연구를 진행하고 있다. 우리는 그곳에서 배터리 재료를 분석할 때 쓰는 가속기부터 재료를 만들 수 있는 화학 랩, 만든 재료를 직접 전지로 제작하는 장비까지 두루 볼 수 있었다.

제이슨 크로이(Jason R. Croy) 박사님께서 설명해주신 아르곤 국립 연구소는 배터리 연구의 모든 것이 총집합한 곳이었다. 싱크로트론을 이용한 양극재 분석이라는 배터리 기초 분야에 가까운 연구에서부터, 쉐보레와 같은 자동차 브랜드와의 프로젝트 진행까지 연구의 폭도 매우 넓었다. 우리가 이곳에서 감명받은 것은 협업할 수 있는 분위기를 자연스럽게 조성하는 점이었다. 배터리는 워낙 기초 분야부터 응용까지 해야 하는 것이 많아서 한 분야를 다루는 것도 어려운데, 한 건물 내에서 복도를 두고 여러 분야가 마주보고 있으니 협업을 하기에 최적화된 환경이라는 것을 느꼈다. 아르곤 국립 연구소가 전지 종합 연구소라는 형태를 통해 갖게 되는 독보적인 경쟁력을 가지고 배터리 산업 및 연구에 기여하는 부분을 바라보며, 한국에도 이와 같은 역할을 해줄 연구소가 필요할 것이라는 생각도 하게 됐다.

하선백
SiNode Systems / R & D Scientist

Q 차세대 배터리 시장에서 스타트업의 역할은 무엇인가요?

A 스타트업은 다양한 아이디어를 상용화하기 위해 노력합니다. 따라서 아직 실용화되지 않은 좋은 아이디어를 찾아서 직접 적용하는 역할을 하고 있습니다.

우리 회사는 기존에 음극 물질로 사용하는 흑연을 대신할 실리콘-탄소 복합 소재를 개발하고 있습니다. 실리콘을 음극 물질로 사용하면 전지용량을 증가시킬 수 있다는 장점이 있으나, 충·방전 과정에서의 급격한 팽창으로 인해 실리콘이 음극에서 떨어져 나간다는 치명적인 단점이 있습니다. 따라서 배터리의 수명이 짧을 수밖에 없습니다. 그러나 만약 실리콘을 그래핀으로 감싸게 되면, 실리콘의 팽창도 어느 정도 억제할 수 있을 뿐 아니라, 팽창으로 인한 실리콘의 탈락을 막을 수 있습니다. 그래핀을 싼 가격에 생산하는 것은 매우 어려운 일이지만, 저희는 독자적이고 획기적인 아이디어를 통해 싼 가격에 공급할 수 있게 됐습니다.

Q 전지 시장에서의 어려움을 어떻게 해결하고 있나요?

A 전지 산업에서 스타트업의 가장 어려운 점은 바로 전지를 제작하는 것입니다. 대학교나 연구소에서도 반쪽 전지(Half-cell)는 만들지만, 실제 전지를 만드는 것은 그보다 훨씬 어려워서 전극 코팅이나, 비활성화 부분 제거 같은 많은 노하우들이 필요합니다. 그리고 또 다른 문제는 자금입니다. 스타트업이 전지 제작까지 투자하기에는 자금이 넉넉하지 않기 때문에 이를 스스로 해결해내기는 힘듭니다.

저희는 이를 다양한 기관들과 연결해 해결하려고 합니다. 발생할 수 있는 문제들 때문에 회사 초반부터 전지 제작은 어렵다고 판단했습니다. 저희는 음극재를 만드는 것에 초점을 맞춰져 있기에 만든 재료를 기업에 파는 것을 목표로 하고 있으며, 최종적으로 제공하고자 하는 기업과 협력관계에 있습니다.

싸이노드 시스템즈의 하선백 연구원과 3시간이 넘는 긴 인터뷰를 마치고

🚩 고체전해질 연구의 선진 국가, 캐나다

몬트리올 대학교(UQAM, Université du Québec à Montréal) 화학과의 스틴 슈가드 교수님(Steen B. Schougaard)께서는 배터리 소재의 특성을 밝히는 기초적인 연구를 진행하고 계셨다. 교수님과의 인터뷰를 통해 대학의 전지 기초연구 단계에 관해 설명을 들을 수 있었다.

교수님 연구실은 인 시투(In-situ)기술*을 통해 배터리 물질의 성질과 배터리의 구조를 연구하고 있었다. 한국보다 더 잘 갖추어진 장비와 기술을 이용할 수

---

*인 시투(In-situ) 전지 내부의 반응을 직접 확인할 수 있게 도와주는 전반적인 기술을 뜻함. In-situ 기술은 차세대 전지 개발을 포함한 다양한 전지 분야에 응용된다. 예를 들어 활물질과 전해질 사이에 계면, Dendrite의 성장 규명, 전고체전지의 낮은 이온전도도 계면 불안정성 연구를 위해 개발 중이다. 한편 주목하는 부분에 따라 In-situ는 배터리의 충·방전이 끝난 상태의 연구인 익스 시투(Ex-situ)에 비해서 더 떨어지는 정보를 얻는 일도 있으므로 연구 주제에 따라 적절한 방식을 선택해야 한다

몬트리올 대학교 화학과의 멋진 연구 성과물들 앞에서 스틴 교수님

있다는 점은 확실히 큰 장점으로 느껴졌다. 하지만 아쉽게도 이러한 기초연구를 토대로 상용화된 기술을 만들어낸 경우는 아직 없다는 이야기도 함께 듣게 됐다. 한국뿐 아니라 외국에서도 '상용화'라는 세 음절의 단어까지 나아가는 과정에 많은 어려움이 있다는 것을 알 수 있었다. 또 교수님께서는 전지 연구 중에서도 기초적인 부분에 집중하고 계셨는데, '배터리 연구에서 기초 지식과 응용·상용화의 연결은 확실히 어렵다'는 교수님의 지적은 우리의 주제가 그 문제에 조금 더 집중해야 함을 암시하는 듯했다.

두 번째로 방문한 기관은 하이드로 퀘벡(Hydro-Quebec)으로, 한국전력공사 같은 일종의 전력 회사였다. 이곳에서는 전기와 관련된 독특한 분야에서 연구를 진행하고 있었다. 이를테면 큰 규모의 연구소에서 너른 대륙에 흩어진 전선 수리 문제를 해결하기 위해 개발한 자동화된 전선 수리 로봇과 같은 것이 있었다. 한국에서처럼 사람이 일일이 올라가 전선을 수리하는 것이 아니라, 로봇이

하이드로 퀘벡의 김지수 박사님께서는 인상 깊은 미래지향적 연구 활동을 소개해주셨다

전선을 타고 수리가 필요한 지점까지 이동해 알아서 수리를 진행하는 방식이다. 우리와 약속을 잡은 김지수 박사님(Chisu Kim)께서는 대규모 연구소에서 어떠한 연구를 진행했는지 이야기해주셨다.

하이드로 퀘벡은 규모가 상당히 큰 기관으로 배터리 연구 분야에서 오랜 역사를 자랑한다. 1970년대 모두가 액체 전해질을 활용한 배터리 연구에 몰두할 때, 이곳은 고체 전해질을 주제로 연구를 시작했다. 그로부터 40년이 지난 지금, 고체 전해질을 바탕으로 한 전지가 폭발 위험이 없다는 특성 덕에 차세대 전지 모델 중 하나로 주목받고 있다는 점으로 미루어볼 때 하이드로 퀘벡의 연구는 대단히 미래지향적인 연구라 할 만하다.

본 연구소에서 70년대에 진행한 고분자 배터리의 경우도, 당시 다른 모든 기관이 액체 전해질 연구에 몰두할 때, 혼자서 끌고 가게 된 고체 전해질을 주제로 한 연구였다. 대기업이나 거대 연구소의 경우 규모가 큰 만큼 대담한 연구를 진행할 수 있다는 것, 그에 따라 선점효과를 누릴 수 있다는 점이 상당히 인상 깊었다.

하이드로 퀘벡은 자신이 가진 규모와 안정성이라는 장점을 잘 활용하고 있는 듯했다. 확실히 그 두 가지를 바탕으로, 도전적인 연구를 진행할 수 있었으며, 또 그러한 연구가 성공해 기술 선점효과를 얻고 있었다. 캐나다에서의 탐방 과정에서, 우리 팀이 생각하는 전지 연구 구조의 밑그림이 조금씩 그려지고 있음을 느꼈고 기분 좋게 탐방을 마무리할 수 있었다.

배보다 큰 배꼽

시카고에서의 첫날이었다. 오헤어 공항에서 호텔로 가는 우버 안에 56달러에 더해 팁으로 LG에서 나누어준 스마트폰 G7을 주고 와버렸다. 오랜 비행과 2주 차에 접어든 일정으로 인해, 매우 피곤해진 우리는 우버에 탑승하자마자 약속이라도 한 듯 바로 곯아떨어졌다. 40분의 운전 끝에 호텔에 도착한 네 명. 주섬주섬 짐을 챙기고 호텔 로비로 들어서는 그때 스마트폰을 분실했다는 사실을 깨달았다. 비싼 택시비에 중요한 물건까지 잃어버리니!

팀원 1. **박재성**

"논리가 쑥쑥"

생각만 하면 바삐 시작했던 4~5월이 지나고 이제 벌써 10월을 바라보고 있네요. 출발 전 있었던 수술로 걱정도 많았지만, 친구들 덕에 탐방을 잘 마무리하고 여기까지 오게 된 것 같습니다. 많은 추억을 쌓게 해준 3명의 친구, 항상 고맙게 생각합니다.

팀원 2. **손호성**

"막내는 역시 부지런해야지!"

가족이 아닌 동료들과 해외로 나가는 것은 처음이라 걱정을 많이 했습니다. 물건도 잘 잃어버리고 영어도 부족하지만, 다행히 형들이 잘 챙겨주고 영어를 잘해서 무사히 잘 다녀올 수 있었던 것 같습니다. 국내와 해외 탐방에서 뛰어난 사람들을 만났고 덕분에 많은 것을 배우고 시야를 넓힐 수 있었던 것 같습니다. 이런 경험을 할 수 있게 해주신 LG에 감사드립니다.

팀원 3. **정준서**

"영어는 잘하고 볼 일이다"

친한 동기끼리 시작하게 된, 프로젝트. 많은 고생이 있었던 만큼 생각의 깊이를 더하고 시야를 넓힐 수 있었던 것 같습니다. 그동안의 좁은 시야로 보고 있었던 한정된 길 너머, 인생의 다른 길을 찾게 된 것 같아 행복합니다. 잊을 수 없는, 2주간의 추억은 덤!

팀원 4. **차용환**

"언제나 웃음 가득, 행복 전도사"

웃음 가득한 탐방 수기를 마무리하며 지난 6개월을 돌이켜보았을 때, '어쩌다 미국'이라는 말이 꼭 맞는 것 같습니다. 다른 이유보다는 좋은 친구들이 노력해준 덕분에, 새로운 곳에서 저의 몇 년 앞의 삶이 될지도 모르는 모습을 볼 수 있었습니다.

달걀로 바위 치기

1. 해외 탐방을 시작했다고 약속이 확정된 것은 아니다!

탐방 시작 전, 좋지 못한 소식이 들려왔다. 갑자기 회의가 있다거나 회사 사람 모두가 참석하는 미팅에 참석해야 해서 약속을 취소해야겠다는 소식 말이다. 비행기를 타고 오면서도, 미국에 도착해서도, 많은 스트레스를 받았다. 박재성, 정준서 대원은 그런 와중에 이동하면서도, 밥을 먹으면서도 박사님들과 통화를 하고, 우리의 일정을 이야기했다. 계속된 시도 끝에, 결국 우리는 약속을 다시 확정 지을 수 있게 됐고, 예상했던 대로 탐방을 마무리할 수 있었다. 기관과의 연락은 항상 확인하고 또 하자!

2. 지인을 잘 이용하자!

배터리 연구 분야가 보안을 중요시하는 분야이기도 하고, 다들 일정이 빡빡한 탓도 있어서 연락 닿기가 어려웠다. 그 과정에서 깨닫게 된 것은 다양한 사람들에게 많은 시도를 하는 것도 중요하지만, 무엇보다 빠르고 확실한 약속을 얻어내는 방법은 지인을 통하는 방법이라는 사실이다. 처음 거절당했던 화학 회사의 경우, 국내 탐방에서 만난 박사님을 통해 연결됐다. 해외 탐방의 경우도, 버클리에서 인턴십을 하던 박재성 대원의 친구 도움으로 앤드루 씨와 만날 수 있었다.

디지털 이미징 기술,
역사를 이야기하다

팀명(학교) 호흡 (중앙대학교)
팀원 김민선, 손희덕, 정진혁
기간 2018년 8월 5일~2018년 8월 18일
장소 영국, 프랑스, 스페인
런던 (대영 도서관 British Library)
레스터 (레스터 대학교 Leicester University)
파리 (프랑스 박물관 연구 조사 센터 C2RMF, Centre de Recherche et de Restauration des
Musees dè France)
파리 (나폴레옹 기념비 Les Invalides)
바르셀로나 (카사 바트요 Casa Batllò)
바르셀로나 (가우디 익스페리엔시아 Gaudì Experiència)

수학능력시험 한국사 필수화와 대학에서의 한국사 필수
교양 지정 등 역사교육의 중요성이 나날이 높아지고 있는
요즘, 어떻게 하면 역사를 쉽고 생생하게 기억할 수 있을
까? 우리는 그 해결책으로 AR, VR, Projection Mapping과
같이 시각적인 요소를 디지털화해 다루는 디지털 이미징
기술이라는 열쇠를 찾았고, 가능성을 보았다.

이에 우리는 역사와 함께 호흡하기 위해 디지털 이미징 기
술의 올바른 활용 방안을 제시해보려고 한다. 그리고 특히
역사를 보존하고 전달함에서 디지털 이미징 기술을 적극적
으로 활용하고 있는 유럽의 세 국가를 방문해 그들의 이야
기를 듣고, 이를 통해 얻은 인사이트를 기반으로 아름다운
우리 역사에 생명력을 불어넣고자 한다.

🚩 영국에 소장 중인 우리 문화재를 국내에서 보다

프랑스 루브르 박물관을
배경으로 호흡 팀 콘셉트
History Is Alive를
멋지게 담다

영국 대영 도서관에서는 3D 스캐닝 기술과 포토
그래피 기법 등 디지털 이미징 기술을 적극적으로
활용한 역사 기록물 보존과 전시가 이뤄지고 있
다. 우리는 아시아 기록물을 담당하고 있는 학예

연구사 해미시 토드(Hamish Todd) 씨와 그의 IT 부서 파트너 애디 케이넌 슈큰버트(Adi Keinan-Schoonbaert) 씨를 만나 대영 도서관의 시스템과 3D 스캐닝 기법으로 기록물들을 보여주는 'Turning the Pages' 시스템에 관해 설명을 들었다.

토드 씨는 'Turning The Pages'에 대해 소개해주며 우리의 문화재도 이 플랫폼에 업로드돼 있다고 말했다. 당시 대영 도서관에서는 순조의 어머니 수빈 박씨의 회갑 잔치를 기록한 '기사진표리진찬의궤'를 소장하고 있었으며, 이를 디지털 데이터로 구축해 관리하고 있었다. 대영 도서관 측은 의궤에 대한 자료를 국내 박물관에도 제공할 의사가 있다고 했다. 우리는 대영 도서관으로부터 전달받은 문화재 DB를 바탕으로 디지털 이미징 기술을 통해 국외 소장 문화재를 국내에 소개할 수 있다는 사실로 가슴이 벅차오는 것을 느꼈다. 이 모든 것을 가능하게 하는 것은 문화재를 단순히 물리적으로 관리하는 것에 그치지 않고 디지털 이미징 기술을 활용해 문화재 데이터를 체계적으로 관리하는 데에 있다는 것도 알게 됐다.

겉모습만 봐도 웅장한 대영 도서관

해미시 토드

British Library / Head of East Asian Collection Department

Q 대영 도서관의 'Turning the Pages' 프로젝트와 디지털 이미징 기술이 역사 전달에 어떠한 영향을 준다고 생각하시나요?

A 2001년에 시작한 'Turning the Pages' 프로젝트는 3D 스캐닝 기술을 활용해 35개의 역사적 기록물을 온라인 사이트에 제공해 사람들에게 역사에 대한 접근성을 높여줌과 동시에 이해를 도와주고 있습니다. 더불어 디지털 이미징 기술은 사람들의 관심을 끌기 위해 사용될 수 있습니다. 사람들의 관심이 높아지면 사람들의 인식 또한 변화할 것이며, 결과적으로 사람들이 관심 있어 하는 분야의 연구 또한 독려될 것입니다. 그것이 바로 저희가 디지털 이미징 기술을 사용한 이유 중 하나로, 최대한 많은 사람에게 다양하고 유용한 정보를 제공해주고자 합니다.

Q 대영 도서관에서는 기술자와 역사 전문가의 간극을 어떻게 좁히고 있나요?

A 기술자와 역사 전문가 사이의 간극은 발생할 수밖에 없다고 생각합니다. 문화적 소양과 기술을 같이 가지고 있는 융합형 인재를 찾는 것은 현실적으로 매우 힘든 일입니다. 그렇기에 대영 도서관에서는 학예사와 디지털 전문가를 엮어서 정보를 공유하게 합니다. 부서 간의 정보 공유는 서로의 부족한 지식을 채워주는 데 도움이 되고, 협업이 원활하게 이루어지도록 함으로써 보다 좋은 결과를 이끌어냅니다.

📍 문화재 분석의 선도주자, C2RMF

프랑스의 국가기관 C2RMF(Centre de Recherche et de Restauration des Musèes de France)는 문화재 보존 및 복원과 분석을 담당하는 곳이다. 프랑스 국립박물관들에 있는 작품들을 주로 연구하며 문화재의 보존과 분석을 위한 새로운 기술 개발도 진행하고 있다. 대부분의 문화재 분석은 디지털 이미징 기술을 이용한 X선, 자외선, 적외선 촬영 등 간단한 기술만으로 이루어질 것으로 생각했지만, 입자 분석, 레이저 빛 굴절 분석 등 생각보다 훨씬 더 많은 기술을 이용해 이뤄지고 있었다.

우리와 인터뷰를 한 주이시 베이(Xueshi Bai) 씨는 레이저 특화 부분 연구원이다. 프랑스에서 거주한 지는 6년밖에 되지 않았으나 프랑스 문화와 역사에 대한 애착이 가득함을 느낄 수 있었다. 프랑스 문화와 그들의 애국심에 관해 얘기하던 중, 중국에서도 C2RMF와 같은 문화재 복원 및 분석을 위한 기관이 생기고 있다는 이야기를 듣게 됐다. 우리나라에서도 기존에 다른 국가에서 진행했던 문

좌) 프랑스 박물관 연구 조사 센터에서 문화재 보존 분석 기술에 대해 배우는 호흡 팀
우) 디지털 보존 복원 분야를 소개해준 주이시 씨와 함께

프랑스의 앵발리드 문화재 위의 아름다운 빛

화재에 담긴 스토리를 찾아내는 방법을 참고해 보존 기술과 함께 도입하면 유용하게 활용할 수 있을 것 같다는 생각이 들었다.

가우디의 역사를 알리는 바르셀로나

바르셀로나는 현대 건축의 전시장이라는 타이틀답게 아름답고, 경이로운 건축물로 가득한 도시다. 공항에서 숙소까지 이동하는 길, 사람들의 생활공간 곳곳에서 아름다운 건축물들이 눈에 들어왔다. 그 건축물을 대표하는 것이 안토니 가우디(Antoni Gaudi)의 건축물이다.

　바르셀로나 시민들과 이야기를 나눴을 때 가우디에 대한 자부심이 매우 높았는데, 그들의 일상 속에 스며든 가우디 건축물의 웅장함이 시민들의 자부심을 끌어올리는 것 같았다. 우리는 이런 가우디의 건축물 또한 그들의 역사의 일부라고 생각했고, 가우디의 생각과 건축물의 역사에 대해 알리는 방법을 알아보고자 했다.

카사 바트요(Casa Batlló)는 가우디의 건축에 대한 생각과 영감을 담고 있는 건축물이기에 그곳을 본다는 것만으로 값진 경험이었다. 카사 바트요 측에서 우리만을 위해 특별한 시간을 내준 덕분에 공식 개방 시간 전에 입장해 다른 관람객의 방해를 받지 않고 모든 것을 볼 수 있었다. 카사 바트요의 큐레이터 나탈리아 에르난데스(Natalia Hernàndez) 씨와 IT 매니저 빅토르 에르난데스(Victor Hernàndez) 씨가 우리의 관람을 도와줬다. 이들은 가우디에 대한 큰 자부심을 가지고 있을 뿐만 아니라 그에 대한 정보를 알리고 싶어 했다. 또 카사 바트요에서는 가우디의 역사를 알리는 수단으로 디지털 이미징 기술 중 하나인 AR 기술을 사용하고 있었고, 이를 효과적으로 사용하기 위해 IT 부서를 운영하고 있다는 것도 들을 수 있었다.

다음으로 방문한 곳은 가우디에 관한 이야기를 4D 영화를 통해 전달하고 있는 가우디 익스페리엔시아(Gaudi Experiència)였다. 유명한 관광지라고 하기에는 작고, 멀리 떨어진 곳에 있는 기관이었지만, 가우디의 또 다른 작품 구엘 공원(Parque Güell)을 방문한 관람객들이 많이 찾고 있었다. 우리는 가우디 익스페리

좌) 스페인 카사 바트요의 큐레이터, 매니저와 함께한 스마트 가이드 기술 인터뷰
우) 4D 영화로 스페인의 대표 건축가 가우디를 직접 느끼는 중

엔시아에서 IT 기술을 관리하고 연구 중인 라우라 가르시아(Laura Garcia) 씨와 함께 가우디 익스페리엔시아에서 사용하고 있는 4D 영화와 인터렉티브 스크린(Interactive Screen)으로 역사를 풀어내는 방법에 대해 알아보았다.

먼저 영화에 체험 요소를 더한 4D 영화는 영상을 지루하지 않게 하고 영화 속한 장면에 직접 있는 듯한 느낌을 줄 수 있어, 그 상황 속에서 역사를 배워나갈수 있는 기술이었다. 그리고 인터렉티브 스크린은 관람객들이 원하는 정보를 직접 골라볼 수 있도록 제작한 설명 패널로, 많은 정보에도 쉽게 접근할 수 있는 기술이었다.

우리는 이처럼 기술이 역사 분야에 활발히 사용되는 것을 실제로 경험하면서 탐방 주제에 대해 더 많은 욕심이 생겼다. 또 기술의 활용성뿐만 아니라 역사에 애착을 갖고 많은 사람에게 알리려는 그들의 마음가짐, 그것이 우리가 배워야할 점이라 생각됐다.

EPISODE

소매치기 조심하세요, 소매치기 안전 가이드
유럽 여행을 준비하면서 가장 걱정했던 것이 소매치기였기에 우리 팀은 이를 대비해 많은 준비를 해갔다. 하지만 철저한 준비를 했어도 방심은 금물이었다. 우리가 할 수 있던 장치는 다 해놨지만 가장 중요한 '경각심'을 잃었을 때 소매치기를 당했다. 첫 번째 순간은 빡빡한 일정에 지쳐 정신이 나가 있을 때 찾아왔다. 혼잡한 버스 안에서 정신을 차렸을 땐 가방 속, 주머니 안에 있던 스프링 지갑이 스프링을 길게 늘어뜨린 채 이미 저 멀리 가 있었다. 급하게 당겨봤지만 돌아오는 건 텅텅 빈 지갑뿐. 누군지에 대한 확신이 없었기에 우리가 할 수 있는 것은 아무것도 없었다. 두 번째는 이른 아침, 그 누구도 예상치 못한 카탈루냐 광장(Placa de Cataluna) 대로변에서 일어났다. 영상 촬영을 하며 신나 있던 중, 낯선 사람이 접근했고 순식간에 정진혁 대원의 손목에 있던 시계를 뜯어갔다. 그 누가 번화가에서 그렇게 소매치기를 당할 줄 알았을까. 소매치기는 시간과 장소를 가리지 않고 일어날 수 있는 일이었고, 소매치기를 당하지 않는 방법은 철저한 준비물이 아니었다. 제일 중요한 것은 바로 '경각심'. 언제 어디서든 방심은 금물이다. 최고의 안전 가이드는 내 짐이 어디에 있는가를 항상 인지하고, 갑작스레 접근하는 사람들을 경계하는 것이다.

팀원 1. **김민선**

"싸우지 말아요, 평화주의자 간디"

익숙한 것을 좋아하고 도전을 무서워하는 제가 졸업 전 큰 도전을 시도해보고 졸업해야 한다는 생각 하나로, LG글로벌챌린저에 도전하게 됐습니다. 탐방하며 얻은 것도 많지만, 무엇보다 동고동락하며 긴 여정을 잘 마무리한 우리 팀원들끼리의 우정이 더 단단해진 것 같아 이 소중한 인연을 오래 이어나갔으면 좋겠습니다. LG글로벌챌린저 고맙습니다!

팀원 2. **손희덕**

"내가 가는 길이 옳은 길이다, 콜럼버스"

LG글로벌챌린저는 없었다면 2018년이 사라질 만큼 1년간 나의 동반자 같은 존재였습니다. 새로운 것에 도전하며 꿈을 찾고, 저의 새로운 모습을 발견할 수 있는 시간이었습니다. 이제 제게 도전하는 것은 어렵지 않은 일이 됐습니다. 끊임없이 도전하는 미래, 새로운 도전을 찾아 떠날 준비가 됐습니다.

팀원 3. **정진혁**

"재미있어 보이면 일단 저지르고 본다, 해적왕 루피"

'어떤 소재를 다룰 것인가?'부터 '국내의 문제를 어떻게 해결할 것인가?'까지 텅 빈 종이와 펜을 저에게 쥐여준 LG글로벌챌린저 덕분에 무언가 도전해볼 수 있다는 자신감을 얻었습니다. 단순히 아이디어를 구상하고 이를 제작해보는 일반적인 대외 활동과 달리 세상을 보는 시야를 넓히고, 평소에 만나보지 못할 인물들의 생각과 경험을 두 귀로 담을 수 있었습니다.

끝없는 대화는 언제나 옳다

1. 언쟁을 두려워 마라!

LG글로벌챌린저를 준비하면서 의견이 항상 일치할 수는 없다. 끊임없이 언쟁할 것이고 심할 때는 서로에 대한 감정의 골이 깊어질 수도 있다. 하지만 이런 언쟁을 두려워하지 마라! 서로의 의견을 표출하고 제시할수록 주제를 바라보는 관점은 넓어질 것이다. 탐방을 계획하고 준비하는 과정에서부터 탐방 중에도 팀원들 간의 의견 충돌은 계속될 수 있겠지만, 이는 팀을 더 가깝고 끈끈하게 만드는 데 도움이 될 것이다. 회의하며 의견이 맞지 않아 서로의 감정이 상하게 된다면, 회의 후 간단히 맥주를 한잔하며 터놓고 얘기하면서 훌훌 털어버리자.

2. 인터뷰가 전부는 아니다

탐방 기관을 방문해 전문가에게 인터뷰를 통해 들은 내용만이 탐방 활동을 통해 얻을 수 있는 정보는 아니다. 직접 탐방 주제와 관련해 체험을 해보고 두 눈과 두 귀로 해외의 좋은 시스템을 담아오는 것은 그 어떤 인터뷰보다 소중한 자산이 될 것이다. 인터뷰에만 비중을 쏟는 것보다 체험과 인터뷰가 균형을 이룬 탐방이 더욱 얻는 것이 많을 것이다.

펄프 폐기물,
바이오매스가 되다

팀명(학교) LivelUP (성균관대학교)
팀원 김동일, 변다예, 이재현, 이하영
기간 2018년 7월 24일~2018년 8월 6일
장소 스웨덴, 노르웨이, 독일, 영국
　　　　스톡홀름 (스웨덴 왕립 공과대학교 Kungliga Tekniska Högskolan)
　　　　스톡홀름 (라이즈 RISE, Research Institutes of Sweden)
　　　　사릅스보르그 (보레가드 Borregaard)
　　　　뮌헨 (리컵 RECUP)
　　　　함부르크 (알비스 ALBIS)
　　　　코번트리 (워릭 대학교 University of Warwick)
　　　　버밍엄 (버밍엄 대학교 University of Birmingham)
　　　　런던 (유럽 지역 발전 기금 European Regional Development Fund)

영국의 건축미를 담아낸 버밍엄 대학교의 캠퍼스 정원에서

값싸고 내구성이 좋은 재질로 일상 곳곳에서 활용되는 플라스틱. 현재 대한민국은 '연간 플라스틱 소비량 세계 1위'라는 기록을 세우고 있다. 그런데 플라스틱은 완전히 분해되기까지 500년이라는 시간이 걸리기 때문에 폐기물 처리가 어려울 뿐 아니라 막대한 비용과 시간이 소요된다. 우리나라는 최근 플라스틱 사용량을 줄이기 위해 카페에서 일회용 플라스틱 용기 사용 금지 등 정책적인 노력을 하고 있으나, 플라스틱 사용을 대체할 근본적인 해결책이 필요한 실정이다. 이에 '플라스틱을 대체할 수 있는 물질이 없을까?'라는 궁금증을 가지고 4명의 공대생이 뭉쳤다.

우리가 찾은 답은 바로 친환경적이며 재활용이 가능한 플라스틱, '리그닌(Lignin)'이었다. 리그닌은 버려지는 목재 폐기물 속에 있는 성분으로, 플라스틱으로 활용할 경우 미생물 분해가 되므로 친환경적이며, 플라스틱을 대체할 내구성을 가지고 있다. 더 나아가 리그닌은 무궁무진한 가능성을 가진 바이오매스(Biomass)*이다. 플라스틱 대체물질로 끝나는 것이 아니라, 석유를 대체할 수 있는 바이오 연료로서 단단한 결합성을 띠고 있어 항공기 부품의 재료로 사용되는 탄소섬유를 대체할 수 있는 섬유 원료로도 활용된다. 리그닌은 여러 가지 활용도를 가진 미래의 희망이다.

*__바이오매스__ 식물과 미생물을 이용해 만든 유기물. 동식물 및 미생물은 물론이고 식물과 농업, 어업의 부산물, 음식물 쓰레기, 축산 분뇨 등이 바로 바이오매스의 자원으로 사용됨

⚑ 목재산업이 발전한 스웨덴, 목재를 활용한 탄소섬유 개발

우리가 탐방한 스웨덴은 국토가 반 이상 숲으로 이뤄져 있어 제재목, 펄프, 제지, 판재 등 목재 가공 산업이 발전했다. 국가의 전체 수출량 중 20%를 차지할 정도로 임업이 스웨덴 경제에 큰 영향을 미치고 있어서 목재 폐기물 처리에 대한 학문적인 관심이 높다. 우린 목재 폐기물에서 나오는 리그닌을 활용한 탄소섬유의 개발 및 응용에 관한 연구를 진행 중인 스웨덴 왕립 공과대학교(Kungliga Tekniska Högskolan)의 예란 린드베리(Goran Lindberg) 교수님의 연구실을 방문했다. 목재산업에 속하는 펄프 산업은 목재의 셀룰로스를 사용하는 산업으로, 리그닌과 같은 부산물이 폐기물로 다량 발생한다. 교수님께서는 버려지는 리그닌을 활용해 탄소섬유*를 만들고, 이를 배터리의 음극재로 활용하는 연구를 진행 중이셨다.

*탄소섬유 탄소 원자로 이루어진 소재인 탄소섬유는 '21세기 산업의 쌀'로 불리며, 초고온, 초경량, 초고강도 등 극한의 물성을 가지고 있어 다양한 응용이 가능함. 탄소 재료에는 흑연, 탄소섬유, 활성탄 등이 있으며, 낚싯대, 자전거, 골프채 등 실생활 깊숙이에서 탄소섬유 제품을 볼 수 있다. 특히 앞으로는 자동차의 내열재, 신재생 에너지, 배터리 산업의 음극재, 항공기 동체 등의 방면에 활용 가치가 높아 많은 연구가 이루어지고 있는 신소재

다 함께 손가락 L~. 스웨덴 왕립 공과대학교 케빈 조교와 함께

목재 폐기물에서 나오는 리그닌을 활용한 탄소섬유로 배터리를 만드는 과정을 시연 중인 모습

　교수님께서는 리그닌은 탄소 함량이 높아 탄소섬유로 활용이 쉽다는 점을 강조하셨고, 우리는 인터뷰가 끝난 후 실험실을 방문해서 탄소섬유로 배터리를 만드는 과정까지 직접 볼 수 있었다.

　첫 해외 탐방 기관 방문이기도 하고, 장시간 비행 때문에 다들 컨디션이 좋지 않아서 걱정을 많이 한 인터뷰였지만 교수님께서 정성껏 준비한 자료와 함께 연구 설명을 해주셨고, 탄소섬유 샘플까지 선물해주셔서 알찬 하루를 보낼 수 있었다. 성공적으로 해외 탐방을 시작한 덕분에 팀원들의 사기도 높아진 것은 말할 것도 없다.

리그닌 플라스틱의 선두주자를 만나다, 독일

독일의 공업 기술은 높은 경쟁력을 갖추고 있는 것으로 평가받는다. 인구가 8,000만 명이 넘어가는 큰 나라에서는 볼 수 없는 경제 안정성도 갖추고 있다. 독일과 비슷한 수준의 경제 안정성을 가지고 있는 나라는 핀란드나 스위스와 같이 인구가 1,000만 명이 채 안 되는 나라 정도다. 독일은 대기업과 중소기업, 사무직과 기술직 간의 임금 격차가 상대적으로 적은 편이며, 사회보장제도가 잘 구축된 안정적인 사회구조를 갖추고 있어 개인과 기업 구분 없이 지속해서 기술을 개발하고 축적할 수 있다.

우리가 방문한 함부르크는 베를린 다음으로 사람이 많이 사는 독일 제2의 대도시이자 항구도시다. 함부르크에서는 열가소성 플라스틱 유통 및 합성 분야를 선도하고 있는 알비스(ALBIS) 본사를 방문했다. 알비스는 고품질 플라스틱 유통에 그치지 않고 자체 기술의 플라스틱도 개발하고 있었다. 우리는 책임자 디르크 셰퍼(Dirk Schaefer) 씨를 통해 제휴 기업인 테크나로(Tecnaro)와 협력해 제작한 리그닌 플라스틱에 대해서도 배울 수 있었다. 알보폼(Arboform)은 대표적으로 리그닌을 원료로 활용한 플라스틱으로, 디르크 씨는 대부분의 바이오 플라스틱은 기존의 플라스틱 제작 과정 중에 바이오매스를 혼합하지만, 알보폼은 리그닌과 셀룰로스의 함량이 월등히 높아서 생분해성 플라스틱에 가깝다고 알려줬다. 덧붙여서 바이오 플라스틱 공장은 기존 플라스틱 공장의 공정을 활용할 수 있어서 금전적인 장점이 있다고 말했다. 리그닌으로 만든 플라스틱이 상업화됐다는 사실은 우리 팀의 가슴을 뛰게 했다.

독일 제2 대도시 함부르크의 알비스에 도착한 LivelUp 팀

좌) 수줍음이 많으셨던 영국 워릭 대학교의 팀 교수님과 함께
우) 유명한 영국의 정원을 닮은 워릭 대학교 정문에서 찰칵!

🚩 국내 리그닌 연구의 방향성을 찾다, 버밍엄

현재 국내뿐만 아니라 전 세계적으로 리그닌 추출은 효율이 높지 않은 편이다. 이에 많은 국내 연구자들은 리그닌을 효과적으로 분해하고 추출하는 분야에 집중해 연구를 진행하고 있다. 효과적인 추출이 이루어져야 리그닌을 제대로 분해할 수 있고, 상업적으로 이용할 수 있기 때문이다. 우리는 버밍엄의 워릭 대학교(Warwick University)에서 새로운 접근법을 연구 중임을 발견했고, 팀 벅(Tim Bugg) 교수님을 찾아뵙게 됐다. 교수님의 연구는 '박테리아를 이용한 리그닌 분해'였다. 기존 화학적인 반응만으로 리그닌을 추출하는 것에 의문을 품었던 교수님께서는 죽은 나무에서 '로도코커스(Rhodococcus)'라는 박테리아를 발견하셨다. 이는 목재에서 리그닌을 원하는 형태의 구조로 분해할 수 있다는 큰 발견까지 이어졌고, 교수님께서는 이를 폐목재에 접목하기 위해 연구 중이셨다. 바이오 플라스틱으로서 로도코커스 박테리아는 효율성이 매우 높을 것으로 예상해 타 대학교와 연구를 진행하고 싶던 중 우리와 인연이 닿았고, 한국에서 온 우리에게 연구실을 견학시켜주셨다.

좌) 영국 버밍엄 대학교에서 레이스 씨와 탐방 후 사진
우) TCR 공정에서 추출된 오일을 직접 보는 재현, 하영 대원

두 번째로, 버밍엄 대학교(University of Birmingham)의 방문을 통해 실제 바이오매스 연료를 만드는 것을 볼 수 있었다. 레이스 갈릴레우 스페란자(Lais Galileu Speranza) 조교는 바이오매스 가공 기계인 열 촉매 개질이라는 TCR(Thermo Catalytic Reforming)공정을 직접 보여줬다. 폐목재를 넣고 열 건조, 압축, 촉매 분해 등의 복잡한 과정을 거치면 최종적으로 석탄, 석유, 가스로 바꿀 수 있는 기술이었다. 이는 국내에도 도입할 수 있는 수준의 완성 단계였고, 실제로 공정을 통해 추출된 연료로 자동차를 구동시키는 데에 성공했다고 한다.

두 대학 방문은 우리를 국내 리그닌 상용화의 가능성에 한 발짝 더 다가갈 수 있게 해줬다. 박테리아 분해와 TCR 공정을 공동 연구로 진행하게 된다면 더욱 빠르고 효율적인 리그닌 바이오매스화를 구현할 수 있다는 희망을 보게 됐다. 영국은 우리의 탐방에서 가장 얻은 것이 많았던 나라였다.

레이스 갈릴레우 스페란자
University of Birmingham / Research Fellow

Q **TCR(Thermo Catalytic Reforming)은 무엇인가요?**

A TCR 공정은 약 50가지의 바이오매스를 바이오 연료로 만들 수 있는 기술입니다. 나무, 음식물 쓰레기 등 다양한 폐기물과 잔여 바이오매스를 처리하기 위해 개발한 기술로, 이 공정을 거치면 바이오매스는 고품질의 가스, 오일, 숯이 됩니다.

Q **리그닌을 활용할 때의 장점과 리그닌 바이오 연료의 가능성은 어느 정도일까요?**

A 리그닌의 장점으로는 TCR 과정을 거치면 다른 바이오매스보다 가스나 오일이 더 많이 생산된다는 점을 꼽을 수 있습니다. 다른 바이오매스에 비해 수율이 높은 편입니다.

TCR 공정을 통해 생산된 오일을 재가공한 바이오 연료를 실제 차량에 주유한 적이 있습니다. 약 두 달 전에 시운전을 했는데, 결과가 예상보다 훨씬 성공적이었습니다. 어느 정도는 유해물질이 나올 것이라 예상을 했는데, 유해물질이 전혀 생성되지 않았습니다. 또한, 바이오매스 연료를 사용하게 되면 엔진에 무리가 갈 수 있다는 예측을 했으나, 놀랍게도 엔진에 어떠한 무리도 없고 오히려 연비가 높아지는 결과가 나왔습니다. 저희는 이 점을 굉장히 높게 평가하고 있습니다. 바이오매스의 가능성을 직접 시연해보고 그 결과 역시 희망적이었기 때문이죠. 리그닌 바이오 연료 역시 똑같다고 생각합니다. 추가적인 연구가 필요하겠지만, 현재 진행되고 있는 여러 연구와 논문을 토대로 지속적인 관심을 가진다면 그 어떤 물질보다 뛰어난 성능을 나타낼 것이라 예상합니다.

🚩 리그닌 바이오매스화 연구와 '같이'의 가치

카페에 잔뜩 쌓여있는 플라스틱 컵들을 보고 시작된 작은 토론이 지구를 살릴 수 있는 새로운 바이오매스의 가능성을 찾아내는 탐방으로 이어졌다. 리그닌을 향한 14일간의 여정은 짧지만 길었다. 수많은 대학교, 기업, 기관을 방문하면서 다양한 리그닌 연구 방식을 배울 수 있었다. 아직 국내에서는 개인이나 중소기업의 힘으로는 쉽게 할 수 없는 리그닌 연구지만, 해외 탐방을 통해서는 전문지식을 얻을 수 있었다. 최종적으로 환경오염 문제 해결과 리그닌 바이오매스화 연구 활성화는 전 세계가 함께 해결해야 할 문제라는 것을 다시금 느꼈다.

우리는 이 전문지식을 국내에 어떻게 도입할 것인가에 대해 기초부터 준비해야 할 것이다. 가장 먼저 리그닌이라는 물질에 대한 지식을 많은 사람에게 알리는 것이 중요하다 생각돼 다양한 엑스포, 포럼 등에 방문해 전문가들과 상의를 하고 리그닌 활성화를 위한 '리그닌 배포 계획서'를 작성하고 있다.

LG글로벌챌린저는 리그닌에 대해 아무것도 몰랐던 공대생이 리그닌에 대해 주체적으로 연구하며 관심을 두게 해준 기회였다. 리그닌 신분 상승 프로젝트는 앞으로 더 나은 지구를 위한 큰 발자국이 될 것이다.

운수 좋은 날

노르웨이에서 독일로 이동한 날을 잊을 수가 없다. 아침 비행기라 새벽 4시에 숙소를 나섰다. 그러나 역에 도착하자마자 왠지 모를 불안감이 엄습했다. 출구는 셔터로 닫혀있었고, 인기척마저 느껴지지 않았다. 표지판을 보니 이 역을 3일간 폐쇄하고 중앙역만 운영한다는 내용이었다. 어쩔 수 없이 캐리어를 끌고, 뛰기 시작했다. 30분을 뛰어 비행기는 무사히 탔지만 거기서 끝이 아니었다. 우리는 어느 때보다 긴 한 시간을 보냈다. 비행 내내 화를 내며 우는 아이가 있던 것이다. 그 아이가 그토록 화가 난 이유는 아직도 미스터리로 남아있다. 이 밖에도 유명 맛집에서 탐방 최악의 음식을 먹고, 아무도 모르는 사이에 기념품을 잃어버리고, 주문한 아이스녹차라테 대신 미지근한 녹조라테를 만나야만 했던 기나긴 하루였다. 괴상하게도 어제는 운수가 좋더니만.

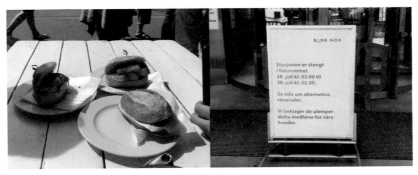

좌) 일부러 찾은 유명 맛집에서 주문한 사진'만' 잘 나온 문제의 청어버거
우) 딱 3일간 폐쇄했던 역에 붙은 안내 표지판. '오늘 이 역은 쉽니다'

"내가 이 구역의 리그닌 마스터"

졸업 전 대학생으로 할 수 있는 최고의 대외 활동을 하게 돼서 정말 기쁘고 즐거웠습니다. 탐방하면서 지구 온난화와 환경문제에 대해 몸소 느낄 수 있었습니다. 많은 사람이 이를 해결하기 위해 지속 가능한 자원을 찾는 노력을 하고 있다는 것을 알게 됐습니다. 무엇보다도 팀워크에 대해서 배울 수 있어서 좋았고, 자신의 부족한 부분도 알게 돼 의미 있는 탐방이었습니다.

팀원 1. 김동일

"네 뒤엔 내가 있어, 우리 팀의 디자이너"

지금까지 한 번도 가보지 못했던 유럽을 LG글로벌챌린저가 돼 다녀오다니! 2018년의 여름은 영원히 잊을 수 없을 것입니다. 올해는 특히나 전공에서 벗어나 많이 배울 수 있었던 한 해였습니다. '리그닌'이라는 탐방 주제가 전공과 동떨어져 있어서 무척 어려웠지만, 그만큼 성취감이 더 큰 것 같습니다. 그리고 이제는 가족 같은 우리 팀원들! 항상 고맙습니다.

팀원 2. 변다예

"내 편은 바로 우리 팀이었다, 소통왕 리더"

솔직히 '우리가 할 수 있을까?'란 생각만 들었습니다. 우리보다 더 멋있는 사람들이, 더 엄청난 주제로, 더 뛰어난 실력을 갖추고 LG글로벌챌린저에서 빛을 발하고 있었기 때문입니다. 하지만 이 순간, 우리 팀원들이 가장 멋있고, 가장 엄청나고, 가장 뛰어난 사람인 걸 느끼게 됐습니다. 최고의 팀이 될 수 있도록 팀장을 믿고 따라준 팀원들이 2018년 최고의 선물입니다.

팀원 3. 이재현

"같이 있으면 행복해지는, 행복 바이러스"

제대로 도전해보고 싶었던 LG글로벌챌린저에 합격을 하고, 탐방을 다녀왔다는 사실이 가끔씩 믿기지 않을 때가 있습니다. 다양한 전공의 팀원들이 만나 모두의 전공과 상관없는 주제에 대한 탐방한 경험은 정말 잊을 수 없을 것입니다. 앞으로 다시 오지 않을 특별한 경험이 될 것 같습니다. LG글로벌챌린저와 함께한 2018년의 모든 순간순간은 두고두고 기억날 겁니다.

팀원 4. 이하영

하면 할수록, 많으면 많을수록!
철저한 자료 수집은 필수!

1. 책상 밖에서 탐방 주제 찾기

아마 LG글로벌챌린저 지원을 준비하면서 가장 어려운 부분은 '탐방 주제 정하기'일 것이다. 주제를 언제 결정하느냐에 따라 탐방 계획서를 완성하느냐 못하느냐가 결정되고, 결과적으로 팀의 운명이 좌우될 수도 있다. 우리 팀은 주제를 정하는 데 한 달가량 걸렸다. 그리고 놀랍게도 우리의 탐방 주제는 공대생들은 한 번도 배워본 적 없는 생화학 분야가 됐다. 합격 비결은 탐방 주제를 심사숙고해서 선택한 덕분이라고 생각한다. 첫 회의 때는 서로의 전공 지식과 사전 지식에만 의존해 탐방 주제를 고르려 했다. 그러나 회의가 거듭될수록 시사 뉴스, 각종 과학 논문, 주변 사람들의 고민거리, LG글로벌챌린저 역대 탐방 보고서, 탐방 수기 등 많은 자료를 가리지 않고 접하게 되면서 더 많이 고심하고 더 좋은 탐방 주제를 고를 수 있었다. 책상을 벗어나 다양한 방식으로 자료를 수집하고, 주제에 대해 충분히 고민한다면 다음 LG글로벌챌린저가 될 수 있을 것이다.

2. 여름휴가 주의보

LG글로벌챌린저 대원은 7~8월 사이에 해외 탐방을 다녀와야 한다. 여기서 가장 중요한 것은 우리뿐만 아니라 해외 탐방 기관도 휴가 기간일 수 있다는 것이다. 특히 북유럽으로 탐방 국가를 선정했다면 탐방 일정을 매우 신중히 정해야 한다. 북유럽의 여름휴가는 일 년 중 휴가 기간이 가장 길다. 놀랍게도 약 한 달 내내 정직하게 휴가를 보내는 기관이 많다. 따라서 우리는 인터뷰 일정을 잡는데 상당한 어려움을 겪었다. 방문 전 기관의 운영 일정을 꼭 확인해보시길!

가상과 현실이 합쳐지는
XR 기술을 통해 진정한 나를 '찾다'

팀명(학교)   FINDING (서강대학교)
팀원   구본휘, 김유진, 이혜연, 장서현
기간   2018년 8월 7일~2018년 8월 19일
장소   미국
       워싱턴 (보건복지부 산하 약물남용 및 정신 건강청 SAMS, Substance Abuse and Mental Health Services Administration)
       샌프란시스코 (스탠퍼드 대학교 Stanford University)
       샌프란시스코 (구글 Google)
       로스앤젤레스 (남가주 대학교 창의 기술 연구소 USC ICT, University of Southern California Institute for Creative Technologies)
       로스앤젤레스 (시더스 사이나이 병원 Ceders Sinai Medical Center)
       시애틀 (마이크로소프트 Microsoft)

확장현실의 세계로 지금
출발합니다~

사회공포증은 인간관계를 맺으며 살아가는 우리 모두의
일상 속에서 어렵지 않게 찾아볼 수 있다. 이뿐만이 아니
라 소방관이나 경찰관의 경우, 직장생활 도중 트라우마
를 얻고 일상생활에서도 그 트라우마를 끊임없이 마주하
며 고통받고 있다. 우리 사회에서는 이와 같은 정신적 고통
을 외상후스트레스장애(PTSD, Post Traumatic Stress
Disorder)라고 말한다.

하지만 한국인들은 사회공포증과 PTSD를 비롯해 전반적
인 정신 질환에 대한 부정적인 사회 인식과 바쁜 일상 등을
이유로 자신들의 정신 건강을 제대로 관리하지 못하고 있
다. 또 관리를 받고 있다 하더라도 치료를 위한 물적, 인적
자원 및 접근성에서의 한계가 존재하는 것이 현실이다.

우리는 모바일 기반 확장현실(XR, Extended Reality)＊ 기
술을 통해 이런 한국의 현대인들에게 일상생활 속에서 스
스로 할 수 있는 노출 치료와 내면화 커뮤니케이션의 기회
를 제공하는 방법을 고안했다. 한국인의 정신 건강 관리를
위한 한국식 콘텐츠를 XR로 구현할 방법을 찾아, 한국인들
이 진정한 나를 찾도록 돕기 위해, 우리는 미국으로 떠났다.

＊**확장현실(XR, Extended Reality)** VR(가상현실), AR(증강현실), MR(혼
합현실)을 모두 아우르는 용어로 컴퓨터 기술과 에어러블에 의해 생성되
는 모든 실제 및 가상 통합 환경과 인간-기계 상호작용이 포함됨

307

확장현실 기술 개발의 선두에 있는 마이크로소프트사를 배경으로 인터뷰이와 함께

XR 기술에 관한 연구가 이미 활발히 진행 중인 미국

미국은 XR 기술의 선도국이라는 위치에 있으며, XR 기술을 의료 분야에까지 적용해 치료를 위한 다양한 콘텐츠를 기술에 맞춰 개발하고 치료에 적용하고 있었다. 구글(Google)과 마이크로소프트(Microsoft)는 대표적인 글로벌 기업답게 누구보다 앞서서 XR 기술을 연구한다. 구글의 경우 증강현실(AR, Augmented Reality)의 시장성을 높게 평가해 AR 분야에 투자 비중을 늘리는 중이며, 마이크로소프트의 경우 홀로렌즈*를 활발히 개발해 혼합현실(MR, Mixed Reality)의 선두 주자로 불리고 있었다. 두 기업을 방문한 후 벌써 XR에 관한 많은 연구가 진행됐으며, 알고 보면 우리 일상생활 속에서 쉽게 접할 수 있는 기술들이라는 생각을 하게 됐다.

*홀로렌즈 혼합현실 기반의 머리에 쓰는 디스플레이 장치

XR 기술을 이미 정신 건강 치료에 도입해 사용하고 있는 스탠퍼드 대학교 (Stanford University)도 방문했다. 대학의 모든 연구실에서는 정신 건강 연구를 위해 현존하는 최고의 기술들을 모두 활용하고 있었다. 특히 우리가 방문한 휴버맨 랩(Huberman Lab)에서는 영화에서만 보던 실험실에 들어가 직접 가상현실 (VR, Virtual Reality) 기기를 쓰고 실험 당사자가 돼보는 체험을 할 수 있었는데 그동안 못 해본 색다른 경험이었다. 우리는 직접 공포증에 대한 불안 정도를 VR을 통해 측정했다. PTSD 치료에 VR이 충분히 역할을 할 수 있다는 사실을 체감할 수 있었다.

🚩 XR 기술과 정신 건강 치료 콘텐츠의 만남의 장, 남가주 대학교 창의 기술 연구소

남가주 대학교 창의 기술 연구소(USC ICT, University of Southern California Institute for Creative Technologies)는 미국에서 가장 가보고 싶었던 기관으로, 만나기 직전

좌) 실험 참여 중인 유진
우) 표정을 알아맞히는 마이크로소프트사의 신기한 프로그램

확장현실의 세계에 빠져볼 수 있던 꿈같은 시간

까지 준비도 많이 하고 기대도 많았던 곳이었다. 이곳은 VR 기술을 활용한 PTSD 치료를 활발히 진행하고 높은 치료 효과를 이끌어낸 것으로 유명하며, 최근에는 MR을 이용한 치료도 개발 중에 있었다. 그뿐만 아니라 가상현실 속의 인간과 대화를 나누며 진행되는 버추얼 휴먼(Virtual Human) 프로그램을 통한 상담 치료 콘텐츠도 체계적으로 구현돼 있었다. 이 프로그램을 통해 이용자는 끝없는 인내심과 사람을 함부로 평가하지 않는다는 장점이 있는 가상 인간과 대화를 나누며 자신의 진솔한 마음을 털어놓을 기회를 가질 수 있다.

우리가 처음 방문한 건물에서는 VR 기기를 활용해 LA 거리를 직접 돌아다녀도 보고, 3D 프린터로 만든 VR 기기를 모바일에 부착해 마치 VR 기기를 착용한 듯한 효과를 체험해보기도 했다. 두 번째 장소에서는 앨버트 스킵 리조(Albert Skip Rizzo) 박사님을 만날 수 있었는데, 박사님께서 직접 이곳에서 진행 중인 프로그램들을 한 시간가량 소개해주셨다. 우리는 이라크에서 군인들을 치료하기 위해 사용하는 프로그램인 버추얼 이라크(Virtual Iraq)를 직접 체험해보았다. 버추얼 이라크는 PTSD에 가장 효과적인 치료로 증명된 지속 노출 치료의 원리에 기반을 둔 인지 행동 치료의 일종으로, 안전한 상황에서 트라우마 상황과 기억을 환자에게 지속해서 노출함으로써 스트레스와 회피 행동을 효과적으로 감소시킬 수 있도록 고안된 프로그램이었다. 트라우마를 치료하는 데 XR이 활용될 수 있다는 것을 몸소 느낄 수 있었던 뜻깊은 경험이었다.

앨버트 스킵 리조
University of Southern California Institute for
Creative Technologies / Doctor

Q 버추얼 휴먼에게 사람들이 솔직하게 대답을 하는 이유가 무엇이라고 생각하시나요?

A 기존의 버추얼 휴먼은 정말 현실적이지 않았기 때문에 누가 봐도 가상의 인물이라는 것을 알 수 있었습니다. 그러나 현재의 버추얼 휴먼은 목소리가 사람과 정말 유사하거나, 행동이 정말 자연스럽거나 하는 '사회적 신호(Social Cue)'가 하나 이상 제대로 갖추어져 있어서 실험 참가자가 점차 동화돼 거리감을 거의 느끼지 못하도록 해줍니다. 우리는 이번에 진짜 사람 목소리를 녹음해서 실험을 진행했습니다. 실험 참가자에게 버추얼 휴먼과의 상호작용에 관해 물어보았는데, 목소리가 정말 사람 같아서 이야기하기 좋았다는 피드백을 받기도 했습니다.

Q 버추얼 휴먼만의 장점은 무엇이라고 생각하시나요?

A 이용자들은 아무리 버추얼 휴먼이 사람과 같은 사회적 신호를 지녔다 하더라도, 진짜 사람이 아니라는 것은 알고 있습니다. 사실 여기서 발생하는 효과가 매우 큽니다. 'Stranger on a Train Effect'라고 하죠. 사람들은 자신과 아무 관련 없는 낯선 사람에게 더욱 솔직하게 말을 하는 경우가 많고, 버추얼 휴먼의 강점인 끝없는 인내심과 사람에 대한 사사로운 평가가 이루어지지 않는 부분이 이용자들에게 긍정적으로 작용한다고 생각합니다.

정신 건강 치료를 위한 다양한 프로그램을 소개해 주었던 친절한 삼사 직원들

공동 연대를 통해 정신 건강 치료에 앞장서는 정신보건기관, 삼사

한국에 국립정신건강센터가 있다면, 미국엔 약물남용 및 정신 건강청인 삼사
(SAMHSA, Substance Abuse and Mental Health Services Administration)가 있다. 우리는
미국 보건복지부 소속 삼사가 약물치료 및 병원에서의 정신의학적 치료에서 그
치지 않고 공동체 연대 중심의 다양한 프로그램을 통해 매우 높은 치료 효과를
보고 있다는 정보를 접하고, 인터뷰를 요청했다. 삼사에서 근무하는 미첼 위니
(Mitchell Winnie) 씨와 아즈메라 탄비(Ajmera Tanvi) 씨를 만나 삼사에서 정신 건강
치료를 위해 진행하고 있는 프로그램들에 대해 들을 수 있었다. 그중 가장 인상
깊었던 'Youth L.O.V.E.'는 일종의 기브 백(Give Back) 프로그램으로, 이전에 같
은 정신 질환을 겪고 극복에 성공한 사람이 현재 그 질환을 앓고 있는 또래의 상담
사가 돼 자신만의 병이 아님을 알려주고, 체계적인 네트워킹 시스템을 통해 서로
를 돕고 또 의지할 수 있게 해줌으로써 치료 효과를 높인 프로그램이다. 이를 통해
우리는 정신 건강 치료 및 유지에 있어서 '공동체 연대의 힘'과 '아프다면 아프다
고 말하기(Talking)'의 힘을 깨달았다. 심지어 미첼 씨를 통해 한국 국립정신건강센
터 남윤영 박사님과도 연이 닿아 한국에 돌아와서도 조언을 구할 수 있었다.

 마음이 아플 때도 '아프면 아프다고 말할 수 있는 사회'를 바란다

우리는 사회공포증의 핵심 치료인 자기 자신과의 대화, 즉 내면화 커뮤니케이션과 PTSD에서 효과적 치료법인 '노출 치료'를 보다 쉽게 할 기회를 제공하고자 한다. 모바일을 기반으로 XR 기술을 활용해 일상생활 속에서 치료의 기회를 제공함으로써 현재 자신의 정신 건강을 관리하지 못하고 있는 사람들에게 먼저 다가가려 한다. 더불어 삼사의 체계적인 네트워킹 시스템, '공동체 연대의 힘'과 '아프다면 아프다고 말하기'의 힘을 한국에서도 실현하고자 한다.

우리는 마음이 아프면 마음이 아프다고 말할 수 있는 사회를 꿈꾸며 탐방을 시작했고, 미국으로 떠났다. 그리고 탐방을 마친 지금, XR 기술을 접목한 현재-과거-미래 치유법을 통해 진정한 나를 찾고, 한 사회 내 정부와 기관, 국민 서로가 서로의 마음을 치유하는 사회를 꿈꾸게 됐다.

EPISODE

열심히 뛰어놀고 난 후 생긴 영광의 줄무늬

기관 방문 일정이 없던 날, 우리는 워싱턴의 관광 명소를 여행하기로 했다. 팀원들 모두가 샌들을 신고 햇빛 아래서 열심히 하루를 보냈는데, 발등에는 선크림을 바르지 않았다는 것을 알아차렸을 때는 이미 늦은 뒤였다. 대원들의 발에는 선명한 샌들 자국이 남아있었고 우리는 웃음을 터트리지 않을 수 없었다. 무려 워싱턴 관광 2시간 만에 생긴 영광의 줄무늬였다.

얼룩말이 된 우리의 발등

"미루지 않고 빠르게 처리하는 처리왕"

탐방을 끝낸 후 더 많은 것에 도전하고, 더 넓은 것을 볼 줄 아는 사람이 되고 싶다는 생각을 했습니다. 엄청난 도전이었던 LG글로벌챌린저를 통해 우리 팀원들 모두 서로를 격려하며 자신의 한계와 서로의 한계를 허물 수 있었던 것 같습니다. 우리 팀원들 모두가 더 넓고 나은 세상을 향해 언제나 도전하길 항상 응원하겠습니다!

팀원 1. **구본휘**

"모든 것에 파고드는 논리왕"

교내 학회에서 함께 활동하던 친구들과 LG글로벌챌린저에 나가보자고 마음을 잡은 게 엊그제 같은데, 벌써 해외 탐방까지 끝마친 게 신기합니다. 서로 다른 특성이 있는 사람들이 모여 이렇게 장기간 하나의 공통된 목표를 향해 달려가는 경험은 처음이기에 매우 보람찹니다. 또한, 앞으로 살아가는 데에 있어 저에게 소중한 경험이고 큰 도움이 될 것 같습니다!

팀원 2. **김유진**

"정리는 다 나에게 맡겨라, 정리왕"

LG글로벌챌린저의 슬로건인 '세상은 도전하고 볼 일이다'라는 말이 정말 와닿는 탐방이었고 다양한 관점에서 바라보는 것이 매우 중요하다는 것을 알게 됐습니다! 좋은 팀원들과 함께해 2주 동안 싸우지 않고 무사히 탐방을 마칠 수 있었고, 소중한 추억을 만들 수 있었습니다.

팀원 3. **이혜연**

"나에게 빠져봐~ 감성 스토리텔링 대왕"

LG글로벌챌린저에 지원하고, 탐방을 다니고, 다녀온 후인 지금도, LG글로벌챌린저가 아니었다면 할 수 없었을 다양한 경험들을 하며 한 단계 성장하고 있습니다. '세상은 도전하고 볼 일이다'라는 말이 이렇게 가슴 뛰고, 멋있는 말이라는 것을 글로벌챌린저를 통해 몸소 느끼며 깨닫게 됐습니다.

팀원 4. **장서현**

언제나 함께라면!

1. 선배님들 감사합니다!

해외의 다양한 기관들을 컨택하기란 쉽지 않다. 인터넷에 컨택 포인트(이메일주소, 전화번호 등)가 없는 경우도 상당수고, 있다 해도 연락을 하면 소위 말하는 '읽씹'(읽고 응답이 없는 경우)이 많기 때문이다. 특히 해외의 대기업, 마이크로소프트와 구글의 경우는 더욱 컨택이 어려웠다. 구글링을 통해 끊임없이 검색하고, 귀찮으리만큼 자주 메일을 보냈음에도 답이 없던 곳은 대학교 동문 선배님들의 도움을 받기도 했다. 난생처음 보는 여자아이가 무리한 요구를 하는 것으로 보일 수 있음에도 그저 학교 후배라는 이유 하나만으로 주변의 회사에 대신 연락해주시고, 회사 내에서 우리의 분야에 맞는 전문가를 연결해주시는 등 선배님들은 엄청난 도움을 주셨다. 선배님들의 도움 덕택에 스탠퍼드 의과대학 휴버맨 랩(Huberman Lab), 마이크로소프트, 구글과의 컨택 및 인터뷰를 성공적으로 해낼 수 있었다.

2. 우리 모두에게 진심으로 필요한 주제를 선정하자!

주제를 선정할 때 정말 많은 토론과 고민을 했었다. 우리가 생각했던 주제 혹은 신기한 아이디어라고 생각했던 것들은 이미 LG글로벌챌린저에서 다뤘거나, 실제로 구현된 것들이어서 '세상에 정말 똑똑한 사람들이 많구나'라는 생각도 했었다. 결국, 우리가 정말 관심 있고, 해결돼야 한다고 생각하는 문제점이 무엇인지부터 다시 생각하기로 했고, 그러다 각자가 요즘 겪고 있는 문제, 고민을 털어놓기 시작했다. 그 결과 누구나 각자의 말 못 할 사정으로 혼자 힘들어하고 있는 것이 있음을 알았고, 그것을 문제점으로 정하고 이에 대한 해결책을 고민하게 됐다. 4명 모두 경영학도라 기술이나 심리학적인 지식은 없었지만, 정말 우리 자신에게 필요한 해결책을 찾아보고자 주제를 선정했고, 마침내 2018 LG글로벌챌린저에 선정될 수 있었다.

지속 가능한 경제를 위한 솔루션

대한민국에 불어닥친 기부 포비아,
'블록체인'에서 해답을 찾다

팀명(학교) Do!nation (국민대학교)
팀원 권정수, 박제현, 전관우, 정찬중
기간 2018년 7월 22일~2018년 8월 4일
장소 미국
　　　　워싱턴 (유나이티드 웨이 월드와이드 United Way Worldwide)
　　　　워싱턴 (자선 지원 재단 Charities Aid Foundation America)
　　　　뉴욕 (유니세프 United Nations International Children's Emergency Fund)
　　　　뉴저지 (채리티 내비게이터 Charity Navigator)
　　　　오스틴 (여맨즈 캐피탈 Yeoman's Capital)
　　　　오스틴 (팩텀 Factom)
　　　　샌프란시스코 (UC 버클리 블록체인 랩 UC Berkeley Blockchain Lab)
　　　　샌프란시스코 (키바 Kiva)

뉴욕에서 만난 채리티 내비게이터 인터뷰이와 함께 우리 팀의 공식 포즈

지난 2017년 10월, 『어금니 아빠의 행복』이라는 책의 저자 이영학 씨가 딸의 치료비로 받은 기부금을 자신의 사리사욕을 채우는 데 사용했다는 사실이 밝혀지면서 자발적으로 기부했던 많은 사람이 충격과 배신감에 빠졌다. 이외에도 결손아동 기부금 127억 원을 횡령한 '새 희망 씨앗 사태' 등 최근 영리를 목적으로 기부금을 사용한 비영리단체들이 잇따라 언론에 보도됨에 따라 기부를 꺼리는 사람들이 늘고 있다. 기부하려는 단체나 개인을 신뢰하지 못해 기부를 망설이게 되는 이른바 '기부 포비아(공포증)'가 확산하고 있는 것이다. 이에 우리는 '기부 단체에 대한 불신을 해결하기 위해 우리가 할 수 있는 일은 없을까?'라는 의문을 갖게 됐고, LG글로벌챌린저를 통한 도전이 시작됐다.

최근 기부 단체에 대한 불신을 해결하기 위한 대안으로 블록체인* 기술이 주목받는다. 블록체인은 각각의 블록이 모여 완벽에 가까운 암호체계를 구성한다. 이러한 기술이 기부 분야에 접목된다면 기부자들은 실시간으로 기부금의 사용 내역을 추적할 수 있고, 그 내역은 수정 및 삭제를 할 수 없다. 즉 기술을 통해 기부 단체에 대한 신뢰를 회복할 길이 열린 것이다. 우리는 블록체인 기술 기반의 새로운 기부 플랫폼을 통해 기부 포비아 문제를 해결하고자 탐방을 결심했고, 전 세계에서 블록체인 기술에 관한 연구가 가장 활발하게 진행 중인 미국으로 떠났다.

***블록체인** 저장하고자 하는 데이터를 '블록'에 담고 이를 체인 형태로 연결해 이러한 체인 형태의 데이터를 수많은 컴퓨터와 서버에 공유해 저장하는 분산형 데이터 저장 기술. 블록체인의 특징은 모든 거래명세는 자동으로 저장되고, 모든 참여자가 열람할 수 있고, 누구라도 임의로 데이터를 수정 및 삭제할 수 없다는 점이다. 모든 데이터는 실시간으로 업데이트되고 공유돼 누구든 원하는 시점에 조회할 수 있다

🏴 '선진 기부 문화'와 '블록체인', 두 마리 토끼를 잡을 수 있을까?

미국은 전체 GDP의 2% 이상을 기부하는 국가이자 국가 GDP 대비 기부율이 세계 2위인 국가다. 우리나라가 GDP의 약 0.8%를 기부하는 것을 고려하면 매우 높은 수치다. 전체 기부금의 70% 이상이 개인 기부금으로 이루어져 있는 미국 사회는 전반적으로 기부에 대해 너그러운 모습을 보인다. 그뿐만 아니라 미국은 전 세계에서 블록체인 기술에 관한 연구가 가장 활발한 국가 중 하나다. 블록체인 기술에 대해 세계에서 가장 큰 규모의 금액이 투자되고 있는 곳이기도 하다.

우리 팀의 탐방 목적은 '블록체인 기술을 이용한 새로운 기부 플랫폼'을 구현하고, 그것의 실현 가능성을 확인하는 데에 있다. 따라서 다양한 기부 문화를 알아볼 수 있고 블록체인 기술에 대해 전문적인 인사이트를 얻을 수 있는 기관들을 탐방지로 정했다. 기부 단체, 기부 단체 평가 기관, 블록체인 기업, 세 가지로 탐방 기관을 분류했다. 각 기관과의 인터뷰를 통해 '선진 기부 문화'와 '블록체인 기술'에 대해 새로운 정보를 얻을 수 있었다.

🏴 블록체인의 가능성에 주목하다, 자선 지원 재단

우리가 미국의 수도이자 첫 탐방 도시인 워싱턴에 도착했을 때 날씨는 매우 흐리고 비까지 내리고 있었다. 하지만 유난히도 지독했던 한국의 무더위 때문이었을까? 쏟아지는 폭우가 오히려 반갑게만 느껴졌다.

워싱턴 옆, 버지니아주의 알렉산드리아라는 도시에 있는 영국 자선 지원 재단의 미국 지사(Charities Aid Foundation America)는 단순한 기부 단체를 넘어 2010년부터 매년 세계 기부지수를 조사하고 발표하는 등 다각도로 긍정적인 기부 문화 확산에 힘쓰고 있는 자선단체다. 특히 이들은 '어떻게 하면 효과적으로 기부할 수 있을까?'라는 주제에 관해 많은 연구를 진행하고 있었다. 테드 하트(Ted Hart) 대표님의 경우, '비영리 분야 내 블록체인 기술의 가능성'에 대한 강연을 열 정도로 블록체인 기술에 관한 관심과 이해가 높았다.

약속 시각에 맞춰 로비로 들어가자 여러 명의 직원이 모두 일어나서 우리를 맞아줬다. 심지어 리셉션 룸에 설치된 대형 모니터와 TV에는 'CAF Welcomes'라는 문구와 함께 팀원들의 이름 하나하나가 적혀있어 우리를 놀라게 했다. 보내준 적도 없던 우리 학교의 로고까지 함께 들어있어 더욱 감동이었다.

오피스 투어를 시작으로 1시간에 걸쳐 테드 대표님과의 인터뷰가 진행됐다. 이후 각기 다른 부서장분들과도 만나 이야기를 나눌 수 있었다.

우리가 인터뷰를 진행했던 분들은 모두 국내의 '기부 포비아' 문제에 대해 심각한 우려를 표했다. 동시에 블록체인 기술을 이용해 기부금 사용 내용을 공개하게 된다면 기부 단체의 투명성이 제고돼 신뢰를 회복할 수 있다고 말했다. 실

리셉션 룸의 대형 모니터에 국민대학교 로고와 팀원들의 이름을 띄우며 크게 환대해준 자선 지원 재단에 크게 감동하다

제 자선 지원 재단에서는 이를 해결하기 위해 기관 내 블록체인 부서를 신설해 블록체인 기술이 기부 분야에 어떻게 효과적으로 도입될 수 있는지, 이를 통해 어떠한 소셜 임팩트를 만들어낼 수 있는지에 관한 연구를 지속하고 있었다. 지구 반대편에서 우리와 같은 주제를 고민하는 사람들이 있다는 것을 알게 됐고, 서로 공감하고 토론하며 다른 데에서는 느낄 수 없는 희열을 느낄 수 있었다.

🚩 기부 단체와 블록체인이 만나다, 유니세프

전 세계의 기부 문화를 선도하고 있는 유니세프(UNICEF, United Nations International Children's Emergency Fund)는 블록체인 기술을 여러 기부 사업에 접목하기 위해 끊임없이 노력하고 있다. 우리 팀은 블록체인 기술에 대해 가장 활발히 연구하고 있으며 실제 도입 중인 유니세프와의 인터뷰를 위해 뉴욕을 방문했다.

인터뷰는 워싱턴에서 비행기를 타고 뉴욕에 도착하는 당일 오후 3시에 잡혀 있었다. 오전 비행기였기 때문에 여유 있게 도착해 숙소에 들어가 짐을 정리한 후 인터뷰를 진행할 수 있을 것으로 안이하게 생각했던 것은 우리의 실수였다. 당일 비행기는 갑자기 알 수 없는 이유로 2시간이나 연착됐고, 뉴욕에 도착한 이후 에어비앤비 호스트는 연락이 두절됐다. 우여곡절 끝에 문제를 해결하고 뉴욕 거리를 헐레벌떡 가로질러 유니세프에 도착한 시각은 3시 정각이었다.

고생 끝에 낙이 온다고 했던가. 그렇게 힘겹게 진행하게 된 유니세프와의 인터뷰는 가히 최고였다. 우리는 이곳에서 블록체인에 대한 깊이 있는 이해를 할 수 있었고, 기부 분야의 실질적인 활용 가능성을 확인할 수 있었다.

사실 블록체인 기술이 우리의 전공 분야가 아니었기에 우리는 인터넷, 논문, 서적 등을 이용해 공부했지만 이와 관련해 해소되지 않는 궁금증들이 많았다. 그중 가장 큰 궁금증은 실제 기부 플랫폼에 블록체인 기술이 도입됐을 때, 퍼블

기부 분야의 블록체인 기술 도입에 대한 궁금증에 대해 명쾌한 답을 들려주었던 유니세프 혁신 부서의 알프레도 씨

릭 블록체인(이하 퍼블릭)과 프라이빗 블록체인(이하 프라이빗) 중 어떤 블록체인을 사용해야 할지에 관한 부분이었다. 하지만 우리가 만난 유니세프 혁신 부서의 블록체인 아키텍처인 알프레도 야네즈(Alfredo Yanez) 씨는 이러한 우리의 궁금증을 속 시원히 해결해줬다. 그는 퍼블릭과 프라이빗의 구분은 연구의 용이성을 위해 구분해 놓은 것일 뿐, 실제로 명확하게 구분할 수 있는 것은 아니라고 말했다. 그는 우리가 원하는 기능에 맞춰 퍼블릭과 프라이빗의 기능을 모두 담은 복합적인 블록체인을 프로그래밍할 수 있다고 조언해줬다. 실제 유니세프에서 블록체인 기술을 이용해 어떻게 더 긍정적인 사회 변화를 모색하고 있는지에 대한 열정적인 설명을 들으며, 우리는 가슴이 뜨거워지는 것을 느꼈다.

　고마운 마음에 즉석에서 제안한 저녁 식사에도 알프레도 씨는 흔쾌히 응해줬다. 뉴욕의 유명한 북경오리 식당에서 함께 저녁을 먹으며 우리는 알프레도 씨가 우리보다 젓가락질을 훨씬 잘하는 모습에 놀랐다. 한참을 웃고 떠들다 보니 우리는 어느새 주말에 새로운 약속을 잡을 정도로 친해져 있었다.

알프레도 야네즈

**UNICEF / Innovation Department Blockchain
Architect**

Q 끊임없이 기부 단체 투명성에 관한 문제가 제기되는 이유와 그 해결책은 무엇이라고
생각하시나요?

A 이러한 문제가 제기되는 이유는 간단합니다. 바로 운영비가 정확히 어디에 사용됐고, 어떤 성과를 냈는지 기부자들에게 효과적으로 보여주지 못하기 때문입니다. 그리고 이는 결국 기부 단체에 대한 신뢰를 저해하는 요소로 작용하고 있습니다.

이를 해결하기 위해서는 기부자에게 보여주는 기부금 사용 내용 및 성과 등의 콘텐츠를 보기 좋게 가공·제공해야 합니다. 효과적으로 기부금 사용 내용을 확인할 수 있도록 하려면 무엇보다 기부 단체의 관점이 아니라 기부자의 관점에서 정리돼야 할 것입니다. 기부자가 쉽고 편리하게 기부금 및 운영비의 사용 내용을 확인할 방법이 고민돼야 합니다.

Q 유니세프에서는 기부 플랫폼의 확장성과 관련해 고려하고 있는 부분이 있나요?

A 유니세프에서는 블록체인 기술을 이용해 확장이 용이한 새로운 기부 생태계를 조성하는 것을 계획하고 있습니다. 예를 들어 난민을 대상으로 쌀을 전달한다고 할 때, 기존에는 기부 물자를 받을 수 있는 교환권인 바우처를 수혜자에게 나눠줬습니다. 하지만 블록체인 기술을 도입하면 실제 쌀을 교환할 수 있는 '쌀 토큰'을 프로그램상에서 발행해주게 됩니다. 수혜자는 자신의 지문, 홍채 인식을 통해 교환처에서 쌀을 제공받을 수 있게 되죠.

이에 더해 각기 다른 블록체인을 이용한 기부 단체들을 유니세프가 만든 하나의 통합적인 플랫폼에 들어오게 하려 합니다. 수혜자들이 직접 자유롭게 토큰을 교환하고 필요한 물자로 교환할 수 있는 블록체인 생태계를 만드는 것이 유니세프 혁신 부서의 비전입니다. 궁극적으로는 이러한 플랫폼을 유니세프만 사용하는 것이 아니라 더 많은 기부 단체와 기부자들이 함께 사용함으로써 더 큰 가치를 만들어내는 것에 목표를 두고 있습니다.

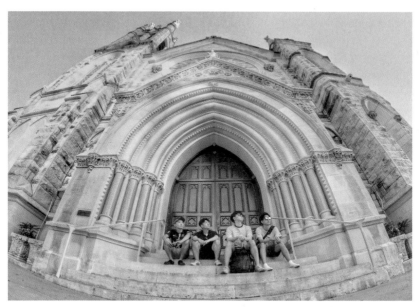

위) 여맨즈 캐피탈에서 인터뷰이와 함께 열띤 토론도 진행했다
아래) 인터뷰를 마치고 돌아오는 길, 종소리가 울리던 성당 앞에서 많은 기부로 더 아름다운 세상이 되기를 바라며

인터뷰이와 함께. Do!nation의 공식 포즈는 계속된다

🚩 진정한 변화는 우리로부터

사실 부끄럽게도 탐방을 처음 준비할 때만 해도 기부에 대한 우리의 관심과 이해도는 높지 않았다. 그러나 탐방을 진행하며 기부 분야의 다양한 전문가들과의 인터뷰를 해보니 기부 단체와 기부자들에게 필요한 것이 무엇인지, 블록체인 기술을 통해 신뢰 회복을 가능케 하는 새로운 기부 플랫폼을 만들어내는 것이 얼마나 의미 있는 프로젝트인지 실감하게 됐다. 그뿐만 아니라 블록체인 기술 자체의 무궁무진한 가능성도 확인할 수 있었고, 블록체인이 실제로 기부 단체의 신뢰를 회복시킬 수 있는 실마리가 될 것이라는 확신도 얻게 됐다.

시작할 때 우리가 가지고 있던 '이게 과연 될까?', '어려울 것 같은데 그만둘까?'라는 물음표는 '정말 바뀔 수 있겠구나!', '이거 진짜 되겠다!'라는 느낌표로 바뀌었다. 우리에게 일어난 이 변화는 이 글을 읽는 당신에게, 그리고 당신을 통해 바뀔 우리 사회에게 언젠가 일어날 따뜻한 변화다.

Do!nation 팀은 우리 사회의 모두가 함께 웃을 수 있는 날을 꿈꾸며 지금까지 달려왔다. 그러한 우리의 발걸음이 조금 더 나은 사회를 만들 수 있다고, 아니 이미 그렇게 되고 있다고 확신한다.

　세상을 변화시키기 위해 고민한 우리의 흔적이 담긴 이 책을 읽으며 조금이라도 가슴이 뛰었다면, 당신도 우리와 같이 세상을 향해 도전하는 진정한 의미의 '챌린저'다. 우리로부터 시작된 변화가 우리 주변과 지역사회를 넘어 대한민국과 세계의 더 나은 미래를 만들어가는 시발점이 될 것이다.

EPISODE

타임스퀘어에서 세상을 향해 소리치다!

뉴욕에서의 일정 중 마지막날, 타임스퀘어에 있는 빨간색 계단에 앉아 야경을 감상하고 있을 때였다. 문득, '여기에 있는 수백 명의 사람과 함께 사진을 찍으면 진짜 잊지 못할 추억이 되지 않을까?'라는 생각이 머리를 스쳤다. 망설인 끝에, 계단에 앉아 있는 수많은 사람을 향해 소리쳤다. "우리는 대한민국에서 왔고, 여러분과 다 함께 사진을 찍어서 추억으로 간직하고 싶다!"라고. 다행히도 모든 사람이 환호하며 호응해줬고, 이 장면은 사진과 영상은 물론 평생 잊지 못할 우리 팀의 추억으로 남게 됐다.

타임스퀘어에서의 에피소드는 우리 팀의 색깔을, 그리고 세상을 향해 도전하는 LG글로벌챌린저의 느낌을 잘 보여주는 에피소드가 아닐까 한다. 떨림과 함께 뉴욕을 향해 소리쳤던 그 외침, 다시 한번 외치고 싶다. "세상은 도전하고 볼 일이다!"

팀원 1. **권정수**

"팀원들 기분 체크! 기분 관리사"

2018년 한 해 동안 얻은 것이 많습니다. 미국이라는 나라를 경험할 수 있었고, 계획서, 보고서, 영상 등을 만들며 여러 분야에서의 능력을 한 단계 더 성장시킬 수 있었습니다. 항상 멀게만 느껴졌던 기부와 가까워졌고, 좀 더 따뜻한 세계를 알게 됐습니다. LG글로벌챌린저 덕분에 여러모로 많은 성장을 한 것 같습니다. 감사합니다.

팀원 2. **박제현**

"논리를 바탕으로 옳은 방향을 제시하는 리더"

모난 팀장 만나 고생한 우리 Do! nation 팀원들 고맙습니다. 팀원들이 있어 서류 준비에서부터 보고서 작성까지 긴 시간을 지치지 않고 달릴 수 있었습니다. 대학 생활의 마지막, 어쩌면 인생에 있어 가장 큰 도전을 권정수, 전관우, 정찬중이라는 사람과 함께할 수 있어서 행복했습니다. 앞으로 함께 좋은 추억거리를 더 많이 써내려갈 수 있으면 좋겠습니다.

팀원 3. **전관우**

"언제쯤 될 수 있을까? 블록체인 전문가"

LG글로벌챌린저는 세상을 향한 도전, 그리고 나를 향한 도전을 해볼 수 있던 기회였습니다. 제현이 형, 찬중이 형, 그리고 정수. 유쾌한 사람들과 함께여서 1년간의 긴 여정을 지치지 않고 기쁘게 마칠 수 있었습니다. 세상에 100% 맞는 사람은 없다고 생각합니다. 하지만 200% 서로에게 맞추어가는 우리 팀원이 있어서 행복했습니다.

팀원 4. **정찬중**

"대화와 컨택의 시작점! 커뮤니케이션 Pioneer"

모든 것이 감사입니다. 버릇없는 저를 받아주고 늘 힘이 돼줬던 제현이 형, 부족한 형이지만 이해해주고 응원해준 관우와 정수에게 정말 고맙습니다. 힘들었지만, 평생 잊지 못할 소중한 추억들을 만들 수 있었음에 감사합니다. 최선을 다해 노력하고 자신에 뿌듯한 결과를 만들어낼 수 있었음에 감사합니다. 많은 것들을 보고, 느끼고, 경험하며 성장할 수 있었음에 감사합니다.

기회는 다시 오지 않는다.
도전하라, 그리고 희열하라!

1. 최고의 여행 가이드, 우버 드라이버

혹시 미리 짜놓은 여행 계획이 완벽하지 않거나 일정이 틀어져서 걱정하고 있는가? 걱정하지 마라. 해외에서, 특히 미국에서 여행 중 여러 번 이용하게 될 우버 기사님이 계시니! 우리 팀은 미국에서 이동할 때 우버를 자주 이용했다. 그리고 언어를 담당하는 팀원은 늘 조수석에 앉아서 우버 기사와 만담을 나눴는데, 이때 나온 꿀팁들이 아주 쏠쏠했다. 실제로 샌프란시스코에서 우버를 이용했을 때는 현지에서 가장 유명한 음식인 클램차우더 맛집을 추천받았는데, 알고 보니 국내 포털 사이트에는 잘 나오지 않지만, 현지에서는 매우 유명한 곳이었다. 그뿐 아니라 여러 우버 기사님들은 현지 유명 관광지나 명소에 대한 전문가이므로, 우버 이용 시 반드시 참고하자.

2. 열 통의 메일보다 한 통의 통화가 낫다

LG글로벌챌린저를 준비하며 가장 막막하고 어렵게 느껴질 부분 중 하나가 바로 해외 기관 섭외일 것이다. 우리는 가장 먼저 팀과 프로그램 소개 등의 여러 자료와 함께 인터뷰를 요청하는 이메일을 보냈다. 이후 해당 국가와의 시차를 고려해 새벽마다 모여 전화 통화를 시도했고, 이전에는 연락이 전혀 닿지 않던 기관들까지 탐방 일정을 잡을 수 있었다. 특히 현지에 도착해서도 여러 번의 전화 통화를 거쳐 추가로 기관을 섭외해 인터뷰를 진행하기도 했다. 두드리라, 그러면 열릴 것이다. 다만 끊임없이, 그리고 효과적으로 두드리는 자에게 해외 기관의 문이 열릴 것이다!

사회적 기업아,
스스로 꿈꾸자!

팀명(학교)	자몽 (명지대학교)
팀원	김인태, 변경민, 이병욱, 전서우
기간	2018년 7월 23일~2018년 8월 05일
장소	미국
	뉴욕 (비랩 B-Lab)
	버지니아 (메리 볼드윈 대학교 Mary Baldwin University)
	로스앤젤레스 (크리살리스 Chrysalis)
	샌프란시스코 (루비콘 베이커리 Rubicon Bakery)
	샌프란시스코 (베이캣 BAYCAT)
	샌프란시스코 (주마 벤처스 Juma Ventures)

샌프란시스코 에이티앤티 파크에서 저소득층 청소년을 후원하는 사회적 기업 주마 벤처스 팀과 함께

사회적 기업은 일반 영리기업처럼 수익성을 창출함과 동시에 사회적 가치를 실현하는 기업이다. 이윤의 극대화를 목적으로 하는 일반 기업과는 달리, 일자리 마련이나 사회 서비스 제공 등의 사회적 목적 실현을 위해 이윤의 대부분을 재투자한다. 하지만 사회적 기업이 성공적으로 운영되는 것은 무척 어려운 일이다. 이윤을 추구하는 데 집중하다 보면 사회적 경제 조직으로서의 정체성을 잃기 쉽고, 사회적 목적 추구에 치중하면 수익을 제대로 창출하지 못해 시장에서 도태될 수밖에 없기 때문이다. 몇 해 전 발표된 국회 입법 조사처의 보고서에 따르면 우리나라에서 정부 보조금이 종료된 이후에도 생존하는 사회적 기업은 15%에 불과하다고 한다. 이는 대다수의 사회적 기업들이 정부의 보조 없이는 자생하기 힘들다는 것을 의미한다.

그렇다면 외국의 사례는 어떨까? 사회적 기업이 잘 운영되고 있는 나라로는 영국과 미국이 손꼽힌다. 하지만 영국과 미국은 시스템적으로 차이를 보이는데, 영국의 경우 주로 정부의 주도로 사회적 기업들이 운영된다. 반면 미국은 사회적 기업들이 그들 스스로 경쟁력을 갖춰, 정부의 지원금 없이 자생하고 있다. 우리는 현재 국내의 사회적 기업이 처해있는 어려움을 극복하려면 새로운 관점에서의 해결책이 필요하다고 생각했고, 사회적 가치와 경제적 가치를 동시에 추구하면서도 그 밸런스를 맞추고 있는 미국으로 탐방을 떠났다.

기업을 인증하는 기업, '비랩'에 가다

미국 사회적 기업의 역사는 1980년도부터 시작됐다. 1980년대 비영리조직에 제공되던 국가의 사회복지 예산이 상당 부분 줄어들자, 비영리조직의 자금 조

좌) 사회적 가치를 내는 기업을 인증하는 비랩에 대한 설명을 경청 중인 인태, 서우, 경민
우) 비랩에 대한 질문에 답변하는 연구원 메브와 줄리아

달 문제를 해소하려는 방안으로 사회적 기업이 등장했다.

　1990년대에 들어서면서 노동시장에 적응하지 못한 빈곤층을 위해 일자리를 제공할 수 있는 모델로서의 사회적 기업이 부각되기 시작했다. 사회적 기업에 대해 육성법과 지원 정책을 시행하고 있는 우리나라와는 달리, 미국에는 사회적 기업에 관한 지원 법이 존재하지 않고, 사회적 기업을 정의하는 범위에 대한 확실한 조건도 없다.

　대신 미국은 사회적 가치를 내는 기업임을 알릴 수 있는 마크가 있다. 바로 비콥(B-Corp)* 인증마크다. 이 마크를 받은 기업은 사회적 가치를 추구하는 기업이라는 긍정적인 인식을 고객에게 심어줄 수 있고, 이는 곧 효과적인 경영전략으로 이어진다. 비콥의 놀라운 점은 기업에 인증하는 마크를 주는 주체가 정부가 아닌 기업이라는 점이다. 우리는 인증이 어떤 체계로 이뤄지는지 알아보기 위해 기업을 인증하는 기업, 비랩(B-Lab)을 방문했다.

*비콥 사회에 공헌하고자 하는 기업 중 세계적 수준의 엄격한 평가를 통과한 기업에만 부여하는 인증마크. 기업의 이윤을 넘어 사회적 유익(Benefit)을 추구하는 기업(Corporation)이란 뜻

엘리베이터에서 내려 첫발을 내딛자 우리가 입은 빨간색 LG글로벌챌린저 티셔츠와 같은 색인 빨간 문이 우리를 반겨줬다. 우리와 인터뷰하기로 약속된 마케팅 파트의 메브 워프(Maeve Woulfe) 인턴 연구원님께서는 이곳이 우리의 첫 방문 기업이라는 것을 알고 맛있는 케이크를 준비해주셨다. 우리는 비랩 마크의 영향력과 인증 시스템 내용에 대해 중점적으로 질문했고, 메브 연구원님께서는 영어가 익숙하지 않은 우리를 위해 천천히 답해주셨다.

미국은 우리나라와 달리 기업이 기업을 인증해주는 시스템이 매우 체계적으로 이뤄지고 있었다. 인증 기준도 세부적으로 잘 정리돼 있어 무척 인상적이었다. 비콥 마크를 받으면 소비자들은 그 기업의 제품을 믿고 구매하기에, 비콥 인증을 받기 위해 많은 기업이 노력하고 있다고 했다. 우리는 왜 기업이 이런 인증 사업을 하는지 질문했는데, 생각지도 못했던 답변이 돌아왔다. "정부는 너무 느리므로 두 번째로 큰 집단인 기업이 나서야 합니다."

티셔츠와 컬러와 같아서 더 반가웠던 비랩 로고 앞에서 오늘의 인터뷰를 추억으로 담다

우리는 지금까지 사회적 기업에 관한 문제는 정부만이 해결할 수 있다고 생각했다. 하지만 그 주체가 얼마든지 바뀔 수 있다고 생각하는 것이 미국과 우리의 다른 점이었다.

이렇게 우리는 첫 인터뷰에서부터 커다란 수확을 얻을 수 있었다. 인터뷰를 마친 후 메브 연구원님께서는 비랩을 대표하는 색이 빨간색이라며, 우리의 옷을 보고 무척 반가웠다고 말씀하셨다. 우리는 성공적인 첫 인터뷰를 마치고 뉴욕의 분위기를 마음껏 느끼며 하루를 마무리했다.

취약계층과 기업의 연결 다리, 크리샬리스

로스앤젤레스의 다운타운에 위치한 크리샬리스(Chrysalis)는 취약계층에게 일자리를 알선해주는 회사다. 사회적 기업의 자생과 함께 취약계층의 자생을 함께 고민하는 우리의 고민을 해결해줄 수 있는 기업이라고 생각해 탐방을 결정하게 됐다.

좌) 크리샬리스 내부 투어 중 벽에 붙은 고객들의 사진을 설명해주는 클레어 씨
우) 취약계층 일자리 알선 기업 크리샬리스 시스템에 대한 설명을 들으며

취약계층의 고용을 위한 교육을 담당하고 있는 클레어 스미스(Clare Smith) 매니저님께서는 자신들이 성공적으로 평가받는 이유에 대해 스스로 사회적 기업이라고 생각하지 않기 때문이라고 말씀하셨다. 고용주를 설득할 때, 좋은 가치를 실현할 수 있다는 점을 어필하는 것이 아니라 고용주가 받을 이익에 관해서 설명한다는 것이다. 또한, 개인 투자자들에게는 일회성의 투자를 받는 것보다 돈독한 관계를 구축하는 것이 더 중요하다고 말씀하셨다.

크리살리스 탐방을 마치고 이번에도 우리는 맛집을 소개받았다. 추천을 받은 식당에서 우리는 인터뷰를 다시 생각해봤다. 우리 모두에게 가장 인상 깊었던 내용은 그들이 단지 하고 싶어서 시작한 일이 우연히 좋은 가치는 냈다는 것이었다. 우리는 클레어 매니저님의 마인드에 감탄하며 남은 식사를 이어갔다.

🚩 고용하기 위해 빵을 판다, 루비콘 베이커리

우리는 로스앤젤레스에서 비콥 인증을 받은 '파타고니아' 매장에 방문했었다. 한국에 가서도 이 순간을 기억하자며 없는 돈을 모아 플리스 4벌을 구매했다. 하지만 3일 뒤 샌프란시스코에 도착하자마자 우리는 플리스를 개봉해야 했다. 샌프란시스코 날씨는 마치 한국의 초겨울 같았다.

우리가 샌프란시스코에서 찾아간 곳은 루비콘 베이커리(Rubicon Bakery)였다. 루비콘 베이커리는 '우리는 빵을 팔기 위해 사람을 고용하는 것이 아니라 고용하기 위해 빵을 판다'라는 슬로건으로 유명한 사회적 기업이다. 루비콘 베이커리는 장애인, 노숙자 등의 취약계층을 고용해 천연재료로 빵을 만들어 파는데, 직원들에게 일자리 관련 훈련은 물론, 주거 지원 프로그램, 정신 건강 상담 등을 실시해 삶의 질이 향상될 수 있도록 돕고 있다. 우리가 이곳에 도착했을 때, 캐서린 트루히요(Catherine Trujillo) 부사장님께서는 많은 머핀과 컵케이크로 우리를

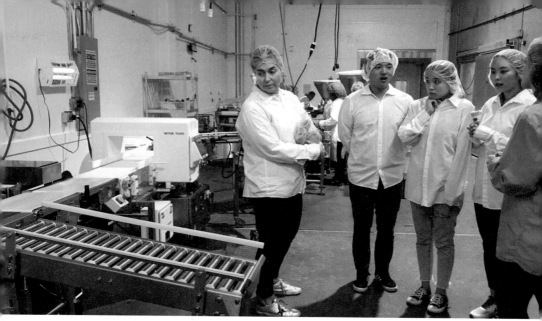

루비콘 베이커리 공장에서 빵 포장 과정에 관해 설명을 듣는 중인 인태, 서우, 경민 대원

반겨주셨다.

　루비콘 베이커리는 개인 투자자에게 매각됐음에도 불구하고 사회적 기업을 유지하고 있었다. 캐서린 부사장님께 이 비결을 묻자, 이 회사의 사명이 모든 직원을 이끈다고 말씀하셨다. 설립자든 개인 투자자든 많은 직원이 사명에 대한 열정으로 모든 것을 해낸다는 것이었다. 우리가 정부가 사회적 기업을 관리하는 것에 대해 어떻게 생각하는지 물어보자 부사장님께서는 강력하게 정부와 사회적 기업은 관계가 없어야 한다고 강조하셨다. 사회적 기업은 정부의 도움을 받아야 할 이유가 없으며, 기업 스스로 경쟁력을 갖춰야만 살아남을 수 있다는 것이었다. 우린 그동안 사회적 기업이 정부의 지원을 받는 것은 당연하다고 생각해왔는데, 이번 인터뷰가 생각을 전환하는 계기가 됐다.

루비콘 베이커리의 캐서린, 리아나와 인터뷰 중인 자몽 팀

🚩 청소년의 미래에 투자하다, 베이캣

베이캣(BAYCAT)은 미디어를 기반으로 하는 사회적 기업이다. 광고 등의 각종 영상을 제작해 수익을 창출하며, 취약계층 중에서도 특히 청소년들을 교육하고, 고용하며, 능력을 키워주는 것을 사명으로 가지고 있다. 우리는 짧은 시간 동안 재정적으로 크게 성장할 수 있었던 베이캣의 성장 동력이 궁금해 이곳을 방문했고, 이곳의 최고 경영자인 빌리 왕 대표님과 직접 대화를 나눌 수 있었다.

빌리 대표님은 중국인 이주 노동자 2세로, 그 자신이 미국에서 저소득층 소수인종으로 살아온 경험이 있는 사람이었다. 은행원, 변호사, 축제 기획자, 초등학교 교사 등 다양한 직업에 종사하며 경험을 쌓았고, 그 경험을 바탕으로 베이캣을 창립했다. 빌리 대표님은 인터뷰 시작 전, 직접 베이캣의 직원들을 소개하며 회사 탐방을 해주셨다. 덕분에 베이캣 직원들에게 LG글로벌챌린저에 대해 직접 소개하는 자리를 가질 수 있었고, 스튜디오를 돌아보며 그곳에서 교육받는

베이캣 회사 투어 중 직원들을 소개해주시는 빌리 대표님

학생들이 영상 촬영을 하는 모습도 볼 수 있었다. 빌리 대표님은 학생 한 명 한 명의 스토리를 소개해주시면서 그 스토리가 모두 베이캣의 성장 동력이 됐다고 덧붙이셨다. 또한, 인터뷰 내내 다양한 사람과의 관계에 대한 중요성을 강조하셨다. 베이캣에서 교육받은 청소년들뿐만 아니라 그들이 만든 영상을 소비하는 시청자 장비 지원 등을 해주는 미디어 콘텐츠 그룹들이 모두 고객인 동시에 사업의 파트너, 기부자가 돼 베이캣이 성장할 수 있었다고 말씀하셨다. 우리는 모든 인간관계를 중요하게 생각하고 인연으로 이어나가는 대표님의 사업 철학이 지금의 베이캣을 있게 한 것이라는 걸 알게 됐다.

빌리 왕
BAYCAT / CEO

Q 베이캣이 개인 기부자를 많이 끌어들이는 노하우가 따로 있습니까?

A 개인으로부터 기부금을 받는 일은 많은 시간과 노력이 필요합니다. 우리는 개인이 기부하게 이끌되, 그들에게 서비스를 제공합니다. 그 부분을 '근로 소득(Earned Income)'이라 칭합니다. 저희는 기부자들에게 광고 영상을 제공합니다. 50시간 동안 영상을 만들고, 서비스를 제공하는 거죠. 그래서 이것은 사실상 거래입니다.

한국도 비슷하겠지만, 비즈니스에서 가장 중요한 것은 인간관계입니다. 물론 자금이 있어야 회사를 유지할 수 있지만, 그래도 가장 중요한 것은 사람입니다. 사업을 하는 사람들은 상대가 필요로 하는 것이 무엇인지 이해해야 합니다. 그리고 그들에게 되돌려줘야 하죠. 결론적으로 저는 돈, 그 이상을 생각합니다. 비즈니스는 그렇게 이루어집니다.

Q 베이캣이 특별히 취약계층 청소년들에게 집중하는 이유가 있나요?

A 청소년들은 변화를 만들어낼 사람들(Change-Makers)입니다. 우리의 프로그램에 참여할 때 그 모습을 보면, 즐거워하고 에너지로 가득 차 있습니다. 저는 청소년이 매우 중요하다고 생각합니다. 저 역시, 제 능력과 스토리를 더 어렸을 때 알았더라면 다른 미래가 펼쳐졌을 것입니다.

어려운 환경에서 자란 청년들은 긍정적이기가 쉽지 않습니다. 자신들의 미래를 생각하기도 쉽지 않죠. 하지만 연구 결과가 보여주듯이, 청소년들을 도와줄 때 미래의 그들은 많은 사람에게 영향을 끼칩니다. 아카데미 프로그램은 젊은 청년들을 위한 것이지만, 사실 이것은 모두를 위한 일이라는 것이죠. 청소년들을 직접 도와주는 것이 모든 사회와 생태계를 돕는 일이라 생각합니다.

샌프란시스코 역사 공원에서 한가로이 쉬고 있는 자몽 팀

🚩 바다를 보지 못한 자는 호수를 바다라 부른다!

'바다를 보지 못한 자는 호수를 바다라 부른다!'고 했다. 진부하게 느껴질 수도 있는 이 문구는 우리가 미국에서 느낀 것을 한 문장으로 나타낸다.

미국 탐방 전, 국내 탐방과 각종 논문을 바탕으로 우리는 나름의 솔루션을 준비했고, 그 솔루션을 검증받는 형식으로 탐방을 진행할 생각이었다. 그때까지 우리는 사회적 기업이 사회적 가치를 실현하고 있고, 정부의 도움을 받는 것이 당연하기에, 운영에 문제가 있다면 그것은 오로지 정부의 정책 면에서 해결책이 제시돼야 한다고 생각했다.

하지만 탐방을 하면서 만난 사회적 기업들은 공통으로 정부의 지원, 정부의 관여 등은 필요 없다는 인식을 하고 있었고, 우리의 시각을 이해하지 못했다. 우리는 그저 문화의 차이일 거로 생각하고 넘겼지만, 메리 볼드윈 대학교의 강진영 교수님을 만난 후부터는 생각이 바뀌기 시작했다. "왜 꼭 정부가 해야 하죠?"라는 교수님의 질문에 아무도 대답을 하지 못했기 때문이다.

사회적 기업은 '기업'이며 시장에서 살아남아야 한다는 것은 너무도 당연한 전제다. 어쩌면 우리나라의 사회적 기업에 정말 필요한 것은 정부 지원과 관련된 정책의 개선이 아니라, 사회적 기업을 운영하는 기업가들과 대중의 인식 개선이 아닐까? 만약 우리가 해외 탐방을 다녀오지 않았다면, 사회적 기업에 대한 인식은 우리의 고정관념이라는 것을 절대 깨닫지 못했을 것이다.

미국도 넓은 나라는 아니다

계속 미국 음식으로 끼니를 해결하다 보니 두 번째 방문 도시인 로스엔젤레스에 도착했을 때 우리는 모두 한식이 간절했다. 그래서 우리는 LA 도착한 날 저녁, 한인 마트에 가서 장을 보고 직접 요리를 해서 먹기로 했다. 예상외로 한인 마트는 한국의 마트와 다를 것이 거의 없었다. 우리는 신기하다는 듯 이것저것을 구경했고, "와 이거 봐!" 하면서 신나게 장을 보고 있었다. 그런데 멀리서 우리를 쳐다보는 시선이 계속 느껴졌다. 마트에서 호들갑을 떠는 우리가 촌스러워 보이나 싶어서 서로 마주보고 웃으며 조용히 하려는데, 누군가가 우리에게 다가오기 시작했다. 그리고 말을 걸었다. "너 인태 아니니?" 바로 미국에 거주하시는 아버지 친구였다. 어렸을 때 한 번 만난 것이 전부지만 서로 한눈에 알아볼 수 있었고, 아버지 친구분은 우리를 집에 초대해주셨다. 그리고 운 좋게 그분의 집에서 오랜만에 맛있는 집밥을 얻어먹을 수 있었다.

좌) 타지에서 우연히 만난 인태 대원 아버지 친구분 댁에서 푸짐하게 한식으로 즐겼던 행복한 저녁 식사
우) 수영장 사이 좁은 길을 걷고 있는 인태 대원. 과연 2초 뒤 그의 운명은?

"일단 하고 보자! 자신감만 있는 철판왕"

LG글로벌챌린저를 통해서 배짱이 늘어난 것 같습니다. 뒤에서 LG가 저를 받쳐주고 있다는 자신감으로 못하는 영어지만 국내는 물론이고, 해외에도 거침없이 전화했습니다. 자신감이 부족했던 저는 처음 해보는 해외 기관 섭외와 인터뷰를 통해 자신감을 얻게 됐습니다. 세상은 역시 '도전하고 볼 일'입니다!

팀원 1. **김인태**

"자기가 비타민인 줄 아는 막내"

LG글로벌챌린저, 그리고 팀원들을 통해 많은 것을 배울 수 있었습니다. 혼자가 아닌 팀원들과 함께여서 자신감이 생겼고, 어려운 일도 함께하면 된다는 확신을 얻었습니다. 앞으로 더 큰 세상으로 나아갈 때, 이 순간들이 저에게 큰 힘이 될 것입니다. 저에게 새로운 경험을 선물해준 LG글로벌챌린저, 그리고 함께 도전한 우리 팀원들, 모두 감사합니다!

팀원 2. **변경민**

"태양을 피하고 싶었어왕"

가장 좋았던 것은 많은 경험을 했다는 점입니다. 팀원들과 미국이라는 곳에서 우리의 주제로, 우리 스스로 기업을 섭외해 그들과 이야기를 나누며 하나하나 배워나갔고 많은 시간을 함께하는 동안 더 많은 것을 배울 수 있었습니다. 2018년, 그 여름의 우리는 누구보다 뜨거웠습니다.

팀원 3. **이병욱**

"이 구역의 사치왕 리더"

처음으로 맡은 팀장이란 무게가 저를 무겁게 짓누르기도 하고 높이 들어올려 주기도 했습니다. 미숙한 팀장 때문에 팀원들이 고생을 많이 했는데, 그런데도 언제나 힘과 용기를 북돋워 줬던 팀원들에게 고맙다고 이야기하고 싶습니다. LG글로벌챌린저는 저에게 마냥 좋기만 한 경험이 아니었기에, 더욱 소중한 경험으로 남았습니다.

팀원 4. **전서우**

힘들수록 뭉치자

1. 팀워크는 구면에서 나온다!

사람들은 의문을 제기한다. "너희는 전공도 모두 다르고, 공대생들인데 어떻게 이 주제를 선택하게 됐니?" 우리는 '공학도를 위한 온디맨드 경영'에서 처음 만났다. 이미 함께 프로젝트를 진행했던 경험이 있었다는 뜻이다. 기회가 되면 다시 보자는 인사를 끝으로 종강 후 각자의 일상을 보내다가, LG글로벌챌린저로 다시 모이게 됐다. 다른 팀과 다르게 산전수전을 이미 겪은 우리였기에 의견이 다를 때마다 서로의 성격을 고려해 잘 해결해나갔다. 서로를 믿고 업무 분담을 해 필요한 것을 빠르게 채울 수 있었다. 이런 환상의 팀워크는 우리를 2018 LG글로벌챌린저 대원으로 만들어줬다.

2. 4명이 뭉쳐야 더욱더 아름다워진다!

서류와 면접을 준비하면서 알게 된 점은, 대원들이 뭉쳐야 산다는 것이다. 우리는 한 분야를 잘하기 때문에 뭉친 것이 아니라 성격이 잘 맞는다는 이유로 팀을 형성했기 때문에, 뭉쳤을 때 더 큰 에너지를 발휘했다. 정보를 공유하는 것은 물론, 무엇이든 함께 머리를 맞대고 생각했기에 좋은 아이디어로 탄탄한 내용을 만들어낼 수 있었다. 팀원들이 서로를 조금씩 더 배려하고 단단히 뭉칠 때, 합격이라는 좋은 결과로 이어지는 것 같다.

동아프리카 혁신 효과,
농민의 모바일 플랫폼을 기획하다

팀명(학교)   Three A (Africa, Agriculture, Autonomy) (이화여자대학교)
팀원   송혜원, 조세영, 최세진
기간   2018년 8월 14일~2018년 8월 27일
장소   에티오피아, 탄자니아, 르완다, 남아프리카공화국
     아디스아바바 (에티오피아 대사관 Embassy of the Republic of Korea in the Federal
     Democratic Republic of Ethiopia)
     아디스아바바 (과학기술부 Ministry of Science and Technology)
     아디스아바바 (모이 커피 Moyee Coffee)
     아디스아바바 (팜 라디오 Farm Radio)
     아디스아바바 (아이스아디스 Iceaddis)
     루메 (한국-아프리카 농식품 기술 협력 협의체 KAFACI, Korea-Africa Food and Agriculture
     Cooperation Initiative)
     아디스아바바 (아이오에이치케이 IOHK, Input Output Hong Kong)
     아루샤 (넬슨 만델라 대학교 Nelson Mandela University)
     다르 에스 살렘 (플로 팜 Flow Farm)
     다르 에스 살렘 (주탄자니아 대한민국 대사관 Embassy of the Republic of Korea to the United
     Republic of Tanzania)
     다르 에스 살렘 (어그리마크 Agrimark)
     다르 에스 살렘 (버니헙 Bunihub)
     키갈리 (케이랩 KLAB, Knowledge Lab)
     키갈리 (지카 JICA, Japanese International Cooperation Agency)
     키갈리 (에이씨 그룹 AC Group)
     키갈리 (르완다 대사관 Embassy of the Republic of Korea to the Republic of Rwanda)
     키갈리 (비케이 테크하우스 BK TecHouse)
     키갈리 (농업 위원회 RAB, Rwanda Agricultural Board)
     키갈리 (케이티알엔 KTRN, KT Rwanda Networks)
     케이프타운 (스텔렌보스 대학교 Stellenbosch University)

케냐인의 70%는 스마트폰, 은행 계좌 없이도 모바일뱅킹을 이용하며, 르완다에서는 비포장 도로 대신 하늘에 드론을 띄워 하루 150건의 의료품을 배송한다. 이렇게 현재 아프리카에서 핀테크를 포함한 혁신 기술이 빠르게 비즈니스 전반을 바꾸고 있음에도 불구하고, 선진 기술 시장에 대한 논의에서 제외되고 있다. 이에 우리는 직접 아프리카를 방문해 스타트업이 어떻게 현지에서 비즈니스를 하고 있는지 보고, 사람들의 생활 전반에 어떤 영향을 미치는지 확인하고 싶었다.

또한, 단순히 효과를 확인하는 데에 그치지 않고, 더 큰 파급효과를 불러일으킬 방법이 무엇인지 고민한 결과 아프리카 산업의 중심인 농업을 발전시키는 플랫폼을 도입한다면 이는 어떤 기술보다 직접적인 '변화'를 만들어낼 것이라는 결론에 도달했다. 아프리카에서는 가계의 성장과 안정이 우선 과제였고, 아프리카 가계의 대다수는 농업에 종사하고 있었다. 이에 우리는 농민을 이해하고 농민을 위한 솔루션을 찾는 것을 목표로 삼았다. 아프리카인의 대부분이 유통로 없이 살고 있다는 점은 이 비전을 실현하기 어렵게 만들고 있지만, 모바일이 다리 역할을 할 것으로 생각했다.

우리 Three A 팀은 '원조의 대상'으로서가 아닌 '시장에 대한 논의'에 아프리카를 합류시킬 가능성을 증명하고, 창업에 대한 열망을 바탕으로 농업 플랫폼을 직접 구현하고자 탐방을 떠났다.

탄자니아의 농사 관련 스타트업 기업 플로 팜 직원분들과 함께

345

◢GC▶ 에티오피아 커피 산업과 블록체인

블록체인은 관리 대상 데이터를 P2P 방식을 기반으로 생성된 체인 형태의 연결 고리 기반 분산 데이터 저장 환경에 저장해 누구라도 임의로 수정할 수 없고 누구나 열람할 수 있는 분산 컴퓨팅 기술 기반의 데이터 위변조 방지 기술이다. 에티오피아 과학기술부(Ministry of Science and Technology)는 이러한 블록체인을 적극적으로 도입해 효율적이고 투명한 커피 공급망을 구축하려는 계획을 세우고 있다. 우리는 블록체인 담당자 요다히 아라야셀라시 제미켈(Yodahe Arayeaselassie Zemichae) 씨를 만나 프로젝트에 대한 상세한 내용을 들을 수 있었다.

요다히 씨의 말에 의하면 커피는 에티오피아의 가장 큰 수출품임에도 불구하고 공급망 관리가 미흡하고, 그 과정에서 사기나 분실로 인한 손실률도 높은 편이라고 했다. 블록체인을 활용해 공급 체인을 구축한다면, 커피 생산지를 추적

에티오피아 직업 농민들과 한 컷

할 수 있고 생산 및 배송 과정에서의 사기 피해를 줄일 수 있을 것이라고 했다. 장기적으로는 커피 원두를 추적하는 것을 넘어 커피 생산 토지를 등록해 토지 소유권 추적을 가능하게 한다는 더 큰 목표 또한 들을 수 있었다.

탄자니아 스타트업에서 농업의 문제와 솔루션을 듣다

탄자니아의 경제 수도 다르에스살람(Dar es Salaam)에서 농민이 겪는 어려움을 해결하고자 하는 스타트업 두 군데를 방문했다. 스타트업에서 만난 창업가들은 모두 탄자니아의 20~30대 청년들로 우리를 반갑게 맞아줬다. 첫 번째로 만난 인터뷰이는 플로 팜(Flow Farm)의 CEO인 로런스 마리(Lawlence Mmari) 씨였다. 플로 팜은 농민들이 농사의 생산성을 높일 수 있도록 비닐하우스, 수경, 가방 주

농사의 생산성을 높이는 플로 팜의 시스템에 대한 설명을 듣고 있다

머니 재배 등 새로운 재배 솔루션을 개발하고, 부가가치가 높은 작물에 대한 정보 제공을 해주며, 농민 대상 컨설팅을 해주는 스타트업 기업이다. CEO인 로런스 씨는 농사를 지으면서 토양에 해충 피해를 보고, 상품성 있는 작물에 대한 정보가 부족했던 문제를 해결하고자 플로 팜을 창업했다. 컨설팅 서비스를 시작한 지 1년 만에 농민 200명이 다녀갔으며, 변화된 농장 시스템과 유망 작물 정보를 기반으로 생산성을 높이고 있다고 했다.

두 번째로 방문한 스타트업 기업은 QR코드라는 간단한 기술을 활용해 가짜 씨앗 문제를 해결하고 있는 어그리마크(Agrimark)였다. 26살의 젊은 창업가 에마뉘엘 므리두(Emmanuel Mridu) 씨는 "현재 농산물 씨앗 시장에서 40%는 가짜"라고 말하며 가짜 씨앗을 구매한 영세 농민들은 경제활동에 큰 타격을 받기 때문에 농민들이 품질이 보증된 씨앗을 구매하도록 했다. 정부로부터 인증받은 씨앗 생산자는 어그리마크로부터 QR코드가 붙은 패킷을 구매해 씨앗을 넣어 판매하고, 농민들은 모바일 앱으로 이 코드를 스캔해 생산자와 씨앗에 대한 정보를 확인할 수 있는 형태였다.

우리는 두 스타트업과의 인터뷰를 통해 영세 농민의 경우 유망 작물 및 시장 가격에 대한 정보가 부족하고 가짜 씨앗 문제를 겪고 있다는 점을 알 수 있었고, 이러한 농업의 문제를 기술로 해결하고 있는 모습들을 확인할 수 있었다.

GC▶ 작지만 혁신을 만들어가는 르완다

전기 공급, 도로 기반 부족 등 인프라가 미비한 아프리카에서는 유선 환경을 구축하기에 어려움이 많다. 그래서 높은 초기 투자 비용, 유선망 구축 기술 등을 필요로 하는 유선 환경을 거치지 않고 바로 무선 환경을 구축하고 있었는데, 그중에서도 르완다는 아프리카 국가 중 유일하게 4G망을 구축한 국가였다. 우리는

르완다 전역에 4G LTE망 구축을 완료한 케이티알엔 윤한성 사장님과 함께

올해 5월 인구 대비 95% 커버리지를 달성한 전국 4G LTE망 구축 완료 기업인 KT 르완다 합작 벤처 케이티알엔(KTRN, KT Rwanda Networks)을 방문해 윤한성 사장님을 인터뷰했다.

윤한성 사장님께서는 아프리카의 이동통신 보급이 빠르게 확산하는 이유로 초기 투자 비용 부담이 유선 브로드밴드에 비해 상대적으로 적다는 점을 꼽으셨다. 또한, 아프리카 각국 정부가 적극적으로 통신 분야 민영화 정책을 펼치고 있어 다양한 기업이 시도할 수 있는 환경을 제공하고 있다는 점도 다시 한 번 확인할 수 있었다.

이곳에서의 인터뷰를 통해, 발전한 무선 환경이 많은 기업이 빠른 네트워크 환경을 바탕으로 한 다양한 서비스를 내놓는 토대가 되리라는 것을 느낄 수 있었다. 웹, 앱 서비스가 제대로 기능하기 위해서는 네트워크 속도가 뒷받침해줘야 하는데, 이러한 배경이 제공됐으니 그것을 기반으로 숨은 소비자들의 니즈를 찾아내 활약할 기업들이 속속 등장할 것이라 기대한다.

남아프리카공화국의 테이블마운틴에서 LG글로벌챌린저 깃발과 함께

대규모 플랜테이션 농업의 도시, 남아공 케이프타운

마지막 이틀을 보내게 될 케이프타운에는 한 명이 여권을 분실한 관계로, 두 명의 팀원만 오게 됐다. 연이은 많은 인터뷰와 비행들 그리고 크고 작은 사건들로 우리는 잠과 식사를 포기했고 몸과 정신이 지쳐있는 상태였다. 하지만 케이프타운은 아름다운 도시의 경관으로 아프리카의 새로운 모습을 보여주며 우리에게 다시 한 번 에너지를 줬다.

남아공은 대규모 플랜테이션 농업으로 망고, 와인 등 수출용의 상업 작물을 생산하고 있었다. 그것에 맞게 농업 스타트업도 동아프리카와는 다른 솔루션을 제공하고 있었다. 에로보틱스(Aerobotics)라는 스타트업 기업은 대규모 농지에

드론을 이용한 효율적 농지 관리를 솔루션으로 제공함과 동시에 데이터 수집으로 추가 솔루션을 제공하는 곳이었다.

아프리카에서 가장 발전된 모습을 볼 수 있었던 케이프타운이었지만, 동아프리카와 농업 환경이 달라 같은 솔루션을 제공하기 어려울 수 있다는 생각과 함께 동아프리카와 남아공의 솔루션을 구분하게 됐다. 향후에 남아공에서 본 것을 활용할 환경이 오기를 바라며 탐방을 마무리했다.

🚩 간단한 기술로 핵심 기능 구현하기

비케이 테크하우스(BK TecHouse)는 르완다의 최대 은행인 키갈리 은행(BK, Bank of Kigali)이 2016년에 설립한 핀테크 스타트업으로 농업, 교육, 금융, 부동산 분야에서 디지털 서비스를 제공하고 있다. 그중에서도, 최근에는 농업 분야의 SNS 플랫폼으로 학부모와 학교가 학생 교육에 적극적으로 참여할 수 있는 종합 학교 관리 솔루션을 제공하고 있다. 이곳은 이러한 고도화된 시스템을 어떤 기술로 구축했을까? 놀랍게도 우리나라나 여러 선진국에서는 과거에 조명받지 못하고 지나간 USSD라는 기술이다. USSD(Unstructured Supplementary Services Data)는 GSM 네트워크로부터 정보나 특정한 명령을 전송하는 수단으로 사용된다. USSD는 SMS 서비스와 같이 시그널링 채널(Signaling Channel)을 사용한다는 것은 유사하나, 저장 후 전송방식이 아니라 데이터 서비스처럼 통신 경로 설정 해제 방식이라는 점에서 차이가 있다. 이곳의 레지스 루게맨슈로(Regis Rugemanshuro) CEO는 이 기술을 활용해 다양한 분야에서 광범위한 데이터베이스를 구축하고, 그를 바탕으로 사업을 확장해나가는 모습을 직접 보여줬다. USSD를 사용한 단순하지만 필요한 기능이 모두 있는 힘 있는 플랫폼이었다. 레지스 씨는 있는 모델이 잘되고 있다면, 그것을 왜 모방하지 않느냐고 반문했는데, 왜 기초적인 플랫폼을 우선으로 고려하지 못하고 그저 화려한 UI와 다양한 상품들을 먼저 생각했을까 하는 아쉬움과 깨달음을 얻을 수 있었던 뜻깊은 시간이었다.

깜깜한 에티오피아의 밤을 밝혀줄 야광별 선물

자체 연구를 위해 수도에서 먼 곳에 있는 루메 지역의 마을을 방문하는 날, 우리는 마을에 있는 농민들에게 선물하기 위해 야광별, 과자, 부채를 준비했다. 우리에게 내어준 시간에 비해 너무 작은 선물인 것 같아 죄송하기도 했지만, 우리가 이 선물을 준비한 데는 이유가 있었다. 그들의 핸드폰에는 공통으로 아주 큰 손전등이 달려있었는데, 전기가 없는 이 지역에서 가축 몰이할 때 쓰인다고 했다. 전기가 없는 지역 환경과 가족이 최우선 가치인 농민분들에게 우리가 준비한 야광별은 소소하지만 특별한 선물이 되어줬다.

레지스 루게맨슈로

BK TecHouse(Bank of Kigali TecHouse) / CEO

Q BK TecHouse에서 진행하는 금융 서비스와 농민 플랫폼에 관해 설명해주세요

A SNS 농업 플랫폼은 RAB(Rwanda Agriculture Board)와의 PPP(Public-Private Partnership)*를 통해 농업 부문의 자금을 늘리고 농부들에게 불필요한 재정적 손실을 피하게 하려고 도입한 새로운 기술 플랫폼입니다. 최첨단 대형 데이터 분석 엔진으로 구동돼 금융기관, 전화 회사 및 보험 회사에 개인화된 즉석 융자 및 농작물 보험을 발행하는 데 필요한 정보를 제공함으로써 플랫폼을 통해 지급되는 돈이 비료, 개선된 종자, 살충제, 기계화 및 소규모 관개 기술(SSIT)을 구매하는 데에만 사용되게 합니다. 즉 농민에게 빌려주는 돈이 바른 목적을 위해 정확하게 사용될 것이라는 보증을 제공하여 대출 자격을 얻도록 도움을 줌으로써 농부들이 융자 및 보험을 이용해 수확량을 향상시킬 수 있도록 하는 것입니다.

Q USSD 서비스를 이용하려면 어떻게 해야 하나요?

A 서비스를 이용하고자 하는 농민은 국가 번호, 카드 번호를 사용하는 휴대전화 또는 컴퓨터에서 '*774# 다이얼링' 하는 것부터 시작해 텍스트로 절차를 안내받습니다. 이 과정에서 농민은 농사 활동에 사용되는 토지의 등록번호를 입력하고 대출 등 원하는 서비스를 입력할 수 있습니다. 또 금융기관이나 통신 사업자에게 필요로 하는 농산물을 구매할 수 있는 대출을 신청해 플랫폼과 통합할 수도 있습니다.

---

*PPP PPP는 민관합작 투자 사업으로 민간은 위험 부담을 지고 도로 등의 공공 인프라 투자와 건설, 유지 및 보수 등을 맡되 운영을 통해 이익을 얻고, 정부는 세금 감면과 일부 재정 지원을 해주는 구조로 운영됨

팀원 1. **송혜원**

"추진력 있는 기획자"

처음 기획 단계에서는 마냥 어렵지 않을까 하는 생각을 했었습니다. 하지만 아프리카에서 스타트업이 실재함을 볼 수 있었고, 여러 가지 비즈니스 모델을 생각해볼 기회가 됐습니다. 다시 가고 싶은 아프리카. 앞으로 LG글로벌 챌린저를 통해 아프리카 대륙에서 다양한 주제에 도전하는 모습을 또 볼 수 있었으면 좋겠습니다.

팀원 2. **조세영**

"꼼꼼한 인터뷰 정리와 영상 촬영"

1학기 중간고사 즈음에 팀원들을 만나 처음 밤을 새웠는데, 그게 벌써 수개월 전 일이네요! LG글로벌챌린저로서 LG의 이름으로 기관에 메일을 보내고 인터뷰 기회도 얻을 수 있어서 감사했습니다. 아프리카 재단에서 에티오피아 과학기술부, 더 나아가서는 정말 막막했던 농민들 컨택까지! 아프리카에서 한국을 대표해 기관을 방문하는, 소중하고 감사한 기회였습니다.

팀원 3. **최세진**

"웃음을 잃지 않는 커뮤니케이터"

졸업 전 세운 도전적인 목표를 이루게 됐다는 점이 가장 뿌듯하고, 그중에서도 아프리카를 선택해 다녀왔다는 점은 평생 잊지 못할 기억으로 남을 것 같습니다. 가기 전 느꼈던 막연한 두려움과 아프리카에 대한 편견을 직접 가서 눈으로 보고, 사람들을 만나 이야기하며 완전히 바꿀 수 있었다는 점에서 가장 소중한 시간이었습니다.

부족한 상황들의 연속, 다른 방법을 생각해보자

1. 몇 개월의 프로젝트, 할 수 있는 일을 찾자

팀원마다 각자 가진 역량의 정도는 차이가 있고, 프로젝트 특성상 많이 쓰이고 필요한 역량이 있을 수 있다. 팀을 위해 할 수 있는 일을 찾아 프로젝트가 진행되는 동안에 빨리 노하우를 익히는 것이 필요하다. 가령 기획서 PPT를 샘플 기획서만큼 만들 수 있는 역량이 부족했다면, 다른 팀원에게 배워 다음 PPT를 만들 때는 더 나아진 결과물을 보여주도록 해보자. 간절히 노력한다면 프로젝트가 종료된 이후에 새로운 역량이 개발되고, 성장한 자신을 발견할 수 있다.

2. 정확한 인터뷰 대상을 선정하고 SNS를 활용하자

인터뷰 기관은 국제기구나 글로벌 회사처럼 대형 기관인 경우가 많다. 이 조직에서 궁금한 것을 답해줄 수 있는 사람이 누구인지 찾기가 쉽지 않고, 찾는다고 해도 홈페이지에는 인포메일만 있는 경우가 많다. 또한, 공공 기관이 아닌 민간 회사일 경우, 단순 인터뷰 목적이라면 연락이 닿기는 무척 어렵다.

대형 기관 또는 민간 회사인 경우, 보다 성공 확률이 높은 컨택 방법은 정확한 인터뷰 대상을 선정하고, 개인 SNS를 이용하는 것이다. 실제 한 인터뷰이와 연락이 닿지 않았을 때 페이스북 메시지로 연락을 취해보았고, 회신이 없었던 이유와 함께 더욱 상세한 답장을 받을 수 있었다. 링크드인, 페이스북, 리서처 DB, 개인 이메일 등을 찾아 연락을 해보는 방법을 추천하고 싶다.

스타트업의 스케일 업을 위한 발판, 글로벌 스타트업 콘퍼런스

팀명(학교)	LEVEL UP (이화여자대학교)
팀원	강수빈, 김지수, 류지희, 정원희
기간	2018년 8월 7일~2018년 8월 19일
장소	핀란드, 포르투갈, 영국
	헬싱키 (알토 대학교 Aalto University)
	헬싱키 (디자인 팩토리 Design Factory)
	헬싱키 (스타트업 사우나 Startup Sauna)
	헬싱키 (에스포 이노베이션 가든 Espoo Innovation Garden)
	리스본 (비지아이 BGI, Building Global Innovators)
	리스본 (앱토이드 Aptoide)
	런던 (엑센트리 Xntree)

이른 아침부터 하루를 함께 시작한 핀란드 디자인 팩토리의 클라우스 씨와 LEVEL UP 팀

전 세계적으로 스타트업이 경제성장의 변혁을 주도하면서 정부에서도 국내 스타트업을 정책적으로 지원해 육성하고 있다. 그 결과 한국은 벤처기업 3만 개 시대가 도래했지만, 국내 스타트업 10곳 중 7곳이 5년 이내 폐업을 맞이하며, 한국은 OECD 국가 중 가장 낮은 스타트업 생존율을 보인다. 우리는 국내 스타트업의 생존율이 낮은 이유에 대해 고민하다가 스타트업의 생존율을 높이기 위해서 '성장'의 개념인 스케일 업(Scale Up)*에 집중해야 한다고 생각했다. 스케일 업이란 고용인 10명 이상이고, 매출과 고용이 3년간 20% 이상 성장하는 기업이다. 스타트업이 스케일 업으로 성장하기 위해서는 다양한 경제적 기회를 확보할 수 있는 글로벌 시장으로 진출하는 것이 필수적이다. 그렇다면 어떻게 스타트업에게 스케일 업으로 성장할 기회를 제공해줄 수 있을까?

 우리는 해답을 '글로벌 스타트업 콘퍼런스'에서 찾았다. 글로벌 스타트업 콘퍼런스*란 3일 이내의 짧은 기간 동안 스타트업 생태계를 구성하는 관계자들이 한자리에 모이는 이벤트이다. 글로벌 스타트업 콘퍼런스를 통해 많은 스타트업이 네트워킹을 형성하고 글로벌 시장으로 진출, 성장해나간다. 우리는 스타트업의 스케일 업을 위해 스타트업 강국으로 알려진 국가를 선정해 글로벌 스타트업 콘퍼런스로 미래를 찾아 떠났다.

*스케일 업 스케일 업은 '높은 성장성'을 중시한 개념으로, 신규 창업 기업에 초점을 둔 '스타트업'과 다르게 기존 기업을 성장시켜 경제 효과를 얻는다
*글로벌 스타트업 콘퍼런스 3일 내외의 짧은 기간 동안 각국의 스타트업, 투자자, 대기업 등 스타트업 생태계를 구성하는 관계자들이 한자리에 모이는 이벤트. 대표적으로 슬러시(Slush), 웹 서밋(Web Summit) 등이 있다. 소규모 스타트업이 개별적으로 투자자들과 만나는 것은 비용이 많이 들고 대형 투자자를 만나는 것은 현실적으로 어렵지만, 콘퍼런스라는 장을 통하면 다수의 투자자를 한자리에서 만날 수 있다

▷ 학생의 자율성을 보장해 글로벌 스타트업 강국이 된 핀란드

핀란드는 세계적으로 유명한 스타트업 콘퍼런스 슬러시(Slush)가 생겨난 국가다. 슬러시는 매년 11월 핀란드 헬싱키에서 개최되는 글로벌 스타트업 콘퍼런스로, 2008년 400여 명의 소모임에서 출발해 2017년 총 2만 명이 참가하는 대규모 창업 지원 축제로 성장했다. 우리는 슬러시가 대학생을 비롯한 일반 대중들에 의해 개최됐다는 점에 주목했다. 어떻게 민간 주도의 형식으로 현재와 같은 규모의 성공적인 콘퍼런스를 개최할 수 있었을까?

슬러시의 모태가 된 알토 대학교(Aalto University)의 테포 헤이스카넨(Teppo Heiskanen) 기업 경영 교수님을 만나 뵈었다. 알토 대학교는 전체 학생 중 외국인 유학생이 40%의 비중을 차지하는 글로벌 대학교다. 이곳에서는 다양한 국적의 교수님과 학생들이 자유롭게 의견을 나누며 시너지 효과를 내고 있었다. 교수님

완벽한 호흡을 보이는 대회식 프레젠테이션이 인상적이었던 포르투갈의 앱토이드 직원들과 함께

핀란드 헬싱키 대성당 앞에서 스마트폰 G7으로 찍은 LEVEL UP 팀

께서는 핀란드 스타트업의 절반이 알토 대학교 학생들에 의해 설립된 사실을 언급하며, 알토 대학교가 핀란드 스타트업 생태계의 기둥 구실을 하는 점에 관해 설명해주셨다. 또한, 알토 대학교에서는 12개의 알토 벤처 프로그램을 제공해 학생들의 자발적인 활동을 장려하고 기업가 정신을 함양하도록 돕고 있었다.

교수님은 인터뷰가 끝난 후, 디자인 팩토리(Design Factory)와 스타트업 사우나(Startup Sauna)의 관계자들과 미팅 일정을 잡아주셨다. 인터뷰 섭외에 어려움을 겪고 있던 우리는 교수님 덕분에 2개 기관을 탐방할 기회를 얻게 됐다. 두 기관은 핀란드 학생들이 창업에 대한 아이디어를 실현해보고, 필요한 능력을 배양할 수 있도록 교육하고 있다. 디자인 팩토리의 조교 클라우스 캐스턴(Klaus Castern) 씨는 디자인 팩토리 전체를 구석구석 소개해주면서 학생들이 창업 아이디어를 실현하는 과정을 자세히 설명했다.

스타트업 사우나는 창업을 꿈꾸는 학생들에게 액셀러레이팅 프로그램을 제공한다. 이곳은 미국 스타트업 생태계를 경험하기 위해 MIT 공대에 유학을 다녀온 알토 대학교 학생들의 도움으로 설립됐다. 이곳의 커뮤니티 디렉터 시니 리우(Sini Liu) 씨는 스타트업 사우나가 창업을 꿈꾸는 이들에게 미국 현지의 스타트업

핀란드 헬싱키 시청 앞에 있는 사우나. 바다가 바로 옆에 있는 도심 한복판에 사우나라니!

시장을 생생하게 경험하고 사전에 준비해 경쟁력을 키울 기회가 된다고 말했다.

　우리의 마지막 방문지 에스포 이노베이션 가든(Espoo Innovation Garden)에서는 스타트업이 글로벌 시장에 진출하고 스케일 업을 하기 위해서는 글로벌 네트워크가 필수적이라는 우리의 탐방 목표와 정확히 일치하는 내용의 조언을 들을 수 있었다. 에스포 이노베이션 가든의 툴라 앤톨라(Tuula Antola) 씨는 글로벌 네트워크와 협업의 중요성을 강조하며 스케일 업을 하기 위해서는 글로벌 네트워크가 필수적이고, 그 글로벌 네트워크를 형성하기 위해서는 글로벌 스타트업 콘퍼런스가 필요하다고 대답했다. 툴라 씨와의 인터뷰를 통해 우리 주제에 대해 근거와 확신을 얻게 됐다. 그는 우리에게 가장 중요한 경험은 실패 경험이라고 조언했다. 대학생 때 많은 실패를 한 사람은 실패를 두려워하지 않고 더 많은 도전을 하고 앞으로 나아갈 힘을 얻게 된다는 말에서 우리 팀은 큰 감명을 받았다.

시니 리우

Startup Sauna / Community Director

Q 핀란드는 글로벌 스타트업 네트워크 형성을 위해 어떤 노력을 하나요?

A 핀란드는 스타트업의 네트워킹을 위해 큰 노력을 하고 있습니다. 핀란드의 산업, 경제, 문화를 선도하는 기존 세 군데의 대학을 합병해 출범한 알토 대학교에 있는 아그리드(Agrid)라는 건물은 다양한 스타트업이 한 공간에 모여 협업을 진행할 수 있도록 설계됐고, 로비도 모두에게 오픈돼 있습니다. 또 에스포 이노베이션 가든은 대학, 연구소, 정부 등 기관 사이의 네트워킹을 위해 고안된 협업 단지입니다. 알토 대학교, VIT 기술 연구소, 노키아 등이 이 커뮤니티의 구성원입니다. 스타트업들이 네트워킹할 수 있는 공간들을 만드는 데 주력하는 이유는 네트워크가 스타트업 생태계 성장 요인 중 가장 중요한 부분이라고 생각했기 때문입니다.

Q 슬러시가 사람들을 자연스럽게 모을 수 있었던 비결은 무엇인가요?

A 슬러시는 글로벌 네트워킹 축제입니다. 투자자, 학생들, 그리고 축제 주최 커뮤니티로 이루어집니다. 2017년에는 2만 명의 참석자를 모았습니다. 기업가 정신이라는 같은 열정을 공유하는 사람들이 모여서 팀을 꾸려서 협업하고 도전할 기회를 만듭니다. 예를 들어 해커톤 프로그램을 통해서 수상자에게 재정적 지원도 제공하고 있습니다. 또한, 비슷한 사업 분야의 멘토와 멘티 매칭을 돕고 있어 많은 스타트업 관계자들이 좋은 파트너를 찾고자 이곳을 방문합니다. 행사장 곳곳에 관계자들 외의 일반인들도 함께 즐길 수 있는 파티가 마련돼 있고 유명 CEO들의 강연을 들을 수 있어서 대중들에게도 반응이 좋습니다.

글로벌 스타트업 콘퍼런스 유치로 스타트업 발전 기틀을 마련한 포르투갈

포르투갈은 2009년 글로벌 스타트업 콘퍼런스 '웹 서밋(Web Summit)' 유치로 많은 해외의 스타트업들이 들어왔고, 자국의 스타트업 생태계가 활성화됐다. 포르투갈은 자신들만의 매력을 살려 다양한 스타트업을 유치해오고 있었다.

BGI(Building Global Innovators)는 스타트업에 필요한 교육을 제공해주고 있는 곳이다. BGI의 프로젝트 매니저 클라우디아 카로샤(Claudia Carocha) 씨를 만나 포르투갈 스타트업 생태계에 대한 설명을 들을 수 있었다. 포르투갈은 싼 물가와 높은 영어 수준 덕분에 글로벌 스타트업 콘퍼런스 웹 서밋을 유치할 수 있었다. 웹 서밋은 글로벌 스타트업 콘퍼런스에 해외의 많은 투자자와 스타트업들을 초청했고, 자국의 스타트업에 대한 투자뿐만 아니라 글로벌 진출 효과를 불러일으켜 포르투갈의 스타트업이 성장할 기회를 만들어왔다. 클라우디아 씨는 콘퍼런스가 매력이 있어야 한다고 강조했다. 웹 서밋의 강연자는 오바마 전 대통령, 구글 CEO 등 항상 사람들이 관심 있어 하는 사람으로 정했고, 그 결과 다양한 사람의 참여뿐 아니라 강연을 듣고 영감을 받고 싶은 대학생들의 자원봉사도 유도해낼 수 있었다고 한다. 그는 성공적인 콘퍼런스를 위해서는 사람들이 원하는 콘텐츠가 있어야 한다고 강조했다.

포르투갈에서 두 번째로 탐방한 곳은 포르투갈의 성공적인 스타트업 앱토이드(Aptoide)로 앱을 통해 사용자가 직접 앱을 만들고, 만든 앱과 기존에 있던 앱을 공유할 수 있도록 하는 '커뮤니티 기반 플랫폼'이다. 규모로는 2억 명이 넘는 사용자, 4억 개의 다운로드 및 100만 개의 앱을 보유하고 있다. 앱토이드는 웹 서밋 피치(Web Summit Pitch) 대회에 참가해 우승함으로써 플랫폼을 알리고 투자의 기회를 얻은 경험이 있다. 앱토이드의 인사 담당자 마르시우 파젠다(Marcio Fazenda) 씨는 포르투갈도 과거에는 대학생들이 창업을 기피했다고 한다. 하지만 IMF 이

좌) 앱토이드의 미팅 룸에는 그네가 의자였다. 너무 신난 지수와 원희
우) 포르투갈 리스본 탐방 뒤 달콤한 휴식을 위해 찾은 평화로운 제로니모스 수도원

후 대학을 다니고 있거나 졸업한 청년들이 취업 대신 창업에 도전하며 포르투갈 경제에 새로운 미래를 그리고 있다고 전했다. 또 운영 초반에 피치 대회 우승을 하면서 웹 서밋의 효과를 톡톡히 보았다면서, 글로벌 스타트업 콘퍼런스의 중요성에 대해 자세히 설명했다. 이들은 세계인들이 찾아오는 리스본에 대한 자부심이 엄청났다. 인터뷰를 통해 우리는 글로벌 네트워킹에 중요성을 확인하며 스타트업의 창업 아이템을 많은 대중에게 선보일 수 있는 콘퍼런스를 만들어야겠다고 다짐했다.

전 세계에서 모이고, 다시 전 세계로 뻗어 나가는 글로벌 네트워킹의 영국

스타트업 네트워킹 하면 누구나 최초의 구글 캠퍼스인 테크 시티(Tech City)의 캠퍼스 런던(Campus London)을 떠올릴 것이다. 캠퍼스 런던은 24시간 개방돼 있

많은 피드백을 받을 수 있던 엑센트리 인터뷰 후의 단체 사진

어서 아침부터 커피를 한 손에 든 다양한 스타트업 관계자들이 모이는 자유로운 네트워킹 장소이다. 전 세계에서 이 워킹 모델을 따르고 있기도 하다.

우리는 스타트업에 투자, 마케팅, 전략, 네트워킹 등을 지원하는 액셀러레이터(Accelerator)인 엑센트리(Xntree)를 찾아갔다. 엑센트리는 지금껏 영어 인터뷰로 지친 우리에게 단비 같은 곳이었다. 이곳에 프로그램 디렉터로 일하는 려승욱 씨가 있어 한국어로 편하게 인터뷰를 할 수 있었기 때문이다. 그는 액셀러레이터와 스타트업 콘퍼런스에 관해 설명해줬다. 영국은 기술 스타트업에 전년 대비 두 배 가까이 되는 4조 4,000억 원의 벤처 캐피털을 조달하는 등 투자에 속도를 내며 가능성 있는 스타트업에 투자를 활발하게 지원하고 있다고 한다. 그리고 VR, 인터렉티브와 같은 기술혁신 분야 스타트업에 특성화된 언바운드(unBOUND) 디지털 콘퍼런스처럼 이를 위한 콘퍼런스가 분야별로 세분화해 존재한다. 이런 콘퍼런스는 스타트업 초기 네트워크 형성에 큰 도움이 된다는 것이 그의 설명이었다. 또한, 영국에는 한국만큼 실패하는 스타트업이 많다는 것을 알려주면서 중요한 것은 실패를 어떻게 인식하느냐라고 조언했다. 이를 통해 우리는 한국의 스타트업 생존율을 높이기 위해서는 실패에 대한 대학생들의 인식 변화를 꾀해야 한다는 교훈을 얻을 수 있었다.

스타트업 콘퍼런스는 생각했던 것 이상의 네트워킹 장소였다. 그곳은 멘토와 멘티가 만나고, 꿈이 없던 대학생들이 꿈을 꾸게 되고, 도전하는 기회가 주어지는 곳이다. 우리는 처음에는 스타트업 콘퍼런스가 스타트업에게 어떤 도움을 줄 수 있을까만 고민했다. 그러나 탐방 결과, 성공적인 콘퍼런스 뒤에는 대중과의 네트워크가 있음을 깨달았다. 대중이 찾는 콘퍼런스를 통해 스타트업 네트워킹이 지속되고 확대될 수 있으며, 이는 결국 우리에게 도전할 용기를 만들어 준다. 우리는 한국의 스타트업도 네트워킹을 통해 서로 유대하며 힘을 키워나가야 한다고 생각했다.

EPISODE

공항은 무조건 미리미리 가자!
탐방 기간의 3분의 2 정도가 지났을 무렵, 포르투갈 리스본에서 영국 런던으로 가는 비행기를 타기 위해 공항으로 향했다. 유럽 내에서 이동하는 비행기라서 공항에 1시간 전까지만 도착하면 되겠다고 생각해 마냥 태평했다. 여유 있게 출발 시각보다 1시간 일찍 도착했지만 4명 중 2명의 티켓만 발급받은 채로 체크인 시간이 지나버려서 비행기를 탈 수 없었다. 결국, 사무국에 연락을 드리고 각자 사비 30만 원을 들여 프랑스 파리를 경유해 런던으로 가는 비행기 당일표를 예매했다. 팀원들은 갑작스럽게 적지 않은 돈과 시간을 낭비하게 돼 허탈함에 한동안 말을 잃었다. 갑자기 분위기가 싸늘해졌달까? 하지만 이날 다행히 인터뷰가 없던 날이라, 하루 쉬어가기로 했다. 언제 또 파리 공항의 공기를 마셔보겠냐며 재치 있고 긍정적인 태도로 상황을 극복했다. 바쁜 탐방 일정을 소화하느라 피곤함에 비행기를 탈 때마다 잠들곤 했는데, 그때 처음으로 비행기가 이륙하는 것을 온몸으로 느낄 수 있었다. 예정에 없었던 파리의 밤하늘을 보며 여유와 행복을 맛보았다. 경비를 안타깝게 날리긴 했지만, 한편으로는 서로를 다독이며 팀워크를 돈독히 할 수 있었던 경험이었다.

팀원 1. **강수빈**

"꼼꼼함을 책임지는 돋보기"

활동을 통해 생각을 행동으로 실천하고 더 넓은 세상으로 도전해볼 '용기'와 당황스럽고 어려운 상황에도 웃음을 잃지 않고 말랑말랑해질 '여유'를 배웠습니다. 평생 잊지 못할 만큼 행복하고 소중한 기억이 될 것 같습니다. 그리고 같은 꿈을 꾸며 1년 내내 붙어있었던 팀원들과 저희의 안전을 걱정해주신 운영국에 고맙다는 말을 전하고 싶습니다.

팀원 2. **김지수**

"인터뷰를 이끌어가는 마이크"

서류 합격하고 팀원이랑 수면실에서 나와 학교를 소리 지르며 뛰어다녔던 기억이 생생합니다. 이틀 밤을 새우며 면접 준비하고, 면접 끝난 밤에 코피가 났던 것도 생생합니다. 최종 합격을 했을 때 믿기지 않았는데 팀원들과 함께했던 시간을 돌아보면 우리 정말 열심히 했구나, 합격할 만했구나 싶습니다. 우리가 함께 준비하던 모든 시간이 소중한 것 같습니다.

팀원 3. **류지희**

"팀의 방향을 이끄는 나침반"

과연 이 주제로 될까, 이 기획서로 될까 걱정이 많았습니다. 하지만 우리 팀을 믿었고, LG글로벌챌린저 합격을 의심하지 않았습니다. 활동하면서 협동의 힘을 배웠습니다. 우리의 결과는 팀원이 한 명이라도 없었다면 이뤄내지 못했을 겁니다. 2월부터 매일 수업 후 만나고, 중앙도서관에서 밤을 새우고, 주말에도 만나면서 늘 붙어다녔던 우리 팀원 모두에게 고마움을 전합니다.

팀원 4. **정원희**

"다채로운 색을 입히는 파스텔"

전에는 가능성이 큰 일에만 도전했습니다. 너무 어려운 일에 도전하는 것은 손해라고 생각했습니다. 그래서 LG글로벌챌린저는 새로운 경험이었습니다. 한계에 부딪치는 도전이었기 때문입니다. 활동 내내 저의 능력뿐 아니라 성향 혹은 미래에 대해서도 고민해볼 수 있었습니다. 우리는 팀이면서 친구였습니다. 함께했던 시간은 인생에 정말 소중한 추억으로 남을 것입니다.

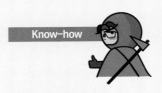

처음은 언제나 중요하다!

1. 초반의 빠른 판단이 활동을 좌우한다

팀원 구성에서 제일 중요한 팁은 새로운 팀원이 왔을 때 이 팀원이 다른 팀원들과 잘 맞는지, 우리 팀의 주제에 필요한지 초반에 빠르게 결정하는 것이다. LG글로벌챌린저는 마라톤이라고 할 만큼 기나긴 과정이기 때문에 이 여정을 동행할 팀원을 만나는 것이 가장 핵심적인 부분이다. 마음이 잘 맞는 팀원 4명이 한 번에 모이기는 쉽지 않다. 하지만 모종의 이유로 결정을 미뤄봤자 기획서 마감일만 다가올 뿐이다. 우리 팀의 경우, 처음 팀원을 모집할 때 약 2주간 팀원이 3번이나 바뀌었다. 하지만 이런 빠른 판단과 결정으로 마침내 LG글로벌챌린저 합격에 꼭 필요한 팀원들로 구성될 수 있었다.

2. 주제는 최대한 일찍부터 고민하자

LG글로벌챌린저 합격의 핵심은 주제다. 처음부터 확정해둔 주제가 없다면 주제 선정은 최대한 일찍 시작하자. 주제는 끊임없이 바뀌는데, 좋은 주제를 찾아도 시간이 없어서 진행하지 못할 수 있기 때문이다. 우리 팀의 경우 2월부터 시작해서 3월까지 계속 주제를 변경했다. 선정한 주제로 기획서를 진행하던 중, 허점이 보여서 새 주제를 찾아야 하는 일도 발생했다. 재학생들로만 구성돼야 하는 LG글로벌챌린저의 특성상 학기 시작 전부터 주제를 구상하는 것이 좋다.

지역의 강한 유대감,
블록체인으로 실현하다

팀명(학교)　정;情돈 (고려대학교)
팀원　김동하, 김민지, 김시준, 윤라경
기간　2018년 8월 8일~2018년 8월 21일
장소　프랑스, 영국, 아일랜드, 스웨덴, 네덜란드
　　　　낭트 (낭트 시립 은행 Credit Municipal de Nantes)
　　　　파리 (아디 Adie)
　　　　런던 (엑스엔트리 Xntree)
　　　　더블린 (위트레이드 WeTrade)
　　　　셰브데 (제이에이케이 멤버스 뱅크 JAK Members Bank)
　　　　암스테르담 (셰어엔엘 ShareNL)

달걀일까요? 동전일까요? 스웨덴 야크 은행 대표 요한 씨와 정;情돈 팀

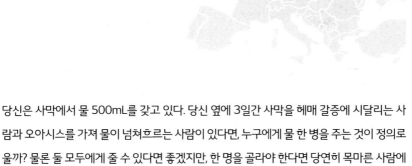

당신은 사막에서 물 500mL를 갖고 있다. 당신 옆에 3일간 사막을 헤매 갈증에 시달리는 사람과 오아시스를 가져 물이 넘쳐흐르는 사람이 있다면, 누구에게 물 한 병을 주는 것이 정의로울까? 물론 둘 모두에게 줄 수 있다면 좋겠지만, 한 명을 골라야 한다면 당연히 목마른 사람에게 주는 것이 옳은 선택이 아닐까. 하지만 돈이 많은 사람은 돈을 빌릴 수 있는 신용이 있고, 오히려 돈을 진정으로 필요로 하는 사람은 신용이 없어 돈을 빌릴 수 없는 게 현실이다. 우리 팀은 이런 모순적인 금융시스템에 의문을 가지게 됐다.

더 나아가 돈은 그 기능으로 정의될 수 있다고 배웠다. 즉 현재 사용하는 화폐의 고유한 모양이나 그에 대한 정의가 중요한 것이 아니라 돈의 기능은 항상 똑같고, 편의를 위해서 현재의 형태를 취한 것뿐이라는 의미이다. 애초에 돈이란 다양한 곳에 쓰이고 널리 유통되라고 만들어진 것이기는 하지만, 지역에 따라 그 의도가 지나치게 왜곡돼 지역에서 어느 정도 순환돼야 하는 돈이 지속해서 그 지역 밖으로 유출되는 현상이 벌어졌다. 그 결과 지역의 차원에서는 지속해서 빈곤해지는 상황에까지 이르기도 한다.

이 두 마리의 토끼를 모두 잡을 수는 없을까? 최근 화제가 되는 블록체인 기술이 이 두 가지 문제점과 그 해결책의 연결 고리가 될 수 있다는 생각을 한 우리 팀은 우리만의 플랫폼을 짜보자는 생각으로 '정:情돈' 프로젝트를 시작하게 됐다. 블록체인의 보안성과 경제성을 이용해 지역 화폐와 접목한 P2P 대출과 그 프로젝트의 확장 가능성을 직접 확인해보기 위해 우리는 유럽 다섯 국가를 방문해봤다.

낭트 시립 은행(Credit Municipal de Nantes)은 낭트 지역의 지역 화폐 '소낭트 (Sonantes)'를 관리하는 기업이다. 소낭트는 2011년부터 2015년까지 유럽의 여러 지역에서 지역 화폐에 관한 실험을 하는 범국가적인 파트너십, 지역 화폐 실험의 일환으로 개발되었다. CCIA(Community Currency in Action)는 공공의 이익을 위해 고안된 화폐들을 돕는 단체로서 북서 유럽의 다양한 국가들에서 지역 화폐가 뿌리내릴 수 있도록 하는 프로젝트들을 시행했다. 소낭트는 프랑스 최초의 지역 화폐임과 동시에 디지털 방식을 택했다는 점에서 정;情돈 팀이 생각하는 지역 화폐와 무척 유사하다. 소낭트를 내기 위해서는 계좌 이체, 핸드폰을 통한 폰뱅킹, 그리고 신용카드 방식을 이용할 수 있다. 블록체인을 통해 디지털 지역 화폐를 만들고자 하는 우리에겐 더할 나위 없이 좋은 본보기였다.

지역 화폐의 발전 방향과 화폐 관리 방식을 배울 수 있을 것이라는 부푼 마음을 안고 2시간 동안 파리에서 낭트로 가는 기차를 탔다. 그런데 도착하자마자 점심을 먹으려고 방문한 근처 포르투갈 음식점에서 들은 소식은 청천벽력과도 같았다. 가게 주인아저씨에게 지역 주민들이 실제로 소낭트를 많이 사용하는지 여쭤봤지만, 돌아오는 답변은 소낭트를 본 적도, 들어본 적도 없다는 것이었다. 주인아저씨 설명을 듣고 현지 커뮤니티를 찾아가면서까지 소낭트를 검색해봤으나, 소낭트에 관한 정보는 잘 나오지 않았다.

간단히 점심을 마치고 인터뷰를 위해 낭트 시립 은행에 들렀지만, 관계자가 휴가 중이라 다른 직원에게 소낭트에 대한 소개를 부탁했다. 같은 은행에서 하는 사업임에도 불구하고 소낭트에 대한 정보는 잘 모르는 눈치였다. 허탕을 치고 나오자 기다렸다는 듯 비가 우르르 내리기 시작했다. 소낭트를 직접 구매해서 사용할 수 있다고 알려진 관광 안내소에도 가봤으나 아무도 소낭트를 제대로 알고 있지 않았다. 관광 안내소 직원분이 알려준 거래소에 가봤지만, 지역 화

금융 소외계층을 대상으로 대출 서비스를 제공하는 공공 기관 아디에 대해 다양한 정보를 전해준 클리멘트 씨와 함께

폐를 구매할 수 있는 거래소가 아닌 외환 거래소였다. 결국, 우리는 소낭트는 낭트 지역에서 활발하게 사용되지 않는다는 결론을 내렸다.

곧바로 소낭트가 낭트 지역에서 철수한 이유를 분석했다. 문제는 소낭트를 사용할 수 있는 가게들이 제한적이라는 데 있었다. 아무리 편하게 거래할 수 있다고 해도, 화폐를 쓸 수 있는 사용처가 확보되지 않으면 사용자들은 불편하게 느끼기 마련이다. 결국 소낭트는 사용 방식의 편리함만 추구하다 지역 화폐의 본질적인 문제인 사용처 확보라는 과제를 해결하지 못한 셈이다. 우리는 이 과정에서 어떻게 하면 '정;情돈'을 사용할 수 있는 가게들을 확보할 수 있을지 고민하며 재능 기부, 봉사활동, 창업 지원과 같이 '정;情돈' 내부에서 자체적으로 구현할 수 있는 사업들을 고안했다.

🚩 금융의 본질을 실현하는 창업 지원 센터에 가다

낭트에서 허탕을 친 뒤 곧바로 두 번째 방문 기관과의 인터뷰 준비에 심혈을 기울였다. 파리의 아디(Adie)는 금융 소외계층의 창업을 위해 그들에게 저금리로 소액을 대출해주는 마이크로크레디트(Microcredit)를 시행하는 기관이다. 마이크로크레디트는 방글라데시에서 무하마드 유누스(Muhammad Yunus) 교수님이 그라민 은행을 통해 저소득층이 소액을 대출받을 수 있는 모델을 고안하며 널리 알려졌다. 아디의 창업자 마리아 노악(Maria Nowak) 역시 이에 영감을 받아 금융 소외계층을 대상으로 대출 서비스를 제공하는 공공 기관을 설립했다.

사무실 안으로 들어가니 클리멘트 라미렐(Clement Lamirel) 카운슬러님께서 우리를 반겨주셨다. 그와의 인터뷰를 통해 이곳이 정확히 무엇을 하고 어떻게 운영되는지 알 수 있었다. 아디는 많은 은행과 계약을 맺어 자금을 조성한 후, 창업할 계획을 하고 있지만 기존 금융시스템으로부터 배제된 사람들에게 이 자금을 대출해주는 방식으로 운영된다. 서비스 사용자들의 대부분은 전통적인 금융기관에서 대출받는 데 필요한 신용 등급을 얻을 수 없는 이들이다. 금융에 접근할 수 없는 그들에겐 마지막 방패가 이곳이다. 다양한 이야기를 들으면서 진정한 금융이란 돈이 필요한 사람에게 돈을 빌려주는 것이라는 사실이 점점 선명해져 갔다. 인터뷰에서 감명 깊었던 점은 파리에만 총 1,500명의 아디 자원봉사자가 있다는 것이다. 봉사자들은 보수를 받지 않고 창업자들이 효과적으로 사업을 운영하고, 빌린 돈을 갚을 수 있도록 계속해서 연락을 취하며 도움을 준다.

인터뷰를 통해 한국에서도 빌려주는 사람과 빌리는 사람 간의 인간적인 유대감을 형성할 필요가 있다는 것을 깨달았다. 또 정;情돈 플랫폼 내에서 이 유대감은 채무자의 도덕적 해이를 방지하는 역할을 할 수 있겠다는 생각도 들었다. 클리멘트 씨의 '마이크로크레디트란 두 번째 기회다'란 말을 끝으로 인터뷰는 훈훈하게 마무리됐다. 우리는 가벼운 마음으로 다음 방문 기관이 있는 런던으로 향했다.

블록체인의 접목과 사업의 실현 가능성에 대한 조언

프랑스에서 영국으로 넘어갈 때 버스와 배를 타고 이동했더니 상당히 피로가 쌓였다. 그런데도 피로를 싹 사라지게 하는 것이 있었으니 바로 템스강변의 시원한 바람이었다. 더웠던 프랑스와는 달리 영국에선 선선한 바람이 우리를 반겼다. 숙소는 영화 해리포터에 등장한 적이 있는 밀레니엄 브리지 쪽에 있었는데, 주변 경치가 무척 아름다웠다. 상쾌한 마음으로 우리는 세 번째 탐방 기관, 엑스엔트리(XnTree)가 있는 레벨39(LEVEL39)로 발걸음을 옮겼다.

네트워킹 기회와 함께 워크숍, 사무실을 제공하는 유럽 창업 육성 기관인 엑스엔트리는 스타트업이 성장할 수 있도록 기술과 마케팅 컨설팅도 제공해주고 있다. 2017년에는 한국전력공사, BNK 부산은행 등 6개의 한국 기업을 돕기도 했다. 우리가 만난 인터뷰 담당자 여승욱 씨는 놀랍게도 한국 사람이었다. 고맙게도 인터뷰 도중 어려운 기술 용어들이 등장하면 친절히 한국말로 설명해주기도 했다.

우리는 곧바로 탐방 목적을 소개하고, 지역 화폐 생태계 조성을 위한 조언을

지역 화폐 생태계 조성에 대한 다양한 조언을 들려준 영국 엑스엔트리 사의 여승욱 씨.
우리가 어려워할 때는 한국말로도 설명해줘서 더욱 고마웠던 시간

암스테르담에서 셰어엔엘까지 자전거를 타고 이동한 우리 팀. 저기 자전거들 보이시죠?

구했다. 당시 우리는 지역 화폐가 제한적인 용도로만 쓰이면서 활발한 유통이 되지 않고 있어서, 최대한 유통을 활성화하는 방안으로 다양한 지역 기반 서비스를 제공하면 어떨까 하는 아이디어를 갖고 있었다.

여승욱 씨는 지역 화폐 본연의 색을 잃지 않도록 하는 의도 자체는 나쁘지 않지만, 이런 생태계에 사람들이 참여하게 하려면 보상 체계를 확실하게 짜는 과정이 필요하다고 조언했다. 특히 사용자와 파트너를 비롯한 플랫폼 내의 모든 사람이 적극적으로 참여할 수 있으려면 공동의 이익을 만들어야 한다고 말했다. 일례로 지역 화폐 형태의 일정 금액이 지역 개발금으로 기부된다면, 사람들의 참여를 가시화하고 참여를 독려할 수 있다. 또한, 프로젝트의 지속성을 위한 자금 조달 방법이 부재하다는 점을 짚어, 이더리움(Ethereum)과 같이 데이터 판매로 이익을 꾀하는 방법도 있다고 지적했다. 이더리움은 비트코인과 같은 전자화폐이지만, 화폐 거래 기록에만 사용되는 비트코인과는 달리 기존의 금융거래는 물론 부동산 계약, 공증 등 다양한 형태의 계약 체결에도 사용할 수 있는 장점을 갖고 있다.

탐방을 통해 마냥 추상적이었던 우리의 생각이 좀 더 구체화되기 시작했다. 특히 우리의 모델을 지속하기 위해서는 자금이 필요한데, 초기 자금을 어떻게 조달할지 다양한 아이디어를 얻을 수 있었다. 또한, 커뮤니티 기반 생태계를 활성화하기 위해 이용자들에게 주는 인센티브의 하나로 지역에 이바지할 수 있는 지역 기반 재능 공유, 봉사활동과 같은 다양한 서비스를 플랫폼에 추가했다.

인터뷰를 마친 우리는 여승욱 씨의 도움으로 유럽의 창업 육성 기관인 레벨 39를 탐방했다. 사이버 보안이나 핀테크 관련 스타트업들이 사무실을 차지하고 있었다. 휴가철이라 사람이 많진 않았지만, 각자가 자신의 목표를 위해 열심히 일하는 모습이 인상 깊었다. 창문을 통해 런던 전경을 내려다보며 영국을 떠나기 전 마지막 모습을 머릿속에 저장했다.

🏳 타인을 조금 더 배려하는 것에서부터 공동체가 시작된다

야크 은행(JAK Members Bank)은 『보노보 은행』이라는 책에서 먼저 접하고 인터뷰를 요청했다. 은행은 돈을 예금하면 그 대가로 이자를 주는 기관이라고 생각하는데, 야크 은행에서는 이자를 지급하지 않는다. 예금자는 손해라고 생각할 수도 있지만, 이 제도는 채무자를 배려하기 위해 만들어졌다. 우리에게 매년 들어오는 작은 이자는 사실 누군가의 무거운 채무다. 야크 은행은 대출받는 사람이 대출이자를 갚지 않아도 되도록 설계됐다.

스톡홀름에서 2시간가량 기차를 타자 셰브데에 도착했다. 매우 한적한 마을이었다. 평화로운 북유럽 경치를 감상하며 걷다 보니 곧 야크 은행에 도착했다. 이곳의 은행 경영자는 어떤 사람일까 하는 궁금증이 샘솟았다. 우리끼리 '경제 체제를 오랫동안 연구해 온 학자가 아닐까', '기존 금융 체계에 실증을 느낀 경영자가 아닐까' 열띤 토론을 벌이다 보니 곧 인터뷰 시간이 다가왔다. 우리의

여승욱

XnTree / Director of Programme

Q 블록체인이 P2P 대출에 어떻게 접목이 될 수 있나요?

A P2P 대출 플랫폼 그 자체가 블록체인의 기술이라고 할 수 있습니다. 예를 들자면, P2P 대출을 할 때는 세 가지가 필요하죠. 첫 번째는 거래 당사자, 두 번째는 거래액. 그리고 마지막은 바로 거래를 증명할 수 있는 계약서 또는 그 거래 내용을 확인시켜 줄 수 있는 증인입니다. 이때 블록체인 기술은 마지막 필요 요소를 충족시켜 주는 기술입니다. 기존에는 거래의 증명을 위해서 은행이라는 중앙기관이 있었습니다. 은행은 모든 정보가 해당 기관이 운영하는 서버라는 지정된 공간에만 저장되며 정보 저장소가 단일하게 집중돼 있다는 점에서 보안에 있어 큰 취약점을 가지고 있습니다. 공격할 대상이 명확하고, 해당 서버만 무너뜨리면 수억, 수천 조에 달하는 금융 정보를 빼내 올 수 있기 때문입니다. 이에 은행들은 보안을 지키기 위해 서버 관리와 유지에 천문학적인 비용을 투입합니다. 이 보안 비용은 고스란히 사용자들이 나누어 부담하게 됩니다. 그 때문에 은행은 비싸고, 느리고, 방어벽이 취약해 데이터가 조작될 가능성이 있었습니다.

하지만 블록체인의 발달로 인해 보안 비용을 획기적으로 줄일 수 있게 되고, 데이터 관리에 비용 절감 효과를 크게 볼 수 있게 되었습니다. 따라서 P2P 금융과 같은 분야에 블록체인이 접목된다면 상대적으로 저비용으로 시스템을 운영할 수 있습니다. 비용 절감을 통해 P2P 금융 분야가 활성화된다면, 여러 가지 기준 때문에 기존 은행으로부터 금융시스템 이용을 거부당한 사람들이 대출 서비스를 받을 기회를 얻게 될 것입니다. 현재 P2P 대출에 블록체인을 접목해 시도하려는 대표적인 예로는 지퍼(Zper) 같은 기업이 있습니다.

Q **플랫폼 참여를 유도하려면 어떤 '공통 이익'을 제시하는 것이 좋을까요?**

A 좋은 공통의 이익으로 '실시간 데이터'가 있습니다. 예를 들어 이더리움(Ethereum)이라는 암호 화폐가 있습니다. '코인'은 자체 스마트 컨트랙트 시스템을 갖춘 블록체인 생태계에서 발행된 암호 화폐를 지칭하고, '토큰'은 기존에 설계된 코드만 응용해 해당 시스템에 얹어진 디앱(Dapp) 형식으로 발행된 암호 화폐를 지칭합니다. 즉 코인은 보통 자체적인 시스템이 존재하고, 토큰은 그 시스템의 기존 코드를 변형해 발행됩니다. 이 플랫폼에는 ERC20라는 코인이 있고 이는 돈으로 교환할 수 있습니다. 또한, RC71이란 토큰이 있는데 이 토큰은 화폐로 교환할 수 있는 시스템으로 돼있습니다. 즉 그 플랫폼 자체가 유니크하다는 것이죠. 거래가 일어날 때마다 ERC20는 ERC721로 바뀌게 되고 이 토큰은 계속 생태계에 남아있게 됩니다. 이 ERC721 토큰은 생태계에 남아있는 동안 소비자의 거래 내용을 모두 저장하게 됩니다. 이 데이터를 팔 수 있는데, 이것으로 경제적 이익을 얻을 수 있고, 자체가 공통 이익이 될 수 있을 것 같습니다. 이 과정에서 지나치게 사적인 정보와 정체성에 관한 데이터는 조심할 필요가 있습니다. 하지만 '실시간 정보'는 실질적인 경제적 유인책이 될 것 같습니다. 현재, 데이터는 모든 사업의 천연가스와 같은 존재입니다. 약간의 익명인 사람들의 움직임 특히 에너지 사용 형태, 음료 사용 형태와 같은 실시간 데이터를 확보하는 것입니다. 모든 사람은 개인의 이익을 챙긴다는 점을 유념해야 합니다.

이자는 없지만 투명하고 명확한 목적으로 운영되는 것이 매력인 스웨덴 야크 은행. 대표 요한 씨와 함께한 인터뷰는 깊은 인상을 남겼다

생각은 모두 정답을 엇나갔다. 야크 은행의 최고 운영자는 요한 서랜더(Johan Thelander) 씨였는데 과거에 댄서였다고 했다. 반전이 있는 그를 보며 능력의 무한한 가능성을 엿볼 수 있었다. 야크 은행의 궁극적인 목적은 필요할 때까지 돈을 빌릴 수 있는 금융시스템, 그리고 빚 지지 않고 돈을 빌릴 수 있는 금융시스템을 형성하는 것이라고 했다. 야크 은행에 예금하는 사람들은 자기 돈에 이자가 붙지 않는 것을 알지만, 오히려 돈이 투명하고 명확한 목적을 갖고 운영되는 점에 매력을 느낀다고 했다. 가장 중요한 것은 이자가 없는 대신 자금의 조성을 위해 대출 시 저축을 같이 시킨다는 것이었다. 이를 통해 자금이 바닥나는 위험을 줄일 수 있다고 했다. 단기적인 이자에 눈이 멀지 않고, 오히려 사람들은 그 돈의 쓰임에 더 관심을 둔다는 점을 통해 우리 팀의 이름대로 정(情)이 담긴 금융시스템을 만드는 것도 가능하지 않을까 생각하게 되었다.

🚩 공유 문화 확산을 통해 지역공동체를 살린다

여행 내내 우리가 이용한 우버 택시와 에어비앤비는 누구나 한 번쯤은 그 이름을 들어본 기억이 있을 법한 서비스다. 우리는 이들이 실현하고자 하는 공유경제에 관한 연구 및 컨설팅을 하는 기관, 셰어엔엘(ShareNL)에 방문했다. 셰어엔엘은 지난해 뉴욕, 서울, 토론토, 암스테르담, 코펜하겐이 발표한 '국제 공유도시 연합'을 주도적으로 이끈 기관이다.

셰어엔엘에서는 피터르 더용(Pieter de Jong) 씨에게 공유 문화가 활성화될 수 있도록 지역의 유대감을 어떻게 형성하는지를 중심으로 질문했다. 특히 비어비와이(BeerBY)와 벤헬펜(Venhelpen) 사업이 가장 인상 깊은 사례였다. 사람들의 선호를 기반으로 선호 식품을 추천해주는 서비스인 비어비와이는 지역과 밀접한 연결을 통해 크라우드 펀딩으로만 200만 달러를 모았다고 했다. 이를 통해 제대로 지역의 유대감을 살릴 수 있으면 사회적으로도 경제적으로도 큰 힘이 될 수 있으리라 생각했다. 그리고 지역 주민 간의 봉사활동 중개 시스템인 벤헬펜을 통해서는 지역 주민 간 자신의 능력을 나눌 수 있는 커뮤니티의 가능성을 엿볼 수 있었다. 셰어엔엘은 이 사업에 대해 상당히 많은 사람이 자원한다고 말하면서 사람들은 돕고 싶지만 어떻게 도울 줄 모르는 것일 뿐이라고 말했다. 결국, 지역 화폐는 지역이라는 공동체를 살리기 위한 것이다. 따라서 공동체 내에 이런 공유 문화를 잘 녹인다면 좀 더 효과적인 지역 화폐를 만들 수 있을 것이라 생각했다. 공유 문화를 지역 화폐와 융합시켜가는 유럽의 사례를 보며 지역공동체를 살리는 힌트를 얻을 수 있었다.

영국에는 공항이 정말, 정말로 많다!

유럽을 이동하면서 우리는 비행기를 많이 탔다. 탐방 중 비행기 탑승 관련해서는 문제가 없었는데 영국에서 크게 터졌다. 영국에서 아일랜드로 비행기를 타고 넘어갈 예정이었는데 사우스엔드(Southend)와 스탠스테드(Stansted)를 혼동하고 말았다. 이동하는 동안 꿀잠을 자고 잘못된 목적지에 도착했을 때 우린 전혀 문제를 인지하지 못했다. 탑승을 위해 전자 안내판을 확인하고 나서야 사태의 심각성을 파악했다. 엎친 데 덮친 격으로 다시 이동하던 중 팀원 한 명이 긴장한 나머지 비행기를 다른 날짜로 예약해버리고 말았다. 진정한 비극은 저가 항공의 경우 환급이 안 되는 일이 상당하다는 점이었다. 우리는 다른 비행기를 타기 위해 개트윅 공항으로 넘어갔고, 추가 지출 역시 상당했다. 이 사건이 터지면서 팀원들끼리 잠시 불화가 생기기도 했지만, 결국 화해를 하고 호텔에서 한식 파티를 열었다. 라면, 카레, 장조림, 햇반을 먹고 그날의 피로와 아쉬움을 훌훌 털어버렸다. 이날 얻은 교훈은 '영국에는 이름이 비슷한 공항이 있을 수 있으니 정확히 확인하자!'였다. 영국 여행을 계획하시는 분들은 꼭 참고하시길!

암스테르담에서 셰어엔엘까지 우리의 교통수단이었던 자전거와 함께. 자 그럼 출발해볼까?

"꼼꼼함과 논리가 우선이지, 논리왕"

주제 선정, 탐방 기획, 보고서 디자인 및 작성의 과정은 힘들었지만 소중한 경험이었습니다. 탐방 중에 예상치 못한 일도 많았지만 모든 경험이 추억이 됐습니다. 다양한 국가에서 저마다의 이유로 열정을 가진 사람들을 만나는 것은 꼭 다시 해보고 싶은 경험입니다!

팀원 1. **김동하**

"아이디어 백 점, 디자인 만 점 리더"

시민들과 대면하고, 현장에서 다양한 경험을 축적해온 전문가들과 우리의 꿈에 관해 이야기를 나누는 것! 지금껏 꿈꿔 왔던 상상이 현실이 될지도 모른다는 기대감이 열정을 불태우고 가슴을 설레게 했습니다. 유럽이라는 대륙을 누비며 느꼈던 에너지와 감동은 앞으로도 잔잔하게 남아 제 바탕을 이룰 것이라 믿습니다.

팀원 2. **김민지**

"괜찮아 다 잘 될 거야, 긍정왕"

유럽은 정말 자주 갔습니다. 어려서부터 지금까지 총 7번 정도 갔던 것 같습니다. 그런데 정말로 신기하게도 매번 갈 때마다 정말 항상 새로웠던 것 같습니다. 이번 탐방을 통해 기존에 방문해보지 못한 아일랜드, 스웨덴을 방문해봐서 좋은 경험이었고, 파리, 런던은 항상 좋았던 기억에 또 다른 새로움을 느낄 수 있어서 흥미로웠습니다.

팀원 3. **김시준**

"다양한 자료는 나에게 맡겨, 애널리스트"

스물한 살의 제게 가장 큰 기억으로 남을 LG글로벌챌린저! 도전이 도전을 낳고, 끝내 조금씩 성취하는 과정을 거치면서 참 즐거웠습니다. 힘들고 어려운 순간도 있었지만, 팀원들과 함께 답을 찾아나가며 한 단계 성장한 것 같습니다. 8개월의 시간 동안 프로젝트의 내용 이상으로, 삶에 대한 배움을 얻었습니다. 감사합니다!

팀원 4. **윤라경**

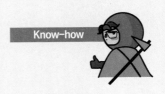

역할 분담을 위한 꿀팁

1. 4번째 팀원 규칙

〈월드워Z〉라는 영화를 봤다면, 이스라엘이 왜 어떻게 다른 국가나 도시와 달리 좀비에 대응할 수 있었는지 알 것이다. 바로 '10th Man Rule'이라는 작전 덕분이다. 작전에 의하면 아홉 명이 같은 방향을 보고 있을 때도 나머지 한 명은 그렇지 않은 상황을 염두에 두고, 다른 시각으로 바라보는 의무를 갖는다. 만약 팀으로 LG글로벌챌린저를 준비하거나 프로젝트를 진행하고 있다면, 이 작전이 무척 효과적이다. 일명 '4번째 팀원 규칙(4th Man Rule).' 이 규칙을 따르면 사고에 대비할 수 있는 것은 덤이고 준비를 무척 철저히 할 수 있다. 또한, 보고서를 작성하는 과정에서도 다른 구성원과 다른 시각에서 바라보며 프로젝트의 확장 가능성을 짚어주거나 한계점을 보완할 수 있다. 물론 팀이 회의하는 내내 계속해서 한 명이 소신 있게 자기 생각을 표현하기는 어렵다고 생각한다. 그래서 회의를 하거나 여행을 가기 전에, 한 명을 선정해 이런 의무를 지게 하면 더 성숙하고 준비된 자세로 임무를 완수할 수 있다.

2. 한 명은 트렌디한 친구가 필요하다

만약 SNS, 카드 뉴스 편집, 동영상 편집을 한 번도 해본 적이 없다면 LG글로벌챌린저 활동을 하면서 크고 작은 고난을 겪을 수 있다. 국내 사전 연수 기간에 동영상을 편집하는 과제를 시작으로, 보고서 및 계획서를 디자인하고 이후에는 동영상과 카드 뉴스도 만들어야 하기 때문이다. 그 때문에 이런 일에 능통한 친구가 한 명 이상은 필요하다. 우리 팀은 팀장의 노력과 더불어 하나씩 배워가며 해결했다. 만약 LG글로벌챌린저 활동을 할 때 이런 점을 고려하지 않고 팀을 결성하면 난감한 상황에 봉착할 수 있다. 물론 한 팀원이 전부를 할 수는 없지만, 그 친구가 프로그램을 다루는 법을 대강 알려주는 것만으로도 큰 힘이 된다. 따라서 한 명은 사진도 잘 찍고, 디자인도 잘하는 트렌디한 친구를 섭외하도록 하자!

IT 농업 벤처로
청년을 유혹하다

팀명(학교) 청년유혹커 (숙명여자대학교)
팀원 강우정, 구희정, 오새봄, 이효민
기간 2018년 7월 30일~2018년 8월 12일
장소 프랑스, 네덜란드, 독일
파리 (에꼴 42 École 42)
파리 (아그로 파리 테크 대학교 Agro Paris Tech University)
파리 (보르도 와인 공장 Castle of Rouillac)
바헤닝언 (바헤닝언 대학교 유알 Wageningen University & Research)
덴하흐 (스타트업 델타 Start Up Delta)
덴하흐 (더 뉴 팜스 The New Farms)
베를린 (연방 공민 교육국 BPB, Bundeszentrale für Politische Bildung)
괴팅겐 (괴팅겐 대학교 University of Göttingen)

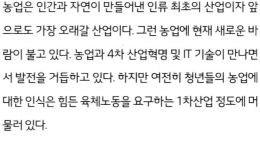

농업은 인간과 자연이 만들어낸 인류 최초의 산업이자 앞으로도 가장 오래갈 산업이다. 그런 농업에 현재 새로운 바람이 불고 있다. 농업과 4차 산업혁명 및 IT 기술이 만나면서 발전을 거듭하고 있다. 하지만 여전히 청년들의 농업에 대한 인식은 힘든 육체노동을 요구하는 1차산업 정도에 머물러 있다.

2017년 통계청이 발표한 자료에 따르면 한국 농촌 경영주의 평균 연령은 67세로, 전 세계적으로도 가장 심각한 초고령화 상태다. 세대 단절을 막지 못하면 2050년경에는 식량 부족 문제가 대두할 수도 있다는 것이 한국 농촌 경제 연구원과 전문가들의 예측이다.

농촌의 초고령화 추세를 막기 위해서는 최소 매년 1,500명 이상의 청년들이 농촌으로 유입되는 것이 필요한데, 우리는 이를 위해 청년들이 가장 관심 있어 하는 직군인 IT 기술이 농업에 접목된, 'IT 농업 벤처'가 활성화돼야 한다고 생각했다. 국내 탐방을 통해 무엇보다 청년들의 인식, 조언, 네트워크의 개선이 필요함을 깨달았고, 개선 방향을 찾아보고자 유럽의 선진 농업국가로 탐방을 떠났다. 우리는 이곳에서 배운 내용을 바탕으로 청년들이 미래 농업에 주도적으로 참가할 수 있는 IT 농업 벤처 활성화 방안을 제시하고자 한다.

멋진 탐방이 되길 바라며 프랑스 파리의 루브르 박물관 탐방 후 남긴 인생 샷

프랑스는 화려한 빌딩과 많은 관광객으로 북적대는 나라일 줄만 알았다. 그러나 관광지가 아닌 탐방 기관을 찾아 거리 사이사이로 들어가 보니 소소하고 포근한 느낌을 받을 수 있었다. 우리가 탐방을 떠났던 8월 초 한국은 연일 35℃ 이상을 기록하는 더운 날씨였는데, 반대로 파리는 쾌적하고 시원한 날씨였다. 우리는 기분 좋게 첫 탐방을 시작할 수 있었다.

에꼴 42(École 42)는 프랑스 파리에 있는 청년 대상의 IT 전문학교이자 창업보육기관으로, IT 전문 인재 양성 교육프로그램과 그 성과로 유명하다. 이곳은 학비가 없는 대신, 입학시험이 다른 일반 학교와는 확연히 다르다. '라 피신(La Piscine)', 즉 수영장이라는 의미를 가진 이 입학시험은 한 달 동안 학교에서 숙식하며 진행된다. 정해진 답이 없는 과제들이 끊임없이 출제되며, 학생들은 서로 멘티, 멘토가 되는 P2P(Peer to Peer) 형식을 통해 아이디어를 얻고, 문제를 해결

좌) 프랑스 파리 에꼴 42의 졸업생이자 현재 학교에서 멘토링을 담당하는 샤를과 함께
우) 에꼴 42의 교내 수업을 참관 중인 희정, 새봄, 우정이의 호기심 넘치는 뒷모습

해야 한다. 과제와 마찬가지로 평가 역시 P2P 방식으로 이루어진다. 입학 후보생들은 상대 후보생들의 평가자 역할까지 동시에 맡게 되는 것이다. 이런 과정을 거쳐 입학한 학생들은 교재, 학비, 강사 없는 이곳만의 특별한 교육과정을 거쳐 글로벌 IT 인재로 거듭나고 있다. 우리는 에꼴 42의 P2P 교육 방식이 학생들에게 어떤 효과가 있는지 알아보고자 이곳을 방문했다.

우리와 인터뷰를 진행했던 샤를 모블랑(Charles Maublanc) 씨는 에꼴 42의 졸업생이었다. 그는 에꼴 42의 교육과정을 이수한 후, 현재 창업을 준비하고 있었다. 학교에서 학생들 관리 관련 업무도 담당하고 있는 그는 우리에게 직접 에꼴 42의 회의실, 식당, 화장실, 사무실 등을 보여주며 학교가 학생들이 학습과 창업에만 집중할 수 있는 환경을 제공하고 있다고 설명해줬다. 또 컴퓨터로 창업 프로그램을 시연해주며 어떻게 P2P 교육 방식이 이루어지는지, 어떻게 학생들이 졸업 요건을 충족시키고 관련 포인트를 얻는지도 친절히 알려줬다. 우리가 알고 있는 일반 학교와는 정반대의 모습을 가진 에꼴 42를 둘러보며, 그들의 창의적인 교육 방법과 효율적 교육 환경 구성에 대해 알아볼 수 있었다.

이곳에는 학생들이 창업 아이디어를 발전시키는 과정에서 어려움에 부딪혔을 때 이를 해결해줄 선생님이 없다. 서로가 선생이 돼 함께 문제를 해결하는 시스템이다. 학교는 학생들이 자유롭게 토론하고 고민해볼 수 있도록 최적의 환경과 프로그램, 정책을 지원해주는 역할을 맡고 있었다. 서로 다른 분야의 지식을 갖춘 학생들이 모여 브레인스토밍을 통해 아이디어를 발전시켜 나가는 P2P 시스템은 IT 농업 벤처를 준비하는 청년들에게도 꼭 필요한 방식이라고 생각됐다.

네덜란드 바헤닝언 대학교의 교내 탐방과 인터뷰를 도와주신 최선태 연구원님과 함께

⚑ 지역사회와의 농업 네트워크가 발달한 나라, 네덜란드

네덜란드 암스테르담에 도착했을 때 우리는 특이한 점을 발견할 수 있었다. 그 것은 바로 언제 어디서든 볼 수 있는 자전거였다. 자전거 전용도로가 거의 전 지 역에 발달해 있을 정도로 자전거를 애용하는 문화를 발견하고 이곳의 사람들이 얼마나 환경에 신경을 쓰는지 느낄 수 있었다.

네덜란드는 세계 농산품 수출 2위 국가로, 농업이 활발히 이루어지며 농업에 대한 청년들의 애정 또한 깊은 국가다. 농업에 대한 긍정적 인식으로 인해 많은 청년이 농업에 종사하고 있는 나라이기도 하다.

우리가 방문한 바헤닝언 지역은 농업 특화 지역으로, 세계적으로 유명한 바헤닝언 대학교 유알(Wageningen University & Research)이 있는 곳이었다. 우리는 네덜란드 사람들이 농생산품에 자부심을 느끼는 근거를 탐구하고 대학이 판매처 및 기업체와 어떻게 연결돼 있는지를 배우기 위해 바헤닝언 대학교에 방문했다.

바헤닝언 대학교의 농업교육은 한국의 대학들과 달랐다. 학생들은 궁금한 것을 질문하며 수업을 꾸려나가고 있었고, 실험과 아이디어 개발이 주를 이루는 방식이었다. 우리가 만난 최선태 연구원님께서는 이런 교육이 독립심을 키워주기 때문에 학생들이 창업할 때에도 도움이 된다고 말씀하셨다.

바헤닝언 대학교가 위치한 바헤닝언에는 연구소와 기업들이 몰려있어, 지역 특성상 소비자 시장의 판로 개척이 수월하다는 장점이 있었다. 학교에서는 열심히 준비해온 학생들이 투자를 쉽게 받을 수 있도록 투자자들과 학생들을 연결해주는 '스핀오프'를 열어주고 있었다. 각국의 투자자들이 모인 자리에서 학생들은 사업계획을 발표하고, 기업은 학생에게 투자하는 방식의 연례행사였다.

최선태 연구원님께서는 자택으로 우리를 초대해 조교님과 함께 바헤닝언 대학교의 교육 방식 및 네트워크 개발 방안에 대해 더욱 자세히 알려주셨다. 또한, 기차역까지 직접 우리를 마중 나오고 바래다주기도 하셨다. 타지에서 따뜻한 한국인의 온정에 감동을 느낄 수 있던 순간이었다.

우리는 바헤닝언 대학교를 탐방하는 동안 농업 벤처 활성화 방안에 대한 새로운 시각과 정보들을 접할 수 있었고, 한국 농촌의 문제를 해결하는 데 한 발짝 가까워진 느낌도 들었다. 인터뷰를 마치고 암스테르담으로 돌아오는 길에 우리는 '미래에 누군가에게 친절을 베풀고 도움을 주는 전문가가 돼야겠다'고 이야기를 나누었다.

청년유혹커 평생 단 한 번뿐일 인터뷰이가 되어주신 독일 베를린 연방 공민 교육국의 울리 교수님과 부르크하드 독일
농림부 장관님

🚩 유럽에서 가장 많은 청년 농부를 가진 나라, 독일

독일은 유럽에서 가장 많은 청년 농부가 있는 국가다. 독일 사람들은 어렸을 때
부터 기본적으로 농업에 대한 교육을 철저히 받는데, 특히 안전한 먹거리가 얼
마나 중요한지, 어떻게 해야 좋은 음식을 먹을 수 있는지를 다양한 방법으로 배
운다. 우리는 독일에서 농업에 대한 인식이 좋은 이유와 그와 관련된 교육이 어
떻게 이루어지고 있는지를 알아보기 위해 연방 공민 교육국(BPB, Bundeszentrale
für Politische Bildung)에 방문했다.

독일의 여름 햇볕은 무척 따가웠다. 우리는 더위를 식힐 틈도 없이 독일에 도
착하자마자 긴장되는 마음으로 인터뷰 장소에 달려갔다. 우리는 그곳에서 독일
주재 EU의 농업 분야 전문가인 울리 브뤼크너(Uli Brückner) 교수님과 부르크하
드 슈미드(Brukhard Shemied) 독일 농림부 장관님을 만났다. 우리 탐방의 마지막
인터뷰였다. 살면서 다시 만나기 어려운 분들이라는 생각이 들어서 그런지
설렘과 긴장이 뒤섞여 떨리는 마음이었다.

유럽 탐방의 마지막 인터뷰를 마치고 숙소로 돌아가는 길. 베를린 성당 앞에서 아쉬움을 달래며

　도착하니 1층에서부터 울리 교수님과 부르크하드 장관님께서 우리를 반갑게 맞아주셨다. 건물을 탐방하던 중 우리는 한국인들을 만났는데, LG글로벌챌린저 24기라고 소개하자 그중 한 분이 본인의 조카가 LG글로벌챌린저였다고 반가워해주셨다. 낯선 타지에서 LG글로벌챌린저 선배의 이모님을 만나는 특별한 경험이었다.

　우리는 울리 교수님과 부르크하드 장관님에게 독일에서 어떻게 농업교육이 진행되고 있는지, 농업을 되살리기 위한 어떤 노력들이 진행되고 있는지 세세하게 들을 수 있었다. 독일은 유럽연합의 공동 농업 정책(CAP, Common Agriculture Policy)*을 활용해 청년 농업을 장려하고 있는데, 청년들에게 부지 제공 및 보조금 수혜의 우선권을 부여하고, 스마트 농업 기술을 우선으로 교육하는 등의 각

*공동 농업 정책　유럽연합의 농산물 가격지지 및 보조 제도. 최소 가격 보장, 유럽연합 밖의 특정 물품에 대한 수입세 등을 포함한 사안에 대하여 가격 보조 계획을 수립하고, 곡물과 경작지에 직접 보조금을 제공함. 이 제도의 목적은 농가에 적절한 생활수준 제공, 소비자에게 적절한 가격으로 품질 좋은 식품 제공, 그리고 농업의 문화유산 보호하기 위함이다

종 정책과 교육을 진행하고 있다는 사실을 알게 됐다.

모국어가 아닌 영어로 대화하는 것은 익숙하지 않았다. 게다가 울리 교수님께서는 고급 영어와 긴 문장을 구사하셨기에 더욱 이해가 어려웠다. 하지만 같은 관심과 고민이 있어서인지 2시간의 인터뷰는 수월하게 진행됐다. 우리는 타지에서도 우리와 같은 고민을 하며 농업 개선을 위해 지원해주는 분들이 있다는 것에 크게 감동했다. 전 세계 모두가 함께 노력하면 위기에 처한 농업 문제를 해결할 수 있다는 자신감을 얻게 됐다.

인터뷰를 마친 후, 우리는 LG글로벌챌린저로서 해외에서 마지막 인터뷰를 끝낸 것에 대한 아쉬움과 후련함을 함께 느끼며 독일 시내 거리를 거닐었다. 저녁에는 독일식 족발인 '학센'이 유명한 음식점에 가서 마지막 인터뷰를 기념하며 풍족한 식사를 했다. 족발의 껍질은 바삭바삭하고 속은 더없이 부드러워서 우리는 그 맛을 음미했다. 독일에서의 첫 식사도, 마지막 인터뷰도 성공적이었다.

부르크하드 슈미드

BPB(Bundeszentrale fur Politische Bildung) /
Minister of Food and Agriculture

Q 한국과 달리 독일 자녀는 부모님이 농부면 그 업을 대부분 이어받는다고 들었습니다. 그 이유가 무엇이라고 생각하시나요?

A 아무래도 사회적 태도와 인식의 차이인 것 같습니다. 독일의 농부들은 엄청난 자부심을 가지고 있습니다. 독일은 파밍 소사이어티(Farming Society), 즉 농부들만의 커뮤니티가 굉장히 강하고 영향력이 상당합니다. 그래서 농부들은 여기에 속해 있다는 사실만으로도 큰 자부심을 느끼죠. 파밍 소사이어티는 어린 학생들에게 농업의 긍정적인 면을 교육하기 위해 학교 내에서, 그리고 사회적으로 다양한 일을 합니다. 이러한 환경에서 자라난 농부의 자녀들은 농가를 상속받는 것을 자랑스럽게 생각하고, 고민할 필요 없는 당연한 선택이라고 여기죠.

앞에서도 언급했듯이, 독일 사람들은 농업의 중요성을 매우 어렸을 때부터 학교에서 교육받습니다. 독일에서 농부들은 나라의 미래라고도 여겨집니다. 이런 사회적 태도와 인식으로 인해 한국과는 다른 상황이 펼쳐지는 것 같습니다.

Q 독일에는 청년 농부만을 위한 특별한 정책이나 지원이 있나요?

A 땅을 원하는 농부가 많으면 나이가 제일 어린 농부에게 우선권을 주는 정책을 시행하고 있습니다. 젊은 농부들은 독일의 비싼 땅을 구하기 어렵기 때문입니다. 농지가 없어 농업을 시작하지 못하는 일을 막기 위해 이러한 정책을 시행하고 있습니다.

또 유럽연합에는 청년들을 지원하는 보조금이 많습니다. 예를 들어, 유럽연합은 현재 유럽의 젊은 농부들에게 추가로 직불금을 지급하고 있습니다.

친절함과 아름다운 풍경이 인상 깊었던 프랑스 포도농장 앞에서

탐방을 통해 하나가 된 우리

인터뷰 가기 전엔 늘 긴장이 됐다. 우리가 하는 질문이 그분들의 기대치와 수준에 적합한 질문인지 수 없이 체크하고, 전날 잠자리에 들기 전까지도 더 나은 질문을 고민하곤 했다. 그러나 막상 인터뷰에 가면 우리의 걱정과는 달리 모든 분이 늘 따뜻하고 친절하게 맞이해줘서, 팀원 모두 낯선 유럽에서 감사함을 느꼈다.

유럽에서의 인터뷰 일정이 힘들 때도 있었다. 인터뷰가 아침 일찍 있는 날이면 새벽에 졸린 눈을 비비며 일어나야 했고, 낯선 유럽 땅에서 무작정 기차를 타고 멀리 떨어진 인터뷰 장소를 찾아 나서야 할 때도 잦았다. 혼자라면 절대 할 수 없었을 것 같던 일들을 팀원과 함께라서 이루어낼 수 있었다. 탐방을 통해 함께 같은 주제를 고민하며, 우리는 하나가 될 수 있었다.

EPISODE

네덜란드에서 노숙할 뻔하다

프랑스에서 다음 국가인 네덜란드로 넘어가기 위해 공항에서 쉬던 중, 우리는 네덜란드 숙소 주인으로부터 청천벽력 같은 소리를 듣게 됐다. 바로 네덜란드 숙소에서 우리가 머무를 수 없다는 것이었다. 갑자기 네덜란드에서 노숙해야 하는 상황에 모두가 안절부절못하고 있을 때, 집주인이 다행히도 암스테르담의 아들 집에서 머무를 수 있게 해준다고 연락을 줬다. 바뀐 숙소에 도착해보니 우리가 지급한 가격만큼 좋진 않았지만, 다음 해외 인터뷰 일정을 소화하자면 다른 선택지가 없었다. 무거운 짐과 함께 노숙할 뻔했던 그때를 떠올리면, 아직도 아찔하다.

네덜란드 덴하흐 중앙역과 암스테르담의 더 뉴 팜스를 배경으로 찰칵! 무사히 숙소를 바꾼 덕분에 가뿐하게 네덜란드 탐방을 다닐 수 있었다

"보고서의 문제점을 짚어낸다, 핵심 분석가!"

제게 LG글로벌챌린저와 함께한 2018년은 도전으로 가득 찬 해였습니다. 팀원들과 여러 날을 지새우며 고민하고 도전했던 것은 인생에서 잊지 못할 경험이었습니다. 함께 멋진 추억을 만들어준 팀원들과 LG글로벌챌린저 24기 모두에게 감사드립니다!

팀원 1. **강우정**

"철저한 준비성! 예의 바른 해외 마스터"

해외 탐방을 가고 싶어서 무작정 동아리 친구들을 모아서 시작하게 된 LG글로벌챌린저였습니다. 주제 선정부터 최종 합격, 그리고 해외 탐방과 보고서에 이르기까지 정말 많은 산을 넘어온 것 같습니다. 그 과정에서 많이 성장할 수 있었습니다. 감사합니다.

팀원 2. **구희정**

"팀원들의 능력을 읽고 리드한다, 똑똑한 리더!"

LG글로벌챌린저는 도전을 두려워하던 제게 도전의 가치를 알려줬습니다. 혼자였다면 생각도 못 했을 도전을 이끌어내준, 먼 타지에서도 리더의 말에 잘 따라준, 힘든 보고서 일정을 함께 극복해준 팀원들에게 감사합니다!

팀원 3. **오새봄**

"보고서의 흐름을 잃지 않는다, 논리왕!"

탐방을 거의 마무리하고 있는 시점에서 뒤를 돌아보니, 10개월간 열정을 불태웠던 우리가 정말 행복했구나 하는 생각이 듭니다. 함께 청춘을 아끼지 않고 불태워준 우리 팀원들에게 정말 고맙다고 말하고 싶습니다.

팀원 4. **이효민**

다양한 방식을 시도하라

1. 섭외는 효율적으로 빨리하자!

해외 기관 섭외는 탐방을 떠나기 전까지도 문제였다. 우리 팀의 섭외 담당자는 페이스북, 전화, 이메일까지 모든 방면으로 섭외를 시도했다. 섭외하면서 우리가 느낀 점은, 원하는 기관의 부서 담당자를 찾아내 개인 번호로 연락하는 것이 가장 빠르고, 기관의 SNS 계정으로 메시지를 보내는 방법도 좋다는 것이었다. 메일로는 답장이 없던 곳도 SNS 계정으로는 하루 만에 답이 와서 섭외가 성사된 곳들이 많았다. 섭외는 얼마나 많은 수단과 방법으로 시도하는지, 그리고 얼마나 끈기 있게 하는지가 중요하다. 여기서 한 가지 잊지 말아야 할 점은, 아무리 급하더라도 무례하지 않게 연락해야 한다는 것이다.

2. 힘들 때는 장소를 바꿔보라!

LG글로벌챌린저로 활동하면 오랜 시간을 팀원들과 함께 보내야 하는데, 이때 함께 작업할 장소를 잘 선정하는 것이 중요하다. 우리 팀은 자취하는 팀원들 덕분에 비교적 장소에 대한 고민이 적었지만, 계획서부터 각종 콘텐츠 제작까지 모든 일을 계속 자취방이라는 한 장소에서 하다 보니 일의 효율이 점점 떨어지는 것을 느끼게 됐다. 우리는 고민 끝에 장소를 바꿔보자는 아이디어를 냈다. 우리에게 필요한 곳은 의자가 편하고, 컴퓨터가 잘 되고, 식사와 시간 제약이 없는 장소였는데, 고민 끝에 선택한 최적의 장소는 바로 피시방이었다. 장소 변화가 얼마나 일하는 것에 도움이 될까 싶었지만 바꿔보니 기분 전환을 위해서라도 한 번씩 장소를 바꾸는 것이 중요하다는 것을 알게 됐다. 이 자리를 빌려 밤낮 가리지 않고 친절하게 맛있는 식사를 제공해준 피시방 직원분들에게 감사를 전하고 싶다.

PART

6

대한민국에서 찾은
글로벌 가치

세계로 뻗어 나가는
한국영화의 매력 탐구

팀명(학교) Action! (고려대학교)
팀원 친기즈 (카자흐스탄), 텔문 (몽골), 리나 (러시아), 휘펑 (중국)
기간 2018년 8월 6일~2018년 8월 16일
장소 대한민국
부산 (부산 국제영화제, 부산 국제 단편영화제, 영화 진흥 위원회, 부산 영상 위원회)
부천 (부천 국제 판타스틱 영화제)
제천 (제천 국제 음악 영화제)
남양주 (남양주 종합촬영소)
군포 (미디어 경청 남부 제작 센터)
서울 (미장센 단편영화제, 한국 영화 박물관)

우리는 친구 아이가~ 부산에서 옛 교복을 입고 신난 Action! 팀

우리 팀원들은 모두 한국영화에 대해 많은 관심이 있었다. 어떤 팀원은 영화와 관련된 전공을 하고 있고, 어떤 팀원은 한국어 실력을 향상하기 위해 한국영화를 즐겨보고 있던 터라 우리는 자연스럽게 한국영화를 주제로 선정하게 됐다.

우리의 탐방 목적은 크게 두 가지다. 첫째는 세계의 많은 외국인에게 한국영화에 대한 자세한 정보를 전달하는 것이고, 둘째는 한국영화가 전 세계에 더 많이 알려지게 하는 것이다. 따라서 탐방을 시작하기 전에 해외 영화인들과 인터뷰를 진행했고, 외국인들이 한국영화에 대해 궁금해하는 점을 중점적으로 알아볼 수 있는 탐방 일정을 세웠다. 우리는 영화계 전문가들과 만나 국내에서 개최되고 있는 영화제들의 시스템을 알아보고, 한국영화의 역사와 영화산업의 특징, 그리고 현재 영화산업의 트렌드와 발전 방향에 대해 알아보기로 했다.

⬛ 한국영화의 발전을 위해 힘쓰는 영화 진흥 위원회 친기즈 | 카자흐스탄

영화 진흥 위원회는 영화 발전 기금 조성 및 운영을 통해 한국의 영화산업 진흥을 위한 다양한 사업을 전개하는 곳이다. 영화 기획부터 제작은 물론, 작품을 해외에 홍보하고 수출하는 사업도 맡고 있어서 우리는 영진위와의 인터뷰에 기대가 높았다. 특히 영진위가 한국영화를 세계로 수출하기 위해 어떤 노력을 하는지 알아보고 싶었다.

영진위가 큰 기관이다 보니 인터뷰를 요청하는 것부터 어려움이 있었지만 결과적으로 인터뷰는 성공적으로 진행됐고, 우리는 필요한 정보를 모두 얻을 수

부산 국제영화제 개최 장소에서 한국영화로 힐링하는 우리

있었다. 기획 조정 본부의 김경만 선생님께서는 우리의 많은 질문에 친절하게 답해주셨다. 우리는 인터뷰를 통해 하나의 영화가 기획부터 제작에 이르기까지, 그리고 극장개봉 후 해외 영화제에 나가 홍보를 통해 판매되기까지의 전 과정에 대해 자세히 배울 수 있었다.

Комитет по продвижению корейского кино является поддерживаемой государством, самоуправляемой организацией при Министерстве культуры, спорта и туризма Республики Корея. Данный орган оказывает помощь в процессе написания сценария в картине, его дальнейшего показа на больших экранах страны, его продаж в другие страны и продвижения на международных кинофестивалях. Помимо этого комитет внедряется в развитие глобальных связей, коих результатом должно стать производство корейского кино на международном уровне. По перечисленным выше причинам и многим другим, мы с нетерпением ожидали встречи с работниками данного комитета.

На стадии планирования интервью с данным органом мы испытывали некие трудности, но к нашему счастью интервью состоялось с большим успехом и мы смогли получить всю интересующую нас информацию. Благодаря дружелюбным ответам господина Ким Кён Мана интервью прошло без каких-либо трудностей и мы провели интервью в приятной атмосфере. Что позволило нам узнать о том, как данный комитет работает в отношении планирования будущего кино, его последующего показа в кинотеатрах, а также узнали о продвижении кино на международных кинофестивалях и его методах продаж.

🚩 부산 국제영화제가 흥할 수밖에 없는 이유 텔문 | 몽골

한국의 영화산업 침체기 시절, 한국영화의 진흥을 위해 창설된 부산 국제영화제는 한국 영화산업뿐만 아니라 아시아 전반의 영화산업이 발전하는 데 큰 힘이 됐다고 볼 수 있다. 우리는 아시아 최대 규모의 국제영화제인 부산 국제영화제에 대해 자세히 알아볼 수 있다는 사실에 설렘과 두려움을 동시에 느꼈다. 인터뷰하는 동안 혹여 실수라도 할까 두려움도 있었지만, 남동철 프로그래머님과 만나 인터뷰하는 동안 두려움은 즐거움으로 바뀌었다. 프로그래머님과 만나기 전 프로그래머님에 관한 기사를 많이 읽어보았는데, 예상대로 올곧은 분이었다. 영화제가 힘들었던 시기에도 영화제의 가치를 지켜낸 훌륭한 분이라는 생각이 들었다. 우리는 인터뷰를 통해 영화 투자에 관련된 여러 정보를 얻을 수 있다. 현재 한국 영화제의 위치와 한국 영화산업의 단점, 그리고 더 나아가 한국 영화산업의 미래를 위한 유익한 이야기도 나눌 수 있었다.

Солонгос кино урлагживж байх үед Солонгоскино урлагын хөгж

лийнтөлөөбайгуулагдсанэнэхүү кино наадамнь Солонгос кино урл

агаарч зогсохгүй Ази —ийнкино урлагт маш томхувь нэмэр оруу

лсанбилээ. Тийм учир манайAction —баг Ази тивийн хамгийнтом

кино наадамболохБүсан Олон Улсын КиноНаадамтай уулзхаасдог

долж бас айсан. Цахимертөнцөөс л харж сонсоннүдэлсэн мэдлэг

мааньэнд ирээд зузаарахнь дээ гэсэндээ догдолжалдаж орхивол я

анагэсэндээ айдсыг мэдэрсэн. Гэвч Нам Дун Чол программер—та

й уулзаад программерындотно байдал биднийайдасыг алга болгож

баясгалан болгосон. Программертай уулзхаасөмнөбидсонин нийтл

элуншиж судласан бөгөөдпрограммер яг л уншсантайадил өөрийн

зөв гэжбодсон зүйлээхийдэгхүнбайсан. Кино наадамнь хүнд үеий

г давантуулах гэж зовж байхадпрограммер өөрийнамрыгбодолгүй

кино наадмынхааоршин тогтон буй голучир шалтгааныг хамгаалж

үлдхийг хичээсэн баатарлагхүнбайсан.Бид BIFF —ын барилгадото

р ороод ханан дахьбичгийг хараад нэгийгбодож ярилцлага авсны

дараа, мөн гарахдаач хүртэл олон зүйлийгмэдэжжавсанмашчухал ө

дөрбайсан. МанайAction багт хамгийн чухалбайсан мэдээлэл боло

хгадаад улс болон Солонгосулс хооронд болдогхамтын ажлын ту

хай,өөр олон төрлийн хөрөнгөоруулалтынтухаймэдэж авсан юм.

ТүүнчлэнСолонгоскино урлагийн байрсуурь, Солонгос киноурлаг

ын асуудал мөнСолонгос кино урлагийндэвшилтийн талааргэх мэ

т маш чухал мэдээллийголж авсан өдөрбайсан.

박명재

부산 국제 단편영화제 / 사무국장

Q 한국 영화산업과 외국 영화산업의 차이점이 무엇이라고 생각하십니까?

A 문화적인 차이에 따라 다를 것 같습니다. 한국의 영화 제작 산업은 상업적 기준을 많이 가진 편입니다. 다양한 감독들에게 제작에 대한 기회가 고루 주어지지 않는다는 문제점이 있죠. 제작사와 배급사, 그리고 상영관을 가지고 있는 대기업이 많다 보니 일반적으로 상업적인 영화를 상영하고, 스타성 있는 감독들에게만 투자합니다. 여기서 문제는, 이와 같은 점이 관객들이 선택할 수 있는 선택의 폭도 줄어들게 한다는 것입니다. 대중들은 예술적 가치보다 단순히 재미와 흥미 위주로 편중된 영화를 볼 수밖에 없습니다. 프랑스 같은 경우, 영화 제작자들이 문화의 다양성을 인정하고 보편적인 기준에서 다양한 영화를 제작하는 문화가 형성돼 있습니다. 결국 영화를 접하는 시민들도 다양한 선택지를 갖게 되죠. 그런 점에서 차이가 크다고 생각합니다.

Q 단편영화에 사회적 이슈가 들어가는 이유는 무엇인가요?

A 보편적으로 단편영화와 독립영화는 꼭 사회적 이슈를 가지고 있다는 오해가 많이 있습니다. 물론 사회적인 이슈와 문제점을 담고 있는 스토리도 있습니다. 하지만 대중들이 봤을 때 영화의 재미를 느낄 수 있는 영화도 많이 있습니다. 단편영화와 독립영화를 한 가지 시선으로 바라볼 필요성이 없다고 생각합니다. 주제가 다양하게 내포돼 있고, 사회적 이슈가 아니라 인간이 사는 모습과 사람의 삶에 관해 이야기하는 작품도 많이 있습니다.

판타스틱 장르의 네트워크 기관을 만나다 리나 | 러시아

부천 국제 판타스틱 영화제는 판타스틱 영화의 네트워크 기관 역할을 맡고 있다. 개인적으로도 장르영화에 관한 관심이 높아서 부천 국제 판타스틱 영화제에 궁금한 점이 많았는데, 인터뷰를 통해 해소할 수 있었다. 우리가 인터뷰했던 김영덕 님, 김봉석 님, 모은영 님, 그리고 남종석 님은 모두 영화산업에 경험이 많은 프로그래머분들이라 우리는 판타스틱 영화 장르와 한국 영화제에 대해 더 깊이 알아갈 수 있었다.

우리는 인터뷰를 통해 앞으로 한국영화의 미래가 어떻게 될 것인지 생각해보는 시간을 가졌는데, 한국 영화인들과 외국 영화인들이 공동으로 프로젝트를 진행하면 더욱 다양한 한국영화가 제작될 수 있을 것이라는 생각이 들었다.

부천 국제 판타스틱 영화제의 집행 위원장인 최용배 교수님은 한국영화의 특색을 살릴 수 있으면 한국 문화, 더 나아가 나라의 정체성까지도 살릴 수 있다고 말했다. 우리도 한국영화의 아름다움을 지키기 위해 노력해야겠다고 생각했다.

부산 국제 단편영화제의 인터뷰를 마치고 에코백을 선물로 받았다

Фантастические фильмы очень необычны, и так как у меня есть личный интерес к данному жанру фильмов, во время интервью было любопытно узнать об этой теме как можно больше. Мисс Ким Ендок и Мо Ынен, а также мистер Ким Бонсок и Нам Чонсок- все четверо респондентов имеют колоссальный опыт в киноиндустрии, поэтому благодаря ним мы смогли подробнее узнать о фантастическом жанре кино и корейских кинофестивалях в целом. Как сказала мисс Ким, Международный кинофестиваль в Пучоне играет роль площадки для нетворкинга режиссеров фильмов в жанре «фантастик», поэтому во время интервью у нас было время задуматься о будущем корейского кинематографа. Например, можно ли разнообразить качество корейских фильмов, если иностранные и корейские режиссеры буду создавать больше совместных проектов.

Я рада, что благодаря программе LG Global Challenger смогла узнать много нового о теме, которая мне интересна. Кроме того, профессор Чхве, с которым

군포 미디어 경청에서 어린 영화인들과 함께

한국 영화를 알아가는 좋은 시간이 된 한국 영화 박물관 방문

у нас также было интервью, признался, что одной из причин его вступления

на должность исполнительного директора было то, что он хотел защитить

уникальность и изюминку 'Фантастического кинофестиваля'. Благодаря

словам профессора, мы поняли, что нам предстоит тоже много стараться чтобы

сохранить очарование корейского кинематографа. Ведь через фильмы можно

сохранить культуру и самобытность страны.

산속에 숨겨진 촬영소, 남양주에서 신세계를 발견하다 휘펑|중국

남양주 종합촬영소의 탄생은 1980년대부터 실행된 스크린쿼터(Screen Quota)에서 출발했다. 스크린쿼터란 할리우드 영화로부터 한국의 영화산업을 보호하기 위해 극장에서 일정한 비율로 국내 영화를 상영하도록 하는 제도다. 그러나 이런 제도 하나만으로는 한국영화 산업을 보호할 수는 있어도, 근본적으로 '육성'

시킬 수는 없었다. 이에 한국 영화산업이 발전할 수 있도록 환경을 조성하고자 설립한 곳이 바로 남양주 종합촬영소다. 우리는 남양주 종합촬영소에 도착해 장광수 소장님과 인터뷰를 하며 이곳의 의미에 대해 더 깊이 알게 됐다.

소장님의 표현을 빌리면 남양주 종합촬영소는 한국영화 산업을 보호하는 '하드웨어'다. 그리고 이 하드웨어는 지금까지 이곳에서 촬영된 영화의 위상을 통해 그 진가를 알 수 있다.

인터뷰가 끝나고 우리는 판문점, 민속 마을, 전통 한옥의 순서대로 야외 세트장 체험 투어를 했다. 〈공동경비구역 JSA〉를 촬영한 판문점에서는 남북 정상이 만나는 악수 장면을 재현했고, 〈취화선〉을 촬영한 민속 마을에서는 19세기 말 종로 거리가 재현된 한옥을 구경했다. 서울과 경기도 지방의 전통 사대부 가옥이 즐비한 전통 한옥 세트장을 끝으로 남양주 종합촬영소의 탐방 일정이 마무리됐다. 한국의 최대 영화 촬영소에서 수많은 명작에 등장한 세트를 직접 체험해볼 수 있어서 신기하면서도 재미있는 탐방이었다.

우리가 방문했을 당시, 촬영소는 부산으로의 이전이 결정된 후 아쉽게도 일반인 관람이 종료된 상태였다. 향후 더 발전된 촬영소가 탄생하기를 기대해본다.

我们乘车前往位于山中的南杨州综合摄影所，进入摄影所我们看到了很多大摄影棚建筑。在这我们与Jang Gwang-soo所长进行了采访。

通过采访我们深刻了解了南杨州综合摄影所。南杨州综合摄影所因1980开始施行的screen quota制度而诞生。screen quota是当时为了在好莱坞电影的上映中保护本国电影产业，规定电影院上映一定比例的国内电影的制度。可是这种制度只能保护韩国电影产业，却不能从根本上培育产业。因为这个原因，为了营造能促进韩国电影产业的发展的环境，便打造了一个场所，这就是南杨州综合摄影所。借用所长的话来说，南杨州综合摄影所是保护韩国电影产业的硬件。至今为止在这拍摄的电影取得的成功来看，可以肯定南杨州综合摄影所充分发挥了硬件角色。所长还说摄影所现有50名工作人员，它作为韩国第一个被建造的摄影所开始面对大众开放。现在停止开放，3年后移址釜山。所长曾在很久以前担任过电影导演，现在做着行政管理工作，他的采访让我们感到十分专业。

结束采访后我们按照板门店摄影棚，民俗村摄影棚，传统韩屋车影棚的顺序进行了户外摄影棚体验游。在曾拍摄《共同警备区域JAS》的板门店摄影棚我们模仿了朝韩首脑见面时握手的场景拍了照片；参观了曾拍摄《醉画仙》，再现19世纪末钟路街道的民俗村摄影棚；最后在曾拍摄《云堂》，再现首尔和京畿道地方传统士大夫住房的传统韩屋摄影棚遇到了清洁大妈，向她讨了杯凉爽的水喝，还让她帮忙拍照，以此完成了南杨州综合摄影所的日程。我们感叹着环顾四周，了解了韩国最大摄影所的水准，能亲自看到无数名作中出现的摄影棚让我感到既神奇又有趣。板门店摄影棚让人感到朝鲜就在咫尺，韩屋摄影棚让人以为我们进行了一场穿越。通过本次访问，我终于知道在南杨州综合摄影所拍摄的电影中出现的场景为何栩栩如生了。

국제영화제 폐막식을 처음으로 방문한 우리

한국영화에 관한 탐방을 하며, 탐방 동안 꼭 한 번 영화제에 방문해보고 싶었다. 아쉽게도 그 기간에 열리는 국내 영화제가 많지 않았다. 그렇지만 운이 좋게 제천 국제 음악 영화제의 폐막식에 방문할 수 있었다. 폐막식 날인만큼 많은 관객이 모여 있었는데, 한국의 영화인들과 외국에서 온 영화인들이 함께 모여 폐막식의 마지막 프로그램을 즐기고 있었다. 우리도 함께 좋은 시간을 보낼 수 있었고, 인기 가수의 공연까지 볼 수 있었다. 음악영화를 중심으로 하는 영화제를 처음으로 방문해본 우리는 좋은 추억을 많이 만들 수 있었다.

제천국제음악영화제 폐막식

"능력있는 디자인 담당"

'팀워크'라는 것이 무엇인지 알게 됐고, 혼자가 아닌 팀으로 해내야 하는 활동인 만큼 배울 수 있었던 점도 많았습니다. LG글로벌챌린저를 하는 동안 주변에 도움이 필요한 사람이 있는지 항상 확인하고, 팀원들이 힘을 잃지 않도록 항상 응원해야 한다는 것을 알게 됐습니다. 그래야 팀이 한마음으로 오래 갈 수 있다는 것을 인생 수업으로 제 마음에 담았습니다.

팀원 1. **리나**

"함께하는 팀장"

그저 아는 학교 친구 사이였던 우리. 처음에 어색할 거라는 생각과 달리 즐거운 탐방을 할 수 있었고, 이제는 가족 같은 친구가 됐습니다. 서로의 성격에 맞게 일을 나누며 한 명이 아니라 다 함께 빛날 수 있도록 하다 보니, 모든 일에서 해결책을 찾는 능력을 키울 수 있었습니다. 이번에 얻은 지식을 활용해 앞으로 성공을 위해서 최선을 다하겠습니다!

팀원 2. **친기즈**

"매니저가 필요할 땐 매니저, 일꾼이 필요할 땐 일꾼"

처음에는 이 탐방으로 인해 성장할 저의 모습이 그려지지 않았습니다. 하지만 이제 와 돌이켜보니 LG글로벌챌린저를 통해 일을 시작하기 전보다 더 깊이 생각하게 됐고, 누군가와 일을 할 때 조심스러워졌으며, 상대를 배려하는 마음도 깊어진 것 같습니다. 이전에는 누군가 내 도움이 필요할 때 외면하는 순간도 있었지만, 이제는 어떤 순간에도 도움을 주고 싶은 사람이 됐습니다.

팀원 3. **텔문**

"사진과 함께, 카메라 조작하는 그대"

각자 다른 나라에서 온 우리가 같은 기회를 통해 모여서 하나의 팀이 됐습니다. 덕분에 LG글로벌챌린저는 제 인생에서 깊은 추억으로 남았습니다. 역할을 나눠 팀워크를 다지는 과정에서 의사소통의 중요성을 많이 깨달을 수 있었습니다. 지금까지는 나이로만 어른이었는데, LG글로벌챌린저를 통해 저의 내면에 잠들어 있던 진정한 어른과 만날 수 있었습니다.

팀원 4. **휘펑**

긍정과 인내의 열매는 달다!

1. 탐방하는 동안 갈등은 최대한 없도록 하자!

더운 날씨에 빡빡한 일정으로 탐방하다 보면 팀원들이 모두 지치기 때문에 가끔 갈등이 생길 수 있다. 그래서 우리는 상대방의 입장을 항상 고려해 서로 이해하고 배려하고자 노력했다. 생각보다 탐방 일정이 길어서 팀원들이 피곤해질 때 서로 응원해줘야 한다. "힘내!"라는 말을 해주면 더 재미있고 즐거운 탐방의 시간을 보낼 수 있다.

2. 인터뷰 대상자 섭외 시, 설득은 끝까지 해본다!

우리 팀의 경우, 대기업이나 큰 단체와 인터뷰를 할 때가 많았다. 그런 단체와의 인터뷰는 요청 단계부터 쉽지 않다. 만약 인터뷰 요청이 거절당할 경우, 포기하지 말고 다른 부서로 연락을 해보자. 끝까지 설득하면 닫혀있던 문이 열릴 수도 있다!

Green Tea
for Your Life!

팀명(학교) 한녹차 (연세대학교)
팀원 나타와라이 (태국), 린 (베트남), 멜리 (인도네시아), 하이하 (베트남)
기간 2018년 7월 16일~2018년 7월 26일
장소 대한민국

하동 (하동 야생차 박물관)   제주 (설록차 연구소)
하동 (매암차 박물관)   제주 (오설록 티 뮤지엄)
하동 (도심 다원)   제주 (다희연 공원)
하동 (쌍계 명차)
하동 (하동 녹차 연구소)
보성 (보성 녹차떡갈비 원조)
보성 (보성 대한 다원)
보성 (도심 다원)
보성 (골망태 펜션과 박물관)
보성 (보향 다원)

한여름 밤의 특별한 꿈을 안겨주었던 보성의 꽃밭에서

우리 팀은 한 달간의 토의 끝에 한국의 녹차 산업에 관한 연구를 준비하게 됐다. 팀원 전원이 녹차를 좋아하다 보니, 한국에서 녹차 산업이 잘되는 이유가 무엇인지 알고 싶었다. 한국의 녹차는 국내뿐만 아니라 외국에서 더 유명하다. 많은 외국인이 한국의 녹차는 물론, 녹차로 만든 식품과 화장품을 즐겁게 사용한다. 우리 팀은 한국의 녹차가 다른 나라의 녹차보다 더 인기 있는 이유를 알고 싶었다. 이 탐방을 통해 한국의 녹차 산업에 대한 정책은 물론, 한계점과 더불어 향후 나아가야 하는 방향까지도 파악할 수 있을 것으로 생각했다. 또 이번 탐방은 각 팀원의 나라에도 도움이 될 수 있을 것이다. 탐방 결과를 바탕으로 녹차 산업을 발전시키기 위한 제안을 정리해 각자의 나라에 돌아가 적용해볼 수 있지 않을까.

🚩 전통과 현대를 모두 아우르는 하동 녹차의 가치 멜리 | 인도네시아

우리 팀의 첫 탐방지는 하동 야생차 박물관이었다. 하동 야생차 박물관에서 교육을 담당하고 있는 김명애 선생님께서는 우리에게 하동의 유기농 녹차를 맛볼 기회를 주셨다. 우리는 한국 전통문화에 따른 녹차 음용법을 배울 수 있었다.

선생님으로부터 빠르게 변화하는 차 소비 스타일에 관한 설명도 들었다. 녹차가 다양한 부가가치 상품들로 발전해가고 있다는 것이다. 하지만, 녹차 본연의 맛을 선호하는 사람들의 명확한 취향이 여전히 존재하기 때문에, 전통적인 녹차 문화는 무너지지 않을 것이라는 내용이었다.

하동 야생차 박물관에서 우리는 우리와 같이 한복을 입고 전통차를 마시며

첫 번째 탐방 장소인 하동 야생차 박물관 앞에서

한국의 문화 체험을 하는 유럽 관광객 그룹을 만날 수 있었다. 이곳에 방문한 많은 관광객을 보며 한국 녹차의 인기를 다시 한 번 실감할 수 있었다.

Kunjunganpertama kami dalam ekspedisi ini adalah kunjungan ke Museum The Hadong. Kamidisambut oleh Ibu Myeong-Ae Kim selaku Penanggung Jawab Divisi Edukasi danKomunikasi. Kami diberikan kesempatan untuk mengikuti program kegiatan menyeduhdan meminum teh secara tradisional dimana kami dapat menikmati cita rasa khasteh organik dari Hadong. Selama proses kegiatan berlangsung, Ibu Kimmenjelaskan pendapat beliau mengenai pesatnya perkembangan industri teh diKorea. Beliau meyakini bahwa meskipun industri teh hijau di Korea telahberkembang pesat dengan diproduksinya beragam produk-produk teh hijau, sepertiminuman siap saji, coklat dan kosmetik, nilai tradisional dari budaya meminumteh tidak akan luntur mengingat masih banyaknya orang yang lebih memilih untukmenikmati cita rasa asli dari teh hijau. Melalui kesempatan tersebut, tanpadisengaja, kami juga bertemu dengan rombongan turis dari Eropa yang sedangmengunjungi museum untuk mengikuti program kegiatan serupa.

박상기

하동 녹차 연구소 / 책임 연구원

Q 녹차가 다른 카페인 함유 음료보다 좋은 이유는 무엇입니까?

A 익히 알려진 대로, 녹차에는 카페인 성분이 들어있습니다. 그뿐만 아니라, 녹차에서만 찾을 수 있는 아미노산도 함유돼 있지요. 녹차와 다른 카페인 함유 음료가 다른 점은 녹차의 카페인이 느리게 작용한다는 것입니다. 졸음에서 깨게 해줄 뿐 아니라 에너지를 느리게 충전해 주죠. 이것은 커피와는 완전히 다른 작용입니다. 커피의 카페인 성분은 즉각 작용하며, 때때로 기분을 좋게 만들어주기도 하고, 빨라진 심장박동을 경험하게 하기도 합니다. 반면 녹차는 일과 명상에 더 잘 집중할 수 있도록 돕습니다.

Q 녹차 식품, 녹차 화장품과 같은 한국의 녹차 상품들에 대해 어떻게 생각하시나요? 이것이 한국의 전통 차 문화에 미치는 영향이 있습니까?

A 화장품, 과자, 아이스크림 등과 같이 많은 녹차 제품들이 있지만, 음료로의 녹차 소비는 그렇게 높지 않습니다. 한국 사람들이 녹차를 많이 마셔왔다면 아마 이런 녹차 제품들은 생산되지 않았을 겁니다. 그렇다고 해서 녹차 제품들의 생산이 전통적인 녹차 문화를 파괴하는 것으로 간주하지 않습니다. 전통문화는 여전히 유지되고 있기 때문입니다. 앞으로도 녹차의 일반 소비를 확대하는 노력으로 보아져야 합니다.

417

보성 녹차떡갈비의 꿀맛 나타와라이 | 태국

녹차의 변신은 끝이 없다. 담백하게 맛있었던 녹차 피자

하동에서 보성으로 가는 첫 번째 기차를 타고 우리는 점심 즈음에 목적지에 도착했다. 점심을 먹기 위해 처음 방문한 곳은 녹차떡갈비로 소문난 '보성 녹차떡갈비 원조'라는 식당이었다. 이 식당에서 가장 유명한 메인 요리는 녹차가 들어가는 떡갈비다. 녹차는 돼지고기의 기름기와 더불어 냄새를 줄이기 위해 사용된다. 우리는 식당의 주인인 윤경옥 씨와의 인터뷰를 통해 녹차가 조리 과정뿐 아니라 요리에 사용되는 돼지고기의 사육 과정에도 포함된다는 것을 알게 됐다. 윤 씨는 녹차가 다양한 형태로 사용하기에 많은 이점이 있다고 강조했다. 우리는 윤 씨로부터 녹차 외에 보성에 대한 다양한 정보를 얻을 수 있었다.

ในการเดินทางไปสู่เมืองต่อไปในครั้งนี้พวกเราขึ้นรถไฟเที่ยวแรกจากฮาดงไปสู่เมืองโพซองโดย ถึงจุดหมายปลายทางในเวลาเที่ยงตรงดังนั้นจุดหมายแรกที่เราตัดสินใจไปก็คือร้านอาหาร Boseong Nokcha Tteok-galbi Wonjo ร้านอาหารแห่งนี้โด่งดังในด้านการทำเนื้อหมูส เด็กที่มีส่วนประกอบของชาเขียวในคราแรกนั้นเราไม่ได้คาดหวังการสัมภาษณ์ในร้านอาหารแห่งนี้ เนื่องจากทางร้านปฏิเสธระหว่างการติดต่อในช่วงก่อนเริ่มเดินทางจากโซลด้วยเหตุผลที่ว่าทางร้า นไม่สะดวกในเวลาอาหารกลางวันเพราะปริมาณแขกที่หนาแน่นแต่เมื่อเรามาถึงคุณยุนคยองอกเจ้า ของร้านได้ให้การต้อนรับเป็นอย่างดีพร้อมให้สัมภาษณ์ในสิ่งต่างๆที่เราอยากทราบจากการสัมภา ษณ์พบว่าที่มาของคำว่าชาเขียวในชื่อร้านแสะชื่ออาหารนั้นไม่ได้มาจากส่วนผสมเพียงอย่างเดียวเ ท่านั้นแต่ชาเขียวได้ถูกนำไปใช้ตั้งแต่ขั้นตอนการให้อาหารหมูที่ถูกนำมาใช้สำหรับการประกอบ อาหารรวมถึงการผสมชาเขียวลงไปในเนื้อหมักเช่นกันกรรมวิธีเหล่านี้ถูกนำมาใช้เนื่องจากชาเขีย

วมีสรรพคุณลดน้ำมันในเนื้อหมูแสลดกลิ่นคาวในการปรุงอาหารได้เป็นอย่างดีหลังจากช่วงเว
ลาอาหารกลางวันเนื่องจากเป็นวันแรกและครั้งแรกของสมาชิกทุกคนในเมืองโพซองเราไม่ทราบเล
ยว่าที่พักของเรานั้นอยู่บนยอดเขาจนคุณยุนเจ้าของร้านบอกแล้วได้ให้ความช่วยเหลือขับรถพาพว
กเราไปยังที่พักอย่างปลอดภัยในระหว่างทางเรายังได้พูดคุยกับคุณยุนเกี่ยวกับสิ่งต่างๆในโพซองเ
พิ่มขึ้นอีกด้วย

GC 섬에서 자라는 제주 녹차의 특징 린 & 하이하 | 베트남

우리가 제주도에서 가장 먼저 찾은 곳은 아모레퍼시픽이 세운 설록차 연구소였
다. 연구소의 이민석 책임 연구원님께서는 연구소의 활동뿐만 아니라 오설록 브
랜드의 역사와 발전에 관해서도 설명해주셨다. 우리는 제주도가 한국에서 제일
큰 차 생산지 세 곳 중 가장 늦게 개발됐지만, 아모레퍼시픽의 연구개발 노력과 더
불어 섬의 이상적인 환경 덕분에 아주 빠르게 성장 중이라는 것을 알 수 있었다.

한국 녹차 산업의 미래에 대한 연구원님의 의견을 묻자, 연구원님께서는 산
업이 계속해서 잘 성장할 것이라고 자신 있게 대답하셨다. 연구원님과의 인터
뷰가 끝난 후 우리는 잘 가꿔진 서광다원에 방문했고, 이니스프리 제주 하우스
에서 녹차로 만든 근사한 디저트를 먹었다. 아주 맛있었다!

Ngay sau khi đặtchân lên đảo Jeju, nhómchúng mìnhđã đến Trung tâmSulloccha, một
trung tâm nghiên cứuđược thành lậpbởi tập đoàn AmorePacific. Ở đócả nhóm được-
chào đón nồng nhiệtbởi tiếnsĩ Lee Minseok – trưởngnhóm nghiên cứutại trung tâm.
Chúngmình đãđược nghe mộtbài thuyết trìnhrất bổích vềlịch sửvà sự phát triểncủa
thươnghiệu Osulloc cũngnhư các hoạtđộng nghiên cứucủa Việntrên đảo Jeju. Thông
qua bài thuyếttrình củaTiến sĩ Lee, chúngmình đượcbiết rằng, mặcdù là thành viên

한국에서 제일 크고 제일 예쁜 녹차밭, 대한 다원

gia nhập muộnnhất trong sốba khu vực sảnxuất trà lớnnhất Hàn Quốc, Jeju lại là nơicó ngành công nghiệptrà xanh phát triểnnhanh nhất nhờmôi trường lýtưởng trên đảocũng nhưnhững nỗlực không ngừngnghỉ trong nghiên cứucủa tập đoàn Amore-Pacific. Khi được hỏivề tương lai củangành công nghiệp trà xanh Hàn Quốc,Tiến sĩ Lee khẳngđịnh vớisự tự tin rằngtương lai củangành này rất sánglạng và sẽtiếp tục pháttriển tốt. Sau khi rờiViện, chúngmình ghé thămkhu vườn trà Seogwang xinh đẹpvới hệ thốngtưới tiêu hoàn toàn tựđộng, rồicùng thưởng thứcnhững móntráng miệngngon lành làm từ trà xanh tạiInnisfree Jeju House. Ngon tuyệt vời!

깜짝 펜션지기가 된 사연

우리의 탐방에서, 보성은 제일 긴 시간을 보낸 도시였다. 우리는 몇몇 후기와 사진을 살펴본 후 녹차 농장과 도시의 유명한 관광 명소로 둘러싸여 있는 골망태 펜션 & 박물관을 숙소로 선정했다. 펜션의 주인은 우리가 보성에 머무는 내내 잘 보살펴줬다. 도시 안에 있는 모든 행선지에 우리와 동행해줬을 정도였다. 그런데 우리가 펜션에 머무는 마지막 밤에 그는 볼일이 있어 자리를 비우게 됐다. 그러던 중 우리는 갑작스럽게 막 펜션에 묵으러 온 프랑스 손님들을 만났다. 그는 바로 올 수가 없었고, 펜션의 모든 일은 우리 팀에게 남겨졌다. 그날 밤, 우리 팀은 저녁을 준비해 프랑스 여행객들과 함께 나눴다. 식사는 김치라면과 프라이드치킨으로 간단했지만, 이번 여행에서 가장 기억에 남는 사건 중 하나였다.

보성의 자연에 둘러싸인 골망태 펜션에서 보이는 일몰

"사진 작가이자 프로 디자이너!"

한국에서 2년 동안 살면서 사회와 문명에 대해 많은 관심이 생겼습니다. 그 중 하나가 한국의 음식이었는데, 음식을 배우면 그 나라의 문화에 대해서도 알게 된다고 생각합니다. 이번 탐방을 통해 한국 녹차에 관한 연구를 하면서 한국의 사회, 문화, 그리고 경제까지 많은 것을 배울 수 있었습니다. 우리에게는 소중한 기회이자 기억이었다고 생각합니다.

팀원 1. **나타와라이**

"내 구역은 소셜 미디어"

저는 한국의 현대사회와 전통문화에 대해 모두 알고 싶었습니다. 그리고 차 문화가 그 두 지점을 연결하는 특별한 문화라고 생각합니다. 이번 탐방을 통해 연구하게 돼서 정말 기뻤고, 인생에 다시 오지 않을 소중한 기회였다고 생각합니다. 이번이 마지막 학기인데, 이렇게 친구들과 함께 여행할 기회를 얻게 돼 정말 행복했습니다.

팀원 2. **린**

"팀의 리더이자 한국어 능력자!"

이 탐방을 통해 한국의 녹차 산업에 대해 자세히 알게 됐고, 동기 친구들과 국내 여행도 할 수 있어서 매우 행복했습니다. 이번 경험으로 저의 연구 실력과 리더십 능력이 발전됐을 것이라 믿습니다. 저희의 연구가 녹차 산업을 위해 필요한 정책을 수립하는 이해관계자들에게 좋은 참고 자료가 될 수 있으면 좋겠습니다.

팀원 3. **멜리**

"재무 이사님이라고 불러도 돼"

이번 탐방 덕분에 아직 못 가본 도시를 여행할 기회가 생겨서 정말 기뻤습니다. 탐방하며 한국의 여러 지방에 사는 많은 분과 이야기를 나눌 수 있어 행복했습니다. 한국을 또 다른 관점으로 볼 수 있었던 좋은 기회였다고 생각합니다.

팀원 4. **하이 하**

무엇이든 즐겁고 신나게!

1. 각 분야 전문가를 섭외하자

글로벌 팀이 구성될 때 제일 중요한 것은 무조건 한국어 능력자가 팀 내에 있어야 한다는 것
이다. 한 명이라도 있으면 괜찮긴 하지만 많을수록 더 좋다. 글로벌 팀에 한국어 능력자가 없
는 경우에는 탐방 준비 시에는 물론, 실제로 탐방하는 과정에서 의사소통하기가 무척 어렵
다. 또 탐방하는 동안 사진과 영상 미션도 수행해야 하므로 사진 촬영과 그래픽디자인, 비디
오 편집을 잘하는 사람도 섭외할 수 있으면 좋다.

2. 재미있는 주제를 고르자

우리 팀은 좋은 주제를 선정하기 위해 작년 팀들의 탐방 보고서를 읽어봤다. 그러고 나서 팀
원들이 원하는 주제를 모으고 명단에 적었다. 명단에 있는 주제들 하나하나를 인터넷으로 자
세하게 검색하며 그 주제가 사회에 미칠 영향에 대해 알아봤고, 마침내 한국의 녹차 산업을
선택하게 됐다.

한국 섬의
매력을 찾아서

팀명(학교) 섬어타임 (서울대학교)
팀원 그레이스 (호주), 미항 (베트남), 민덕 (베트남), 빅토리아 (벨라루스)
기간 2018년 8월 21일~2018년 8월 31일
장소 대한민국
　　　　제주 (협제 해수욕장)
　　　　제주 (해녀 박물관)
　　　　제주 (성산포 해녀 물질 공연장)
　　　　제주 (하도 어촌 체험마을)
　　　　제주 (우도)
　　　　보령 (대천 해수욕장)
　　　　보령 (대천항)
　　　　보령 (원산도)

성산 일출봉의 시원한 바람을 맞으며

한국은 삼면이 바다로 이루어진 반도 국가로, 세계에서 4번째로 섬이 많은 나라다. 섬이 많은 나라 한국의 대표적인 관광지인 제주도를 포함해 한국의 다른 섬이 궁금했다. 또 바다와 맞닿은 한국의 섬과 해안 자연은 각 지역에 따라 음식, 문화, 경제, 산업의 형태도 여러 가지다. 우리는 이러한 지리학적 특성이 지역별로 어떤 문화적 영향을 주는지 알아보기로 했다. 아름다운 한국의 바다를 기대하며 섬 탐방에 나섰다.

🚩 예상치 못한 손님, 태풍 솔릭 그레이스 | 호주

탐방 전날에 태풍 솔릭이 온다는 소식을 들었다. 원래 목적지는 울릉도였지만 태풍으로 인해 출발 하루 전 제주도로 목적지를 변경했다. 항공권을 예매하고 걱정이 컸지만, 다행히도 비행기는 침착히 날아서 우리를 안전하게 착륙시켜 줬다. 제주의 맑은 지평선에서 석양이 지는 모습이 아름다웠기에 이곳으로 목적지를 변경하길 잘했다는 생각이 들었다.

다음 날 우린 제주의 해변을 둘러보며 아름다운 바다를 온몸으로 느꼈다. 하지만, 잠시 후 세차게 부는 바람에 모래가 눈과 입으로 날렸다. 섬 날씨는 예측하기가 어렵다는 생각이 들었다. 우리는 재빨리 안전하게 숙소로 향했다.

그 후 제주에서 계속되는 비와 바람으로 미리 계획했던 여정들이 안타깝게 중단됐다. 머문 숙소에서 한 시간 내내 창문을 단단히 닫으라는 안내 방송이 나왔다.

변화무쌍한 날씨 때문에 당황하기도 했지만 섬 생활을 하는 사람들에겐 피할 수 없는 일상일지도 모른다는 생각이 들었다. 변화하는 날씨에 따라 일상을 준비하고 대비하는 섬 주민들의 삶을 이해하는 순간이었다.

Our expectations for the expedition were cut significantly short with the arrival of typhoon Soulik. Our original plan was to travel to Ulleng-do, but with the possibility that we would not be able to make it back for the rest of our trip, we had to drastically change plans a day before departure. With our bags packed and a renewed sense of vigor, we started our trip the next day with a last-minute plane to Jeju-do. Our flight was relatively smooth, considering the oncoming typhoon. We arrived with no problems, and happily got settled into our lodgings for the next couple of days. A false sense of security settled over our team as the sun set on a beautifully clear horizon; our trip could potentially be better than what we had expected. Perhaps the typhoon would not nearly be as severe as expected.

How wrong we were. The next day, with coordinated yellow outfits, we departed towards our specifically selected beautiful beach on the opposite side of the island; ready for our photoshoot. However, upon arrival, we were quick to realise that it would be an impossible task. With the wind whipping sand viciously against our legs, we had to abandon our mission and head back to our accommodation as soon as possible.

Unfortunately, any trips we had planned over the next couple of days were put on hold due to intense rain and winds. The real shock came when, in the hotel we were staying in at the time, hourly broadcasts warning people to stay inside with the windows firmly shut started. Had we made the right choice coming to this place at such a time? Would we be able to make it back to the mainland to continue the rest of our trip?

Despite these questions and concerns, our team simply had to look on the bright side. Typhoons and unpredictable weather are an unavoidable aspect of island life. These extreme conditions, in a sense, brought the islanders and visitors to the island together with a mutual desire to help and stay safe. Through this experience, we were truly able to experience the close-knit island culture that wouldn't have been possible if not for the case of Typhoon Soulik.

제주도 해녀 일일 체험하기 미항 | 베트남

사전에 해녀 박물관을 방문해 해녀에 관한 관심이 컸던 우리는 물질에 대해 배우고 싶었다. 8월의 제주 날씨는 완벽했다. 태양이 강하지 않고 해수 온도가 적당하고 바람 세기도 좋아 해녀 체험에 딱 좋은 조건이었다. 차에서 내린 우리는 부둣가에 있는 작은 집에 들어가 잠수를 준비했다. 그곳에 계셨던 해녀분의 안내에 따라 다이빙 장비를 입고 잠수할 수 있는 최상의 시기인 만조의 때를 기다렸다. 잠수복은 꽤 무거웠는데 그 이유는 강풍과 찬물로부터 우리를 보호하려면 내구성이 좋아야 하기 때문이라고 들었다. 물에 들어가기 전 해녀분과 몇 가지 간단한 스트레칭을 하며 다이빙하는 방법을 배웠다. 마침내, 바다에 들어갔다. 바닷물에 빨리 익숙해지고, 오랫동안 잠수하는 방법을 배우려 노력했다. 수십 년간 물질에 익숙한 해녀분들은 몸을 밀고 물속으로 잠수했다가 나올 때마다 신기한 해산물들을 보여주셨다. 물 안에서 능숙하게 움직이는 해녀분들을 보며 매일 많은 시간을 바닷가에서 보내는 그들의 수고가 대단하다고 생각했다. 잠깐의 체험이었지만 우리의 체력은 이미 고갈된 상태였다.

Đảo Jejudo những ngày cuối tháng tám có tiết trời tuyệt vời khi nắng không quá gắt, nhiệt độ nước biển không quá lạnh, gió vẫn mạnh như tựa nào nhưng cũng không quá gay gắt. Chúng tôi biết rằng mình không thể có một cơ hội nào tốt hơn cơ hội này nữa để được trải nghiệm nghề nghiệp lặn biển nổi tiếng của phụ nữ Jeju, và chúng tôi quyết định trải nghiệm Haenyeo. Sự tò mò dành cho trải nghiệm này là kết quả của việc chúng tôi đã tham quan Bảo tàng Haenyeo Jejudo mấy ngày trước đó và trở nên cực kì hứng thú với nét văn hóa này.

Chúng tôi hướng tới ngôi nhà nhỏ nằm trên con đê biển, gió trưa lúc này cũng là lúc mạnh nhất. Ngay lúc gặp gỡ người hướng dẫn, chúng tôi được bảo là hoặc sẽ phải tham gia trải nghiệm ngay lúc này, nếu không lát triều cao thì không thể trải nghiệm được nữa. Vậy là chúng tôi khoác trên mình bộ đồ lặn nặng trịch, tuy nhiên nó đủ dày để giữ chúng tôi ấm từ những cơn sóng biển lạnh ngoài kia. Bước về phía biển, chúng tôi bất chợt cảm thấy hứng thú hơn bao giờ hết khi gặp một thợ lặn Haenyeo thực thụ. Cùng với cô chúng tôi bắt đầu những động tác khởi động và làm quen với nước và học cách lặn.

좌) 태풍이 오기 전 바다가 고요한 협재 해수욕장 앞에서
우) 우도의 해질녘 모습. 우도는 날씨에 따라 변화무쌍한 모습을 보여줬다

한천복

제주 해녀 박물관 / 문화관광 해설사

Q 제주 해녀 박물관은 어떤 의미가 있나요?

A 제주 해녀는 제주의 강인한 어머니이며 제주도민의 정신적 기둥입니다. 물질 수익으로 기금을 마련해 마을, 학교 등 사회에 공헌했고, 갯닦이, 금채기, 투석 등 바다와 함께 공존하는 제주를 만들기 위해 노력했습니다. 2016년도에 유네스코(UNESCO)에서 이런 가치를 인정받아 인류 무형 문화유산으로 제주 해녀 문화가 등재됐습니다. 최근 외국인 방문객들도 늘어나 하루 평균 500명 정도 이곳을 방문합니다. 제주 해녀 정신과 제주의 아름다운 자연보호에 많은 사람이 관심을 두기를 바라며, 박물관 견학이 해녀들의 삶을 더 진지하고 깊게 이해하는 계기가 되길 바랍니다.

Q 해녀를 어디서 만날 수 있나요?

A 대원들이 방문한 6~8월은 소라들의 산란기라 해녀들이 활동하지 않습니다. 그 기간에 해녀를 만나려면 성산 일출봉으로 가세요. 300m쯤 올라가면 바다가 보이는 데 매일 오후 1시, 3시에 해녀 물질 공연을 보실 수 있습니다. 물론 별도로 잠수복을 대여한 후 해녀 체험도 가능합니다.

Cuối cùng, chúng tôi bước vào đại dương xanh của Jeju, cố gắng khiến bản thân mình quen với áp lực của sóng của nước và học cách lặn vào biển. Điều khiến chúng tôi cảm thấy thích thú là khi cô giáo lặn vào biển sâu, giữ nhịp thở trong một khoảng thời gian không ngắn, và rồi bất chợt quay lại với con ốc biển, hay có lần là con bạch tuộc trên tay. Lần lượt từng đứa trong nhóm thử, lặn xuống, giữ nhịp thở, cố gắng đảo mắt tìm một con sò nào đó chẳng hạn; vậy nhưng công việc chẳng đơn giản chút nào. Trải nghiệm tuyệt vời này đã giúp chúng tôi hiểu rõ hơn về công việc của người Haenyeo cũng như những áp lực mà họ gặp phải; cũng từ đó chúng tôi cảm thấy tôn trọng hơn những người phụ nữ tuyệt vời, những người phụ nữ của gió, của đá, của đảo Jeju.

🚩 다이내믹한 서해의 갯벌에서, 바지락 체험 민덕 | 베트남

한국의 서해는 밀물과 썰물이 만나 갯벌을 이룬다. 원산도에 간 우리는 갯벌에서 바지락 캐기 체험을 했다. 나와 대원들은 가기 전 작업용 바지와 얼굴을 가리는 큰 챙모자를 착용할 생각에 기대가 부풀었다. 우리는 갯벌에 가면 바지와 모자를 주는 줄 알고 있었는데, 아쉽게도 직접 챙겨야 하는 준비물이었다. 흰 바지를 입고 간 우리는 결국 진흙투성이가 됐고, 흰 바지는 검은 바지가 돼버렸다. 하지만 체험은 무척 즐겁고 유쾌했다. 처음엔 바지락이 어떻게 생겼는지 몰라 엉뚱한 해산물을 잘못 채취하기도 했지만, 곧 능숙해져 해물칼국수의 식재료로써도 될 만큼 많이 채취했다. 마치 리얼리티 쇼처럼 작업용 바지와 챙모자라는 갯벌 필수 아이템을 착용하지는 못했지만, 푹푹 빠지는 발을 끌고 다니며 진흙 속에서 갯벌의 다양한 생물들을 관찰할 수 있는 시간이었다. 갯벌엔 밀물과 썰물이 항상 드나들기 때문에 산소가 풍부하고 유기물이 많아서 다양한 종류의 생물이 서식한다고 한다. 따라서 신선한 해양자원이 많다. 생명력을 지닌 갯벌이 어민들의 삶에 큰 도움을 주는 자연환경이 될 수 있겠다고 생각했다.

Mình vốn dĩ là một fan của các chương trình truyền hình thực tế Hàn Quốc bởi lẽ trong các chương trình này thường có các trải nghiệm rất thú vị mà mình luôn muốn thử một lần trong đời. May mắn thay, nhờ có chuyến đi này mình đã được trực tiếp trải nghiệm bắt sò trên bãi bùn ở đảo Wonsando. Trước khi trải nghiệm, mình và các bạn trong nhóm đã tưởng tượng rất nhiều về bộ dạng hài hước của từng đứa khi mặc những chiếc quần rộng thùng thình với hoa văn bắt mắt, đội những chiếc nón to che hết mặt và đi những đôi ủng lội trong bùn sẽ trông như thế nào. Tụi mình cũng đã nghĩ rất nhiều nên tạo kiểu chụp ảnh như thế nào cho đặc biệt để khoe lên các trang mạng xã hội. Nhưng rút cuộc, khi đến nơi tụi mình chẳng có mũ và cũng không hề có quần rộng hoa văn như tưởng tượng và chỉ có ủng thôi. Tệ hơn nữa là vì tụi mình đinh ninh sẽ được trang bị mọi thứ nên đã diện quần trắng. Kết quả cả nhóm đã phơi mình giữa bãi bùn, mặt mày lấm lem và quần trắng thì hóa đen vì bẩn.

Dù thế, trải nghiệm của tụi mình vẫn rất thú vị. Thay vì để bác chủ của công ty trải nghiệm hướng dẫn cách bắt sò, thì tụi mình lại tin tưởng đi cùng chú chủ pension nơi tụi mình ở. Chú ấy dắt tụi mình ra chỗ bùn lầy để bắt sò. Đầu tiên, vì không biết hình dạng con sò phải bắt là như thế nào nên tụi mình đã bắt nhầm những con hải sản khác. Và vì ở bãi bùn lầy cạnh biển nên thỉnh thoảng tụi mình còn không di chuyển nổi vì ủng bị lún sâu vào bùn. Sau cả tiếng đồng hồ vật vã bắt nhầm và phơi mình giữa nắng thì bác chủ xuất hiện và thông báo là tụi mình đi nhầm chỗ mất rồi thì cả nhóm mới tá hỏa nhanh chóng đi theo bác ấy. Hóa ra là tụi mình phải bắt sò ở chỗ bãi cát cạnh đó, không hề có bùn lầy, và bắt sò ở đó thì rất dễ. Kết quả, chỉ sau 15 phút đổi địa điểm tụi mình đã bắt được rất rất nhiều sò để nấu bánh canh hải sản kiểu Hàn Quốc.

Tuy là trải nghiệm không giống tưởng tượng, không giống chương trình truyền hình thực tế nhưng cũng là kỉ niệm vô cùng đẹp mà mình may mắn có được nhờ chuyến đi này. Mình hy vọng là các bạn người nước ngoài sống ở Hàn Quốc cũng có thể trải nghiệm hoạt động thú vị này và nếu như có thể mình mong nơi tụi mình trải nghiệm sẽ trang bị thêm quần dài hoa văn và nón như trong các chương trình truyền hình thực tế mà mình đã xem để những trải nghiệm ở đây thêm trọn vẹn và tuyệt vời hơn nữa.

⚐ 여유와 낭만이 있는 섬 생활 빅토리아 | 벨라루스

바쁜 도시 생활에 권태를 느낀 사람들은 한 번쯤 시골에서의 삶을 꿈꾼다. 잔잔한 시골 생활을 그린 영화 〈리틀 포레스트〉를 보며 나도 시골의 일상에 대한 낭만이 생겼다. LG글로벌챌린저로서 방문하게 된 원산도는 충청도의 섬 가운데 배를 타고 들어갈 수 있는 가장 큰 섬이다. 원산도는 배를 타야 이동할 수 있어 섬 여행의 진수를 느끼고 싶은 여행객들에게 필수 코스이다. 원산도 내에는 인구가 많지 않기 때문에 대부분 서로 가깝게 알고 지내는 사이로 마주칠 때마다 인사하는 모습이 인상 깊었다. 많은 사람으로 붐비는 도시에선 상상도 못 할 일이다. 원산도 주민은 섬에서 낚시를 하거나 조개를 캐는 등 식자재를 직접 구한다. 번거롭기도 하지만 이 과정을 통해 느린 섬 생활의 묘미를 알 수 있다. 도시보다 불편하긴 하지만 여유 있는 섬의 생활은 참으로 인간적이다. 템플스테이처럼 섬 스테이가 생겨 많은 사람이 섬의 재미를 느꼈으면 좋겠다.

좌) 하루의 탐방을 준비하기 위해 카페에서
우) 원산도 선촌항 도착을 앞두고

На самой справе я вельмі люблю Карэйскія вёскі. А пра востравы і гаварыць нічога не трэба. З тых мясцін, што мы наведалі з маімі сяброўкамі на працягу усёй праграмы, мне ў душу запаў адзін востраў - Вансан-до ("до" значыць востраў). Востраў + вёска = вёска-востраў? Ці ёсць такое спалучэнне? Напэўна не. Як і не існавала назвы нашай каманды (я таксама яе выдумала).

Тым не менш, я проста не магу спыніцца, каб зноў і зноў не блутаць у думках аб Вансан-до. Калі вам калі-небудзь выпадзе шанец туды наведацца, вы зразумееце аб чым я!

Тут у Азіі, а мабыць цяпер і ў Еўропе, людзі вельмі спяшаюцца жыць. Таму ўсё часцей і часцей людзі з Сеўлу, памяркоўваюць з'ехаць у вёску как жыць, як яны мараць. Калі я паглядзела карэйскі фільм "Маленькі лес", я таксама захацела хаця б аднойчы пажыць на вёсцы ў Карэі. Не доўга. Максімум месяц. І мне гэты шанец выпаў. Не месяц, усяго 2 дні. Але гэтага ўжо было дастаткова.

Таму што востраў маленькі, усе жыхары ведаюць адзін аднога. І калі ты ідзеш па вуліцы, абавязкова трэба сказаць прывітанне. Можаце сабе ўявіць гэта ў Сеўле?

Таксама, з аднаго боку, на востаре-вёсцы ўсё больш складаней, чым у горадзе. Тут амаль няма рэстаранаў. Таму, как прыгатаваць ежу, трэба быць не толькі выдатным поварам, але таксама ведаць, як злавіць рыбу, ці знайсці малюскаў. Я не ведала нават, як апошнія выглядаюць! Але не трэба на нэта глядзець пісімістычна, трэба проста разумець, як і чаму вёска адрозніваецца ад горада.

На самой справе я вельмі зайздрошчу востава-вяскомым людзям. І як цяпер у Карэі папулярны тэмпл-стэй праграмы, было б клёва, каб вёска-стэй праграмы таксама існавалі! Каб чалавек памыў бялізну сваімі рукамі, каб пахарчаваўся з тыдзень вясковай смачнай ежай. Окей, хай не нядзелю, быця бы 3 дні. Проста пажыў бы як ён марыць.

푸른 바다와 하얀 구름을 배경으로 한 성산 일출봉의 멋진 절벽

팀원 1. **그레이스**

"모든 기회를 찾고 있는 내 삶"

LG글로벌챌린저는 불가능을 '가능'으로 만드는 탐방이었습니다. 내가 도전할 기회와 정도를 확인할 수 있는 시간이었습니다. 나와 팀원들이 겪었던 어려움에도 불구하고 다시 시간을 거슬러 과거의 나와 이야기할 기회가 온다면, 매 순간 내가 할 수 있는 최선을 다해 최고가 되라고 말하고 싶습니다.

팀원 2. **미항**

"절대로 길을 잃지 않아, 나는 자연 탐험가니까"

2018년 무더운 여름이었지만, 뜨거운 만큼 열정으로 가득했던 LG글로벌챌린저 탐방이 있었습니다. 한국의 사회문화와 특히 섬의 삶에 대해 깊이 이해할 수 있는 시간이었습니다. 베트남에서 가족과 친구들에게 한국의 섬에 관한 이야기를 해주면 그들은 늘 흥분했습니다. 이런 기회를 준 LG글로벌챌린저에게 감사하며, 항상 이해해주고 내 의견을 지지해준 팀원들에게 감사드리고 싶습니다.

팀원 3. **민덕**

"노력할 때는 불가능한 일이 없다!"

바다에 가본 적도 없건만, 바닷속 세계를 들여다볼 수 있다는 것이 모두 꿈만 같았습니다. 팀원들과 해녀분들 덕분에 평소 못하던 수영을 할 수 있게 됐습니다. 한국의 여러 도시를 가보았지만 아름다운 자연환경이 있는 제주의 특별한 체험은 LG글로벌챌린저라서 가능했습니다. 인생에서 경험해보지 못한 소중한 시간을 가졌고, 성장할 수 있는 계기가 됐습니다.

팀원 4. **빅토리아**

"진정으로 뭔가 하고 싶다면 길을 찾아 나설 것입니다"

탐방을 끝내고 감정이 북받쳐 올라 눈물이 흘렀습니다. 4면이 육지에 맞닿아 있는 벨라루스 출신이라서 바다를 한 번도 경험하지 못한 저로서는 매우 흥미로운 탐방이었습니다. 한국 섬에서의 생활은 나를 돌이킬 수 없을 정도로 바꿔줬습니다. 나는 언제나 '섬의 삶'을 살고 있습니다. 벨라루스 출신의 한 소녀는 전 세계의 여러 바다에서 조개를 모아 '섬 소녀'로 남을 것입니다.

다양하게 소통하고 정확하게 분배하자!

1. 브레인스토밍으로 주제를 정하자!

여러 사람이 하나의 주제로 의견을 모으는 일은 쉽지 않다. 각자 다른 아이디어와 생각을 하고 있기 때문이다. 그러나 우리는 브레인스토밍의 4가지 규칙을 정해두고 회의에 임했다. 첫 번째, 우선 자유롭게 아이디어나 의견을 낸다. 두 번째 타인의 생각을 비평하지 않는다. 이유는 여러 의견이 오가다 보면 정반대 의견이 상충하는데, 이 경우 비판을 먼저 하면 새로운 아이디어 창출에 방해되기 때문이다. 따라서 타인의 생각을 비평하는 것보다 여러 의견을 수용하는 것이 더 중요하다. 세 번째 타인의 아이디어를 발전시킨다. 좋은 의견이 있으면 하나의 주제를 가지고 여러 명의 생각을 덧붙여보는 것이다. 함께 모이면 같은 주제라도 다양한 사고로 접근할 수 있다. 마지막으로 질보다 양의 추구이다. 질에 집착하다 보면 아이디어 단계부터 서로 에너지가 소모된다. 창의적인 생각이 많이 나올 수 있도록 양에 집중하는 것이 좋다. 이렇게 해서 우리 팀은 끊임없이 회의 주제에 집중할 수 있었으며 다양하고 많은 아이디어를 얻을 수 있었다.

2. 작은 역할도 정확히 나누자

탐방을 준비하다 보면 사소한 일들을 처리해야 할 때가 생각보다 많다. 이럴 경우, 한 사람이 떠맡는 것이 아니라 작은 역할이라도 팀원들과 정확히 분배하는 연습이 필요하다. 택시비 계산, 전화 받기 등 아주 작은 일들까지 우린 분배했다. 정하는 규칙은 가위바위보. 단판의 승부로 깔끔하게 각자 맡은 일에 최선을 다했다.

한국, 다문화 사회의
미래로 향하자

팀명(학교)   하나 WE HEY! (고려대학교)
팀원   미아 (인도네시아), 오통양 (베트남), 케빈 (인도네시아), 하태팟 (태국)
기간   2018년 8월 21일~2018년 8월 31일
장소   서울, 인천, 안산, 전주, 부산, 제주
        서울 (서울 글로벌 센터)
        서울 (한아세안 센터)
        서울 (한국 이슬람교 중앙회)
        인천 (글로벌 캠퍼스)
        안산 (다문화 지원 본부)
        전주 (다누리 콜센터)
        부산 (아세안 문화원)
        부산 (부산외국어대학교 다문화 사업단)
        제주 (제주 국제 자유도시 개발 센터)

제주 국제 자유도시 개발 센터 안에 있는 카카오 본사 앞에서 돌하르방과 함께

한국은 이민을 통한 외국인 유입, 국제결혼 증가로 다문화 사회에 접어들기 시작했다. 2018년 11월 통계청이 발표한 <2017년 다문화 인구동태 통계> 결과에 따르면 2017년 전체 혼인에서 다문화 혼인은 8.3%로 전년보다 0.6%p가 증가했다. 한국으로 유학 온 지 2년 이상 돼가는 우리 팀원들은 외국인으로서 산업기술 발전을 빠르게 이룩해온 한국이 다문화 사회를 어떤 방향으로 극복해 나가고 있는지 관심이 많았다. 한국 사회가 빠르게 성장한 저력을 바탕으로 '다문화 사회를 올바르게 이끌어 나가고 있는가' 라는 질문의 답을 찾아 다문화 정책을 지원하는 다양한 기관을 방문해봤다. 우리는 한국의 다문화 정책을 이해함으로써 팀원들이 각자의 국가와 한국을 연결하는 다리가 될 수 있다는 사명감을 가지고 이 탐방을 시작했다.

안산에서 다문화를 이해하다 케빈 | 인도네시아

안산 다문화 거리는 전국 최고의 외국인 밀집 거주 지역이다. 8만여 명의 외국인과 내국인이 공존하고 있으며, 다문화 사회의 역사적 상징성과 가치를 지닌 곳이다. 이곳에는 많은 외국인 노동자들이 거주하고 있는데, 특히 나의 모국인 인도네시아 사람들이 가장 많이 사는 곳이기도 했다. 다문화 거리에 도착하자 인도네시아를 비롯한 동남아 음식점, 노점상, 환전소 등을 볼 수 있었고 거리에는 여러 나라에서 온 사람들이 조화를 이루며 일상을 보내고 있었다. 우리는 안산시에서 다문화 가정을 위해 어떤 도움을 주고 있는지 알기 위해 다문화 지원본부로 향했다. 이곳에서는 외국인 주민들이 지역사회에 안정적인 정착을 할

439

수 있도록 다양한 정책들을 통해 한국어 교육, 통역 지원, 상담 지원, 생활 정보 제공 등 다양한 지원을 하고 있었다. 안산 다문화 거리는 한국에 거주하는 외국 인이 많이 찾는 장소라서, 외국인뿐만 아니라 외국 음식점이나 외국 식품을 많이 볼 수 있고, 다양한 문화도 접하고 배울 수 있다. 예를 들면 우리 팀은 안산시에 있는 인도네시아 맛집에서 식사하면서, 인도네시아 음식을 먹어본 적이 없었던 팀원에게 음식은 물론 식문화까지 소개할 수 있었다. 그 외에도 우리는 안산을 돌아다니며 사람들과 언어 그리고 문화를 교환했고, 맛있는 인도네시아 음식을 먹은 후에는 유명한 베트남 커피까지 맛봤다. 이번 기회를 통해 우리는 더 많은 한국 친구들을 사귈 수 있었다. 이번 문화 교류 활동 덕분에 우리는 탐방이 끝난 후에도 함께 '서울 세계 도시 문화 축제'를 방문하며 우정을 다졌다.

Jalan Multikultural Ansan merupakan lokasi ekspedisi yang paling lama saya tunggu-tunggu karena keempat anggota di tim saya belum pernah mengunjungi tempat ini sebelumnya. Memang banyak rumor positif dan negatif tentang tempat itu, namun, mengetahui bahwa tempat ini memiliki simbolisme dan nilai historis tentang masyarakat multikultural Korea, saya sangat senang untuk langsung mengalaminya

좌) 안산 다문화 거리 세계 문화 체험관에서 소중한 사람들과 함께한 외국 전통 의상 체험
우) 우리의 탐방을 더 즐겁게 만들었던 거리의 맛난 음식들

sendiri dan mendapatkan wawasan penting di kota ini. Sebagai orang Indonesia, saya tahu sebelumnya bahwa banyak pekerja asing terutama dari Indonesia yang bekerja dan tinggal di Ansan, sehingga jelas mengapa ada banyak restoran Indonesia dan Asia Tenggara serta tempat beribadah seperti masjid. Karena ini merupakan pertama kalinya saya di Ansan, saya merasa sangat gugup pada awalnya tetapi sangat antusias untuk berbagi kepada semua orang tentang budaya Indonesia lewat kesempatan ini. Saya sangat senang bahwa kali ini, tim saya dapat melakukan perjalanan bersama dengan manajer Lee-Minjong dan teman LG Penantang Sosial mengunjungi Ms Kim-Yuna, ahli Multikultural dari Departemen Kebijakan Multikultural di Ansan Multicultural HQ dan belajar tentang tantangan-tantangan utama para pekerja asing di Korea. Di Ansan Multicultural Street dapat ditemukan banyak orang asing serta makanan-makanan asing juga. Oleh itu kita juga dapat mempelajari berbagai ragam seni dan budaya. Contohnya disaat tim kami makan siang di restoran Indonesia dan kami mengenalkan masakan-masakan Indonesia kepada teman kami Hattaipat dan Yang yang belum pernah mencobai sebelumnya. Kami juga menghabiskan sebagian besar waktu untuk melihat-lihat area sekitar, bertukar bahasa dan budaya, mencicipi makanan Indonesia yang lezat dan Kopi Vietnam yang terkenal. Berkat kesempatan ini, kami berhasil memperluas jaringan teman Korea kami. Saya senang karena kegiatan lewat pertukaran budaya ini, kami juga berhasil mengunjungi "Seoul Friendship Fair" bersama bahkan setelah ekspedisi ini berakhir!

다누리 콜센터에서 만난 다문화 가정 이야기 오통양 | 베트남

탐방하면서 우리는 저마다 다른 사연을 가진 사람들의 이야기를 들을 수 있었

탐방으로 하나가 된 우리 팀

다. 대부분 한국으로 시집온 외국인 신부들과 다문화 가정에서 태어난 아이들의 이야기였다. 다문화 가정을 위해 사회에서 선두 타자로 나서는 용감한 외국 여성들의 이야기도 있지만, 그들이 일상생활을 하면서 차별을 당하는 가슴 아픈 이야기도 듣게 됐다. 우리는 초기 한국 생활 적응에 어려움을 겪고 있는 다문화 가족을 대상으로 생활 정보 안내 및 피해 상담을 도와주고 있는 전주 다누리 콜센터에 방문했다. 이곳에는 가정폭력에 반대하는 포스터 등 각종 홍보물과 외국인들을 위한 상담실, 쉼터 등이 마련돼 있었다. 다문화 다누리 센터에서 베트남 출신의 박민향 선생님을 만나게 됐다. 현재 선생님은 한국 남자와 결혼했고 전주에서 한국인 남편, 5세 아들, 7세 딸과 같이 산다고 한다. 우리는 선생님에게 외국인 부모로서 다문화 아이들을 어떻게 키워야 하는지 질문했다. 선생님은 집에서 주로 자녀와 이야기할 때 베트남어로 이야기하고, 베트남어로 글쓰기를 한다고 했다. 이중 언어를 사용하면 아이가 언어 습득의 어려움을 느낄까 걱정할 수도 있지만, 실제 겪어보니 어릴 때부터 다양한 언어를 체험해볼수록 언어 습득이 빠른 거 같다고 했다. 따라서 선생님은 다문화 가정에 이중 언어 사용을 권장한다고 했다.

가슴 아프게도 다문화 가정의 외국인들이 가정 안에서 문화 차이를 극복하지 못하고, 사회에서 불공평한 대우를 받은 사례도 있었다. 특히 무슬림 아이들은 종교적 차이 때문에 학교에서 따돌림 또는 괴롭힘을 당한다고 한다. 그래서 다문화 가정의 엄마들은 자신의 아이에게 모국의 문화를 가르치지 않는 경우가 많다는 이야기를 듣고 마음 아팠다. 이 시련들을 극복하기 위해서는 한국인과 외국인 서로 모두 노력을 해야 한다고 생각했다. 다문화 가정의 엄마들은 아이에게 한국 문화를 가르치고 적응시키는 노력을 기울여야 하며, 동시에 한국인들도 외국 문화에 대한 인식을 개방적으로 수용하려는 노력이 필요하다. 다행인 것은 한국 정부가 다문화 가정에서 발생하는 문제들을 해결하고 지원하기 위해 여러 가지 프로그램과 기관들을 통해 노력 중이라는 점이다. 노력의 밑바탕이 돼 외국에서 시집온 모든 여성과 그 가정의 아이들이 불합리한 차별과 부당한 대우를 당하는 환경이 개선되길 바라는 마음이 크다.

Trong suốt chuyến đi, mình và cả nhóm đã lắng nghe nhiều câu chuyện khác nhau của các cô dâu ngoại quốc và những đứa trẻ mang trong mình hai văn hóa khác nhau. Bên cạnh những câu chuyện đáng kinh ngạc về những cô dâu đã chủ động đi đầu trong các hoạt động xã hội và được tôn trong trong cộng đồng mà họ sinh sống, là những câu chuyện buồn về những trường khác đang phải hàng ngày đối mặt với phân biệt đối xử. Trong chuyến tham quan tới Trung tâm Danuri Jeonju, một trung tâm hỗ trợ các gia đình đa văn hóa trong khu vực này, nhóm mình đã có những trải nghiệm kinh ngạc nhất. Bên cạnh những tấm banner kêu gọi nói không với bạo lực gia đình tại các gia đình đa văn hóa, trung tâm còn có các phòng tư vấn và tị nạn dành riêng cho các cô dâu ngoại quốc. Tại đây, chúng mình có cơ hội gặp chị Park Mihyang, tư vấn viên tại trung tâm. Chị Park đã lấy chồng Hàn và sống ở Jeonju cùng gia đình. Chị có một con trai 5 tuổi và một con gái 7 tuổi. Chúng mình đã có cơ hội được hỏi chị về những vấn đề liên quan đến gia đình đa văn hóa, đặc biệt là việc nuôi dậy con. Ở nhà chị chủ yếu nói chuyện với con bằng tiếng Việt và nếu có thời gian sẽ dạy con viết tiếng Việt. Chị lo lắng rằng con sẽ quên tiếng Việt do luôn nói và học bằng tiếng Hàn từ nhỏ. Do đó, chị khuyên các ba mẹ khác cần chú trọng sử dụng tiếng mẹ đẻ khi nuôi dạy con.

Thật đáng buồn khi biết rằng rất nhiều trong số những cô dâu này đang phải vật lộn với những mâu thuẫn về tập tục trong chính gia đình họ. Không chỉ những cô dâu, mà chính những đứa con cả họ cũng đang bị đối xử không công bằng. Trẻ em, đặc biệt là những bạn nhỏ theo đạo Hồi, có thể bị bắt nạt, xa lánh và sỉ nhục ở trường học do khác biệt. Điều này lí giải vì sao bấy lâu nay các cô dâu ngoại quốc vẫn tránh dạy con mình những tập tục từ phía mẹ mà các em thừa hưởng. Tuy nhiên, điều nhóm mình nhận ra là những nỗ lực sát nhập văn hóa cần phải đến từ hai phía - từ người Hàn Quốc và người nước ngoài. Do các cô dâu ngoại quốc và những trẻ em đa văn hóa đã cố gắng học tập văn hóa Hàn Quốc, giải pháp nằm ở nỗ lực của người Hàn Quốc trong việc thay đổi cái nhìn và cởi mở hơn đối với những tập tục nước ngoài. Vì thế, nhóm mình rất vui khi thấy rằng chính phủ Hàn Quốc đang cố gắng cải thiện hiểu biết của người dân thông qua việc phát triển nhiều chương trình và cơ sở vật chất. Nhóm mong rằng trong tương lai gần, phân biệt đối xử đối với cô dâu ngoại quốc và con em của họ sẽ không còn là một vấn đề nhức nhối tại Hàn Quốc nữa!

한국, 다문화 사회의 과도기를 맞다 하태팟 | 태국

탐방 동안 한국 다문화 사회에 대한 여러 측면을 배우게 됐다. 특히 부산외국어 대학교 다문화 창의 인재 양성 사업단에서 연구원으로 근무하시는 강귀종 선생님과 인터뷰가 가장 기억에 남는다. 우리는 그 인터뷰를 통해 한국 다문화 사회의 전망과 문제점에 대해 더 깊이 있게 이해할 수 있었다. 선생님 말씀에 따르면 한국은 다문화주의를 접한 지 10~15년도 안 됐다고 했다. 이 때문에 다문화 사회에 대해 잘 모르는 사람이 한국에 더 많다는 것이다. 또한, 지난여름에 성소수자를 위한 축제가 개최됐는데 이를 두고도 한국 내에서 의견과 입장이 다양하게 갈렸다. 한국 사회의 긴 역사를 살펴보면 '한민족'이라는 개념이 오랫동안 등장해왔고 한국인에게 자부심이 돼왔다. 특히 한국의 고령 세대는 '한민족'이라는 인식이 더욱 강하다. 그렇지만 요즘 한국 사회에 국제결혼이 늘고, 외국인 노동자, 외국인 유학생 등 국내 거주 외국인 수가 증가함에 따라 한민족에 대한 생각이 바뀌기 시작했다. 한국도 다문화 사회는 과도기(Transitional Period)에 들어가는 단계라고 할 수 있다. 다문화 정책을 담당하고 있는 법무부가 내외국인이 함께 어울릴 수 있는 한국 사회를 만들기 위해 다양한 홍보 정책을 추진하면 좋겠다고 생각했다. 다양한 정책을 통해 내외국인 함께 서로의 문화를 올바르게 이해하는 교육의 장이 만들어져야 한다.

พวกเราได้มีอากาสเรียนรู้เกี่ยวกับหลากหลายมุมมองของสังคมพหุวัฒนธรรมของประเทศเกาหลีผ่านบทสนทนากับอาจารย์ คังควีจง จากมหาวิทยาลัยภาษาและการต่างประเทศ ปูซาน ประเทศเกาหลีนั้นเพิ่งเริ่มเข้าสู่สังคมพหุวัฒนธรรมได้เมื่อประมาณ ๑๐ ถึง ๑๕ ปีที่ผ่านมา ด้วยสาเหตุนี้หลากหลายคนจึงยังไม่รู้ว่าควรจะมีมุมมองอย่างไรเกี่ยวกับหัวข้อดังกล่าว โดยเฉพาะปัจจุบันประเด็นที่กำลังเป็นที่พูดถึงมากในสังคมเกาหลีคือผู้พยพต่างชาติที่ต้องย้ายถิ่นฐานบ้านเกิดไปประเทศอื่นๆ คนเกาหลีนั้นมักจะมีความคิดเห็นที่แตกต่างกันเกี่ยวกับว่าประเทศเกาหลีควรจะเปิดรับผู้พยพต่างชาติหรือไม่ นอกจากนั้นสังคมเกาหลีนั้นยังถูกมองว่าเป็นสังคมที่มีชนชาติเดียวมาตั้งแต่อดีต ซึ่งยังเป็นสิ่งหนึ่งที่คนเกาหลี โดยเฉพาะผู้สูงอายุมองว่าเป็นความภาคภูมิใจของชาติ อย่างไรก็ตามปัจจุบันประเทศเกาหลีมีคนต่างชาติอาศัยอยู่มากขึ้นเรื่อยๆ ไม่ว่าจะเป็นคู่สมรสต่างชาติ แรงงาน หรือนักเรียนจากหลา

กหลายประเทศ ทำให้มุมมองของคนหลายคน โดยเฉพาะเด็กวัยรุ่น เกี่ยวกับสังคมชนช
าติเดียวนั้นได้เปลี่ยนไปกล่าวได้ว่าประเทศเกาหลีนั้นกำลังอยู่ในขั้นตอนการปรับตัวเข้
าสู่สังคมพหุวัฒนธรรมฉะนั้นแล้วจึงเป็นสิ่งที่สำคัญที่ประชาชนจะหันมาให้ความใส่ใจใ
นประเด็นดังกล่าวเพื่อให้ทุกคนสามารถมีความเห็นที่สอดคล้องกันเกี่ยวกับสังคมพหุวรร
ฒนธรรมและปรับตัวได้อย่างถูกต้อง

⚑ 내외국인을 잇는 가교, 다양한 성격의 다문화 센터 미아 | 인도네시아

우리 팀의 주제가 예민할 수 있다고 걱정이 됐지만 인터뷰한 센터들의 반응은
모두 긍정적이었다. 우리가 방문한 센터들은 다문화에 깊은 관심을 두고 문화,
경제, 비즈니스, 지역사회, 가족 등 다양한 영역에서 고유한 역할을 지니고 있었
으며, 그 지역의 내외국인들이 다문화에 깊은 관심을 가질 수 있도록 도움을 주
고 있었다. 아세안 문화원은 다문화 아이들을 위해 요리나 공예품을 활용한 다
양한 교육을 진행 중이었고, 인천의 글로벌 캠퍼스, 제주 국제 자유도시 개발 센
터 등의 기관에서는 무료 한국어 학습 과정, 일자리 소개 등 외국인의 적응을 돕
는 교육 지원 프로그램들이 운영됐다. 한국에서 이만큼 다양한 노력을 하고 있
었음을 이번 탐방을 통해 깨달았다.

　하지만 모든 센터의 노력과 달리 아직도 다문화 사회에 대한 부정적인 인식
이 한국 사회에 존재하고 있었다. 예를 들어 이슬람교도의 활동과 지원이 한국
주민들에게 불편하다는 의견도 들리고 있다. 우리는 한국 이슬람교 중앙회의
송보라 강사님을 만나 다양한 이슬람 국가 출신의 무슬림이 겪는 고충을 들을
수 있었다. 한국 식문화에서는 할랄 음식을 찾는 일이 쉽지 않다는 점이 가장 힘
들다고 했다. 한국에 있는 이슬람 성원에서는 문화의 차이를 줄이기 위해 이슬
람교 및 아랍어 교육 프로그램을 제공하고 있는데 많은 내외국인이 함께 참여

해 서로 문화적 차이를 깊이 배울 수 있으면 좋겠다고 생각했다. 국내의 다양한 다문화 센터가 내외국인이 가까워질 수 있는 가교 역할을 잘 해내길 바란다.

Melalui ekspedisi ini saya dapat pergi ke kota yang berbeda-beda, merasakan aneka makanan, dan mempelajari budaya yang baru. dimulai dari Seoul, Ansan, Jeonju, Busan, sampai Jeju setiap pusat memiliki divisi mereka sendiri jika fokus yang mereka wakili seperti budaya, ekonomi, bisnis, komunitas, keluarga, dll. Pusat-pusat ini mempromosikan kesadaran multikulturalisme melalui kategori mereka sendiri sehingga berdampak pada daerah tertentu. Saya menemukan ini sangat menarik. Sebagai contoh, rumah budaya Asean memberikan upaya untuk meningkatkan kesadaran tentang negara-negara asean kepada orang dewasa dengan mengundang mereka untuk bergabung pada kegiatan yang akan mereka minati seperti sesi memasak. Sementara itu untuk anak-anak mereka menyiapkan sesi pembuatan kerajinan. Area pendidikan juga aktif. Dari menciptakan kampus dengan lingkungan internasional di songdo, jeju, seoul, kursus belajar bahasa korea gratis untuk pekerja di ansan, dan untuk memperkenalkan beberapa peluang kerja bersama dengan visa untuk mencari pekerjaan setelah lulus. Korea telah melakukan berbagai upaya yang tidak sepenuhnya saya sadari di awal perjalanan ini. Namun, yang mengejutkan saya tidak semua pusat mampu dengan bebas melakukan keinginan mereka karena kesalahpahaman dan penilaian besar dari penduduk setempat. Ini adalah kasus untuk Federasi Muslim Korea di mana beberapa penduduk setempat merasa tidak nyaman dengan beberapa kegiatan yang telah dilakukan pusat atau muslim ini untuk meningkatkan kesadaran untuk kelompok ini. Saya pikir pemahaman yang lebih baik tentang kelompok orang ini akan menciptakan lingkungan yang lebih harmonis yang membuktikan keberadaan multikulturalisme. Di KMF saya mendengarkan berbagai cerita mengenai kehidupan orang muslim di Korea yang berasal baik dari negara seperti Indonesia, Malaysia, Eitopia. Kebanyakan dari mereka merasa mencaro makanan halal adalah hal yang paling sulit dalam kehidupan sehari-hari. KMF bukan hanyalah sebuah mesjid tetapi tetapi disitu tempat para muslim bersatu dan melakukan aktivitas beragamawi seperti pelajaran bahasa arab dan sebagainya. Seperti yang dikatakan oleh Seong Bora KMF adalah mesjid terbesar di Korea. Tetapi masih banyak orang yang tidak mengenal baik mengenai agama Islam, oleh karena itu sebaiknya mendatangi tempat ini agar dapat mengetahuu pengajaran Islam yang sesungguhnya.

EPISODE

뮤직비디오 〈하나 WE HEY!〉 제작 과정

이니스프리 제주하우스에서 G7으로 작품 활동 중

LG글로벌챌린저를 하면서 우리는 탐방 기록을 남기고자 곡을 만들고 뮤직비디오를 찍기로 했다. 우리의 마지막 탐방지인 제주도에 오설록 티 뮤지엄을 배경으로 영상을 찍었는데 과정이 쉽지만은 않았다. 모두 덤불 뒤에 숨어있다가 나타나서 노래를 부르고 춤을 추는 콘셉트였다. 그러나 덤불 속에는 벌레가 너무 많았고, 피부가 가려워지기 시작하면서 고충이 이만저만이 아니었다. 모르는 분들께 뮤직비디오 촬영을 부탁했어야 했고 사람들이 계속 지나가는 바람에 영상을 몇 번이고 다시 찍어야 했다. 재미를 위해서 시작한 촬영이 조금은 낯간지럽고 쑥스러운 기억이 돼버렸다. 그래도 매번 이 뮤직비디오를 볼 때면 함께 탐방했던 추억이 새록새록 떠올라 우리의 결과물이 만족스럽게 느껴진다!

송보라
한국 이슬람교 중앙회 / 강사

Q 한국에 거주 중인 무슬림들은 한국 생활에서 어떤 어려움을 겪나요?

A 최근 한국에 거주하는 이슬람 신자의 수는 늘어가고 있지만, 아직 한국 사람들에게 이슬람교는 낯선 종교로 인식돼 신자들은 일상에서도 많은 차별을 겪고 있습니다. 일례로 무슬림 아이들이 한국에서 학교에 다닐 때 또래 친구를 사귀지 못할까 봐 자신이 이슬람교 신자인 것을 숨긴다는 것입니다. 또한, 먹거리의 제약이 큽니다. 무슬림들은 돼지고기와 술을 먹을 수 없어서 할랄 인증된 식당에서만 식사할 수 있는데, 이 식당들을 찾기엔 여전히 어려움이 있죠. 그리고 시장을 볼 때도 장벽이 있습니다. 라면을 예로 들자면 한국은 할랄 인증 라면을 다른 나라로 수출하고 있으나, 정작 한국 시장 내에서는 이 라면을 찾기 어렵습니다. 아마도 한국 기업들이 국내 소비자들의 여론 등을 고려해 아직 상용화시키기 어렵다고 보고 있기 때문인 것 같습니다.

Q 다문화 가정에 대한 인식에 관해서 하시고 싶으신 말씀이 있나요?

A 한국에서 다문화 가정에 대해 '틀린 것이 아니라 다른 것'이라고 인식을 개선해야 합니다. 그러나 아직 많은 사람이 이 말을 공감하지 못하는 것 같습니다. 사람들이 외모와 종교로 다른 사람들을 판단하지 않고 대화를 통해 다른 사람들을 이해하려고 노력한다면 우리 사회가 더욱 좋아질 것이라고 믿습니다.

팀원 1. **미아**

"배우고, 또 배웁니다! 성실 모범생"

저에게 LG글로벌챌린저는 새로운 사고방식과 생각의 시작입니다. 한국에서 한 번도 가본 적이 없는 곳을 방문하기도 하고, 주제인 다문화 사회에 대해서도 깊게 배울 수 있었습니다. 체계적인 일정 진행을 위해 자기 관리를 열심히 했습니다. 탐방을 위해 간단한 동영상 제작 방법과 그래픽디자인을 배우는 경험을 통해 크게 성장하게 됐습니다.

팀원 2. **오퉁양**

"친근함이 매력인 마음 따뜻한 훈남"

다문화 사회 관련 전문가부터 다양한 경험을 가진 분들까지, 한국의 다문화에 대해 더 깊이 배울 수 있는 아주 좋은 기회였습니다. 탐방 동안 여러 사람과 다문화에 관한 이야기와 의견을 나누면서 한국의 다문화 사회를 폭넓은 시각으로 볼 수 있게 됐습니다. 또한, 외국인으로 살면서 한국 사람들의 따뜻한 정도 느낄 수 있었습니다. 좋은 추억을 갖게 해주셔서 감사합니다.

팀원 3. **케빈**

"놀라운 친화력의 소유자"

LG글로벌챌린저는 한국 다문화 사회에 대한 통찰력을 얻고, 탐방 계획 짜기, 팀워크 만들기 등을 다양하게 경험해볼 좋은 기회였습니다. 한 번도 탐험해본 적이 없는 한국을 탐방하면서 10박 11일 내내 보람찬 시간을 보냈습니다. 팀원들과 함께한 다양한 경험에 대단히 만족합니다. LG글로벌챌린저와 함께한 시간이 다음 세대를 위해서 계속 이어졌으면 좋겠습니다.

팀원 4. **하태팟**

"표정으로 승부하는 진정한 흥부자"

10박 11일 동안 한국에 있는 다른 나라 출신 외국인 친구들과 함께 탐방하면서, 한국 사회에 대해 더 깊이 보고 새로운 가치를 알게 되었습니다. 5년간의 한국 생활 동안 가장 좋은 추억입니다. 한국 다문화 사회의 문제점과 전망도 살펴보게 됐고 그에 대한 생각도 바뀌게 됐습니다. 졸업 후에 한국 다문화 사회에 긍정적인 기여를 하고 싶습니다.

우리끼리 서로 이해하는 것부터 다문화를 접하자

1. 서로 다름을 인정하자!

'서로 다른 나라, 다른 문화 배경에서 온 우리 팀, 11일 동안 함께 탐방해야 한다니!?'
대학을 다니면서 다른 문화권에서 온 학우들과 지내는 것에 익숙해졌다고 생각했지만 10박
11일 동안 함께 지내는 것은 처음이었다. 우려와 달리 탐방을 마친 지금 우리에겐 평생 잊지
못할 소중한 추억으로 남는다. 간혹 갈등이 발생할 때마다 서로 마음을 열고 문화적 차이를
인정하며 진솔한 대화를 이어나갔다. 단순히 서로가 다르다고 생각하는 것이 아니라 살아온
환경이나 배경의 차이가 있음을 서로 인정하다 보면 문제상황을 쉽게 해결하고 서로에 대한
신뢰를 더욱 쌓을 수 있다.

2. 언어 장벽 극복하기
우리는 팀원 간 주로 영어를 사용했지만, 영어가 각자에게 모국어가 아니므로 언어의 장벽이
생겨 원활한 의사소통을 이어나가지 못할 때도 있었다. 그럴 때마다 각자에게 적용된 영어의
억양과 발음이 상대에게는 낯설게 들릴 수 있다는 사실을 늘 되새겼다. 차근차근 상대가 알
아들을 수 있도록 천천히 말하며 대화를 이어나가려고 노력했다. 그리고 서로 말을 하다가
이해가 되지 않을 경우, 대화 중 다시 질문하는 것이 커뮤니케이션의 오해가 생기지 않게 하
는 방법이란 걸 깨달았다. 감정이 상하지 않는 톤으로 천천히 대화를 이어나간다면 외국인
친구들과도 언어의 장벽 없이 잘 소통할 수 있다.

대한민국 할랄 음식 산업의
현주소를 찾아서

팀명(학교) 할랄 (세종대학교)
팀원 나오미 (말레이시아), 니콜 (말레이시아), 사니야 (카자흐스탄), 피야 (카자흐스탄)
기간 2018년 8월 6일~2018년 8월 16일
장소 대한민국
 부산 (뉴월드 마트) 서울 (호지보보)
 부산 (부산 알파타 성원) 서울 (캄풍쿠)
 대구 (대구 이슬람 센터) 서울 (더 할랄 가이즈)
 대구 (뉴 살라딘)
 서울 (한국 할랄 산업 연구원)
 서울 (한국 이슬람교 중앙회 KMF)
 서울 (할랄 산업 엑스포 코리아 2018)
 서울 (이드 할랄 한식당)

우리 팀의 대원들은 모두 무슬림 인구가 많은 나라에서 왔기 때문에 처음 한국에 왔을 때 적응하기 힘든 점이 많았다. 무슬림 인구가 많은 나라에서는 할랄* 음식들을 시장이나 마트에서 쉽게 구할 수 있지만, 한국에서는 할랄 음식을 찾는 것이 무척 어려웠기 때문이다. 할랄 음식이란 과일, 채소, 곡물, 유제품, 어류, 그리고 이슬람 율법에 따라 도축된 고기를 활용해 조리한 음식을 뜻하는데, 현재 국내에 한국 이슬람교 중앙회(KMF) 할랄 위원회에서 할랄 인증을 받은 식당은 총 9곳에 불과하다.

우리는 한국에서 거주하는 무슬림들이 어떻게 자신들의 식문화를 지키며 살고 있는지 궁금했다. 앞으로 한국에 방문할 무슬림들에게 조금이라도 도움을 주기 위해, 그리고 한국인들에게 할랄 문화를 알리고 싶은 마음에 국내 할랄 음식 산업의 현황에 대해 탐방해보기로 했다.

우리 정말 친해 보이죠?
해운대 해수욕장에서 한 장의
여름 추억을 새기다

***할랄** 아랍어로 '허락되는 것'이라는 뜻이 있으며 이슬람교도인 무슬림이 먹고 쓸 수 있는 음식, 재료, 제품, 화장품, 행동 등을 총칭한다

🚩 부산, 무슬림과 할랄에 대한 넓은 시각이 필요하다 **사니야 | 카자흐스탄**

우리의 첫 탐방지는 부산이었다. 날씨는 흐릿했지만 밝은 사람들을 많이 만날 수 있었다. 부산에서 우리는 두 곳을 방문했는데, 첫 번째는 뉴월드 마트였다. 뉴월드 마트는 할랄 식품을 포함해 다양한 외국 제품들을 판매하는 곳이다. 이 마트를 운영하는 파키스탄에서 온 아시프굴(Asifgul) 씨는 한국에서 10년 넘게 거주하며 한국인과 결혼한 분으로, 우리에게 마트와 식당을 운영한 경험과 더불어 그동안 할랄 음식과 이슬람에 대한 한국인들의 태도가 어떻게 바뀌었는지에 대해 말해줬다.

두 번째 방문지는 부산 알파타 성원(Busan Al-Fatha Mosque)이었다. 우리는 무슬림들이 부산에서 어떤 방식으로 삶을 꾸려나가고 있는지 알아보기 위해 이곳에서 관리자로 근무 중인 김형민 사원과 인터뷰를 진행했다. 김형민 사원은 원래 성원에서 일하기 전 평범한 직장인이었는데, 우연히 이슬람에 관한 책을 읽게 되면서 관심을 두게 됐고, 성원에 찾아가 개종하게 됐다고 말했다. 김형민 사원에 의하면 현재 부산에 거주 중인 무슬림은 소수로, 이들은 대부분 공장에서 일

좌) 부산 광안리 해수욕장에 등장한 할랄 팀
우) 감천 문화 마을의 예쁜 풍경과 함께 힐링하다

하는 노동자들이라고 한다. 부산에서 공식적으로 인증을 받은 할랄 음식점은 딱 두 곳뿐이기 때문에 무슬림 대부분은 집에서 요리해서 식사한다고 했다. 그는 할 랄 음식점이 성공적으로 운영되려면 무슬림이 아닌 일반 대중들의 관심도 필요 한데, 아직은 시기상조인 것 같다고 말했다. 김형민 사원은 많은 무슬림들이 다 양한 오해와 편견에 갇혀있다며, 한국인들이 이슬람과 할랄을 조금 더 넓은 시선 으로 바라봤으면 좋겠다고 전했다.

Пусан был первым местом, куда мы с группой прибыли. Хоть город и встретил нас пасмурной погодой, люди были очень открыты и улыбчивы. В Пусане мы посетили два места: первое - Нью Ворлд Март, где собраны Халяль продукты из разных стран. Магазин зарубежных продуктов Нью Ворлд Март, был открыт мистером Асифгулем, котоырый приехал в Корею из Пакистана, и жил здесь больше 10 лет, и который в последсвии женился на кореянке. Во время интервью он рассказал о его собственном опыте, о том как он впервые приехал в Корею и открыл магазин, а так же последующем открытие ресторана Пакистанской кухни, а так же как менялось отношение местных к иностранным Халяль продуктам. В первое время из-за многочисленных трудностей, связанных с недостатком Халяль продуктов, в частности мяса, в Пусане проживало не так много мусульман. Однако с ростом населения и открытием новых поставщиком, г-н Асифгуль развил свой бизнес и открыл ресторан пакистанской кухни - "Бомбей Спайсис". Благодаря этому интвьерью мы узнали, что корейское населения начинает менять свое отношения к мусульманам, а так же узнаюи больше о Халяль продуктах посредством покупки и пробы.

После этого мы отправились в Пусанскую мечеть. Целью нашего визита было узнать количество Мусульман, которые проживают в Пусане, а так же об их качестве жизни. Мы провели интервью с работником мечети, Ким Хен Мин, который пришел к Ислами несколько лет назад, благодаря учебе и книгах, которые он читал во время работы в качестве менеджера офиса. Он рассказал нам, что в Пусане проживает достаточно малое количество Мусульман, и что огромной проблемой для них является недостаток Халяль еды и продуктов. Среднее количество Мусульман, которые посещают мечеть составляет 100~200 человек, но даже не смотря на такую цифру, в Пусане очень мало официально сертифицированных ресторанов. Он рассказал нам, что даже несмотря на то, что в Пусане проживает большое количество Мусульман, ему хотелось бы чтобы люди были более толеранты к Халалу, а так же чтобы было больше мест открыты для комфортабельного проживания Мусульман в Корее.

🅖🅒 대구, 할랄 음식점은 서서히 증가 중! 피야ㅣ카자흐스탄

우리가 방문한 두 번째 도시는 여름에 가장 더운 도시, '대프리카'라는 별명을 가진 대구였다. 우선 대구 이슬람 센터에 찾아갔는데, 인터뷰이가 약속 시각을 잊어서 한 시간 동안 폭염 속에서 기다려야 했던 것이 아직도 기억에 남는다.

  20년 전, 광범위한 기반 시설을 갖추고, 급속도로 발전하던 대구에 상당수의 이슬람 노동자들이 건너왔다. 대구 이슬람 센터의 창립자인 마스후드 무히드 (Masshud Muhid) 씨는 현재 대구에서 지내고 있는 무슬림의 사회 상황과 대구의 할랄 시장의 현황에 대해 알려줬다. 마스후드 씨는 한국의 이슬람교도 대부분은 외국인이기 때문에, 한국인들은 할랄의 중요성을 잘 인지하지 못하고 있다고 말했다. 매년 한국인들의 관심이 증가하고 있어 도시에 더 많은 할랄 식당과 가게를

대구의 할랄 시장 현황을 소개해준 대구 이슬람 문화센터에서 관계자들과 함께

열 수 있게 됐지만, 여전히 공급업자가 부족하다고 강조했다.

다음으로 찾아간 뉴 살라딘(New Saladin) 식당에서 우리는 대구 할랄 기업들의 상황에 대해 더 많이 배울 수 있었다. 5년째 식당을 운영 중인 뉴 살라딘의 사장인 곽은희 씨는 남편이 무슬림이고, 할랄 음식이 항상 가족 내에서 이슈가 됐기 때문에 식당을 열었다고 설명했다. 그는 대구에 사는 다른 무슬림들도 같은 문제에 직면하고 있다고 이야기했다. 곽은희 씨가 운영하는 식당의 특징은 알코올이 들어간 주류를 판매하지 않는다는 것이다. 한국인들은 저녁에 술과 안주를 많이 먹기 때문에 손님을 놓칠 가능성을 감수하면서도, 메뉴에 넣지 않았다고 했다. 대구를 탐방하며 우리는 한국 내 여러 지역의 할랄 시장 상황을 알게 됐고, 탐방에 큰 도움을 얻을 수 있었다.

Вторым местом нашего путешествия стал самый жаркий город Южной Кореи – Тэгу, или как еще его называют сами корейцы «Корейская Африка».

Первое место, куда мы отправились был Исламский центр города Тэгу, где мы прождали час под палящим солнцем Тэгу.

Во время интервью с одним из четырёх директоров центра г-ном Масхуд Мухидом, нам поведали, что Тэгу представляет собой современный и активно развивающийся мегаполис, с обширной инфраструктурой. Благодаря чему, ещё 20 лет назад в Тэгу произошел значительный приток мусульманских рабочих. Так как основное население мусульман в Южной Корее — иностранцы, коренное население не особо осведомлено о значении Халяль. Как утверждает директор центра, в данный момент интерес со стороны корейцев к Халяль с каждым годом растёт, что позволяет открывать в городе все больше Халяль ресторанов и мясных магазинов. Однако несмотря на то, что Халяль рынок расширяется и спрос на его продукцию растёт, в Тэгу все ещё не хватает поставщиков.

Второе место, куда мы отправились, находясь в Тэгу, был ресторан Нью-Салладин, где мы еще больше узнали о ситуации предпринимателей в Тэгу занимающихся Халяль продукцией. Г-жа Квак Джу Хи рассказала нам, что открыла ресторан пять лет назад из-за мужа, так как он мусульманин и потребность в еде Халяль всегда была проблемой в их семье. Из-за этой проблемы, г-же Квак пришлось пережить много трудностей, и она пришла к выводу, что и другие мусульмане проживающие в Тэгу сталкиваются с данной ситуацией что и ее семья. Более того, она отказалась включать в меню алкогольные напитки, так как это противоречит религии Ислам, и даже зная, что она может потерять большую часть посетителей в лице корейцев она решила соблюдать правила прописанные в Халяль сертификации. Вопреки всем сложностям, с которыми она столкнулась вначале работы, ее ресторан уже целых 5 лет действует на Халяль рынке и является одним из официально сертифицированных компаний в Тэгу и признана "Self-Certified" рестораном по данным Туристической Организации Кореи. Эти два прекрасных дня проведенные в городе Тэгу были очень плодотворными для наших дальнейших исследований, что помогло нам хорошо раскрыть ситуацию Халяль индустрии в Корее в целом, включая и мелкие города.

GC 서울, 할랄의 발전 가능성을 확인하다 니콜 | 말레이시아

부산과 대구를 제외한 대부분의 인터뷰는 서울에서 진행됐다. 할랄 음식과 제품에 관한 주요 기관들은 거의 서울에 기반을 두고 있기 때문이었다. 우리는 한국에서 유일하게 할랄 인증을 담당하고 있는 KMF(Korea Muslim Federation)와 인터뷰를 진행하며 할랄이 인증되는 방법에 대해 자세히 배울 수 있었다.

우리는 서울에 있는 몇몇 할랄 음식점도 방문했다. 말레이시아 음식과 한식을 동시에 파는 식당을 운영하는 무슬림 파르히드 아킴 무하마드(Farhid Akhim Muhammad) 씨는 종교적인 설명보다는 요리법으로 홍보하는 방법에 대한 많은 아이디어를 제공해줬다. 또 할랄 한식당에서는 지역 주민들에게 이슬람에 대한 정확한 내용을 홍보하고 이해시킴으로써 편견과 차별을 줄일 수 있다는 것을 배울 수 있었다.

서울에서 조사하는 동안, 우리는 한국의 소규모 할랄 식당들과 중소기업이 보유한 규모 있는 식당 간의 차이를 발견할 수 있었다. 소규모 식당들은 주로 주변 무슬림들의 식생활을 충족시키기 위해 만들어진 반면, 더 큰 식당들은 한국에서 무슬림 시장의 개발 가능성과 잠재력을 본 기업에 의해 투자되고 있다는 점이었다.

또 우리는 조사를 통해 한국의 할랄 시장이 느리게 발전하는 주된 이유 중 하나는 인종차별 때문이라는 것을 알게 됐는데, 이를 해결하기 위해서는 많은 홍보와 할랄 음식을 직접 체험해보는 기회가 필요하다고 생각됐다. 할랄은 어떤 것인지, 할랄이 가진 진짜 의미는 무엇인지, 할랄이 왜 존재하는지, 직접 체험해보고 알 수 있다면 무슬림과 할랄에 대한 많은 오해와 편견이 사라질 것으로 생각한다.

Kebanyakkan temubual kami tertumpu di Seoul, ia adalah bandar terakhir kami untuk melawat dan majoriti industri makanan dan produk halal berpusat di Seoul. Kami berterima kasih kerana diberi peluang untuk menemuduga beberapa restoran, tidak lupa juga kepada pihak KMF yang memainkan peranan besar dalam pasaran Halal untuk umat Islam di Korea kerana mereka menyediakan sijil halal untuk kedai dan syarikat. Di Seoul, kami mengunjungi Restoran Kampungku yang dimiliki oleh seorang Muslim bernama Farhid Akhim Muhammad dan kami membincangkan idea memperkenalkan makanan halal ke Korea Selatan. Kami memberi kami banyak pendapat tentang cara mempromosikannya sebagai masakan tanpa menggunakan agama. Eid juga menceritakan kepada kami beberapa cerita tentang umat Islam yang dianiaya oleh penduduk setempat dan cara untuk menghalangnya daripada terus berlaku dengan mendidik penduduk setempat lebih lanjut mengenai persepsi salah masyarakat terhadap agama. Sepanjang penyelidikan kami di Seoul, kami dapat melihat perbezaan antara syarikat-syarikat dan restoran-restoran kecil dimana restoran kecil adalah untuk bahagian F&B manakala syarikat besar pula adalah untuk market halal yang meliputi seluruh negara. Pada pendapat kami Industri Makanan Halalukanlah

한국 할랄 산업 연구원의 노장서 교수님과 함께 열심히 인터뷰 중인 할랄 팀

bukanlah idea yang mengerikan kerana ia merupakan salah satu pasaran yang semakin berkembang dan mempunyai potensi untuk membangun dan membantu ekonomi di Korea Selatan.

Punca utama perkembangan yang perlahan di pasaran ini berdasarkan kaji selidik adalah disebabkan oleh diskriminasi dan isu perkauman di Korea. Untuk menyelesaikan masalah ini, kita fikir ia perlu mempunyai banyak publisiti dan pengalaman. Cara terbaik bagi kita untuk percaya adalah untuk mengalami budaya kita sendiri, untuk memahami apa yang Halal, apakah makna Halal, mengapa Halal hadir.

조 아마드

Korean Muslim Federation / Chairman of Halal Committee

Q 할랄 인증은 어떻게 진행되며, 누가 받을 수 있나요?

A 우선, 인증 요청과 관련 서류가 필요합니다. 인증 과정은 할랄 심사와 샤리아 위원회 심사로 나뉩니다. 할랄 심사는 시설 상태와 할랄 제품 생산에 사용되는 모든 기계를 확인하는 절차로, 모든 것은 깨끗하고 돼지고기 생산과 분리돼 있어야 합니다. 또 샤리아 위원회에 의해 이슬람법에 따라 모든 문서의 검토가 끝나면, 회사는 인증을 받을 수 있으며 매년 할랄 인증서를 갱신해야 합니다. 생산 및 행동에 대해 이슬람법을 따르고자 하는 모든 기업은 인증을 받을 수 있습니다. 보통 할랄 인증을 신청하는 분들은 무슬림인데, 무슬림이 아니라면 KMF에서 제공하는 교육에 필수로 참여해야 합니다.

Q 할랄 시장의 잠재력과 가능성에 어떻게 생각하십니까?

A 작년에 약 700~800개의 제품이 할랄 인증을 받았고, 약 300개의 한국 회사들도 할랄 인증을 받았습니다. 저희는 할랄의 잠재력이 높다고 생각합니다. 할랄 라이프스타일은 어렵지 않습니다. 그것은 단지 조금 더 건강한 라이프스타일일 뿐입니다.

도전으로 도전하는 걸 배우다 나오미 | 말레이시아

우리에게는 아직도 잊히지 않는 순간이 있다. 탐방을 위해 기관에 연락하기 시작했을 때, 첫 번째로 연락한 큰 기관에서 "아니요. 관심 없어요" 하고 전화를 뚝 끊은 것이었다. 긴장하고 설레는 마음으로 전화를 걸었는데 반응이 좋지 않아서, 이 탐방이 과연 제대로 이루어질 수 있을지 의문이 들었다. 하지만 다른 방식으로 연락하기 시작했더니 다양한 기관에서 환영을 받았고, 많은 정보도 얻을 수 있었다. 탐방하면서 기관을 방문할 때마다 자신감과 용기가 필요했는데, 이제 와 돌이켜보니 정말 좋은 경험이었다는 생각이 든다. 이제는 새로운 사람들과 만나거나 도전이 필요할 때 무섭지 않게 됐다.

　대한민국의 할랄 시장은 아직도 갈 길이 멀고, 한국에서 살아가는 무슬림들은 많은 노력이 필요하다. 하지만 분명히 할랄 시장은 앞으로 더 나아갈 것으로 생각한다. 할랄은 무슬림을 위해 만들어졌지만, 크게 보면 인류가 만들어낸 하나의 지식과 문화다. 조금만 다른 시각에서 할랄을 바라본다면, 분명 다른 결과로 이어질 것이다.

Pengalaman yang tidak dapat saya lupakan adalah ketika kami cuba untuk menghubungi institusi berkaitan untuk pertama kalinya. Institusi yang kami cuba hubungi ketika itu adalah sebuah agensi yang besar. "Tidak, kami tidak berminat", jawapan mereka kepada kami dan terus meletakkan panggilan. Oleh kerana panggilan itu merupakan percubaan pertama kami dan respon yang diterima tidak memberangsangkan, saya mula hilang keyakinan dan ragu-ragu akan keberlangsungan projek ini. Sehubungan dengan itu, kami cuba menghubungi mereka dengan

서울 중앙 성원에서 성공적인 인터뷰를 기념하며

cara yang berbeza. Sebaliknya, mereka menyambut dengan tan-gan terbuka dan membenarkan kami membuat lawatan. Semasa lawatan ke pejabat mereka, kami dapat meluangkan masa yang bermakna dengan berkongsi maklumat sambil memperoleh pengetahuan baru. Alangkah baiknya sekiranya saya mempu-nyai keyakinan dan keberanian yang kami perlukan ketika kami melawat ke institusi-institusi tersebut. Hal ini kerana setiap kali saya melawat, saya rasa ia adalah pengalaman yang berguna un-tuk saya. Pengalaman tersebut membantu saya untuk tidak lagi takut untuk berjumpa orang baru. Industri halal di Korea masih belum lagi berkembang secukupnya. Oleh itu, ramai umat is-lam berusaha untuk terus menetap di Korea. Meskipun begitu, pada pendapat saya, industri ini akan terus berkembang pesat.

Walaupun hal ini tidak menjejaskan saya, tetapi ia adalah penting bagi orang lain. Halal diwujudkan kerana muslim tetapi bagi yang lain, ia juga merupakan pengetahuan dan budaya yang perlu diketahui.

EPISODE

던킨도너츠, 행운의 마스코트

LG글로벌챌린저 면접 날, 우리는 너무 떨려서 3시간이나 일찍 면접장에 도착했다. LG트윈타워 빌딩 지하에 있는 던킨도너츠에서 아침을 먹으면서 면접 준비를 했고, 한 달 뒤에 합격했다는 소식을 받았다. 아마 이것이 계기가 됐던 것 같다. 우리는 인터뷰를 할 때마다 던킨도너츠에 자주 들르게 됐는데, 그때마다 인터뷰 결과가 항상 좋았다. 이제는 던킨도너츠만 먹으면 힘이 나고 잘할 수 있겠다는 느낌이 든다. 우리도 모르게 어떤 일을 하기 전에 도넛을 먹는 것이 우리만의 행운의 마스코트(Lucky Charm)가 돼버린 것 같다.

원주 고속버스 터미널에서 던킨도너츠와 또 만났다!

팀원 1. **나오미**

"나민주입니다, 한국어 담당과 콘텐츠 담당!"

팀 내에선 콘텐츠와 한국어를 담당하고 있습니다. 탐방하며 한국어가 아직도 많이 부족하다는 것을 느꼈지만, 한 번도 못 갔던 곳에 가보면서 또 다른 한국을 체험하게 돼 무척 좋았습니다. 인화원에서 교육을 받을 때 한국어를 잘한다고 한국 이름을 지어준 다른 팀 팀원들까지, LG글로벌챌린저는 영원히 잊지 못할 것 같습니다.

팀원 2. **니콜**

"키 담당, 개그 담당!"

이번 탐방에는 장단점이 많았습니다. 단점 중의 하나는 날씨가 너무 덥고 습했다는 것입니다. 부산과 대구는 서울보다 덜 습했지만, 햇빛이 너무 강해서 저희는 새까맣게 타서 돌아왔습니다. 장점은 바다로 갈 기회가 생겼다는 것이었습니다. 바다에 가서 시원한 바람을 느끼고 짠 공기를 마시다 보니 스트레스가 다 풀렸습니다. 힐링할 시간을 가질 수 있어서 정말 행복했습니다.

팀원 3. **사니야**

"모든 건 내가 책임진다! 든든한 리더!"

처음 부산에서 탐방을 시작했을 때는 날씨가 꽤 흐리고 비가 내렸습니다. 하지만 머지않아 폭염이 찾아왔고, 더위 때문에 거의 죽을 뻔했습니다. 하지만 탐방은 무척 좋았습니다. 11일 동안 전국을 탐방하며 다양한 분들을 만났고, 그들의 진솔한 경험을 들을 수 있었습니다. 한국의 여름은 살벌했지만, LG글로벌챌린저 덕분에 좋은 기회를 얻게 된 것은 정말 큰 행운이라고 생각합니다.

팀원 4. **피야**

"할랄 백과사전입니다"

우리는 탐방을 통해 한국의 할랄 시장에 대한 매우 중요한 점을 발견했습니다. 한국은 생각보다 문화적으로 다양하고, 세계인들을 위해 조금씩 변하고 있다는 점이었습니다. 할랄 식당 주인 대부분은 가족 때문에 시작하게 됐다고 말했습니다. 사랑하는 사람을 위해 노력하는 다양한 사람들의 이야기를 들으며 한국의 할랄 산업과 시장은 발전 가능성이 크다는 것을 깨달았습니다.

팀 경험이 중요하다

1. 보석은 가까이에 있다

LG글로벌챌린저를 수월하게 진행하기 위해서는 무엇보다 서로에 대해 잘 알고 이해하는 것이 중요하다. 팀원을 선정할 때는 프로젝트를 한 번이라도 같이 해본 팀원들과 함께하는 것이 좋다. 특히 룸메이트처럼 잘 아는 주변인들과 함께하면 일상에서 아이디어를 나누기도 쉽고 회의 시간이나 장소도 제약 없이 정할 수 있다는 장점이 있다.

2. 차선책을 준비하라

우리 팀은 기관을 선정할 때, 중요한 기관과 재미있을 것 같은 기관을 모두 리스트에 넣었다. 그 후 회의를 통해 가장 중요한 기관부터 등수를 매겼고, 연락할 방법들을 다 찾아서 중요한 기관부터 섭외를 시도했다. 인터뷰가 성사되지 않은 기관이 있다면, 비슷한 성격의 다른 기관을 찾아 다시 연락해보는 것도 좋은 방법이다.

역대 LG글로벌챌린저 보기

LG글로벌챌린저를 빛낸 1기(1995년)부터 24기(2018년)까지의 팀원들과
그들의 탐방을 통해 공부한 주제를 소개합니다.

1기 | 1995년 | 팀 구성 인원 5명, 총 40팀, 대원 수 200명

대상 한국형 실버 서비스 모델에 관한 탐방보고서
청주대학교 | 안병렬, 정재성, 김민경, 송옥현, 전하연
탐방국 | 일본

금상 지역 문제 해결에 기여하는 지리정보체계(GIS)
서울대학교 | 김종연, 김현미, 정현주, 최선영, 신성희
탐방국 | 미국

은상 미국 동부 지역 장애인 종합 재활 센터
부산대학교 | 김남숙, 윤성현, 여정인, 정선희, 장철호
탐방국 | 미국

은상 한국 쌍방향 케이블 텔레비전 사업의 국가 경쟁력
제고를 위한 발전적 대안 제시
국민대학교 | 윤정구, 반대현, 김판수, 권규석, 신선주
탐방국 | 미국

동상 냄새 측정 기술과 그 응용
울산대학교 | 김현정, 허경욱, 심광훈, 김영우, 이길수
탐방국 | 일본

동상 21세기 미술을 통한 새로운 문화 교육-아동 미술관
덕성여자대학교 | 김희성, 김승민, 한지현, 임선희, 최은정
탐방국 | 미국

동상 정보 흐름의 전략적 활용을 위한 한국형 일류
(Work flow) 시스템의 기능 구조
연세대학교 | 이근상, 김용우, 한정필, 정철범, 문재윤
탐방국 | 미국

지하 공간 개발을 위한 암석의 물성 측정
강원대학교 | 오선환, 정성윤, 최예권, 유영준, 성대현
탐방국 | 미국

암 치료의 최첨단 동향 관찰 및 실험
가톨릭대학교 | 주지현, 문장석, 이진, 임현미, 장정원
탐방국 | 미국

독일 제약 회사의 의약 스크리닝 연구 방법 및 기술 습득
충남대학교 | 이재흥, 이수정, 김응배, 양희정, 박선희
탐방국 | 독일

김치 세계화를 위한 미각 센서의 기본 원리 및 응용 가능
분야 연구
서울여자대학교 | 김정진, 이선민, 정예선, 정윤선, 황용우
탐방국 | 일본

과학 선진국으로 진입하기 위한 기초 과학 정책 방안 제시
서울대학교 | 김석형, 박성호, 신영기, 김상덕, 최윤라
탐방국 | 미국

21세기 한국 생명 과학의 도약을 위한 방안 모색
연세대학교 | 윤성원, 김범철, 이인명, 김정은
탐방국 | 미국, 캐나다

Research on Agile Manufacturing
포항공과대학교 | 김유한, 최제호, 이광구, 이종혁, 차수현
탐방국 | 미국

멀티미디어와 미래 유통
서울대학교 | 김무성, 신철희, 손종솔, 강동원, 구진희
탐방국 | 미국

네덜란드 수출 원예 산업의 기반을 찾아서
중앙대학교 | 박성효, 강지은, 강남길, 이은승, 최규동
탐방국 | 네덜란드

지방자치제와 통일 시대를 대비한 지역 사회 중심 범죄
예방 정책
경찰대학교 | 신성권, 이현준, 전재근, 정범균, 한상훈
탐방국 | 프랑스, 영국, 독일

환경 보존을 통한 생태 건축과 도시 개발
경북대학교 | 변혜선, 박몽섭, 이승엽, 장희창, 박해주
탐방국 | 독일, 스위스

통일에 대비한 농촌 지역 사회 개발 모형 연구
건국대학교 | 김상균, 이호필, 김은주, 김주현, 이경화
탐방국 | 이스라엘

직장 탁아
연세대학교 | 구영범, 탁양현, 원신보, 민자경, 양혜선
탐방국 | 캐나다, 영국

지방 자치 단체의 기업 정책과 환경 정책
숙명여자대학교 | 이혜정, 박진경, 김시현, 최윤형, 정지윤
탐방국 | 미국

유럽 3개국 박물관과 고고학 유적지 탐방-교육 프로그
램과 보존 실태 중심
서울대학교 | 유용욱, 고성필, 김지인, 김혜원, 이윤아
탐방국 | 영국, 프랑스, 독일

베니스 비엔날레와 그 연관 효과
전남대학교 | 이창훈, 이금주, 오상훈, 김진태, 송경자
탐방국 | 이탈리아

영상 산업과 멀티미디어

경희대학교 | 김호성, 박성용, 정희권, 유영숙, 이남희
탐방국 | 미국

산업 교육에 있어서 기업·대학·연구소의 전략적 제휴

한양대학교 | 김승중, 한진수, 김병준, 이은경, 전수현
탐방국 | 미국

발전된 언어 교육이 국가의 문화 교류 확대에 미치는 영향

고려대학교 | 홍성호, 김상호, 박영민, 박종호, 홍승우
탐방국 | 영국, 프랑스

이상적인 한국형 기업 메세나를 찾아서

홍익대학교 | 한현정, 정형탁, 박미란, 이장희, 윤혜영
탐방국 | 영국, 프랑스, 이탈리아

새로운 커뮤니케이션 기술 발전에 따른 한국 언론의 발전 방안

성균관대학교 | 백승천, 김희경, 김정숙, 한상희, 백은희
탐방국 | 미국

전통 문화를 이용한 이집트의 산업화 전략

한양대학교 | 이창호, 이경희, 장준희, 진성원, 윤정아
탐방국 | 이집트

미국 박물관의 문화 소개 방법과 사회 교육 전략

서울대학교 | 고동욱, 김재석, 이경묵, 정유선, 민정홍
탐방국 | 미국

멀티미디어와 원격 교육 시스템을 활용하는 학교 및 사회 교육 기관

전남대학교 | 노석준, 민혜영, 오선아, 이동훈, 이순덕
탐방국 | 미국

세계 초우량 기업의 인도 진출 사례 및 인도 지역의 잠재성 검토

전북대학교 | 전진우, 시재영, 김경훈, 박준영, 이진열
탐방국 | 인도

인간 공학 분야의 기업 활용 사례

고려대학교 | 이행렬, 성도현, 방철환, 장훈, 전민호
탐방국 | 미국, 캐나다

Wal-Mart의 물류 혁명

숭실대학교 | 지성찬, 우종균, 최영민, 이형강, 임재오
탐방국 | 미국

21세기 초고속 정보통신망의 미래 진단을 위한 사례 연구

상명여자대학교 | 김영희, 박호수, 백소영, 이보라미, 한혜미
탐방국 | 미국

지역 경제 활성화를 위한 지방 자치 단체의 기업 유치 전략과 성공 요인 분석

한국외국어대학교 | 송정식, 조종명, 김정섭, 양태순, 권오설
탐방국 | 미국

정보화 전략을 통한 고객 만족 경영의 구체적 실천 방안

이화여자대학교 | 윤영미, 장수경, 김양경, 성은숙, 손수경
탐방국 | 미국, 일본

Facility Management를 통한 사무 환경 개선

연세대학교 | 구아현, 김성은, 소윤경, 이승은, 이우형
탐방국 | 미국

자본 시장 개방에 대비한 미국의 금융 기관 설립과 운영

고려대학교 | 진현, 이장훈, 김욱, 이유정, 박흥권
탐방국 | 미국, 일본

환경 창조 기업

서울대학교 | 김문웅, 김영규, 김진우, 서정모, 김승모
탐방국 | 영국, 독일, 핀란드

2기 | 1996년 | 팀 구성 인원 4명, 총 50팀, 대원 수 200명

대상 21세기 반도체 산업을 주도할 Nanostructure Device

포항공과대학교 | 구우석, 최선미, 전상미, 허영규
탐방국 | 일본

대상 지역문제 해결에 기여하는 지리정보체계(GIS)의 초고속 정보통신 기반 구축 현황과 추진 체계, 그에 따른 서비스 연구

충남대학교 | 김종석, 정윤기, 조희령, 최승호
탐방국 | 미국

대상 세계의 복합 영상 문화 공간, 한국형 영상 문화 중심지의 내일

연세대학교 | 채희승, 권혜진, 김주연, 유송
탐방국 | 미국, 프랑스, 벨기에

대상 모듈 기업의 아웃소싱 전략

전북대학교 | 김윤모, 김준수, 임설규, 윤성중
탐방국 | 미국

우수 클린 에너지 실용화를 위한 태양 전지의 개발과 그 응용

울산대학교 | 서정일, 김광호, 박재석, 최형기
탐방국 | 일본

우수 동양적 효 사상에 입각한 한국형 노인 복지 서비스의 모델-다세대 복합 시설 중심

경북대학교 | 박순미, 박소현, 최영희, 이성민
탐방국 | 일본

우수 '감'을 키우는 놀이방

고려대학교 | 최수정, 김은자, 정명희, 최애순
탐방국 | 미국

우수 신개념 물류 센터-지하 저장 시설 중심

명지대학교 | 김태곤, 김재학, 정호진, 이가희
탐방국 | 미국

장려 The Future Trend Toward Design of New Drugs

서울대학교 | 송건형, 정재훈, 정해련, 천광훈
탐방국 | 미국

장려 삶의 질 향상을 위한 한국형 보행자 공간

한양대학교 | 김병철, 김학용, 김삼중, 강도선
탐방국 | 덴마크, 네덜란드, 독일

장려 학교 정보화

한양대학교 | 권동혁, 김정태, 김봄, 김주연
탐방국 | 영국, 독일, 네덜란드

장려 한국형 위탁 급식 산업의 미래

이화여자대학교 | 정서진, 국주현, 김보은, 은수정
탐방국 | 미국, 영국, 덴마크, 스위스

21세기 의료에서의 정보 공학의 역할
가톨릭대학교 | 고석범, 김명원, 김효신, 석윤
탐방국 | 미국

차세대 반도체 기술 개발의 한국형 전략 모델
부산대학교 | 전장은, 이명재, 손혜웅, 김재문
탐방국 | 벨기에, 독일, 네덜란드

21세기 신약 개발에서의 CADD의 응용
충남대학교 | 박소영, 박진희, 황지선, 정진상
탐방국 | 스위스, 독일

자동화 시스템
서울대학교 | 최재진, 한상현, 최성훈, 백장균
탐방국 | 미국, 일본

Actuator의 연구 개발과 응용
울산대학교 | 안종혁, 김은성, 최성호, 최해주
탐방국 | 미국, 일본

단체 급식의 위탁 경영
덕성여자대학교 | 김수진, 길현경, 김선영, 현윤정
탐방국 | 미국

한국형 지하 구조물 도입을 위한 노르웨이의 지하 구조물 탐방
서울대학교 | 길민정, 서연진, 조민수, 이선아
탐방국 | 노르웨이

마이크로 머시닝에 대한 연구 기술과 응용 사례
고려대학교 | 최은호, 김병석, 김봉수, 서성규
탐방국 | 미국

카오스 이론의 현주소와 유체 혼합에의 적용
국민대학교 | 남주현, 장우석, 우경범, 조주행
탐방국 | 미국

그린라운드에 대비한 청정 기술(Clean Technology)
아주대학교 | 신성기, 노정기, 이대환, 최용석
탐방국 | 미국

광우병과 노인성 뇌질환 그리고 물질과 정신의 상보적 통합체로서의 뇌에 관한 분자생물학적 접근
경희대학교 | 김성희, 곽민정, 이여정, 오주은
탐방국 | 영국, 미국

생명을 연장하는 인공 장기의 현주소
인제대학교 | 최영철, 김영석, 김광중, 김성현
탐방국 | 미국

폐기물의 재활용 시스템을 중심으로 한 폐기물 관리 체계 현황
울산대학교 | 최준명, 박현구, 이수곤, 현동혁
탐방국 | 미국

쓰레기 소각 발전 & 상하수도 시스템
동아대학교 | 노정택, 강청운, 이기엽, 조소영
탐방국 | 영국, 독일

미국의 장애인 고용 재활 프로그램
국민대학교 | 박헌주, 이우호, 조성만, 전혜정
탐방국 | 미국

한국 대학생의 외국어 의사 소통 능력 향상을 위한 해외 연구 현황과 개선 방안
부산대학교 | 김수정, 김태경, 윤수경, 윤은주
탐방국 | 미국

초우량 쓰레기 재생 사업의 제시
고려대학교 | 신지현, 신욱, 조인직, 이정도
탐방국 | 스위스, 독일, 프랑스

일본 지자체의 국제화 경향과 민간 기업의 참여
연세대학교 | 김주영, 배종찬, 정진이, 이장수
탐방국 | 일본

첨단 도로 교통 체계에서 인간 공학의 역할
금오공과대학교 | 최영수, 박웅규, 이경호, 이종주
탐방국 | 미국

21세기 건전한 청소년 문화 형성을 위한 청소년 비행 예방책 모색
경찰대학교 | 박세희, 서정호, 장동률, 김영미
탐방국 | 일본, 미국

스위스 ZSCHOKKE의 건설 현장 탐방-환경 이슈 중심
이화여자대학교 | 이영은, 서나영, 최지인, 이혜원
탐방국 | 스위스

물의 효율적 이용과 오염 관리
한양대학교 | 김민규, 고석채, 조윤예, 이용욱
탐방국 | 독일, 스위스, 프랑스

케이블 TV의 활성화 방안
서울대학교 | 김의태, 류현주, 박선경, 이한나
탐방국 | 미국

옥외 광고와 도시 환경
홍익대학교 | 안빈, 박민희, 김회수, 신지원
탐방국 | 미국, 캐나다

영국의 대학 교육과 중등 교육의 실태
고려대학교 | 남진우, 서영설, 이태수, 김철
탐방국 | 영국

브로드웨이 뮤지컬의 저변 문화와 문화 산업 시스템 분석
연세대학교 | 이동선, 박천휘, 최도인, 강병태
탐방국 | 미국, 일본

패션 트렌드의 본고장 탐방-패션 정보 회사 중심
가톨릭대학교 | 육심현, 고은정, 구영미, 조화경
탐방국 | 프랑스, 이탈리아, 영국

장애아를 위한 조기 통합 교육
성신여자대학교 | 이지향, 김주례, 김세진, 이현진
탐방국 | 미국

환태평양 시대의 선물 산업 발전 가능성
경남대학교 | 전승일, 신정욱, 서윤희, 황정민
탐방국 | 미국, 싱가포르

지방 세계화 모형 연구 - 일본 지방 자치 단체 세계화 경제 전략
건국대학교 | 정영욱, 김정필, 김홍재, 정충근
탐방국 | 일본

일본의 해양 개발 사례 연구
서울대학교 | 박광필, 양정석, 윤해동, 윤대규
탐방국 | 일본

21세기 가상 기업 구현을 위한 인트라넷 활용 방안
연세대학교 | 남지원, 유병곤, 박래성, 장기건
탐방국 | 미국

컨벤션 산업의 국내 발전 모형 제시
건국대학교 | 야정수, 장영규, 양인하, 황세연
탐방국 | 영국, 포르투갈

중국 진출 기업의 조선족 활용 방안
연세대학교 | 김태형, 이성희, 이영기, 맹주열
탐방국 | 중국

사이버 마케팅 - 인터넷을 통한 증권사의 투자 유도 전략
이화여자대학교 | 권희영, 김은정, 박미나, 최희은
탐방국 | 미국, 일본

21세기 초일류 로지스틱스
고려대학교 | 최준락, 김병인, 이지철, 김현수
탐방국 | 미국

인간 존중 경영의 현장
서울대학교 | 김규석, 신은정, 이종명, 임효경
탐방국 | 미국

Futurekids를 찾아서
조선대학교 | 조석봉, 이경섭, 조재익, 임권진
탐방국 | 미국

대상 생물리의 오늘과 비전
포항공과대학교 | 남규현, 최경진, 김재욱, 윤건수
탐방국 | 미국

최우수 21세기 신기술 패러다임 시대를 선도할 생명공학 전문 벤처 기업의 국내 육성 방안
부산대학교 | 구선영, 박한수, 이유경, 차정호
탐방국 | 미국, 영국

최우수 Techno Park를 찾아서
충남대학교 | 박정우, 박병선, 이중원, 차상룡
탐방국 | 영국

최우수 스포츠 마케팅
연세대학교 | 강신봉, 김영기, 이지현, 허장원
탐방국 | 미국, 캐나다, 일본

최우수 동구 유럽 시장 진출을 위한 해외 광고 전략 및 활성화 방안 - 러시아 중심
한국외국어대학교 | 권용태, 지미선, 이나연, 김정인
탐방국 | 러시아

우수 Speech Recognition in Mobile Computing
포항공과대학교 | 황재인, 김길연, 박세원, 심준혁
탐방국 | 미국, 영국

우수 독일 통일 후 내적 통합을 위한 독일인의 노력
연세대학교 | 홍상성, 전병준, 전주영, 김보경
탐방국 | 독일

우수 전략적 문화 산업으로서의 캐릭터 산업
한국외국어대학교 | 이정현, 김태현, 김용균, 박정규
탐방국 | 일본, 미국

우수 Eco-Design for Computer Industry
명지대학교 | 장훈철, 조재호, 최상호, 장상열
탐방국 | 미국, 일본

장려 우리나라의 효율적인 유류 오염 대응 제도
한국해양대학교 | 박영철, 김석진, 서동민, 박충식
탐방국 | 미국, 캐나다, 일본

장려 선진 응급 의료 체계에서 배운 한국 응급 의료 체계의 문제점 해결 방안 및 대안
경북대학교 | 강민규, 김현호, 이강, 이경진
탐방국 | 미국

장려 열린 교육 - 소학교 중심
덕성여자대학교 | 이정아, 이명선, 오현경, 박주란
탐방국 | 일본

장려 비즈니스 경쟁의 새 지평 - Mass Customization
전북대학교 | 이용철, 김영이, 최병수, 김철민
탐방국 | 미국

특별 한국형 관광 안내소의 미래
연세대학교 | 차문희, 김재영, 황윤성, 박정훈
탐방국 | 영국, 프랑스, 홍콩

21세기에 대비한 핵폐기물 처리 방법에 관한 연구
한양대학교 | 배만섭, 오현덕, 이성훈, 유동석
탐방국 | 미국

치매에 대한 21세기적 진단과 치료
가톨릭대학교 | 임현수, 이성종, 김승훈, 염진호
탐방국 | 미국

미래의 기능성 식품
고려대학교 | 박정수, 박영선, 최현정, 허명옥
탐방국 | 일본, 미국

저온 플라즈마의 산업적 응용
포항공과대학교 | 송정욱, 서혜진, 황준호, 안용환
탐방국 | 미국

새로운 경쟁 체제하에서의 국내 자동차 산업의 발전 방향 - 자동차 리사이클링
경희대학교 | 추민수, 이종선, 박기현, 마민영
탐방국 | 독일, 스웨덴, 영국

사회 기반 시설물의 내진 및 보강 기술
한양대학교 | 신민철, 이용욱, 김윤배, 이동영
탐방국 | 미국, 일본

4G DRAM에로의 접근
금오공과대학교 | 조민우, 김주현, 장천규, 강익수
탐방국 | 미국

21세기를 주도할 청정 에너지원인 연료 전지
서울시립대학교 | 김용구, 강상윤, 김용문, 조태준
탐방국 | 일본, 미국

A Cultural Revolution in Drug Discovery
서울대학교 | 진현숙, 김만수, 이지은, 심원식
탐방국 | 미국

The Advanced Technology of Semiconductor Manufacturing Equipment
서울대학교 | 이태연, 주세욱, 윤락근, 김혜령
탐방국 | 미국, 일본

한국 외교 인력 양성의 문제점과 해결책 모색 전문성과 일반성의 괴리와 조화
서울대학교 | 김진영, 이지윤, 정내리, 차유진
탐방국 | 미국, 캐나다, 호주

환경 문제와 기업 경영
서강대학교 | 진증, 곽준경, 김재한, 정성엽
탐방국 | 영국, 미국

생태도시(Ecopolis)
충남대학교 | 김용택, 김현석, 김병무, 김성범
탐방국 | 미국

국내외 장애인의 이동권 확보 현황
단국대학교 | 이상훈, 양상진, 김영석, 강영욱
탐방국 | 캐나다, 미국

독일의 환경 친화성 제품의 인증 제도-환경 마크 제도 중심
연세대학교 | 김진아, 구선정, 안수정, 최성욱
탐방국 | 독일

남북 통일시 문화적 충격 완화에 미치는 기업의 역할
한국외국어대학교 | 임형준, 곽용, 김민용, 임경재
탐방국 | 독일, 체코, 루마니아

문서 관리와 활용에 관한 연구
연세대학교 | 이상훈, 박운정, 이종화, 강성훈
탐방국 | 미국, 영국

21세기 정치와 통일 문제 해결을 위한 방송의 역할
고려대학교 | 성정민, 송호섭, 김정희, 손준석
탐방국 | 영국, 독일

21세기 도시 쓰레기의 효과적인 재자원화 방안
경북대학교 | 손진하, 이승재, 이정아, 최정란
탐방국 | 일본, 미국

러시아 조기 예술 교육의 성공적 사례와 한국적 수용의 가능성
성균관대학교 | 이석원, 김정무, 김세정, 이상명
탐방국 | 러시아

차세대 원격 교육을 통한 교육 혁명
전북대학교 | 박종철, 김창수, 강준영, 노성봉
탐방국 | 미국, 캐나다

사전을 만드는 나라 프랑스-자료의 수집, 정리, 보존, 체계화 관련
고려대학교 | 권예림, 김정우, 김옥태, 전종학
탐방국 | 프랑스

가상 대학의 현재와 가능성
중앙대학교 | 장동신, 최연수, 김미경, 이주영
탐방국 | 미국, 영국

종합 문화 공간으로서의 박물관 역할과 자생적 운영 방안
연세대학교 | 김혜은, 위은숙, 이주영, 이소연
탐방국 | 미국, 영국

독일의 직업 교육
부산대학교 | 권기덕, 김연희, 장은주, 이미경
탐방국 | 독일

중국 유통 산업의 문화 계층별·지역별 특성 조사
한양대학교 | 강수진, 고현승, 정권, 서진성
탐방국 | 중국

BASES와 IRI 탐방을 통한 시장 조사 업계의 전환점
숭실대학교 | 정병길, 김형일, 이상익, 이자연
탐방국 | 미국

Multimedia Super Corridor의 새로운 도전과 영향
고려대학교 | 조현준, 임창근, 김용석, 안성욱
탐방국 | 말레이시아, 싱가포르, 미국

신용사회, 정보화 사회를 위한 신용 정보업
서강대학교 | 강수현, 유창준, 류정훈, 이준호
탐방국 | 미국

다국적 기업의 전략적 제휴 현장
고려대학교 | 유승주, 조준희, 신선화, 김나일
탐방국 | 미국, 일본

쓰레기 소각과 그 폐열을 이용한 지역 난방
동국대학교 | 이제호, 박성조, 김동현, 현봉완
탐방국 | 덴마크, 독일

Professional Secretary를 찾아 세계로!
이화여자대학교 | 권은경, 명재신, 유민, 윤은원
탐방국 | 미국, 프랑스

아랍 에미레이트 두바이 자유 무역항의 유통 구조에 관한 연구
한국외국어대학교 | 정재엽, 엄동섭, 박찬, 유길종
탐방국 | U.A.E, 싱가포르, 홍콩

이미지에 승부하는 고부가 가치 산업-한국형 캐릭터 산업의 미래
연세대학교 | 유창재, 김준권, 김혜진, 송하영
탐방국 | 일본, 미국

미국의 사례를 통한 Internal Communication 활성 방안
한양대학교 | 김동원, 정석원, 손명수, 최금숙
탐방국 | 미국

첨단 정보 기술 산업 분야의 선진 벤처 중소기업 육성 현장
서강대학교 | 김종헌, 신동익, 구상효, 김은진
탐방국 | 미국, 대만

대상 지식 경영의 성공 요인
연세대학교 | 이영수, 이병욱, 한다윗
탐방국 | 미국

우수 특별 21세기 Brain Hunt 시대 뇌 과학의 위상과 비전
서울대학교 | 채영광, 최형진, 한승석
탐방국 | 미국

우수 21세기 기업의 전략적 사회 공헌 활동-기업의 자원 봉사
서강대학교 | 정철규, 임지영, 박민희
탐방국 | 미국

우수 상호 문화적 관점의 도입을 통한 외국어 교육 개선 방안
서울대학교 | 선혜윤, 이미생, 임진희
탐방국 | 독일, 오스트리아

우수 폐광 지역의 카지노 성공 열쇠
경희대학교 | 김호기, 심교헌, 편유진
탐방국 | 미국

장려 환경 보존을 위한 축산 폐기물 처리 방안
건국대학교 | 김창한, 유지호, 강승기
탐방국 | 미국

장려 한국의 신호 교통 체계의 향후 발전 방향
경찰대학교 | 이광렬, 김한철, 변재원
탐방국 | 영국, 프랑스, 이탈리아

장려 21세기 특수교육의 대변환, 전환교육-미국 캘리포니아 지역 사회 모형을 찾아서
단국대학교 | 김민정, 김지연, 장순덕
탐방국 | 미국

장려 21세기 식량 문제-오스트레일리아의 식량 기지화
건국대학교 | 김준홍, 남경민, 최지영
탐방국 | 호주

21세기 식품으로 부상하는 유전자 재조합 식품의 동향 파악
덕성여자대학교 | 김경해, 이지혜, 조유경
탐방국 | 영국

신원 확인의 기초인 Facial Reconstruction
가톨릭대학교 | 김지희, 황정택, 김동석
탐방국 | 미국

에너지와 환경을 고려한 Green Building
홍익대학교 | 백상흠, 신수현, 이정로
탐방국 | 미국

심해저 광물의 경제성 분석 및 개발 방법
동아대학교 | 이대성, 이학준, 이한림
탐방국 | 미국

중앙아시아 범투르크계 경제권의 발전 가능성
한국외국어대학교 | 오종진, 박현아, 김자옥
탐방국 | 카자흐스탄, 우즈베키스탄, 터키

더불어사는 21세기-주거 공간에서의 Universal Design 적용
한양대학교 | 최윤형, 정나래, 최정윤
탐방국 | 미국

미국의 직업 교육 훈련
충남대학교 | 김호화, 고원석, 최장석
탐방국 | 미국, 캐나다

장애인 보조 기구와 휠체어 리프트의 인간공학적 연구
한양대학교 | 이정훈, 이준혁, 박민경
탐방국 | 미국

Waterfront의 개발에 따른 지역 경제의 파급 효과
부경대학교 | 박신영, 김상욱, 김호경
탐방국 | 미국

21세기 초우량 기업의 창출을 위한 기업 교육의 역할 탐구
한양대학교 | 장우진, 정훈, 신승훈
탐방국 | 미국

21세기 경쟁력 제고를 위한 디자인 교육의 방향 및 디자인 인프라
부산대학교 | 이동규, 송재형, 최나리
탐방국 | 영국, 독일

축제 산업의 진흥을 위한 지방 자치 단체의 지원 체제 및 산학연 협동 체제 구축 방안
조선대학교 | 김미혜, 전현정, 신봉호
탐방국 | 중국

월드컵 미디어를 통한 문화 알리기
이화여자대학교 | 박소현, 김희정, 김애리
탐방국 | 프랑스

한국적 상황에 적합한 전자 상거래의 고찰
인하대학교 | 이치훈, 정한호, 김기세
탐방국 | 미국, 캐나다

한국 선물 산업의 발전적 대안 탐색
한양대학교 | 이상헌, 김상범, 양대용
탐방국 | 일본, 싱가포르

Management Buy-Out과 기업 구조 조정
연세대학교 | 김학우, 이영섭, 이성준
탐방국 | 영국

해외 직접 투자 유치의 초우량
연세대학교 | 강성호, 최병훈, 장원식
탐방국 | 싱가포르, 일본

프랑스 파리를 넘보는 '춘향 N° 5'를 꿈꾸며
숙명여자대학교 | 김선ө, 민진숙, 송혜란
탐방국 | 영국, 프랑스, 독일

중남미인들의 소비 성향 조사를 통한 시장 개척 방안 모색
한국외국어대학교 | 김인욱, 이택선, 김유진
탐방국 | 멕시코, 칠레, 아르헨티나

해외 고급 인력 활용을 통한 국내 경기 활성화의 한국형 TBI 모델 제시
전남대학교 | 김명수, 정연수, 이명준
탐방국 | 이스라엘

중국·베트남 국경 무역 지대 해외 시장 개척 조사
동서대학교 | 조창희, 이윤혁, 류승수
탐방국 | 중국, 베트남

(대상) 네트워킹 분야의 첨단 기술 혁신 전략
서강대학교 | 정진용, 성열호, 박수현
탐방국 | 미국

(우수) 인간수명 120세 시대, 21세기 노인의학의 위상과 비전
서울대학교 | 이세원, 이종윤, 신동욱
탐방국 | 일본

(우수) 외국어로서의 한국어 발전 가능성
서강대학교 | 박현숙, 손건일, 조연희
탐방국 | 미국

(우수) 누군가는 바꿔야 할 한국의 장묘 문화
충남대학교 | 장재원, 한대섭, 서민정
탐방국 | 영국, 프랑스, 독일

(우수) 21세기 경영 전략으로서의 환경 경영
연세대학교 | 이종형, 정형일, 정영철
탐방국 | 미국, 캐나다

(장려) 생체 시스템(의공학)의 개발 현황 및 성장 분석
서울대학교 | 강신우, 류찬열, 조우제
탐방국 | 미국

(장려) 21세기 다매체시대에서의 한국형 미디어 교육 모델
경희대학교 | 이연진, 김미정, 김효진
탐방국 | 캐나다, 미국

(장려) 빛깔 있는 삶터, 서울을 꿈꾸며
이화여자대학교 | 우희정, 이자경, 최윤영
탐방국 | 일본

(장려) 전자상거래 최후의 장애물, 물류
인하대학교 | 공경철, 임장혁, 경석현
탐방국 | 미국

(특별) 디지털상품을 위한 비즈니스 프로세스 개발
연세대학교 | 김호영, 정준, 오혜림
탐방국 | 미국

Digital/Network에서의 기술 급변에 따른 Business Model 변화
KAIST | 배재현, 김재형, 박명제
탐방국 | 미국

청년 실업 문제 해결을 위한 영국의 노력-New Deal 정책 중심
연세대학교 | 양희승, 박지원, 유능한
탐방국 | 영국

Glycobiology를 이용한 신약 개발
경희대학교 | 김병진, 김지윤, 임민영
탐방국 | 영국, 네덜란드, 독일, 스위스

대체에너지로서의 지열에너지
전북대학교 | 이은기, 김성주, 나보연
탐방국 | 일본, 스웨덴, 프랑스, 그리스

포항 방사광가속기의 21세기 발전 전략
포항공과대학교 | 황재석, 김필원, 이지희
탐방국 | 미국

선진 의료 전달 체계
서울대학교 | 김주혁, 전우석, 최수진
탐방국 | 독일

일본의 이지매(왕따) 문화 진단
경찰대학교 | 배성열, 이치훈, 고준수
탐방국 | 일본

축구신동의 보고, 중남미
경희대학교 | 김승일, 임승필, 장유성
탐방국 | 브라질, 아르헨티나, 멕시코

2002년 월드컵을 대비한 GIS 활용 방안
인하대학교 | 최승식, 조현홍, 이장규
탐방국 | 호주

발도르프 체제하에서의 특별 활동과 방과 후 활동
성균관대학교 | 변조민, 최현애, 황령
탐방국 | 독일, 스위스, 오스트리아

퇴행성 질환 예방·치료를 위한 공예 교육 프로그램
조선대학교 | 김이슬, 정혜원, 김재홍
탐방국 | 미국

공학과 디자인의 만남-홀로그램의 활용과 발전 방향
홍익대학교 | 박형우, 오종훈, 김시내
탐방국 | 미국

한국의 바람직한 장묘 문화 정착을 위한 개선 방안
덕성여자대학교 | 김선우, 나의정, 최유정
탐방국 | 스페인

21세기 인간과 도시-영국의 신도시 개발과 도심 재개발 사업
홍익대학교 | 이종훈, 이성재, 김영진
탐방국 | 영국

오락을 넘어 산업으로
부산대학교 | 김수정, 문현정, 권정희
탐방국 | 미국

고도성장의 촉매제, 벤처캐피털리스트 육성 방안
경희대학교 | 이충렬, 손국호, 김대중
탐방국 | 미국

선진 IR 활동을 찾아서
연세대학교 | 김진경, 최동혁, 최세민
탐방국 | 미국

디자인 경영-창조적 디자인에서 비즈니스 성공으로
서울대학교 | 김종화, 정유성, 서재훈
탐방국 | 미국

고객만족 극대화를 위한 미국 일류호텔의 서비스 보증 제도
경기대학교 | 신유섭, 김난희, 심가영
탐방국 | 미국

KOREA의 힘, 국가경쟁력 강화를 위한 전략적 PR 방안 연구
숙명여자대학교 | 임현영, 이윤주, 김여주
탐방국 | 미국

6기 2000년 | 팀 구성 인원 3명, 총 30팀, 대원 수 90명

대상 마지막까지 아름다운 삶을 위하여
서울대학교 | 이은경, 이혜경, 정경은
탐방국 | 영국, 아일랜드

우수 **특별** 잃어버린 학교를 찾아서
한동대학교 | 임채덕, 윤영덕, 신은혜
탐방국 | 일본

우수 미국의 응급의학과 응급의료시스템
인제대학교 | 박종하, 배상모, 박상언
탐방국 | 미국

우수 21세기 한국 공연장의 생존 전략
한국외국어대학교 | 이안호, 이희현, 한정호
탐방국 | 일본

우수 독일 전시 산업의 경쟁력 원천
건국대학교 | 박효균, 김정호, 차상엽
탐방국 | 독일

장려 한국형 인터넷 선거 모델
연세대학교 | 김성일, 최정진, 정찬석
탐방국 | 미국

장려 DNA 칩과 21세기
서울대학교 | 정영태, 김정현, 김석준
탐방국 | 미국

장려 가고 싶은 공중화장실
성균관대학교 | 강경원, 이완민, 김지수
탐방국 | 덴마크, 독일, 스위스

장려 이업종 공동브랜드 'Will'
KAIST | 강명주, 배준상, 김태경
탐방국 | 일본

전자 치료(Gene Therapy)
서울대학교 | 최태웅, 최주현, 한민석
탐방국 | 미국

지진에 대비한 내진 설계
연세대학교 | 김인성, 박주완, 안병무
탐방국 | 일본

가축 전염병의 예방책
충북대학교 | 김용일, 윤성진, 황혜중
탐방국 | 영국, 벨기에, 프랑스, 독일, 이탈리아

21세기의 새로운 수자원 기술
서울대학교 | 장원석, 박지원, 이현실
탐방국 | 이스라엘

무한한 가능성의 탄소나노튜브
고려대학교 | 윤여운, 김상준, 김동준
탐방국 | 미국

사회 안전망으로서의 재해 대책
대구대학교 | 강재국, 김동욱, 이병희
탐방국 | 미국

위성방송을 통한 영어 사용 능력 향상
공주교육대학교 | 김묘진, 조혜진, 채정희
탐방국 | 스웨덴, 노르웨이

푸드뱅크의 한국적 정착
서강대학교 | 김서현, 홍세미, 정창우
탐방국 | 미국, 캐나다

21세기 시위 관리의 뉴 패러다임
경찰대학교 | 정준선, 김현민, 김원태
탐방국 | 독일, 프랑스, 영국

아이들의 가능성을 발견하는 Mentoring Program
이화여자대학교 | 김해은, 김수미, 민윤경
탐방국 | 미국

장애인의 인간적인 삶을 위하여
이화여자대학교 | 김민정, 김영인, 유나리
탐방국 | 미국

한국의 주거문화 정착
서울대학교 | 김수현, 이진희, 신동현
탐방국 | 일본

유니버설 디자인
KAIST | 박도연, 고은혜, 임세정
탐방국 | 프랑스, 독일, 스웨덴

한국형 링컨센터
연세대학교 | 김현동, 손은정, 김효정
탐방국 | 미국

오타쿠, 일본 사회를 이끄는 힘
포항공과대학교 | 인민영, 서영실, 김한옥
탐방국 | 일본

살아 숨 쉬는 지하철 공간
이화여자대학교 | 조수경, 이진여, 이민선
탐방국 | 미국

병원의료서비스의 경쟁력 향상
연세대학교 | 최원준, 홍성배, 함혜정
탐방국 | 미국

21세기 비디오 게임기 산업의 가능성
고려대학교 | 송현석, 오한솔, 하민우
탐방국 | 일본

유럽 중소기업의 인큐베이터, 프라운호퍼
건국대학교 | 이상탁, 지현욱, 강민식
탐방국 | 독일

도약하는 농업
서울대학교 | 김미선, 김미란, 김혜진
탐방국 | 일본

남한 기업의 성공적 북한 진출
연세대학교 | 신안식, 정동식, 한신남
탐방국 | 독일

대상 의료의 맥도날드화
가톨릭대학교 | 정석원, 나경선, 정수진
탐방국 | 미국

우수 미생물과 인간의 생존 경쟁
서울대학교 | 곽수헌, 김기갑, 정우진
탐방국 | 미국

우수 일본 집합주택의 커뮤니티 공간
부산대학교 | 강민지, 오정화, 하정남
탐방국 | 일본

우수 내셔널트러스트 운동의 활성화
서울대학교 | 김상석, 김희성, 문수영
탐방국 | 영국

우수 한국 인턴 제도의 활성화 방안
이화여자대학교 | 주미경, 이현정, 안지영
탐방국 | 미국

장려 공룡화석지의 자연사 교육장화
전남대학교 | 김보성, 홍희정, 김은혜
탐방국 | 중국

장려 장애인 자립생활운동의 현장
연세대학교 | 김동은, 정혜진, 이윤택
탐방국 | 미국, 캐나다

장려 살기 좋은 집합주거단지의 건설
성균관대학교 | 김민영, 이주욱, 임도훈
탐방국 | 영국

장려 여성 인력, 21세기 기업의 성공 요인
연세대학교 | 이병희, 주민혜, 박상준
탐방국 | 미국, 캐나다

특별 한류를 통해 본 중국의 소비 문화
한국외국어대학교 | 김교욱, 김근욱, 이정협
탐방국 | 중국

컴퓨터 리사이클링–귀금속 회수
고려대학교 | 권영후, 김우성, 윤지욱
탐방국 | 미국

미래 사회의 힘, 건강한 아기
가톨릭대학교 | 최형선, 윤선영, 박윤정
탐방국 | 미국

T-commerce의 한국적 적용 가능성
연세대학교 | 신기해, 황순욱, 김지연
탐방국 | 영국, 프랑스

종자산업, 유전 자원의 활용
경희대학교 | 이건호, 김수호, 이용승
탐방국 | 미국

일본 10대 문화의 한국 유입 가능성
명지대학교 | 강윤호, 김현우, 이정화
탐방국 | 일본

10대 미혼모를 위한 교육 프로그램
한동대학교 | 강지원, 윤지원, 김태규
탐방국 | 미국, 캐나다

제3섹터를 이용한 지방 재정 확충
고려대학교 | 배수경, 홍희경, 노우제
탐방국 | 영국, 아일랜드

한민족 공동체의 미래
연세대학교 | 구문회, 이제욱, 정욱
탐방국 | 미국

장애학생을 위한 대학 생활 지원 서비스
서울대학교 | 나재선, 김미순, 배효성
탐방국 | 미국

보육 정책의 성공 정착
숙명여자대학교 | 김유경, 최현, 임진
탐방국 | 스웨덴

폐광지역, 생태 건축으로 되살리기
연세대학교 | 김하예, 박세윤, 서유경
탐방국 | 독일

중화문화권에서 한국 문화 산업의 전망
숭실대학교 | 한형민, 구재호, 손재선
탐방국 | 중국, 대만

라틴 아메리카 기와를 통해 본 한옥의 미래
한국외국어대학교 | 최명호, 고광필, 남궁곤
탐방국 | 멕시코, 과테말라, 콜롬비아

아름다운 도시를 위한 슈퍼그래픽
충남대학교 | 박민아, 한충식, 이경길
탐방국 | 미국

전통 승계를 통한 문화 경쟁력 확보
한국외국어대학교 | 이민수, 곽새라, 김윤정
탐방국 | 이란

우리나라 가구 산업의 미래
성신여자대학교 | 주영혜, 박수미, 정진희
탐방국 | 스웨덴, 영국

환경을 생각하는 의류 산업
서울대학교 | 윤상윤, 김승연, 정상원
탐방국 | 영국, 덴마크, 독일, 스위스

성공적인 모바일 비즈니스의 키워드
한동대학교 | 박성규, 김현중, 이미경
탐방국 | 캐나다, 미국

21세기 컨벤션 산업의 발전
연세대학교 | 김지영, 우정열, 김남인
탐방국 | 영국

Digital Divide의 감소
고려대학교 | 전희경, 이용석, 김태한
탐방국 | 싱가포르, 홍콩, 베트남

대상 21세기 도시 교통문제 해결을 위한 신개념 버스 조사·연구
동국대학교 | 김동군, 김형환, 정현주
탐방국 | 브라질, 콜롬비아

우수 크레용을 든 의사-미술치료
가톨릭대학교 | 주현수, 오민진, 유주현
탐방국 | 미국

우수 그린투어리즘 도입 초기의 문제점과 해결 방안
경기대학교 | 김인준, 서승덕, 정재선
탐방국 | 일본

우수 지역재단을 통한 기부문화의 활성화
이화여자대학교 | 김민정, 황민정, 유지연
탐방국 | 미국

우수 Credit Bureau의 성공적 정착
연세대학교 | 문지현, 이승환, 박진수
탐방국 | 미국

장려 미세유체제어기술 BioMEMS의 미래
고려대학교 | 민지현, 노태균, 황은주
탐방국 | 미국

장려 세계를 놀라게 한 브라질의 참여 예산 제도
한국외국어대학교 | 한춘성, 이주희, 안보라
탐방국 | 브라질

장려 사회환원 디자인
KAIST | 노사라, 조나정, 김수현
탐방국 | 미국

장려 월드컵 경기장의 효율적인 사후 활용 방안
연세대학교 | 김승식, 윤영란, 전현무
탐방국 | 영국, 프랑스, 독일

특별 중국 교판 기업의 경쟁력
한동대학교 | 박지혁, 이제열, 김지영
탐방국 | 중국

환경친화적 댐 건설 성공 스토리
한국기술교육대학교 | 김군태, 이용석, 조석호
탐방국 | 미국

꺼져가는 삶의 마지막 희망
서울대학교 | 조범주, 박효은, 배기정
탐방국 | 미국

합리적인 도로 유지 보수를 위한 도로포장관리시스템
연세대학교 | 장향배, 이홍주, 권유정
탐방국 | 미국

반사회적 청소년을 다시 사회로
한국교원대학교 | 최지영, 최기복, 정재산
탐방국 | 영국, 독일

보는 '엘리트스포츠'에서 뛰는 '생활스포츠'로
건국대학교 | 박병선, 강태영, 천봉귀
탐방국 | 독일

지능형 교수학습 프로그램의 교육적 활용
고려대학교 | 김원식, 권은주, 최정
탐방국 | 미국

이혼가정 자녀를 위한 사회복지 프로그램
한국외국어대학교 | 박정효, 윤설영, 김정림
탐방국 | 영국

미국 차터스쿨(charter school)을 통해 본 한국 공교육의 방향
서울대학교 | 박하나, 서정연, 정지윤
탐방국 | 미국

장애인들의 날개옷 사업
이화여자대학교 | 윤소영, 이재령, 송주현
탐방국 | 미국

안전한 장난감이 가득한 세상
고려대학교 | 윤수호, 이세종, 전종일
탐방국 | 영국, 벨기에, 덴마크, 스웨덴

21세기 생태관광의 미래
경동대학교 | 김명기, 최성택, 김수용
탐방국 | 미국

문화적 예외라는 시각에서 본 자국영화 발전 방안
고려대학교 | 강리브가, 김민선, 정현진
탐방국 | 프랑스

변화를 읽는 디지털 건축의 디자인 프로세스
홍익대학교 | 이주병, 강현일, 신지호
탐방국 | 영국, 네덜란드

어린이 놀이공간 개선 방안
홍익대학교 | 이준오, 성우정, 임청란
탐방국 | 스웨덴, 덴마크, 네덜란드, 프랑스

신화와 전래동화를 활용한 관광 상품 개발
홍익대학교 | 김진경, 강민정, 김현민
탐방국 | 독일, 스위스, 이탈리아, 그리스

선진 사례를 통해 본 e-CRM
연세대학교 | 박재현, 김규원, 최민석
탐방국 | 미국

금융권의 고객 가치 혁신과 그 핵심
이화여자대학교 | 이의수, 이혜수, 이수희
탐방국 | 미국

의료보험의 재정난 해결을 위한 민영의료보험의 역할
연세대학교 | 민경업, 현지아, 신웅섭
탐방국 | 미국

e-비즈니스 환경의 기업보안관, Computer Forensics
연세대학교 | 장원석, 김리나, 전수빈
탐방국 | 미국

CRM 환경하에서의 텔레마케터 역할 제고
서울대학교 | 박계영, 김지경, 박소윤
탐방국 | 미국

9기 2003년 | 팀 구성 인원 3명, 총 30팀, 대원 수 90명

대상 Virtual city of Helsinki의 연구
성균관대학교 | 장윤화, 성현수, 오충식
탐방국 | 핀란드, 러시아

우수 Sink or Swim? Implications from European M-Commerce market
고려대학교 | 김원기, 조현섭, 최문영
탐방국 | 영국, 스웨덴, 덴마크, 독일, 핀란드

우수 로봇수술, 수술의 새로운 미래
서울대학교 | 김채화, 김지은, 김진욱
탐방국 | 미국

우수 시장 매커니즘을 통한 환경 경영의 정착
서울대학교 | 김진하, 구재범, 황정하
탐방국 | 영국, 독일, 스위스, 네덜란드

우수 스쿨 존의 성공적인 정착 방안
연세대학교 | 김형욱, 윤지남, 김이홍
탐방국 | 영국, 덴마크, 스웨덴, 독일

우수 세계화의 발판 WORK CAMP
한국외국어대학교 | 박나경, 김은아, 김선하
탐방국 | 영국, 프랑스, 독일, 이탈리아

장려 유비쿼터스 혁명과 우리나라 IT 강국을 향한 전망
KAIST | 김원영, 강민석, 정희재
탐방국 | 미국

장려 제주도와 타즈매니아의 환경 정책
이화여자대학교 | 김남희, 강지영, 복서정
탐방국 | 호주

장려 기업연금의 효율적인 자산 운용 방안
연세대학교 | 김상호, 조민영, 이은정
탐방국 | 미국

장려 교실은 세상의 일부이다-프랑스 프레네 교육에 기초한 공교육개혁
고려대학교 | 정해진, 김정숙, 박현철
탐방국 | 프랑스, 독일

장려 Post PC시대의 인간 중심 디자인
KAIST | 이형민, 이효정, 김나리
탐방국 | 미국

특별 Way finding을 위한 사인의 디자인적 접근
서울여자대학교 | 심보경, 정주리, 허고운
탐방국 | 네덜란드, 독일, 프랑스

갯벌의 친환경적인 활용 방안
연세대학교 | 이상엽, 정연일, 신주연
탐방국 | 독일, 네덜란드, 영국, 덴마크

노인의 curing & caring
가톨릭대학교 | 양용준, 김예니, 안성배
탐방국 | 영국, 스위스, 독일

잃어버린 죽음을 찾아서
가톨릭대학교 | 김수연, 서보미, 신현영
탐방국 | 영국, 프랑스, 덴마크

안전한 유기농산물과 건강한 환경을 위한 Innovative Technology
서울대학교 | 박단비, 조민영, 홍인기
탐방국 | 네덜란드, 스위스, 독일, 스웨덴

Ubiquitous의 전략적 활용
연세대학교 | 이슬, 최양우, 임성준
탐방국 | 미국

인간을 위한 연구, 장애인을 생각하는 공학
울산대학교 | 손제현, 이재광, 백성환
탐방국 | 미국, 캐나다

유해한 환경 속 건축 폐기물의 효율적 처리와 재활용
서울대학교 | 최한준, 김범준, 이재범
탐방국 | 미국

Opening the door to your own home(Mortgage system)
연세대학교 | 정정구, 이영호, 김경하
탐방국 | 미국

윤리경영-회계 부정에 대한 선진국의 대응 방안
연세대학교 | 문장현, 곽지영, 이승보
탐방국 | 미국

직장보육시설, It's worth an investment
고려대학교 | 엄보영, 최소진, 김세영
탐방국 | 미국

자동판매기의 효율적 운영을 위한 관리시스템
연세대학교 | 임영희, 이지선, 이신재
탐방국 | 미국

21세기 기업의 사회적 역할-전직 지원 제도의 정착
연세대학교 | 권의식, 임주현, 민복기
탐방국 | 미국

한국 사회의 지적 수준 제고 방안-미국 공공도서관 시스템을 통한 고찰
이화여자대학교 | 이주영, 신미경, 양현신
탐방국 | 미국

고령화 사회의 한국적 노인 보건복지 모델
연세대학교 | 손미중, 김현철, 이희원
탐방국 | 독일, 스위스, 스웨덴

From Gifted to Talented
연세대학교 | 홍원형, 황승민, 이재우
탐방국 | 미국

수용에서 보호로-동물을 위한 동물원 디자인
한성대학교 | 강성호, 조혜영, 박스란
탐방국 | 미국

일본의 축제 마츠리를 통한 한국 축제 발전 방안 모색
한국외국어대학교 | 남희정, 안지원, 최현우
탐방국 | 일본

장애인 캠프의 질적 향상
성신여자대학교 | 이태리, 백수경, 최지현
탐방국 | 미국

대상 스페이스 캠프의 성공적 정착을 통한 체험과학교육의 활성화
연세대학교 | 윤성원, 김범철, 이인명, 김정은
탐방국 | 미국, 캐나다

최우수 IT시대의 새로운 경영 패러다임 RTE
KAIST | 강영은, 최은정, 김희동, 이은주
탐방국 | 미국

최우수 신용불량자 문제 해결을 위한 선진국의 신용 상담 기구
서울대학교 | 김율영, 임다사롬, 이은영, 이상호
탐방국 | 미국

최우수 교실 속 청소년 탐방-우리나라 고등학교 상담 체계
이화여자대학교 | 강민주, 박윤지, 정주원, 우수원
탐방국 | 미국

우수 Who steals our nest?
이화여자대학교 | 조희선, 김수라, 김민경, 박유영
탐방국 | 영국, 폴란드, 독일

우수 Sabermetrics를 통한 한국야구산업 발전 방향 모색
연세대학교 | 민용현, 이용설, 오중석, 이재웅
탐방국 | 미국

우수 한국의 Frodo economy를 꿈꾸며
연세대학교 | 강석모, 류연택, 이요찬, 이준영
탐방국 | 뉴질랜드

우수 Street Furniture를 통한 도시경관 고품격화를 위한 로드맵
한국외국어대학교 | 김지우, 김은영, 박선아, 한혜수
탐방국 | 네덜란드, 영국, 이탈리아, 프랑스

우수 체계적인 음악예술 교육프로그램을 통한 클래식 공연 미래 관객 확보
고려대학교 | 유대진, 채정수, 이은미, 김지영
탐방국 | 미국, 이탈리아

특별 은퇴 과학기술 인력을 활용한 청소년 과학교육 활성화 프로그램
한동대학교 | 최원규, 김은우, 오승택, 주은혜
탐방국 | 미국

장려 21C 한국형 외국인노동자 정책
영남대학교 | 안창기, 김현철, 성민영, 허영윤
탐방국 | 영국, 스웨덴, 독일

Biomimetics의 무한 가능성, 생체모방공학
KAIST | 최우식, 윤광선, 정서영, 양성호
탐방국 | 미국

줄기세포를 알면 암이 보인다
가톨릭대학교 | 심유진, 백지원, 박지혜, 천용준
탐방국 | 미국

IT-Port-대한민국을 국제 허브로
KAIST | 노창현, 정승기, 강서연, 도재명
탐방국 | 일본, 중국, 싱가포르

재료를 연구하는 또 하나의 방법, 재료과학 전산 모사
서울대학교 | 김홍석, 오승수, 오용태, 유승석
탐방국 | 미국

RFID로 이루는 유비쿼터스 물류 혁명
KAIST | 이정훈, 오은정, 김솔, 이홍기
탐방국 | 미국

스마트 무인로봇 기술강국을 향한 힘찬 발걸음
울산대학교 | 신영훈, 박상경, 이창원, 류제철
탐방국 | 미국

웹에서 한걸음 더 진화한 인터넷, 그리드 컴퓨팅
한양대학교 | 김선교, 정세훈, 연양미, 이연준
탐방국 | 미국

나노강국을 꿈꾸며-나노 Fab이 가야 할 길
KAIST | 김찬구, 강호석, 김철, 박태훈
탐방국 | 미국

BcN의 성공적 시행과 선도를 위해-Me, too가 아닌 Follow Me!
인제대학교 | 강정예, 박효진, 송지영, 양진홍
탐방국 | 스위스, 이탈리아, 독일, 영국

부드러운 것이 온다-꿈의 디지털 디스플레이, 전자종이
포항공과대학교 | 지솔근, 최우석, 김영준, 류준수
탐방국 | 미국

미국 교육저축제도를 통해 본 국내 간접투자시장의 활성화 가능성
연세대학교 | 최민정, 박현진, 김재은, 박세웅
탐방국 | 미국

가상 심포지엄으로 살펴본 2006 날씨 위험관리 심포지엄
서울대학교 | 조연서, 최고은, 김명길, 이현재
탐방국 | 미국

유럽에서 찾아보는 에너지 한국의 미래
포항공과대학교 | 차화륜, 장지은, 김서준, 고재윤
탐방국 | 독일, 영국, 프랑스, 스웨덴

지속가능한 개발을 위한 교육-BALTIC 21 사례 중심
경희대학교 | 조장은, 곽수민, 장소영, 정성훈
탐방국 | 덴마크, 노르웨이, 핀란드, 스웨덴

고아원 없는 한국의 미래
연세대학교 | 서승현, 김수미, 조나영, 이서원
탐방국 | 영국, 독일, 스웨덴

POSITIVE SUM, NOT ZERO SUM-노사 문제 인식의 새 지평
연세대학교 | 조대곤, 박항미, 백지선, 채혜조
탐방국 | 독일, 아일랜드

세계 속 한국문학의 르네상스를 꿈꾸며
이화여자대학교 | 노아실, 안선영, 이현진, 백가윤
탐방국 | 프랑스, 독일

문화 원형 복구를 통한 콘텐츠화
성균관대학교 | 홍승범, 김소영, 서은성, 이철우
탐방국 | 중국, 대만

479

에코디자인과 에코문화의 정착

국민대학교 | 천신호, 이육희, 이해영, 이지혜
탐방국 | 독일, 스위스, 프랑스, 영국

대상 PAV(Personal Air Vehicle) 시대

건국대학교 | 이준호, 윤성욱, 조국현, 박강호
탐방국 | 미국

최우수 살아 있는 시약-실험동물 21C Portfolio

충북대학교 | 김수향, 오한택, 박기혜, 백철
탐방국 | 미국

최우수 A Challenge for Terabyte-Holographic Data Storage

서울대학교 | 배준범, 이윤석, 임인홍, 한명수
탐방국 | 미국

최우수 Let There Be Light! 조명을 통한 야간 경관의 관광 자원화

이화여자대학교 | 김연우, 김현정, 정지혜, 조대은
탐방국 | 프랑스, 체코, 영국

최우수 Come, See and Enjoy! It's our pleasure! 기업박물관

고려대학교 | 김혜진, 최민, 현선영, 홍상은
탐방국 | 미국

최우수 도심 속 GREENWAYS를 통한 삶의 질 향상

서울대학교 | 양석우, 이원철, 박재민, 송지현
탐방국 | 미국

우수 노령화 사회에서 치매 연구와 치매 노인에 대한 복지

이화여자대학교 | 박지윤, 박지현, 조가은, 조현아
탐방국 | 영국, 스위스, 스웨덴

우수 세포 하나가 환자 하나가 된다-나노의학

연세대학교 | 김은정, 김한상, 조수현, 노성민
탐방국 | 미국

우수 혁신클러스터의 성장원동력, 한강의 기적에서 대덕의 기적으로

서울대학교 | 이은호, 김시내, 김희연, 최형표
탐방국 | 미국

우수 모노레일 타고 동북아 허브의 길로 가자

연세대학교 | 유형석, 정순형, 이상엽
탐방국 | 일본, 인도네시아, 말레이시아

우수 한국 지역 축제, 그 성공의 청사진

한국외국어대학교 | 서지원, 유형민, 백찬규, 이세미
탐방국 | 스페인

특별 대체 냉매로서 나노유체의 성공적 활용

경희대학교 | 김재완, 이광호, 정청우, 정준영
탐방국 | 미국

캐나다의 무인도 개발을 통해 본 우리나라 무인도 개발의 비전

동서대학교 | 최재영, 김휘일, 전상민, 최홍철
탐방국 | 캐나다

장기기증 네트워크를 통한 장기기증의 체계화 및 활성화

가톨릭대학교 | 이자영, 김은경, 박주혜, 서우석
탐방국 | 스페인, 네덜란드, 벨기에, 독일

우주를 정복해 지구를 지배하라-초소형 위성의 연구

KAIST | 장지윤, 정연지, 신창용, 유인영
탐방국 | 영국, 독일, 오스트리아, 이탈리아

세상을 바꾸는 청정 파워, 수소에너지

연세대학교 | 박준호, 전진원, 양유진, 김진혁
탐방국 | 캐나다, 미국

유비쿼터스의 핵심 임베디드 시스템

고려대학교 | 김도형, 이기현, 김용세, 김정수
탐방국 | 미국

주파수 활용의 아나바다, Cognitive Radio

ICU | 강동협, 신우람, 이건국, 이남정
탐방국 | 캐나다, 미국

RTE 환경에서 변화 관리 방안에 관한 연구

KAIST | 김가온, 김형준, 오유진, 이은정
탐방국 | 미국

New Paradigm of Healthcare, E-Health

연세대학교 | 정승민, 김일훈, 이준민, 엄정환
탐방국 | 영국, 프랑스

인류를 위한 세계 최대의 퍼즐, 항공 사고 조사

한국항공대학교 | 이현호, 박용군, 박용오, 신정훈
탐방국 | 미국, 캐나다

新바젤협약(Basel II)-한국 중소기업 생존 전략

부산대학교 | 권오근, 윤필재, 정성표, 정재식
탐방국 | 독일, 스위스

NPO와 기업의 지속 가능 경영, 자선을 위한 WIN-WIN 파트너십

숙명여자대학교 | 김지은, 정누리, 배연주, 인정은
탐방국 | 영국

코리아 재탄생의 중요한 실마리, 유럽 지역 한국학 진흥도모

한국외국어대학교 | 김미라, 정성희, 윤혜영, 송선재
탐방국 | 스웨덴, 영국, 프랑스, 독일, 체코, 이탈리아

도시 하천의 친환경적 복원 방향에 관한 제안

고려대학교 | 이큰별, 주민석, 김소희, 염선영
탐방국 | 영국, 네덜란드, 독일, 스위스, 프랑스

도로안내표지판 개혁을 통한 REBIRTH OF SEOUL-THE GLOBAL CITY

이화여자대학교 | 김유라, 신지연, 윤새봄, 조민경
탐방국 | 홍콩, 일본

한국 이공계 리더 탄생의 미래

서강대학교 | 이휘찬, 서동욱, 황윤교, 박문성
탐방국 | 중국

미술은행의 활성화 방안

성균관대학교 | 황순재, 이한상, 김정현, 김수현
탐방국 | 영국, 프랑스

디지털 미디어 시대, 라디오의 부활

홍익대학교 | 오룡진, 김찬일, 당현선, 최혜은
탐방국 | 영국, 프랑스, 스위스

한국음식의 세계화를 통한 국가 브랜드 상승

홍익대학교 | 김현주, 박환철, 조애리, 주하나
탐방국 | 영국, 프랑스, 이탈리아, 오스트리아

12기 | 2006년 | 팀 구성 인원 4명, 총 30팀, 대원 수 120명

대상 대중음악의 輿를 위하여

중앙대학교 | 김수민, 도경우, 유윤태, 윤민상
탐방국 | 일본

최우수 See the world-누가 내 백사장을 옮겼을까

연세대학교 | 박희대, 이혜은, 장연주, 최석진
탐방국 | 미국

최우수 e-Court 사법 체계와 선진 IT 기술의 융합

KAIST | 김현태, 손장한, 이윤주, 이은경
탐방국 | 미국

최우수 미래의 에너지, 불타는 얼음-Methane Hydrate

서울대학교 | 오송희, 유명식, 이경선, 이상호
탐방국 | 일본

최우수 유럽의 Death Care Industry

성균관대학교 | 권병민, 박웅기, 이은혜, 최하연
탐방국 | 영국, 독일, 스위스

최우수 R&D 혁신의 최전선, Innovation Lab

연세대학교 | 강성주, 김우상, 김태일, 양진철
탐방국 | 미국

우수 아동 성폭력의 정신의학적 치료와 사회적 대처

연세대학교 | 송제은, 윤예지, 임선민, 전여름
탐방국 | 미국

우수 기술의 한계에 날개를 달아 줄 차세대 블루오션 -감성공학

아주대학교 | 김아람, 김재환, 이원, 이종철
탐방국 | 미국

우수 CDM사업 시스템의 한국형 모델

중앙대학교 | 강희성, 마상선, 윤현수, 최미지
탐방국 | 일본

우수 Community Collaborative, 행복한 아이들이 사는 동네

고려대학교 | 손철수, 이경휘, 임은지, 한수진
탐방국 | 미국

우수 여행자 거리 조성을 통한 배낭여행객 유치 방안

한국외국어대학교 | 김원녕, 손수남, 심진, 채우리
탐방국 | 태국, 중국, 베트남

특별 다니엘 헤니를 만지고 싶을 때, 실감방송

ICU | 남은혜, 방옥경, 배영인, 이은미
탐방국 | 스위스, 독일, 영국, 네덜란드

Is Your Child Safe?-아동 발달장애의 Early Intervention

가톨릭대학교 | 강혜라, 김종호, 이미진, 이승훈
탐방국 | 영국, 프랑스, 스위스, 독일

차세대 암 조기 진단법-바이오마커

가톨릭대학교 | 곽현정, 전재섭, 최정원, 최호준
탐방국 | 미국

아시아 임상시험의 허브로

서울대학교 | 장원, 정율리, 주영석, 허세범
탐방국 | 호주, 뉴질랜드

Robot, New Paradigm Shift

KAIST | 구윤모, 김주희, 윤성준, 이안나
탐방국 | 미국

한국 U-헬스케어 기술을 도입한 가정용 비만관리시스템

경희대학교 | 김의연, 이영명, 이지준, 장진원
탐방국 | 미국

도로에서 평화를 이루다

경원대학교 | 이영경, 장진주, 전유미, 최성구
탐방국 | 스웨덴, 네덜란드, 독일, 영국

하늘의 고속도로 CNS/ATM

한국항공대학교 | 김국재, 오정훈, 한성아, 홍종범
탐방국 | 영국, 네덜란드, 벨기에, 프랑스, 스위스

2011년을 뒤덮을 RFID 서비스 세계

연세대학교 | 박건우, 박승복, 손진범, 이기현
탐방국 | 미국

홈 네트워크를 기반으로 한 스마트 홈

국민대학교 | 김남석, 박남천, 오현인, 주학철
탐방국 | 중국

농촌관광활성화를 위한 한국형 농촌관광단지 조성

건국대학교 | 박지현, 최상희, 최지연, 허지현
탐방국 | 영국, 프랑스, 독일

한국형 MBA의 Repositioning 전략

성균관대학교 | 김수민, 이경진, 정낙일, 정두영
탐방국 | 네덜란드, 독일, 프랑스, 영국

유럽의 수목장 특성 및 운영 조사

고려대학교 | 김홍립, 우영준, 최인영, 최철군
탐방국 | 독일, 스위스, 스웨덴

21세기형 인재 육성 방안으로서의 디자인 조기교육

이화여자대학교 | 박신형, 이유리, 이형영, 임채린
탐방국 | 영국

일과 가정의 양립을 통한 저출산 해결 방안

전남대학교 | 박용석, 조은애, 최새롬, 황기환
탐방국 | 핀란드, 스웨덴, 노르웨이

우리나라 출산 문화의 발전 방향 모색

한국외국어대학교 | 김정은, 송재인, 정창환, 진우현
탐방국 | 프랑스, 영국, 스웨덴

한국형 숲 유치원(Eco-kids school)의 제안
숙명여자대학교 | 김민정, 이세은, 이승민, 이지현
탐방국 | 독일

한국골프산업의 미래, 우리가 책임진다
경희대학교 | 권혁, 안홍기, 이동욱, 이정희
탐방국 | 미국

Architecture + Marketing-The 3rd Space
동국대학교 | 나성욱, 성민주, 장정모, 장푸름
탐방국 | 영국, 독일, 오스트리아

13기 | 2007년 | 팀 구성 인원 4명, 총 30팀, 대원 수 120명

대상 에너지 혁신기술 스마트 그리드
성균관대학교 | 이경민, 이정훈, 최형식, 추승우
탐방국 | 미국

최우수 병원 감염 위험 없는 新의료 환경 조성
고려대학교 | 김성완, 김수옥, 박동수, 이여림
탐방국 | 미국

최우수 한국의 바이오에너지 마을의 미래상
포항공과대학교 | 김은선, 김혜진, 서상우, 이응주
탐방국 | 독일, 덴마크, 노르웨이, 스웨덴, 핀란드

최우수 한국형 마이크로크레딧의 정착과 발전 방안
서울대학교 | 김세일, 김세화, 안재균, 오성택
탐방국 | 미국

최우수 **특별** 도심 속 어울림의 장, 재래시장의 Revitalization
한국외국어대학교 | 김승필, 김연준, 원지예, 이지원
탐방국 | 스페인, 영국, 덴마크

최우수 한미 FTA 타결, 한국 농업의 새로운 도전, 유기농
한동대학교 | 김경욱, 유승범, 이용명, 최동철
탐방국 | 독일, 오스트리아

우수 한국형 친환경 축산업 발전
건국대학교 | 김병환, 김현영, 박선영, 백성민
탐방국 | 영국, 스위스, 오스트리아, 독일

우수 신의 눈을 훔치다-전지구관측시스템을 통한 이상 기후 예측
인하대학교 | 김규동, 백영효, 조경학, 하준용
탐방국 | 미국

우수 한국형 마이크로크레딧
경북대학교 | 김병두, 박경로, 우지은, 정예라
탐방국 | 미국

우수 한국형 ODA 모델의 방향
한국기술교육대학교 | 김지연, 김현문, 유호영, 편준우
탐방국 | 탄자니아, 케냐

우수 버스킹 문화의 도입 및 활성화를 통한 거리 예술의 대중화
광운대학교 | 강지은, 김정훈, 유승혜, 이선행
탐방국 | 영국, 프랑스

유럽형 기상산업 민·관 협력 체제 연구 및 활용
부산대학교 | 김지웅, 문상석, 송보경, 한득천
탐방국 | 독일, 영국

식이장애의 현황 분석과 한국형 Role-Model 제시
경희대학교 | 김미령, 문상우. 안혜준. 윤은경
탐방국 | 미국

제약산업의 미래상
성균관대학교 | 김신애, 박승영, 서현진, 허성훈
탐방국 | 미국

일본의 선진화된 RFID의 물류분야 사례 탐방
부경대학교 | 김형석, 문보라, 정대훈, 정순규
탐방국 | 일본

무선전력 송신기술에 대한 우리나라의 발전 방향
아주대학교 | 김진욱, 문성호, 임미경, 허진영
탐방국 | 미국

무인자동차의 개발 동향과 사회무인화에 끼칠 영향
KAIST | 김종훈, 박준석, 변문정, 현혜선
탐방국 | 미국

Ubiquitous Sensor Networks
연세대학교 | 김세욱, 김희진, 박철현, 이동원
탐방국 | 미국

u-Eco City-자연과 인간이 어우러지는 첨단도시
KAIST | 류승균, 장아침, 조혁일, 홍정현
탐방국 | 독일, 핀란드, 덴마크

디지털 포렌식-정보보안을 위한 디지털 증거 분석
고려대학교 | 박신화, 박춘화, 유회석, 정재성
탐방국 | 미국

TUI 실현을 위한 촉감 인터페이스
상명대학교 | 김경남, 백소현, 육현수, 이인성
탐방국 | 미국

건강한 습지, 건강한 인간-성공적인 람사협약 당사국 총회
이화여자대학교 | 권유미, 노채원, 최영인, 황주영
탐방국 | 스위스, 네덜란드, 영국

북유럽 산학 협력 사례 탐방을 통한 산학 클러스터 활성화 방안
한양대학교 | 김범, 이상현, 이형준, 정두선
탐방국 | 덴마크, 스웨덴, 핀란드

독일 대학식당 탐방을 통한 한국 대학식당의 급식서비스 개선
서울여자대학교 | 김희진, 이연희, 이지미, 홍진희
탐방국 | 독일

칠레 농업의 경쟁력과 수출 마케팅 사례
경희대학교 | 나성주, 나한나, 심창욱, 정효찬
탐방국 | 칠레

한국형 ODA가 나아가야 할 방향
KAIST | 김재민, 김준연, 이슬기, 최윤정
탐방국 | 일본, 베트남

청소년을 위한 Death Education 도입
한국외국어대학교 | 김판기, 김호성, 윤지현, 정진경
탐방국 | 미국

우리나라 아이스 공연 콘텐츠 발전 방안
경기대학교 | 문지록, 이희, 최창혁, 황민솔
탐방국 | 러시아

장애인스포츠 및 선진국형 통합스포츠 활성화 방안
이화여자대학교 | 박인혜, 박주희, 조영희, 최진선
탐방국 | 프랑스, 네덜란드, 스웨덴, 영국

Sportainment를 통한 한국 프로스포츠의 활성화
충북대학교 | 김원석, 김혜령, 이광규, 임재석
탐방국 | 미국

14기 | 2008년 | 팀 구성 인원 4명, 총 30팀, 대원 수 120명

대상 BIPV SYSTEM, 태양 도시의 꿈
서울시립대학교 | 고인석, 남궁융, 박민용, 전형준
탐방국 | 스페인, 독일

최우수 안심하고 약을 사용할 수 있는 그날까지
성균관대학교 | 강수연, 김미연, 진연지, 차지선
탐방국 | 미국

최우수 우리의 문화유산, 디지털 복원으로 세계를 향하다
숙명여자대학교 | 박민서, 서원경, 이예진, 최연화
탐방국 | 영국, 벨기에, 스위스, 터키

최우수 대학의 재정건전성 제고를 위한 기금 운용 메커니즘
연세대학교 | 김효임, 박상은, 이희원, 임승혁
탐방국 | 미국

최우수 기업의 참여를 통한 통합적 알코올중독 재활 시스템 구축
한동대학교 | 김상연, 김향기, 임준수, 조용혁
탐방국 | 미국

최우수 응급의료서비스(EMS)의 민관파트너십 구축 방안
한양대학교 | 김진석, 안중혁, 유기원, 최승규
탐방국 | 미국

우수 RNAi를 통한 새로운 질병 치료제 탐구
연세대학교 | 박세웅, 성승운, 신혜지, 윤자경
탐방국 | 미국

우수 한국형 인간 동력의 도입과 발전 방향
서울대학교 | 김동준, 김우람, 이정재, 최혁준
탐방국 | 일본, 중국

우수 성공적인 한국형 웨딩 오픈마켓의 정착
건국대학교 | 윤희욱, 임현균, 정종규, 황예지
탐방국 | 미국

우수 국내 공개 입양 가정의 성공적인 적응을 위한 지원 방안
성균관대학교 | 김상원, 류현, 전신영, 정병수
탐방국 | 미국

우수 DAC(Design Against Crime) 디자인이 경찰력이다
국민대학교 | 김나리, 김민준, 정예원, 홍혜란
탐방국 | 영국, 네덜란드

특별 신 에너지원, 인간 동력의 한국형 모델
동국대학교 | 김재영, 박효선, 오남정, 유준곤
탐방국 | 독일, 네덜란드, 영국

대한민국 Blue Ocean, 실버푸드 시장
이화여자대학교 | 김선미, 우소영, 이조은, 정은영
탐방국 | 일본

로스쿨 시대, 한국형 과학 전문 법조인의 생존 전략
KAIST | 김정우, 남재현, 박유림, 임지민
탐방국 | 미국

재난 생존자의 정신 보건을 위한 보고서
가톨릭대학교 | 김은정, 성수윤, 윤혁진, 최승용
탐방국 | 미국

한국형 CCS 기술 제안
KAIST | 박진은, 서용범, 이선우, 이천규
탐방국 | 노르웨이, 독일, 프랑스, 영국

의료기기 산업을 제2의 반도체로
연세대학교 | 강민석, 이영훈, 이주원, 이진영
탐방국 | 미국

Robot, Bio Technology를 만나다
건국대학교 | 박병용, 장경민, 홍승지, 홍승진
탐방국 | 미국

대한민국 무인항공기의 선진화를 위한 방안
서울대학교 | 구창모, 권범진, 김종원, 노희권
탐방국 | 미국

유휴 철도부지는 재생 혁명 중
고려대학교 | 곽윤석, 우병규, 최재은, 최탄일
탐방국 | 미국

탄소나노튜브(CNT) 실용화에 앞선 점검
성균관대학교 | 김민경, 김태형, 김태훈, 복다미
탐방국 | 미국

CSR(기업의 사회적 책임), 지속 가능 경영의 길
한양대학교 | 박종현, 박진환, 안성호, 이문휘
탐방국 | 미국

일본의 남미 해외식량기지 확보 사례 벤치마킹
서울대학교 | 김나리, 김지훈, 노민하, 이지원
탐방국 | 브라질, 아르헨티나

일본에서 한국 야생동물의 미래를 꿈꾸다
강원대학교 | 박민호, 이호산, 정은선, 조성관
탐방국 | 일본

미국의 사례를 통한 한국 홈스쿨링의 발전 방향
명지대학교 | 박미라, 백충임, 최다운, 허원
탐방국 | 미국

시민이 만드는 공원
서울대학교 | 강대욱, 안미선, 이상은, 이원미
탐방국 | 미국, 캐나다

공교육에서 활용 가능한 ADHD 교육 콘텐츠 개발
춘천교육대학교 | 배수진, 전성곤, 최은아, 홍세미
탐방국 | 미국

한국 바둑 세계화를 위한 탐색
명지대학교 | 김미라, 김준상, 이세미, 정준수
탐방국 | 스웨덴

다양한 문화콘텐츠 기반으로서의 '문학'의 역할
홍익대학교 | 김규상, 김도용, 김승환, 안은경
탐방국 | 프랑스

실버세대를 위한 문화콘텐츠 개발
중앙대학교 | 김쥬리, 박혜은, 서진실, 이우리
탐방국 | 네덜란드, 독일, 덴마크, 스웨덴

15기 | 2009년 | 팀 구성 인원 4명, 총 30팀, 대원 수 120명

(대상) **개별 주택에 적합한 빗물 관리 시스템 확산 방안**
한동대학교 | 이재규, 이혜주, 정대장, 최준회
탐방국 | 일본, 싱가포르

(최우수) **한국형 Passive House의 성공적 정착**
KAIST | 문재윤, 이동영, 이화영, 정윤화
탐방국 | 독일, 스위스, 오스트리아

(최우수) **지속 가능 개발을 위한 한국형 Green Village 발전 방향**
부산대학교 | 김철우, 이용희, 조해인, 천재호
탐방국 | 영국, 네덜란드, 독일

(최우수) **Wearable Computer 산업 경쟁력 제고를 위한 전략 방안**
이화여자대학교 | 김수연, 김희진, 손수경, 신은지
탐방국 | 미국

(최우수) **도시마케팅, 21C 도시의 필수 생존 전략**
성균관대학교 | 공병재, 손산하, 이원수, 이지현
탐방국 | 미국

(최우수) **전략적 분석을 통한 한식의 세계화 방안 모색 프로젝트**
중앙대학교 | 김현영, 박한솔, 신동이, 이지민
탐방국 | 미국

(우수) **자연의 중심에서 모방을 외치다–자연모사공학**
연세대학교 | 김온누리, 서민호, 정준영, 하소영
탐방국 | 미국

(우수) **한국형 마을 만들기 운동–YAP(Yourself Attractive Peculiar)**
경북대학교 | 김민지, 서윤규, 서현철, 허희정
탐방국 | 일본

(우수) **Fair Trade, 지속 가능한 성장의 모멘텀**
서울대학교 | 김진영, 노태우, 이성은, 조태호
탐방국 | 미국, 코스타리카, 엘살바도르

(우수) **국내 유기농 화장품 시장 활성화를 통한 안전한 화장품 시장 형성**
동국대학교 | 권경신, 성은이, 이미진, 장진영
탐방국 | 프랑스, 독일

(우수) (특별) **한국 TV프로그램을 전 세계로 수출하기 위한 방안**
고려대학교 | 나지웅, 오용호, 유종훈, 최인환
탐방국 | 영국, 프랑스, 네덜란드

iPS cell의 미래
서강대학교 | 우현민, 정보람, 조순지, 최지영
탐방국 | 미국

국내 신약 연구 분야의 방향–시스템생물학
건국대학교 | 김호진, 송혜진, 조은상, 현지예
탐방국 | 미국

캠페인을 통한 빛공해의 인식 변화 및 개선 방안
충남대학교 | 박성훈, 이주미, 임이랑, 천감찬
탐방국 | 영국, 벨기에, 오스트리아, 이탈리아

AT(보조공학)를 활용한 장애인 교육 기회 확대
KAIST | 김성실, 김혜린, 정용재, 최원희
탐방국 | 미국

한국형 Cloud Computing의 성장 방향
숙명여자대학교 | 김연희, 신지혜, 최윤희, 최재연
탐방국 | 미국

Green Data Center
인하대학교 | 김민정, 박준영, 성주엽, 이준영
탐방국 | 미국

한국형 클라우드 컴퓨팅
KAIST | 강범수, 강설아, 김대형, 장은제
탐방국 | 미국

열전을 통한 에너지 효율 극대화 방안
한양대학교 | 김경미, 부현석, 서성호, 전우열
탐방국 | 미국

하이드로젤 지지체를 통해 본 조직공학의 가능성
KAIST | 김수영, 박주연, 조용정, 지하연
탐방국 | 미국

자이언트 켈프 바이오에탄올을 통한 에너지·환경문제의 해결
KAIST | 강동원, 김지나, 김찬미, 목정완
탐방국 | 영국, 프랑스, 독일, 벨기에, 덴마크, 스웨덴

한국법률전문가의 동남아시아 시장 진출 방안
충북대학교 | 구민선, 김범수, 정성영, 조규백
탐방국 | 홍콩, 싱가포르, 말레이시아, 중국

집현전의 부활을 꿈꾸며
한양대학교 | 강보희, 고경민, 이정윤, 최소연
탐방국 | 미국

봉이 김선달과 풀어 가는 조선팔도의 물산업 강국 구현 전략
한동대학교 | 변지혜, 이주연, 임지훈, 허동희
탐방국 | 독일, 네덜란드, 프랑스, 이탈리아

한국형 토론리그 도입을 통한 한국의 토론 르네상스
연세대학교 | 김신일, 김지수, 박준영, 지성현
탐방국 | 미국

외국어로서의 한국어-세종학당 구출 작전
고려대학교 | 강한모, 김소희, 김유림, 윤지윤
탐방국 | 영국, 독일

의료용 기능성게임의 개발 및 진흥
서울대학교 | 강연호, 김경호, 박희은, 정영찬
탐방국 | 미국

세계는 아직 한식에게 반하지 않았다
부경대학교 | 김경민, 김승하, 민승미, 유은희 탐방국 | 미국

공연, 그 이상의 감성 체험을 위한 Site-Specific Theatre
한국예술종합학교 | 구슬지, 이금자, 한수지, 한자인
탐방국 | 영국, 오스트리아, 프랑스

한국의 새로운 다문화정책과 진정한 다문화사회로의 개진
한국외국어대학교 | 노병용, 오상호, 윤시내, 황지훈
탐방국 | 우즈베키스탄, 카자흐스탄

16기 | 2010년 | 팀 구성 인원 4명, 총 30팀, 대원 수 120명

대상 CO2 제로의 꿈이 현실이 된다
경북대학교 | 서보열, 전은명, 강연희, 이미희
탐방국 | 영국, 독일, 스위스, 덴마크

최우수 반도체, 실리콘을 버리고 그래핀을 담다
성균관대학교 | 원승욱, 배상훈, 황지환, 이길용
탐방국 | 미국

최우수 오감으로 책 읽기, 모두를 위한 독서를 말하다
숙명여자대학교 | 이재화, 김태은, 이경희, 김소영
탐방국 | 영국, 스웨덴, 프랑스

최우수 전자폐기물, 애물단지가 자원이 되다
명지대학교 | 서은성, 김지현, 김경난, 박미나
탐방국 | 스웨덴, 스위스, 독일, 벨기에

최우수 유해한 화학물질, REACH가 잡는다
중앙대학교 | 심홍석, 백송이, 김동경, 이서진
탐방국 | 독일, 스웨덴, 영국, 프랑스

최우수 간판공해, 생각을 바꿔야 답이 보인다
연세대학교 | 최유라, 신현상, 이정원, 조은정
탐방국 | 프랑스, 영국, 핀란드

우수 안전한 의약품, 천연 식물에 비밀이 있다
성균관대학교 | 전하은, 전가경, 이소희, 박지선
탐방국 | 미국

우수 건물 설계부터 관리까지, BIM이 책임진다
고려대학교 | 이경주, 정진영, 한경수, 문수인
탐방국 | 독일, 영국, 핀란드

우수 사람을 위한, 사람에 의한 공간을 만들다
숙명여자대학교 | 이혜진, 김선희, 백승경, 김정현
탐방국 | 미국

우수 사람을 위한 집, 희망의 씨앗을 짓다
한동대학교 | 신기준, 이은우, 김은혜, 김이연
탐방국 | 미국

우수 누구나 배우가 되어 사람과 사회를 치유하다
서강대학교 | 송한아, 황승민, 이지은, 정태환
탐방국 | 미국

특별 아프리카와 휴대전화, 새로운 세상을 열다
연세대학교 | 이종택, 박경준, 최윤호, 손소현
탐방국 | 나이지리아, 남아프리카공화국

숲이 된 도시, 디자인의 옷을 입다
경원대학교 | 홍근학, 한보영, 서정화, 박하나
탐방국 | 네덜란드, 독일, 스위스

그린시티, 자연을 도시에 녹아 내다
공주대학교 | 정지윤, 이회정, 고수연, 정경록
탐방국 | 미국

날씨도 바꿀 수 있는 미래가 온다
부산대학교 | 최유미, 황덕현, 이은정, 김혜수
탐방국 | 미국

건축물의 탄생, 성장, 죽음에 CO2는 없다
고려대학교 | 류재호, 장혜진, 우승기, 이영은
탐방국 | 영국, 스위스, 핀란드

테크놀로지의 미래, 사람 속에서 답을 구하다
연세대학교 | 고은경, 박지훈, 소중희, 이지영
탐방국 | 미국

운송의 변화, 환경과 유통을 살린다
서울시립대학교 | 황지은, 장성만, 육상도, 서동환
탐방국 | 독일, 벨기에, 영국, 네덜란드

CO2 없는 대체 에너지의 열쇠를 찾다
연세대학교 | 탁영주, 한지원, 박태현, 남재훈
탐방국 | 영국, 네덜란드, 프랑스, 벨기에, 독일

차세대 태양전지의 미래를 그리다
UNIST | 남희진, 신연란, 허미희, 윤영심
탐방국 | 미국

홈 헬스케어, 집이 곧 병원이 된다
KAIST | 김소라, 이소영, 강보배, 최인혜
탐방국 | 벨기에, 스웨덴, 독일, 영국

폐수에서 인을 찾아내다
KAIST | 김정헌, 신희선, 예성지, 김재관
탐방국 | 벨기에, 독일, 네덜란드, 핀란드

초고층 빌딩, 관리 못하면 모두 허사이다
건국대학교 | 김규완, 권정윤, 이승원, 김남진
탐방국 | 미국

녹색금융, 경제와 환경의 두 토끼를 잡다
KAIST | 천창욱, 김보성, 김경훈, 김영곤
탐방국 | 영국, 프랑스, 네덜란드

기부가 일상인 나라, 뗄레똔에서 답을 찾다
고려대학교 | 손지혜, 안윤철, 전혜미, 박민섭
탐방국 | 칠레, 멕시코

인문사회 영재가 이끄는 미래를 꿈꾸다
성균관대학교 | 김미숙, 어지현, 설경은, 이지윤
탐방국 | 미국

친환경 수산물, 인증만이 살 길이다
부경대학교 | 서정대, 윤상훈, 이헌호, 박재실
탐방국 | 영국, 독일, 덴마크, 벨기에, 이탈리아

뉴 미디어아트, 상상력이 기술과학을 이끌다
홍익대학교 | 송연주, 최이주, 손부경, 이진
탐방국 | 독일, 네덜란드, 영국, 프랑스, 오스트리아

브로드웨이에서 공연 랜드마크의 미래를 보다
청운대학교 | 변민정, 조주선, 최인아, 김예진
탐방국 | 미국

그린스포츠, 환경과 재미를 살리다
경희대학교 | 최대훈, 이종규, 김한솔, 윤상욱
탐방국 | 미국, 캐나다

17기 2011년 | 팀 구성 인원 4명, 총 30팀, 대원수 120명 ▶

(대상) **독일의 PFANT 제도를 통한 한국 공병방환제도 활성화 방안**
서강대학교 | 류승백, 김용석, 김현철, 박선태
탐방국 | 노르웨이, 독일, 영국

(최우수) (특별) **나고야 의정서, 그 후폭풍 속 생존 전략**
연세대학교 | 김용희, 김민정, 심진, 임정훈
탐방국 | 영국, 프랑스, 스위스, 이탈리아

(최우수) **해수담수화 플랜트의 핵심 기술**
KAIST | 김현민, 명노준, 안윤호, 함수비
탐방국 | 스페인, 독일, 네덜란드, 영국

(최우수) **투명 풍악을 울려라–투명전극의 미래**
성균관대학교 | 박세진, 박영훈, 김지운, 유승룡
탐방국 | 미국

(최우수) **국가 재난형 질병의 해답 '바이오시큐리티 시스템'**
부산대학교 | 박재용, 명재민, 이경민, 강태경
탐방국 | 이탈리아, 네덜란드, 영국

(최우수) (특별) **한국형 주소 체계를 찾아서**
경희대학교 | 임하영, 김미경, 임재빈, 정영훈
탐방국 | 이탈리아, 프랑스

(우수) **안개 수집을 통한 수자원 확보**
부경대학교 | 정수원, 박소라, 김수정, 이송이
탐방국 | 독일, 프랑스, 스페인

(우수) **한국형 Vertical Farm 도입**
인천대학교 | 백언하, 박준영, 최광호, 이지현
탐방국 | 미국, 캐나다

(우수) (특별) **덴마크형 정부 기업 대학 공존 모델**
성균관대학교 | 강한용, 김학영, 이원태, 정진원
탐방국 | 덴마크

(우수) **46점짜리 민주주의를 구하라–호주 선거문화 탐방**
고려대학교 | 채민석, 홍수현, 최현주, 이지혜
탐방국 | 호주

(특별) **긴급 재난 시 지속적 생존을 위한 구호 키트 디자인 연구**
홍익대학교 | 성소라, 윤인영, 김현정, 이소영
탐방국 | 영국, 아일랜드, 덴마크, 프랑스, 스위스

(특별) **그린에너지 기반 한국형 수소 생산 인프라**
인하대학교 | 서성호, 강대훈, 임종범, 권혁
탐방국 | 스위스, 독일, 덴마크, 아이슬란드

(특별) **소수 90%를 위한 버네큘러 디자인**
국민대학교 | 구경완, 홍혜진, 심유경, 류이든
탐방국 | 남아프리카공화국, 모잠비크, 케냐

(특별) **PPP(민관 협력) 사업의 한국형 발전 방향**
국민대학교 | 장두수, 채진석, 홍명기, 박수진
탐방국 | 미국

(특별) **해리포터의 나라 영국, 그 인문학적 토양을 찾아서**
경희대학교 | 한지수, 정보옥, 박초은, 마미연
탐방국 | 영국

(특별) **서울시가 모르는 진정한 혼잡 통행료의 효과**
서울시립대학교 | 이승도, 전상익, 고봉수, 이지담
탐방국 | 이탈리아, 스웨덴, 영국

신경 질환에 빛을 밝히다
KAIST | 전지웅, 김유나, 김보경, 곽기욱
탐방국 | 미국

생물 자원의 효율적 데이터베이스화를 통한 종자 산업의 비전
중앙대학교 | 임정택, 이진원, 진보경, 윤소리
탐방국 | 미국

미래를 위한 첨단농업, 식물공장
서울대학교 | 최선영, 김진솔, 민병수, 김정원
탐방국 | 스웨덴, 네덜란드, 벨기에, 영국

위기의 방사성, 심지층 처분이 답이다
홍익대학교 | 우상균, 심동설, 박종명, 송정섭
탐방국 | 영국, 프랑스, 스웨덴, 핀란드, 스위스

시스템바이오정보학 기반의 개인맞춤의학 산업화 모델 개발
KAIST | 임재현, 조형찬, 안소영, 조민지
탐방국 | 미국

유럽 자연순환 모방형 설비 도입으로 실현하는 블루시스템
세종대학교 | 정새롬, 김가현, 윤희경, 서현준
탐방국 | 독일, 스웨덴, 스위스

인공 광합성을 이용한 신 재생에너지 개발
경북대학교 | 김동현, 차지원, 정호연, 송준수
탐방국 | 미국

성공적인 전기 자동차 충전 인프라 구축
고려대학교 | 김영훈, 나유호, 윤여울, 김정현
탐방국 | 미국

벤처, 생태계를 꿈꾸다
성균관대학교 | 박동희, 이지수, 강정은, 남수균
탐방국 | 미국

MICE 선두주자, 유럽 컨벤션 도시로 가자
서울대학교 | 김우석, 오창훈, 정송연, 조희은
탐방국 | 영국, 프랑스, 독일

국립공원에서 배우는 자연의 소중함-플레내듀케이션
서울대학교 | 최재훈, 노주철, 김정인, 권용희
탐방국 | 미국

미국에서 찾는 뮤지엄 학교 연계 교육 활성화 방안
서울교육대학교 | 최예경, 김주희, 윤여경, 조은아
탐방국 | 미국

아시아 역사문화도시의 허브 경주
경희대학교 | 이재형, 이금희, 김보미, 김태경
탐방국 | 중국, 태국, 라오스, 베트남

Patrocinio Coreano-한국 예술의 대중화(Artelizacion)
고려대학교 | 도승혜, 이보영, 곽지산, 고민섭
탐방국 | 콜롬비아, 베네수엘라, 브라질

18기 | 2012년 | 팀 구성 인원 4명, 총 30팀, 대원 수 120명

대상 갈라파고스에서 한국 보전생물학의 길을 묻다
이화여자대학교 | 이원희, 장하늘, 임수정, 김미선
탐방국 | 에콰도르

최우수 적정기술, 다시 고민하기
한국기술교육대학교 | 박한용, 한영혜, 배옥화, 김상우
탐방국 | 에티오피아, 케냐, 탄자니아, 남아프리카공화국

최우수 Phytoremediation, 자연으로 자연을 정화하다
고려대학교 | 박지은, 이재강, 임수빈, 김진
탐방국 | 미국

최우수 폐기물의 재탄생, 업사이클링
동국대학교 | 최유리, 이태훈, 이효진, 함형택
탐방국 | 영국

최우수 지속 가능한 독일의 1인 창조기업 정책 및 혁신 요소
성균관대학교 | 강두석, 김용준, 이바우, 정다혜
탐방국 | 독일

최우수 'Unsafe is Safe' Shared Space의 한국식 도입 모색
한양대학교 | 이준호, 강서나, 김재협, 전하영
탐방국 | 영국, 벨기에, 네덜란드, 독일, 스위스

우수 독일의 물 절약 시스템을 찾아서!
한국외국어대학교 | 신승훈, 김태영, 이아름, 유가은
탐방국 | 독일

우수 IT와 미디어의 융합, 저널 퍼블리싱의 미래를 보다
숙명여자대학교 | 최자령, 원지현, 서승희, 홍지연
탐방국 | 미국

우수 청년실업, 유럽의 노동정책에서 해법 찾기
한동대학교 | 김현진, 김진솔, 이소랑, 김현수
탐방국 | 독일, 영국, 덴마크, 벨기에, 네덜란드

우수 대학생 주거 문제 대안
고려대학교 | 현소영, 김지혜, 김효선, 김성은
탐방국 | 미국, 캐나다

우수 전방 문화재미터를 사수하라-문화재 주변 경관 보전 연구
이화여자대학교 | 김민영, 남유선, 권수진, 한은지
탐방국 | 독일, 영국, 프랑스

특별 M2M으로 소通하라
동국대학교 | 김원호, 유민철, 황희재, 김동욱
탐방국 | 네덜란드, 덴마크, 영국

STEAM 교육을 위한 디자인 기반 과학융합 교육 컨텐츠 개발 및 활용 방안
중앙대학교 | 김다운, 김수형, 박찬아, 이진성
탐방국 | 핀란드, 영국, 프랑스

폐의약품의 효율적인 수거 시스템 정립
서강대학교 | 이병철, 안현수, 조혜진, 이상지
탐방국 | 스웨덴, 벨기에, 프랑스

미생물에 의한 문화재 훼손-훈증법을 대체할 보존과학
숙명여자대학교 | 조민지, 이가람, 최지혜, 이유나
탐방국 | 스웨덴, 덴마크, 영국, 프랑스, 이탈리아

미세조류를 이용한 바이오디젤 생산 공정의 경제성 확보
KAIST | 정희영, 이재호, 김현규, 김한새
탐방국 | 미국

Trash turns into Treasure
서울시립대학교 | 김은영, 임혜민, 김보현, 임은숙
탐방국 | 영국, 스웨덴, 독일

미생물 연료전지, 폐수에서 빛을 찾아라
성균관대학교 | 박연옥, 김수빈, 박우주, 노다슬
탐방국 | 미국

과학의 물감으로 생명을 그리다
KAIST | 정필명, 박재선, 이유민, 정희정
탐방국 | 미국

생각을 현실로! 차세대 인터페이스, BMI
한양대학교 | 박찬희, 남창모, 권성근, 임소연
탐방국 | 미국

바이오 플라스틱 산업의 활성화 방안
성균관대학교 | 이진영, 서이레, 박서영, 신수빈
탐방국 | 이탈리아, 독일, 영국, 덴마크

대한민국 협동조합의 미래
인하대학교 | 이은혜, 문승훈, 곽대호, 곽나린
탐방국 | 이탈리아, 스위스, 영국

지속 가능 발전을 위한 마이다스의 손, 레미다에서 키우자
숙명여자대학교 | 조예winter, 홍정아, 엄나연, 이유영
탐방국 | 호주, 뉴질랜드

생산적 복지국가의 구현-자활사업을 통한 접근
연세대학교 | 양선제, 이선우, 이나라, 오환철
탐방국 | 미국

다문화에 대처하는 우리의 자세-통합을 넘어 화합으로
아주대학교 | 이승학, 이홍엽, 민준호, 신은영
탐방국 | 미국, 캐나다

해외 사례 분석을 통한 국내 슬로패션 활성화 방안
고려대학교 | 오보람, 유인지, 김다연, 이지은
탐방국 | 영국, 아일랜드, 스위스

고령 운전자로 인한 문제와 대책
서울시립대학교 | 주영광, 김현길, 이유정, 도하원
탐방국 | 미국

시민과의 소통을 찾아-미디어파사드콘텐츠의 발전 방향
성신여자대학교 | 김경진, 권다영, 김희정, 송화연
탐방국 | 영국, 오스트리아, 독일, 핀란드

해외소재 한국문화재를 이용한 한국의 문화 경쟁력 강화
경북대학교 | 구본학, 송윤상, 최재웅, 서호연
탐방국 | 영국, 프랑스, 네덜란드, 독일

한국 다문화 축제의 올바른 방향
명지대학교 | 조동희, 조한솔, 윤다혜, 김신혜
탐방국 | 호주

19기 | 2013년 | 팀 구성 인원 4명, 총 30팀, 대원 수 120명

대상 사막의 회복을 위한 치료법, 미생물에서 찾다
한동대학교 | 방성제, 김주예, 조윤제, 박경원
탐방국 | 프랑스, 독일, 네덜란드, 영국

최우수 열전소자를 활용한 친환경 데이터센터 프로젝트
동국대학교 | 심현철, 박태연, 강경석, 이희재
탐방국 | 미국

최우수 아동완화의료 도입-아동완화의료 본고장 영국 탐방
연세대학교 | 이가영, 김은민, 강원석, 박재영
탐방국 | 영국, 아일랜드, 스코틀랜드

우수 진실을 밝히는 과학의 힘, 한국 법과학 발전 방안 탐구
이화여자대학교 | 권소영, 이소민, 임초아, 최연지
탐방국 | 영국, 네덜란드, 프랑스, 스위스

우수 그린 게이미피케이션, 친환경에 '재미'라는 상상력을 더하다
고려대학교 | 백지연, 김진희, 이한별, 김현
탐방국 | 미국

우수 서체와 타이포그라피로 본 기업 및 국가의 아이덴티티
건국대학교 | 조중현, 이기탁, 이다은, 이서우
탐방국 | 독일, 네덜란드

특별 애플리케이션을 활용한 박물관의 혁신적인 서비스 모델
서강대학교 | 김요한, 김세영, 김예빈, 천용희
탐방국 | 미국

특별 한국 수용자 자녀 지원 시스템을 찾아서
국민대학교 | 박상미, 정참, 주영호, 김선웅
탐방국 | 미국

특별 바다의 청정에너지, 해상풍력발전의 첫걸음
KAIST | 노현채, 송영훈, 정유진, 강필웅
탐방국 | 독일, 덴마크, 노르웨이

특별 IT-패션 융합기술을 이용한 글로벌 패션 브랜드 만들기
건국대학교 | 김종민, 박준희, 박다정, 송태진
탐방국 | 독일, 영국, 스페인, 프랑스, 이탈리아

우주 선진국으로 가는 길, Way to Universe
KAIST | 이지은, 강재영, 손하늘, 오서희
탐방국 | 미국

빅데이터, 질병 예측의 미래를 이야기하다
아주대학교 | 김재형, 송선혜, 이현진, 김세진
탐방국 | 미국

게임 속에서 밖으로! 기능성 게임
한경대학교 | 유승훈, 권선아, 김지은, 이기상
탐방국 | 미국

감성을 요리하라-국내 감성 ICT 발전 방안
숭실대학교 | 원종진, 김민재, 김상현, 양훈석
탐방국 | 미국

카운트다운, 원전해체-그 시스템을 진단한다
부산대학교 | 이서린, 김수빈, 김정현, 이민주
탐방국 | 오스트리아, 독일, 프랑스, 영국

노인 복지용 Wearable Robot
성균관대학교 | 박규식, 정연수, 한충희, 홍나영
탐방국 | 미국

유리화기술과 방사성 폐기물 처리에 관한 새로운 방향
부산대학교 | 차건일, 박경관, 지승연, 고슬기
탐방국 | 프랑스

특허분쟁에 대응하여 국내 기업이 나아갈 방향
서울대학교 | 구상본, 김현승, 배원근, 이호영
탐방국 | 미국

지하에서 미래를 보다
숭실대학교 | 임혜진, 박성주, 안보영, 양선우
탐방국 | 캐나다, 미국

폐가전 제품으로부터의 희유금속 추출 방안
KAIST | 박재현, 이세찬, 이종범, 지민수
탐방국 | 영국, 벨기에, 독일, 오스트리아

중소기업 M&A 활성화를 위한 중개기관 발전 방향
한동대학교 | 양진욱, 김윤주, 장미름, 신희수
탐방국 | 일본

사회 혁신의 길, 한국형 SIB 운영의 발전 방향
숙명여자대학교 | 이보라, 문샛별, 임정연, 장지원
탐방국 | 영국

성공창업 육성을 위한 방안
연세대학교 | 이누리, 김유식, 손열, 최준석
탐방국 | 이스라엘

감춰진 95%의 아이디어를 위하여
한동대학교 | 구혜빈, 황유선, 송시완, 채승찬
탐방국 | 스페인, 네덜란드, 영국, 노르웨이

수용자 자녀를 위한 멘토링 프로그램
연세대학교 | 이규화, 표지수, 백준욱, 한선아
탐방국 | 미국

환경, 경제의 앙상블 DMZ 생태관광 코스타리카에서 찾기
서울대학교 | 조효림, 봉하진, 지민규, 김정은
탐방국 | 코스타리카

베이비부머의 은퇴 후 삶의 질을 높이는 타임뱅크
한국외국어대학교 | 황은비, 권정은, 서보연, 전인혜
탐방국 | 영국

사회혁신채권의 창조적 적용, 그 +@를 찾아서
중앙대학교 | 차한솔, 최승환, 이재은, 최지영
탐방국 | 미국

국외소재 문화재 관리의 한국형 신모델 구축
서강대학교 | 채승권, 주희준, 김지연, 안재윤
탐방국 | 영국, 프랑스, 독일, 이탈리아

모두를 위한 음악교육-특수교육의 특별한 음악시간
서울대학교 | 이지예, 백고은, 석상아, 허정은
탐방국 | 영국, 스코틀랜드, 핀란드

(대상) 해양 환경 보호 – 하얀 바다에 버섯을 심다
한동대학교 | 이규리, 이주연, 임평화, 한예정
탐방국 | 미국

(최우수) 모듈러건축, 삶을 지속시키는 네모난 희망
숭실대학교 | 김현수, 유슬기, 윤중연, 조종주
탐방국 | 호주, 뉴질랜드

(최우수) 벌들을 지켜주세요
인하대학교 | 박철진, 신정윤, 양지혜, 최동은
탐방국 | 프랑스, 영국, 벨기에, 헝가리

(우수) 전기자동차 상용화를 위한 제도적 기술적 방안 탐색
국민대학교 | 김민주, 김영민, 유준상, 이준범
탐방국 | 독일

(우수) 모두가 편한 민원서식 리디자인
건국대학교 | 김영현, 박기쁨, 심미현, 홍석인
탐방국 | 네덜란드, 영국

(우수) 번지다, 공유경제
부산대학교 | 김동영, 김영준, 김행덕, 최현정
탐방국 | 미국

(특별) 압전 에너지 하베스팅, 미세 진동을 전기에너지로
서울대학교 | 구현정, 김지원, 신선혜, 오유진
탐방국 | 미국

(특별) 무한한 전통 원형에 기반한 실험적 문화예술 콘텐츠 개발
서울예술대학교 | 최누리, 최영순, 현서연, 홍석훈
탐방국 | 영국, 그리스

(특별) 뇌과학과 마케팅의 만남, 뉴로마케팅의 새로운 길을 찾아서
성균관대학교 | 김홍지, 정혜민, 차민지, 홍다예
탐방국 | 영국, 독일, 스위스, 헝가리

(특별) E-Bike 활성화 방안
한국항공대학교 | 구재준, 김현재, 민보미, 박다래
탐방국 | 영국, 네덜란드, 독일

(글로벌) 막걸리의 세계화를 위한 글로벌 전략
서강대학교 | 리사, 마헬, 아미카, 투르칸
탐방국 | 대한민국

수은 함유 폐기물, 100% 적정처리를 위한 방안 모색
부산외국어대학교 | 김민찬, 김유진, 이기훈, 김민찬
탐방국 | 일본, 대만

내 손 안의 식물, IOT와 식물양육이 접목된 힐링 서비스
동국대학교 | 권기현, 심민선, 유주원, 한성철
탐방국 | 네덜란드, 프랑스, 스위스, 스웨덴

초등학생 코딩교육 활성화
경희대학교 | 권지혜, 박민경, 장은지, 장혜진
탐방국 | 영국, 에스토니아

병든 마음을 치료하는 가상의 공간, Healing Space
아주대학교 | 김성래, 조성민, 조영윤, 조은정
탐방국 | 미국

한국형 해안 안전 시스템 필요성
성균관대학교 | 김재근, 이석희, 최진국, 한동욱
탐방국 | 네덜란드, 프랑스, 영국

시각 장애인을 위한 인공 시각 전달 시스템
서울과학기술대학교 | 김아름, 김언지, 박찬형, 신양재
탐방국 | | 미국, 캐나다

BIM 시장 활성화를 위한 솔루션, BIM Cloud
세종대학교 일반대학원 | 신상윤, 안민규, 임진강, 정상아
탐방국 | 미국

지속 가능한 식품, 환경오염의 새로운 해결책이 되다
이화여자대학교 | 박수은, 윤시지, 이기은, 차지원
탐방국 | 미국

하늘에서 내려다본 녹색 도심, 옥상녹화
홍익대학교 | 박성연, 박우현, 신지혜, 이화진
탐방국 | 독일

3D프린터의 발전방향에 대한 연구
경희대학교 | 강상원, 김현, 박성준, 봉혜원
탐방국 | 미국

CLT의 국내도입 방안 모색
건국대학교 | 권종은, 김하정, 나호철, 박민규
탐방국 | 미국

실버 화장품 산업의 국내 시장 활성화를 위한 방안 제시
경북대학교 | 김지희, 박은미, 박지혜, 이수경
탐방국 | 영국, 프랑스

식용곤충 시장의 활성화를 위한 상품화 전략 모색
서울여자대학교 | 권소망, 마강희, 손소희, 이소정
탐방국 | 영국, 네덜란드, 벨기에, 프랑스

한국형 Industry 4.0의 인프라와 시스템 구축
연세대학교 | 양상윤, 유하림, 윤동규, 조정한
탐방국 | 독일, 이탈리아

고가도로와 Lost Space, 지속가능한 활용 방안 모색
성신여자대학교 | 김지연, 김지원, 전예슬, 한승희
탐방국 | 미국, 캐나다

인간공학적 시선으로 본 장애인의 이동권
울산과학기술대학교 | 신슬이, 이지현, 임정민, 장다희
탐방국 | 독일

상처받지 않을 권리, '대리외상'의 해결 방안을 찾아서
한동대학교 | 박유나, 이장희, 조마리아, 주환
탐방국 | 미국

산업유산 재활용을 통한 지역재생
카이스트 | 공서영, 연지수, 이종민, 임근우
탐방국 | 영국, 독일, 프랑스

한국의 고액기부 활성화를 위한 방안 제시
연세대학교 | 구세모, 박형은, 이혜민, 오정석
탐방국 | 미국

작가가 숨쉬는 문학생태계 조성을 위하여
이화여자대학교 | 고주연, 백고은, 석상아, 홍성민
탐방국 | 독일, 프랑스, 영국, 노르웨이

한국 중공업의 발전을 통해 산업·경제 시스템을 배우다
이화여자대학교 | 바쿠, 범, 에라, 엔자
탐방국 | 대한민국

환경 파괴 없이 얻은 에너지
배재대학교 일반대학원 | 라마, 루시, 제니스, 파울라
탐방국 | 대한민국

한국프로야구 마케팅 전략의 세계 스포츠산업 도입 방안
서울대학교 | 아크바르, 아식, 이르판, 조심열
탐방국 | 대한민국

한국 전통역사 축제 탐방기, 지역축제의 세계화 방안 모색
연세대학교 | 루이, 모니카, 요코, 유우키
탐방국 | 대한민국

21기 2015년 | 팀 구성 인원 4명, 총 35팀, 대원 수 140명

대상 살아있는 식물에서 전기에너지를 얻다
한동대학교 | 안정환, 손단아, 강윤하, 김예슬
탐방국 | 프랑스, 독일, 네덜란드

최우수 떡 시크릿 : The revealing of Tteok's secrets
연세대학교 | SORANAKOM RACHATA, BAATARNYAM
ANUJIN, NGUYEN PHUONG DUNG, GRUDINSHI SABINA
탐방국 | 한국

최우수 실크 + 엽록소 = 미세먼지 해결공식
한동대학교 | 김대현, 김승윤, 김태신, 황지영
탐방국 | 미국

최우수 커피찌거기를 활용한 바이오매스 에너지
명지대학교 | 이가희, 박장우, 공민지, 강지호
탐방국 | 영국, 스위스

우수 동물매개 프로그램을 활용한 재범방지책
연세대학교 | 김우정, 류현재, 김형미, 고유리
탐방국 | 미국

우수 세계를 하나로 잇는 길 World Wide Water Grid
KAIST | 김예은, 천선정, 최승주, 박미소
탐방국 | 인도, 싱가포르, 중국

우수 한국 맞춤형 소방드론 도입 방향 연구
서강대학교 | 박경록, 현재훈, 남성현, 서동찬
탐방국 | 영국, 네덜란드, 독일, 스페인

특별 불가사리 단백질을 이용한 접착제
동아대학교 | 박혜진, 이현주, 이창우, 김동우
탐방국 | 미국

특별 3D Printer를 이용한 고령자식품 상품화 방향 모색
중앙대학교 | 신택수, 윤석현, 이경석, 안태혁
탐방국 | 덴마크, 독일, 네덜란드, 오스트리아, 이탈리아

특별 BOP시장 진출 활성화를 위한 비즈니스 플랫폼 구축
홍익대학교 | 표동열, 유형규, 조서희, 김선미
탐방국 | 페루, 칠레

특별 솔라키오스크 사례를 통한 신재생에너지 개발협력 사업
경희대학교 | 엄주석, 허준, 윤정혜, 이선주
탐방국 | 독일, 영국

바이오챠(Bio-Char) : 음식물폐기물 자원화
서울여자대학교 | 박지아, 조민지, 이주은, 김나연
탐방국 | 독일, 벨기에, 영국, 프랑스

닭털 플라스틱으로 지구를 치유하다
서강대학교 | 김혜린, 이서영, 이윤석, 정원우
탐방국 | 미국, 멕시코

노인복지를 위한 IoT, Smart Bed
인하대학교 | 라웅균, 박영범, 김형필, 강지웅
탐방국 | 핀란드, 스웨덴, 영국, 프랑스, 독일

사회적 유대감을 높여주는 도시 Playable City
아주대학교 | 염태훈, 김성진, 최지원, 정희성
탐방국 | 영국

사물인터넷(IoT)을 활용한 도시환경 문제의 '해결책'
한양대학교 | 변보선, 이동영, 조인영, 장혜린
탐방국 | 영국, 아일랜드, 스페인

Self Healing Road를 통한 도로 환경 및 경제성 확보
서울과학기술대학교 | 김보석, 이보미, 정인웅, 이혜진
탐방국 | 네덜란드, 영국, 독일

마비환자들을 위한 국내 엑소스켈레톤 발전방안
경북대학교 | 김수연, 우병준, 박성희, 이유정
탐방국 | 미국, 캐나다

딥러닝 기술적용의 국내 활성화 방안
중앙대학교 | 성원기, 이태중, 한지민, 임지윤
탐방국 | 미국

공학교육 패러다임의 터닝포인트, 2015
이화여자대학교 | 박슬기, 문지현, 임수영, 조수정
탐방국 | 핀란드, 독일, 스위스, 프랑스

핵융합 에너지 상용화를 앞당기기 위한 기술과 제도 탐색
KAIST | 서다솔, 진승욱, 홍세원, 김상현
탐방국 | 미국, 캐나다

농촌형 마이크로 브루어리 사업을 통한 농가 소득 증진
서울대학교 | 주민지, 노정우, 윤재윤, 이지예
탐방국 | 미국

서바이벌 스타트업, 서식지에 안착
한동대학교 | 이민아, 조한길, 허수진, 최현우
탐방국 | 미국

주민참여형 Zero Energy Village
한림대학교 | 김찬미, 이명진, 김재남, 권태은
탐방국 | 덴마크, 독일

비콘, 장애인의 길을 밝히다
단국대학교 | 김용현, 조연희, 김준호, 고병학
탐방국 | 독일, 네덜란드, 영국

행복한 공유주거, 시니어 콜렉티브 하우징
한양대학교 | 신예은, 이서연, 최수원, 임다영
탐방국 | 일본

핀테크로 실천하는 기부의 일상화
경북대학교 | 이창훈, 유현지, 김수현, 김도연
탐방국 | 독일, 네덜란드, 영국

Reverse Vending Machine을 통한 재활용 패러다임
서울과학기술대학교 | 원서윤, 김윤아, 여수진, 이유진
탐방국 | 독일, 네덜란드, 영국

한국 패션 정체성 확립을 위한 K-패션박물관 건립 방안
경희대학교 | 서수영, 민송주, 이연수, 최가은
탐방국 | 영국, 프랑스, 이탈리아

공중전화부스 재사용을 통한 문화예술 소통 프로젝트
가천대학교 | 최웅식, 임우일, 허주연, 강수경
탐방국 | 영국, 독일

이끼, 회색도시를 물들이다
한국교통대학교 | 김진호, 허현석, 손현경, 장승혁
탐방국 | 미국

작은 화장실로 보이는 넓은 세상
동국대학교 | ZHANG CHU, JIN HONG SHI, VAIDULLAEVA ZUKHRA, FOFANA ALGASSIMOU
탐방국 | 한국

한방약재를 통해 꿈꾸는 한국화장품의 미래
서울대학교 | Andra Cristina Albusoiu, Jorge Enrique Mardones Carpanetti, Sithiphone Sithoumphalath, Gabriel Ruiz Benito
탐방국 | 한국

교통강국 대한민국의 도로 운영 시스템
대구대학교 | Franck Kimetya, Sunduijav Chantsaldulam, Bauma Frigeant Bitamba, Destalem Tesfay
탐방국 | 한국

다문화 가정 자녀의 한국사회 적응 문제 및 해결방안
이화여자대학교 | PengXiaoyi, YANG FEIFEI, ZHANG YIHONG, ZHAO QING
탐방국 | 한국

대상 골칫거리 해파리의 변신 : 친환경 기저귀
부산대학교 | 권여민, 김동희, 서민규, 송해린
탐방국 | 일본, 중국, 이스라엘

최우수 21세기형 질병의 해답, 마이크로바이옴
가톨릭대학교 | 김민선, 박준범, 오현주, 이은혜
탐방국 | 미국

최우수 태양광 페인트를 활용한 에너지 빈곤층 지원 모델 제안
연세대학교 | 권유정, 김윤성, 최창우, 황유미
탐방국 | 캐나다, 미국

최우수 한국의 장(醬)문화 : 그 의미와 저력을 찾아서
동국대학교 | 바하, 송종근, 아나라, 크알
탐방국 | 대한민국

우수 필름 경작으로 농업의 혁명을 꿈꾸다
부산대학교 | 고은이, 도경민, 박현지, 이재홍
탐방국 | 일본, 중국, 아랍에미리트

우수 건자재은행, Surplus를 Plus로 만들다
아주대학교 | 김송이, 오진섭, 한지민, 한지우
탐방국 | 영국

우수 장애인과 비장애인이 함께 즐기는 음악축제, 감각의 꽃을 피우다
경희대학교 | 강혜린, 김정은, 박혜리, 서정화
탐방국 | 영국, 독일

특별 못난이 과일과 채소, 세상 밖으로 나오다
이화여자대학교 | 이은진, 조민주, 최지혜, 한승연
탐방국 | 영국, 네덜란드

특별 경제와 환경, CLT에서 만나다!
한동대학교 | 김지효, 박예담, 엄예은, 지현성
탐방국 | 오스트리아, 영국

특별 나무빌딩, 목조건축 1000년 역사를 다시 세우다
동국대학교 | 국가연, 문아현, 조민수, 최승준
탐방국 | 영국, 오스트리아, 핀란드, 스위스, 독일

특별 토끼의 나라에서 거북이 찾기: Slow City Life of Korea
이화여자대학교 | 누리, 로르, 리가, 인디라 히메네즈
탐방국 | 대한민국

한국산 참나무 수피 추출물의 화장품 천연 방부제 도입
경희대학교 | 김보현, 김성철, 이강한, 정종훈
탐방국 | 영국, 이탈리아, 독일

굴 껍데기를 재활용한 친환경 방파제
충북대학교 | 손슬기, 이민영, 조아해, 하대혁
탐방국 | 미국

배양육으로 식품산업과 축산업의 미래를 보다
경북대학교 | 김혜인, 노경진, 안서연, 이정인
탐방국 | 미국

해양 부유쓰레기에서 플라스틱의 미래를 보다
한국외국어대학교 | 김성현, 김웅진, 류제영, 최재호
탐방국 | 스페인, 슬로베니아

토륨 원자로 : 대한민국 에너지 독립을 위해
한양대학교 | 이승선, 전수민, 최성탁, 현승훈
탐방국 | 캐나다

소외계층 없이 모두가 행복한 스마트 쇼핑, 쇼핑 QoLT
숙명여자대학교 | 박예림, 박지연, 이무늬, 임유림
탐방국 | 미국

플로팅댐, 바다를 쓰다듬다
홍익대학교 | 김형수, 서병찬, 전미래, 채수현
탐방국 | 네덜란드

재생 에너지 저장방식을 P2G에서 찾다
서울과학기술대학교 | 김철현, 이은혜, 진기욱, 한다은
탐방국 | 독일, 덴마크, 벨기에

자폐아를 위한 소통가능 보조로봇, Socially Assistive Robot
한양대학교 | 박판기, 유해지, 정소이, 한지연
탐방국 | 미국

우주건축디자인 도입 방안 연구
서울과학기술대학교 | 나준휘, 안영채, 정상훈, 정성민
탐방국 | 미국

세상을 바꾸는 연결고리, 블록체인 활성화 방안
연세대학교 | 김지휘, 김호정, 김홍욱, 최재필
탐방국 | 영국, 독일, 에스토니아

대한민국 전기차, 인프라 구축으로부터
중앙대학교 | 김명, 박완희, 양혜원, 염양수
탐방국 | 미국

도심 속의 과학관, 과학카페
포항공과대학교 | 김세림, 노진우, 전정민, 정진아
탐방국 | 미국

정밀농업으로 한국 농업의 미래를 그리다
서강대학교 | 박민우, 박재상, 이은정, 최재혁
탐방국 | 네덜란드, 덴마크, 스페인, 벨기에, 영국

제2의 메르스를 막기 위한 첫 걸음, 감염관리디자인
이화여자대학교 | 김민지, 박소현, 박주원, 황보람
탐방국 | 영국

전시동물들의 행복을 위한 동물행동풍부화
가천대학교 | 김경은, 이은영, 정유영, 황혜진
탐방국 | 캐나다, 미국

예술가 주도형 민관협력으로 극복하는 아트 젠트리피케이션
숙명여자대학교 | 김예린, 예은진, 윤희라, 홍주연
탐방국 | 캐나다, 미국

도시문화에서 도시정체성을 찾다
성신여자대학교 | 김해련, 이예지, 조예진, 조정민
탐방국 | 미국

다중채널 네트워크(MCN) 3.0, 토탈비디오의 시대
서울예술대학교 | 박수민, 임승언, 이승훈, 최왕훈
탐방국 | 미국

천년의 사랑, 한지
경희대학교 | 관악미, 등천방, 준우선, 한욱단
탐방국 | 대한민국

한식의 이슬람 세계 도달
서울대학교 | 로산, 림, 세피드, 아크람
탐방국 | 대한민국

한국의 스마트시티 기술 연구 및 적용
인하대학교 | 굴로라, 다니야, 민징, 효진
탐방국 | 대한민국

국민의 중심에 서다 : 에너지 프로슈머 시스템
인하대학교 | 반수연, 정소영, 조현주, 최현근
탐방국 | 영국, 프랑스, 독일

대상 스무 살, 정치와 친해지길 바라
경희대학교 | 박수진, 심지민, 이다슬, 이재혁
탐방국 | 핀란드, 독일, 영국

최우수 똑똑한 T세포, 자가면역질환을 치료하다
한동대학교 | 김정민, 김휘, 이소정, 황기근
탐방국 | 프랑스, 스페인, 독일, 영국

최우수 업사이클링으로 섬마을에 식수를 공급하다
명지대학교 | 양승현, 이건호, 조찬송, 허윤정
탐방국 | 이탈리아, 스페인, 영국, 독일

우수 똥의 기똥찬 변신, 인분으로 에너지를 만들다
한양대학교 | 박미란, 박유경, 박지은, 이윤정
탐방국 | 미국, 캐나다

우수 괭생이모자반, 골칫덩어리에서 펄프로 재탄생하다
한국산업기술대학교 | 강민지, 박혜린, 이도경, 이은하
탐방국 | 독일, 네덜란드, 스웨덴

우수 장애와 관계없이 여행은 누구나 갈 수 있어야 한다
연세대학교 | 양주희, 윤혜지, 이희영, 정규록
탐방국 | 영국, 벨기에, 스페인

특별 도시의 빈집, 누구의 것인가
한국외국어대학교 | 박정현, 이재선, 전찬혁, 주도성
탐방국 | 일본

특별 폐태양광 패널, 새로운 가치를 찾다
경희대학교 | 권호진, 박다원, 엄태균, 허다은
탐방국 | 이탈리아, 독일, 벨기에

특별 Don? Don't! 현금 없는 사회를 꿈꾸다
성균관대학교 | 김민경, 김지현, 노혜진, 손새미
탐방국 | 스웨덴, 덴마크

특별 아기와 양육자 모두를 위한 울음 개선 솔루션
계명대학교 | 권문기, 김채은, 이상민, 이성찬
탐방국 | 스웨덴, 영국, 프랑스, 이탈리아

글로벌 한국의 혼을 담은 그릇, 방짜유기
고려대학교 | 선가녕, 손효동, 이젠, 조은샘
탐방국 | 대한민국

인공지능, 정신 건강의 새로운 길잡이가 되다
연세대학교 | 노승아, 문지희, 이순봉, 이영섭
탐방국 | 미국

부작용 없는 임상 시험의 열쇠, 인체의 소프트웨어화
영남대학교 | 권영웅, 서정철, 안경수, 이승훈
탐방국 | 미국

물고기, 채소를 기르다
이화여자대학교 | 강소현, 김새봄, 서문아영, 이지수
탐방국 | 미국

인공 광합성으로 신의 영역에 도전하다
국민대학교 | 김용호, 김윤주, 이길아, 이윤수
탐방국 | 미국

바나나, 천연 생리대로 다시 태어나다
성신여자대학교 | 전다은, 조은영, 주은영, 최혜진
탐방국 | 독일, 영국

뒤끝 없이 깔끔하게, 바다의 기름을 쏙쏙 흡수하다
부경대학교 | 류호정, 박강현, 이현재, 표민정
탐방국 | 미국

파래로 안전하고 따뜻한 세상을 만들다
국민대학교 | 성나현, 안예린, 이지혜, 최소희
탐방국 | 독일, 네덜란드, 프랑스, 영국

혐기성 미생물로 동물 사체를 처리하자
충북대학교 | 구다영, 김동희, 오승규, 이상이
탐방국 | 미국

인공 광합성을 통해 녹색 도시를 구현하다
한양대학교 | 강민철, 김태하, 박혜진, 배병희
탐방국 | 오스트리아, 독일, 네덜란드, 벨기에

팩트체킹을 팩트체크 하다
고려대학교 | 노현홍, 배륜, 소민희, 임찬주
탐방국 | 미국

행복한 도시로 가는 내비게이션
서울시립대학교 | 김지훈, 김진우, 김찬목, 장백균
탐방국 | 영국

건축의 책임, 종이로 바로 세우다
한동대학교 | 박영재, 이지수, 이희성, 황선준
탐방국 | 네덜란드, 프랑스, 스위스

보이지 않는 가치를 보이게 만들다
이화여자대학교 | 윤경민, 윤채영, 임가은, 진예정
탐방국 | 덴마크, 독일, 스위스, 영국

한국의 의료 산업, 중동으로 가는 실크로드를 타다
우송대학교 | 박주보, 이연희, 조수경, 한상미
탐방국 | 아랍에미리트

한국형 할랄 화장품, 아랍을 넘어 세계로
한국외국어대학교 | 성윤지, 이동현, 정하영, 조예진
탐방국 | 아랍에미리트, 이집트, 요르단

초음파로 질병 조기 진단의 새로운 패러다임을 찾다
부산대학교 | 김정원, 박성진, 박세진, 송광섭
탐방국 | 독일, 오스트리아, 프랑스

콘텐츠가 콘텐츠를 만든다
가톨릭대학교 | 김준호, 박사임, 이하은, 주광수
탐방국 | 미국

소통으로 지식을 만끽하라
원광대학교 | 김숙경, 이신영, 이혜빈, 전도훈
탐방국 | 독일, 영국

체계적인 번역 시스템으로 언어의 균형을 맞추다
서강대학교 | 김다영, 서지윤, 장윤지, 전한별
탐방국 | 영국, 룩셈부르크, 벨기에, 스웨덴

IVR, 새로운 세상을 창조하다
고려대학교 | 서강욱, 정소영, 정재호, 하희승
탐방국 | 미국

한국의 갯벌 : 자연과 유산의 조화
건국대학교 | 게르게이, 밀리짜, 스리단야, 안드레아
탐방국 | 대한민국

음식을 넘어선, 문화 아이콘으로서의 한우를 만나다
아주대학교 | 브렛, 빈센트, 조르조
탐방국 | 대한민국

다채로운 한국의 단오제 문화를 만나다
경희대학교 | 왕문혜, 팽소질, 호련자, 황염시
탐방국 | 대한민국

한국의 스타트업에서 기업가 정신을 배우다
울산과학기술원 | 무라트, 브라드, 아클, 친그스
탐방국 | 대한민국

24기 2018년 | 팀 구성 인원 4명, 총 35팀, 대원 수 138명

대상 미숙아들의 생명줄, 유럽의 모유 은행을 가다
한성대학교 | 강소리, 김진아, 박관우, 박종대
탐방국 | 이탈리아, 스웨덴, 영국

최우수 어린이 뉴스를 통해 어린이에게 더 큰 세상을!
숙명여자대학교 | 김민정, 박소형, 유주현, 황수빈
탐방국 | 영국, 독일, 스위스, 네덜란드

**최우수 생쓰레기 가죽으로 시작하는 지속 가능한
자원순환 사회**
가톨릭대학교 | 강영리, 김효진, 용혜주, 이기운
탐방국 | 영국, 포르투갈, 스위스, 네덜란드

최우수 글로벌 한국 섬의 매력을 찾아서
서울대학교 | 그레이스, 미향, 민덕, 빅토리아
탐방국 | 대한민국

**우수 동아프리카 혁신 효과, 농민의 모바일 플랫폼을
기획하다**
이화여자대학교 | 송혜원, 조세영, 최세진
탐방국 | 에티오피아, 탄자니아, 르완다, 남아프리카공화국

우수 가상 입양, 유기견을 위해 벽을 없애다
경희대학교 | 강용진, 김형우, 이도윤, 원진수
탐방국 | 영국, 네덜란드, 독일, 체코

우수 선박, 메탄올을 더해 미세 먼지를 빼다
고려대학교 | 곽재영, 김재än, 정주승, 최수지
탐방국 | 덴마크, 스웨덴

494

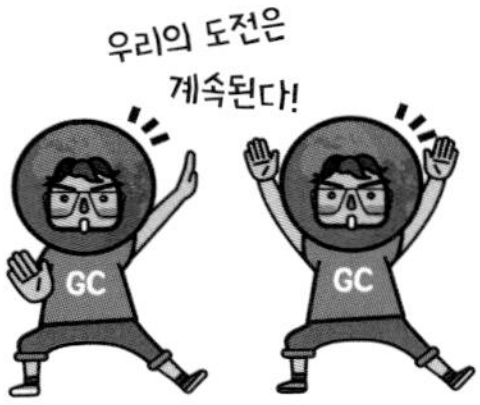
우리의 도전은
계속된다!
GC
GC

세상은 도전하고
볼 일이다

초판 1쇄 발행   2019년 1월 7일

지은이	2018년 LG글로벌챌린저 대원들
발행	(주)조선뉴스프레스
발행인	이동한
편집인	정재환
기획편집	이일섭, 김정아, 박미진
판매	박미선, 최종현, 박경민
디자인	ALL designgroup
교정교열	김화

편집문의	724-6754, 6755
구입문의	724-6796
등록	제301-2001-037호
등록일자	2001년 1월 9일
주소	서울시 마포구 상암산로 34 DMC 디지털큐브 13층 (주)조선뉴스프레스 (03909)

값	16,000원
ISBN	979-11-5578-474-7